Frank Sichla

Schaltungssammlung
Mess- und Prüftechnik

Frank Sichla

Schaltungssammlung
Mess- und
Prüftechnik

Über 550 erprobte Schaltungen für Labor, Entwicklung und Anwendung

Mit 1196 Abbildungen

Bibliografische Information der Deutschen Bibliothek

Die Deutsche Bibliothek verzeichnet diese Publikation in der Deutschen Nationalbibliografie; detaillierte Daten sind im Internet über **http://dnb.ddb.de** abrufbar.

Hinweis

Alle Angaben in diesem Buch wurden vom Autor mit größter Sorgfalt erarbeitet bzw. zusammengestellt und unter Einschaltung wirksamer Kontrollmaßnahmen reproduziert. Trotzdem sind Fehler nicht ganz auszuschließen. Der Verlag und der Autor sehen sich deshalb gezwungen, darauf hinzuweisen, dass sie weder eine Garantie noch die juristische Verantwortung oder irgendeine Haftung für Folgen, die auf fehlerhafte Angaben zurückgehen, übernehmen können. Für die Mitteilung etwaiger Fehler sind Verlag und Autor jederzeit dankbar. Internetadressen oder Versionsnummern stellen den bei Redaktionsschluss verfügbaren Informationsstand dar. Verlag und Autor übernehmen keinerlei Verantwortung oder Haftung für Veränderungen, die sich aus nicht von ihnen zu vertretenden Umständen ergeben. Evtl. beigefügte oder zum Download angebotene Dateien und Informationen dienen ausschließlich der nicht gewerblichen Nutzung. Eine gewerbliche Nutzung ist nur mit Zustimmung des Lizenzinhabers möglich.

Satz: Fotosatz Pfeifer, 82166 Gräfelfing
art & design: www.ideehoch2.de
Druck: Bercker, 47623 Kevelaer
Printed in Germany

ISBN 978-3-7723-**4086-4**

Vorwort

Obwohl in der Elektronik immer mehr Aufgaben softwaremäßig gelöst werden können, sodass es heute beispielsweise den fast vollständig auf Software basierenden Empfänger (software defined radio) gibt, benötigen viele Elektronikingenieure, Techniker, Studierende, Auszubildende sowie Hobbyisten in erster Linie konventionelle Schaltungslösungen. In moderner Form zeigen sich diese oft als Applikationsbeispiele aktueller ICs. Aber auch Anwendungen auf Basis diskreter Halbleiter, bewährter universeller Bausteine, wie Operationsverstärker und CMOS-ICs, oder schon etablierter Spezialschaltkreise haben nach wie vor Konjunktur.

Allerdings: Jahr für Jahr wächst die Zahl interessanter praktischer Schaltungen, obwohl ein Teil der bekannten Lösungen durch neue Entwicklungen hinfällig wird. Ein Beispiel hierfür sind Datenlogger, welche Schaltungen zur Langzeiterfassung von Größen wie Temperatur, Strom- oder Lichtstärke überflüssig machen.

Eine systematisch geordnete und dem Stand der Technik angepasste Schaltungssammlung hat daher nach wie vor ihre Berechtigung. Der Inhalt dieses Buches wurde sorgfältig unter den Aspekten Aktualität, Nützlichkeit und Nachbausicherheit zusammengestellt. Neben hochmodernen Lösungen finden sich auch einige „Oldies but Goodies". Insgesamt sind über 550 Schaltungen zusammengekommen.

Sie wurden thematisch in 15 Kapitel geordnet. In manchen Fällen gab es mehrere Möglichkeiten der Zuordnung. Wenn Sie daher auf der Suche nach einer bestimmten Schaltungslösung sind, sollten Sie also nicht gleich nach dem ersten passenden Kapitel Halt machen, sondern prüfen, ob die Schaltung auch in andere Kapitel einzuordnen wäre. Ein Stichwortverzeichnis finden Sie am Schluss des Buches.

Inhalt

1 Messung elektrischer Gleichgrößen

1.1 Gleichspannungsmessung mit dem ICL7136

Der ICL7106 war der erste IC, welcher alle aktiven Komponenten zur qualifizierten Gleichspannungsmessung mit digitaler Anzeige auf einem LC-Display enthielt. Neben dem LCD waren nur vier Widerstände, vier Kondensatoren sowie ein Eingangs-RC-Filter als Außenbeschaltung erforderlich.

Der ICL7136 ist die Ultra-Low-Power-Version des ICL7106. Nach *Abb. 1.1* ist auch die Außenbeschaltung identisch. Sie gilt für maximal 1999 mV Eingangsspannung. Für 1,999 V müssen folgende Bauelementeänderungen erfolgen: R1 150 kOhm,

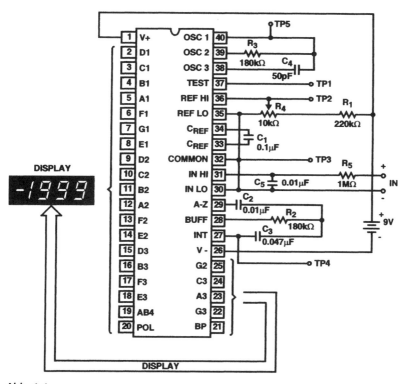

Abb. 1.1

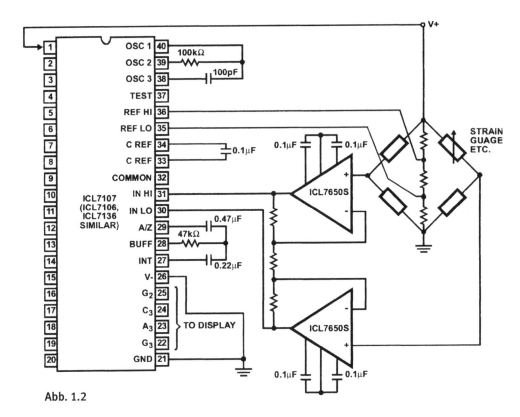

Abb. 1.2

Intersil Application Note 023

R2 1,8 MOhm, R4 100 kOhm, C2 22 nF. Außerdem sollte der Dezimalpunkt gesetzt werden.

Abb. 1.2 zeigt eine Anwendung der Bausteine einschließlich des ICL7136 im Zusammenwirken mit einer Messbrücke. Der Eingang ist massebezogen, somit ist ein direkter Anschluss an die Brücke nicht möglich. Zwei Operationsverstärker bilden daher einen Differenzverstärker; auch ein einfacher Differenzverstärker (mit unsymmetrischem Ausgang) scheint möglich, wenn die Brücke genügend niederohmig ist. Man sollte natürlich auch dabei einen Operationsverstärker mit geringer Drift bevorzugen.

1.2 Leistungsarme Strommessung mit Zeigerinstrument

Schaltet man ein Zeigerinstrument direkt in eine Leitung, um den darin fließenden Strom zu messen, hat das Nachteile. Zunächst verursacht der Innenwiderstand des Instruments einen gewissen Spannungsabfall. Dann muss das Instrument eventuell gegen Überlastung geschützt werden, üblicherweise mit zwei antiparallelen Si-Leistungsdioden. Schließlich kann eine Leitungsumverlegung erforderlich sein, denn das Instrument muss in der Regel an einem bestimmten Ort zwecks guter Ablesbarkeit angeordnet werden.

Hat man eine Hilfsspannung von z. B. 5 V zur Verfügung, kann man diese Probleme mit der Schaltung nach *Abb. 1.3* umgehen. Der in die Leitung einzufügende Widerstand ist mit 1 Ohm recht klein. Ein Strom von 100 mV verursacht daran einen Spannungsabfall von 100 mV. Der Differenzeingang des MAX4172 erhält den Spannungsabfall und wandelt ihn in einen Strom um. Bei 100 mV zwischen den Pins 1 und 2 fließt 1 mA aus Pin 6. Das bedeutet 1 V an 1 kOhm. Die Eingangsspannung wurde verzehnfacht. Ein Einstellwiderstand an dieser Stelle erlaubt den Abgleich der Schaltung. Der einfache Spannungs-Strom-Wandler mit dem Operationsverstärker MAX495 erzeugt im Kollektorkreis des Transistors bei 1 V Eingangsspannung einen Strom von etwa 15 mA (1 V/66 Ohm). Man sollte besser ein Instrument mit 10 oder 100 mA Endausschlag benutzen. Der Widerstand muss dann 100 Ohm bzw. 10 Ohm haben.

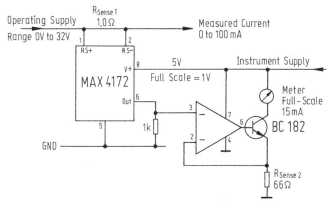

Abb. 1.3

Maxim
Application
Note 3536

1.3 Strommessung mit Instrumentationsverstärkern

Ein Instrumentationsverstärker zeichnet sich durch einen hochohmigen Differenzeingang mit hoher Gleichtaktunterdrückung aus. Somit sind qualifizierte, nicht massebezogene Spannungsmessungen möglich. Der typische Anwendungsfall ist die indirekte Strommessung durch Messung des Spannungsabfalls an einem möglichst niedrigen Widerstand in der Stromleitung.

In *Abb. 1.4* beträgt dieser Widerstand nur 5 Milliohm. Der maximale Strom von 10 A verursacht daran einen Spannungsabfall von 50 mV. Dennoch ist es für den Stabilisierungsschaltkreis wichtig, dass die Vergleichsspannung direkt an der Last abgenommen wird. Die Eingänge des Instrumentationsverstärkers sind mit Widerständen von 10 kOhm geschützt. Gleichzeitig ergeben sich mit den Kapazitäten Tiefpassfilter. Die Kondensatoren sind für wenige Hertz Grenzfrequenz zu bemessen. Die Verstärkung von 50 wird mit den Widerständen an Pin 5 bestimmt. Das ergibt eine Ausgangsspannungsänderung von 250 mV pro Ampere.

In *Abb. 1.5* beträgt der Shuntwiderstand 10 Milliohm, und der IC-Eingang wird durch Widerstände und antiparallel geschaltete Dioden geschützt. Dies deshalb, weil Strom in beide Richtungen fließen und erfasst werden kann. Die Gegenkopplungsbeschaltung muss daher beide Feedback-Pins betreffen. Beim Strom null soll bereits eine Ausgangsspannung von 2 V vorliegen. Das bedeutet 20 mV Versatz an Pin 8 gegenüber Pin 5. Denn die Widerstände sind für eine Verstärkung von 100 ausgelegt. Somit bedeuten −2 A 0 V Ausgangsspannung und 2 A 4 V Ausgangsspannung. Durch die einfache Versorgung kann diese nicht negativ werden. Mit der Schaltung kann man Lade- und Entladeströme von Akkus messen.

In *Abb. 1.6* ist eine weitere interessante Anwendung zu sehen. Es kommen drei moderne Instrumentationsverstärker zum Einsatz. Dieser Aufwand erlaubt die Messung von positiven und negativen Strömen mit Anzeige der Polarität. Auch hier ist der Shuntwiderstand sehr klein. Bei einem Ampere entsteht ein Spannungsabfall von 10 mV. Der obere Verstärker misst positive, der mittlere negative Ströme. Die Eingänge liegen parallel, die Pins sind aber vertauscht. Der untere Verstärker wertet die Polarität aus. Die Kondensatoren bilden mit den Widerständen Tiefpassfilter und sind nur bei Anwendungen erforderlich, wo eine Filterwirkung erzielt werden muss (z. B. Überwachung von Pulsbreitensteuerungen). Die Verstärkung beträgt 100, somit gilt am Ausgang 1 V/A.

In *Abb. 1.7* ist der Einsatz einer bidirektionalen Strommessschaltung in einer Motorsteuer-Brückenschaltung gezeigt.

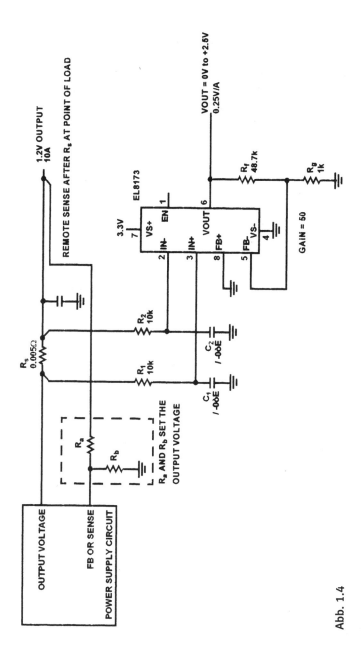

Abb. 1.4

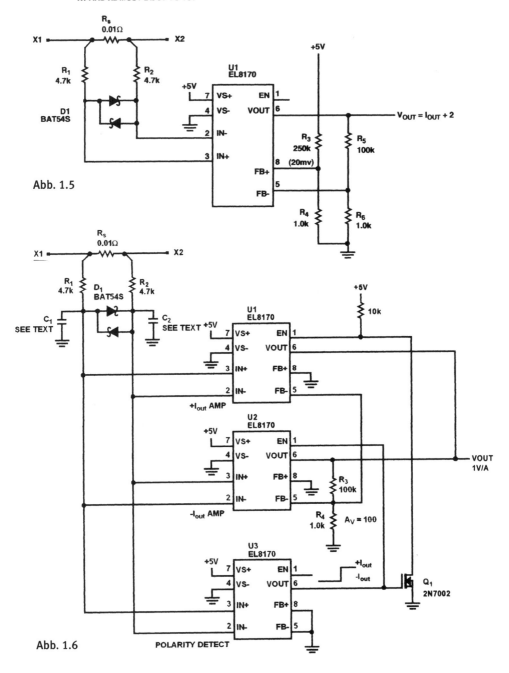

Abb. 1.5

Abb. 1.6

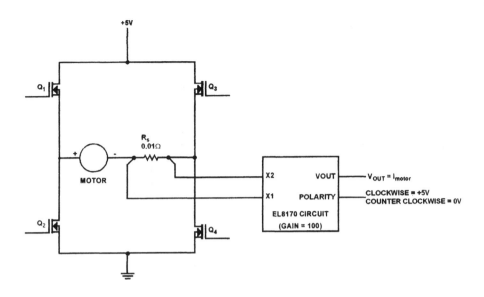

Abb. 1.7

Intersil Application Note 1298

1.4 Interface zur Gleichspannungsmessung mit dem PC

Die 25-polige Sub-D-Buchse zum Druckeranschluss ist auch heute noch an vielen PCs vorhanden. Stattet man einen solchen PC mit der Schaltung nach *Abb. 1.8* aus, kann man vier Gleichspannungen erfassen. Für hohe Werte kann man an den Eingängen die angedeuteten Spannungsteiler anordnen. Die Kondensatoren bewirken zusammen mit den Längswiderständen eine Signalfilterung. Der MAX4164 enthält vier Operationsverstärker, die jeweils als Spannungsfolger geschaltet sind. Der MAX1248 ist ein 10-bit-A/D-Wandler.

Die Betriebsspannung erhält das Interface von der Sub-D-Buchse. Sie wird in der Regel 5 V betragen. Notebooks bieten oft nur etwa 3 V – auch dann arbeitet die Schaltung einwandfrei. Die Stromaufnahme ist hier mit etwa 1 mA sehr gering. Liegt die Quellimpedanz unter 3 kOhm, können die Operationsverstärker entfallen. Andernfalls wird der Vierfach-Operationsverstärker vorgesehen. Er arbeitet auch noch mit 2,7 V, hat Rail-to-Rail-Eingänge und verbraucht nur etwa 100 µA.

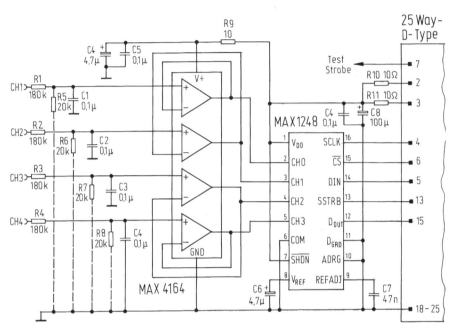

Abb. 1.8

Maxim Application Note 1988

1.5 A/D-Wandler misst Spannungen bis 1000 V

Die Analog-Digital-Wandler CD5521/23, CS5522/24/28 und CS5525/26 besitzen einen chopperstabilisierten programmierbaren Instrumentationsverstärker mit maximal 300 pA Eingangsstrom. Eine Ladungspumpenschaltung ist ebenfalls integriert, um eine negative Versorgungsspannung zu erzeugen. Das macht die Messung massebezogener Spannungen möglich (*Abb. 1.9*). Der Instrumentationsverstärker (PGIA, programmable gain instrumentation amplifier) hat die Low-Level-Eingangsbereiche: +/–25, +/–55 und +/–100 mV. Der Eingangsstrom ist von Sampling-Kondensator und Sampling-Frequenz abhängig. Hält man diese Größen klein, ist auch er gering. Dann ist das Vorschalten eines hochohmigen Spannungsteilers bei geringem Fehler möglich. So kann ein Eingangsspannungsbereich von +/–10 V gemäß *Abb. 1.10* bei nur 0,03 % Fehler erreicht werden. Senkt man den Widerstand gegen Masse, sinkt der Fehler entsprechend. In *Abb. 1.11* wurde der Widerstand auf 1 kOhm vermindert. Mit fünf Widerständen 2 MOhm können nun Spannungen bis zu +/–1000 V gemessen werden, wobei über jedem Widerstand maximal 200 V abfallen.

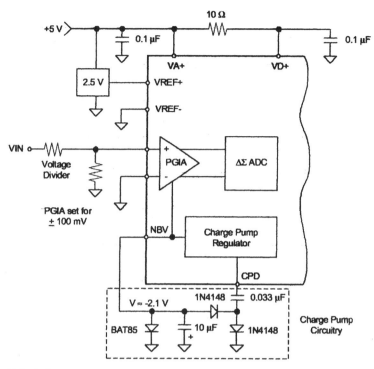

Abb. 1.9

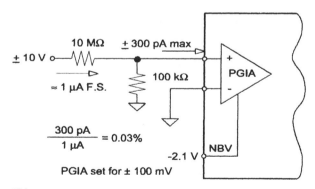

Abb. 1.10

Mit 32,768 kHz Eingangstaktfrequenz ergibt sich eine niedrige Chopperfrequenz von 256 Hz. Das bedeutet nur etwa 100 pA Eingangsstrom bei Zimmertemperatur und maximal 300 pA im industriellen Standardtemperaturbereich.

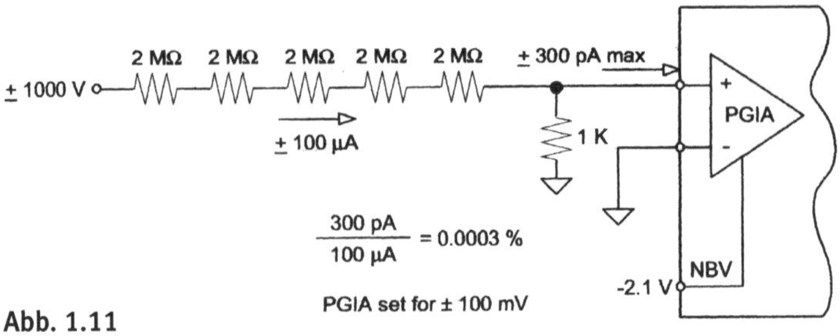

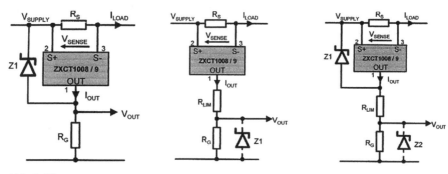

Abb. 1.11

Crystal Application Note 158, Keith Coffey/Jerome Johnston

1.6 Schutzschaltungen für Strommess-ICs

Zur permanenten Strommessung in der Industrie werden oft sogenannte High-Side-Transimpedance-ICs eingesetzt, die es in in einem breiten Typenspektrum gibt. Sie messen den Spannungsabfall über einem Shuntwiderstand zwischen Last und Betriebsspannung. Daher erfassen sie auch einen eventuellen Kurzschlussstrom infolge fehlerhafter Verbindung der Leitung zwischen Shuntwiderstand und Last mit Masse. Bei einer Low-Side-Messung (Shuntwiderstand zwischen Last und Masse) wäre das nicht möglich.

Diese High-Side-Wandler sollten oder müssen in vielen Fällen gegen Überspannung geschützt werden. Weiterhin wird oft ein Schutz der nachfolgenden Schaltung gefordert. In *Abb. 1.12* links ist der Schutz des Strommess-ICs mit einer Z-Diode gezeigt, in der Mitte der Schutz der Last mit Z-Diode und Vorwiderstand. Beide Methoden lassen sich, wie rechts gezeigt, problemlos kombinieren.

Abb. 1.12

Zentex Application Note 39

1.7 Strommess-ICs an hoher Betriebsspannung

Zentex-Strommess-ICs können eine separate Betriebsspannung benötigen, die mindestens 2 V höher als die Betriebsspannung im Messstromkreis ist. Bei kleinem Strom und hoher Betriebsspannung können sie aber auch ohne diese überlastet werden. Über dem Widerstand, welcher den Ausgangsstrom in eine Spannung wandelt, liegt dann nur eine geringe Spannung; fast die volle Betriebsspannung fällt am IC ab.

In einem solchen Fall kann man nach *Abb. 1.13* vorgehen. Die linke Schaltung ist am einfachsten, die mittlere schützt auch vor transienten Überspannungen. Die Designregeln gelten für diese mittlere Schaltung. Die rechte Schaltung arbeitet sehr präzise.

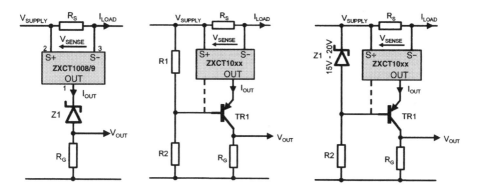

1. Ausgangsstrom I_{OUT} bestimmen oder annehmen (hohe Genauigkeit nicht erforderlich)
2. minimale Betriebsspannung $V_{SUPPLYmin}$ bestimmen
3. maximale Arbeitsspannung V_{MAX} bestimmen

4. Transistor-Basisstrom IB berechnen: $I_B = \dfrac{I_{OUT}}{h_{FE(min)}}$

5. Basiswiderstand RB berechnen:

$$R_B = \frac{(V_{SUPPLY(min)} - V_{DO} - V_{eb})}{I_B} = \frac{(V_{SUPPLY(min)} - V_{DO} - V_{eb}) \cdot h_{FE(min)}}{I_{OUT}} = \frac{R1 \cdot R2}{R1 + R2}$$

6. R1 berechnen: $R1 = \left(\dfrac{V_{SUPPLY(max)}}{V_{SUPPLY(max)} - V_{MAX}} \right) \cdot R_B$

7. R7 berechnen: $R2 = \left(\dfrac{V_{SUPPLY(max)}}{V_{MAX}} \right) \cdot R_B$

Abb. 1.13

Zentex Application Note 39

1.8 Bidirektionale Motorstrommessung

In *Abb. 1.14* ist links eine H-Brücke zur Ansteuerung eines Motors zu sehen, wobei Rechts- und Linkslauf möglich ist. Zur Erfassung dieser Ströme sind zwei Shuntwiderstände und zwei High-Side-Strommess-ICs eingefügt. Diese Konfiguration ist einfach, kommt mit den verbreiteten High-Side-ICs aus, benötigt aber zwei Shunts im Motorstromkreis. Das lässt sich gemäß *Abb. 1.15* vermeiden. Die eingesetzten

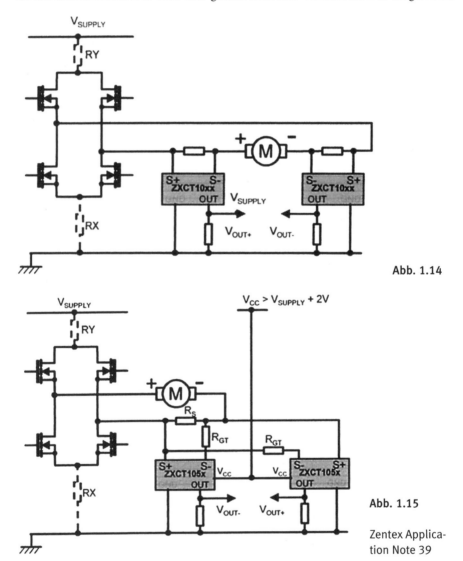

Abb. 1.14

Abb. 1.15

Zentex Application Note 39

ICs ZXCT1050 und ZXCT1051 arbeiten auch im Low-Side-Betrieb und können daher für Antiparallelbetrieb konfiguriert werden. Das erfordert nur einige Zusatzwiderstände. Nun ist allerdings auch eine separate Versorgungsspannung erforderlich.

1.9 Kurzschlussschutz für Strommess-ICs

In *Abb. 1.16* dient der Transistor Q1 dazu, die Spannung an U1 zu reduzieren. Er arbeitet wie eine Z-Diode im Durchbruchsbereich. Q1 ist nicht erforderlich, wenn die Betriebsspannung an U1 unter dessen maximaler Betriebsspannung lt. Datenblatt liegt. Die an R3 abfallende Spannung speist U2, eine einstellbare Spannungsreferenz. Wenn die Spannung am Pin V_{Ref} dieses Bauelements 1,24 V übersteigt, leitet die Referenzquelle und zieht den Open-Collector-Ausgang gegen Masse. Der erforderliche Pull-up-Widerstand kann an Spannungen bis 20 V gelegt werden. Der Vorteil der Nutzung des Bausteins ZR431L als Pegeldetektor gegenüber einem Transistor liegt darin, dass der Schaltpegel unabhängig von Temperaturänderungen und Exemplarstreuungen ist.

Die Empfindlichkeit der Strombegrenzungsschaltung kann über R3 beeinflusst werden. Der Strom, welcher zur Auslösung führt, lässt sich lt. Formel berechnen. In

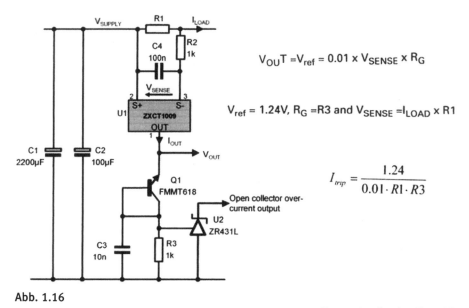

$$V_{OU}T = V_{ref} = 0.01 \times V_{SENSE} \times R_G$$

$$V_{ref} = 1.24V, \ R_G = R3 \ \text{and} \ V_{SENSE} = I_{LOAD} \times R1$$

$$I_{trip} = \frac{1.24}{0.01 \cdot R1 \cdot R3}$$

Abb. 1.16

Zentex Application Note 39

der angegebenen Schaltung beträgt er 5,6 A. C3 bewirkt eine Zeitverzögerung, um Fehlschaltungen vorzubeugen. R2 und C4 sind ein besonders bei induktiven Lasten nützliches Filter.

1.10 Strommmess-IC-Überstromschutz mit Latching

Der Strommmess-IC-Überstromschutz mit Latching nach *Abb. 1.17* teilt sich in drei Stufen. Er ist besonders für Anwendungen mit niedrigen Leistungen geeignet, kann aber leicht für hohe Leistungen ausgelegt werden, indem man für Q5 einen kräftigeren Transistor einsetzt.

Stufe A stellt einen abhängig geboosteten Stromindikator (COCM, compliance-boosted current monitor) dar. Die Z-Diode stellt dabei eine Referenzspannung bereit.

Stufe B ist ein Komparator. Er vergleicht den COMC-Ausgang mit der halben Referenzspannung. Wenn der Ausgang diese überschreitet, steht an R5 nur noch eine sehr geringe Spannung an.

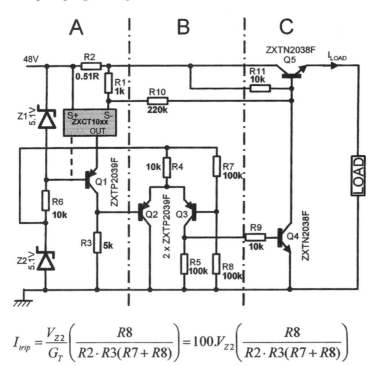

$$I_{trip} = \frac{V_{Z2}}{G_T}\left(\frac{R8}{R2 \cdot R3(R7+R8)}\right) = 100 \cdot V_{Z2}\left(\frac{R8}{R2 \cdot R3(R7+R8)}\right)$$

Abb. 1.17

Zentex Application Note 39

Stufe C ist die Schaltstufe. Bei geringer Spannung an R5 werden Q4 und der Längstransistor Q5 gesperrt. Hierbei ergibt sich eine Verriegelung durch R10. Der Stromindikator kommt in einen Overdrive-Modus. Erst nachdem die Last abgetrennt oder vermindert wurde, ist ein normaler Betrieb wieder möglich. Der zulässige Maximalstrom errechnet sich gemäß der angegebenen Gleichung.

1.11 High-Side-Strommess-IC an hoher Spannung

Ein High-Side Current Sense Amplifier misst den Spannungsabfall an einem Widerstand in einer Stromversorgungsleitung zwischen Betriebspannung und Last, daher der Name. (Eine Low-Side-Messung bedeutet Anschluss des Shuntwiderstands und Strommess-ICs zwischen Last und Masse.) Es gibt praktische Fälle, wo die Spannung am Shuntwiderstand im dreistelligen Voltbereich liegt. Dann müssen besondere Maßnahmen ergriffen werden, um den Einsatz üblicher Strommess-ICs zu ermöglichen.

Eine dieser Maßnahmen zeigt *Abb. 1.18*. Die Schaltung ermöglicht es einem üblichen 32-V-High-Side-Strommess-IC, einen Strom zu messen, der von einer Spannung von 100 bis 250 V getrieben wird. Dieser Strom kann maximal 4 A betra-

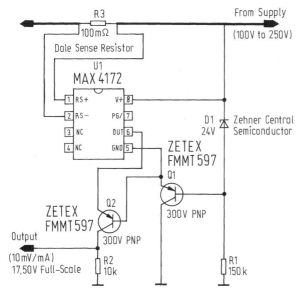

Abb. 1.18

Maxim Application Note 3331

gen. Die spannungsfesten externen Bauelemente fangen die hohe Differenz zwischen der Spannung im Messstromkreis und der Betriebsspannung des ICs ab. Diese beträgt etwa 23,3 V. Der Strom durch die Z-Diode sollte etwa 500 µA betragen und wird durch R1 bestimmt. Ein Maximalwert von 220 kOhm ist möglich.

Die Transistoren bilden eine Stromspiegelschaltung, welche das Ausgangssignal des ICs gegen Masse zur Verfügung stellt. Ab 30 mA Laststrom kann eine Toleranz von 1 % erreicht werden.

1.12 Bidirektionale Strommessschaltung

Der MAX4377 ist ein dualer Strommess-IC für kleine Ströme. Legt man die Eingänge der internen Verstärker über Kreuz an den Shuntwiderstand im Messstromkreis, wird der Strom in jeder Richtung (z. B. Lade- und Entladestrom) erfasst. Ein Ausgang liefert dann eine zum positiven Strom proportionale Spannung, während der andere nahe Masse liegt und umgekehrt. Ein Zweikanal-Analog/Digital-Wandler wird daher für die exakte Auswertung per Mikrocomputer benötigt.

Abb. 1.19 zeigt das. Die Verstärkung jedes internen Operationsverstärkers ist 20. Somit gilt für den Betrag der jeweiligen Ausgangsspannung 20 × Stromstärke × Shuntwiderstand. Beispielhaft ergibt sich bei 0,1 Ohm und 1 A eine Ausgangsspannung von 2 V.

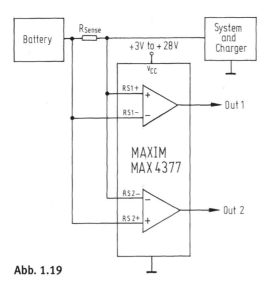

Abb. 1.19

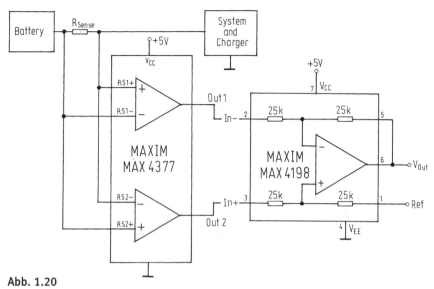

Abb. 1.20

Maxim Application Note 1949

Die Schaltung in *Abb. 1.20* geht einen Schritt weiter. Ein konventioneller Differenz-verstärker fasst nun die beiden Ausgangssignale zusammen. Da auch er an einfacher Betriebsspannung arbeitet, ist eine direkt Differenzbildung nicht möglich, denn dazu müsste er in den negativen Spannungsbereich steuern können. Daher wird eine Referenzspannung z. B. in Höhe der halben Betriebsspannung zugeführt. Dieses Niveau gilt als null. Der MAX4070 enthält diese Differenzstufe bereits.

1.13 Einfache Stromanzeige-Schaltung

Die Schaltung nach *Abb. 1.21* wandelt einen geringen bis hohen Strom in eine proportionale Spannung, welche gegen Masse auftritt. Der Strom fließt durch R1. Bei 1 A entsteht dort ein Spannungsabfall von 100 mV. Die Spannung am Pluseingang sinkt entsprechend. Um diesen Betrag regelt der FET die Spannung am Minuseingang nach, denn im linearen Betrieb ist die Differenzeingangs-Spannung eines Operationsverstärkers immer vernachlässigbar klein. Dies ist mit einem st.omproportionalen Anstieg der Spannung an R3 verbunden.

Das Umsetzverhalten ist von allen drei Widerständen abhängig. Man kann also leicht für den jeweils vorliegenden speziellen Anwendungsfall dimensionieren.

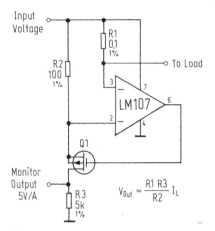

Abb. 1.21

National Semiconductor Application Note 31

1.14 Einfacher bidirektionaler Strommonitor

Die Schaltung nach *Abb. 1.22* stellt einen High-Side-Strommonitor dar – allerdings nicht mit Spezial-IC, sondern mit Operationsverstärker. Der Operationsverstärker ist als Differenzverstärker beschaltet. Wenige Widerstände genügen dazu. Dennoch ist die Schaltung vielseitig nutzbar. Die Spannung V1 muss allerdings innerhalb der Betriebsspannungsgrenzen des Operationsverstärkers liegen. Je nach Stromrichtung wird die Ausgangsspannung positiv oder negativ.

Die sehr hohe Betriebsspannungs-Unterdrückung (120 dB) des OP-77 macht eine Stabilisierung meist überflüssig.

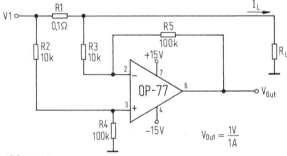

Abb. 1.22

Analog Devices Application Note 106, James Wong

1.15 Strommessschaltung für 100 pA bis 100 µA

Zur Ermittlung von Halbleiter-Sperrströmen oder Elektrolytkondensator-Leckströmen kann die Schaltung nach *Abb. 1.23* eingesetzt werden. Sie verzichtet auf hochohmige Widerstände, sodass die Gefahr der Verfälschung des Messergebnisses durch Verschmutzung oder Feuchtebeschlag nicht besteht. Eine Messtoleranz von 1 % ist möglich.

Der Schlüssel zu hoher Genauigkeit und Temperaturstabilität ist der Operationsverstärker OP-41 mit nur 5 µA Biasstrom. Weiterhin zur Temperaturstabilität trägt das integrierte Transistorpaar MAT-02 bei. Der Operationsverstärker arbeitet in invertierender Grundschaltung. Der Spannungsabfall am Eingang für Vollausschlag liegt bei maximal 500 µV.

Die Kalibrierung ist einfach und beschränkt sich auf die Einstellung des Skalenfaktors mit R4. Dies sollte bei 1 µA Eingangsstrom im entsprechenden Bereich geschehen.

Ein 100-µA-Instrument ist relativ leicht erhältlich, nicht so ein siebenstelliger Drehschalter, weshalb man eventuell auf den größten Bereich verzichten wird.

1.16 High-Side-Strommessung mit Speisespannung als Referenz

Der High-Side-Strom-Spannungs-Wandler AD8210 besitzt zwei Referenzspannungs-Eingänge. Mit einer Referenzspannung kann man sein Ausgangspotenzial für den Nullwert des Stroms auf einen bestimmten Wert vorbestimmen, sodass bidirektionales Messen möglich ist. Man kann die Referenzspannungsquelle sparen, wenn man die Betriebsspannung des nachgeschalteten A/D-Wandlers von 3,3 V nutzt.

In der in *Abb. 1.24* oben gezeigten Beschaltung ist die Ausgangsspannung ohne Strom halb so groß wie die Spannung an Pin 7, also 1,65 V. Die Ausgangsspannung kann sich im Bereich 0,05 bis 4,9 V ändern. D1 hat Schutzfunktion. Falls der Hinstrom kleiner oder größer als der Rückstrom ist, kann diese Schaltung besonders von Vorteil sein. Man legt dann die Eingänge entsprechend an den Shunt.

In der Schaltung unten liegen beide Referenzeingänge an 3,3 V. Dies bedeutet gleiche „Nullspannung" am Ausgang. Allerdings ist nun ein bidirektionaler Betrieb nicht möglich, obwohl der Ausgang dies erlauben würde. Der Strom sollte nur in der eingezeichneten Richtung fließen.

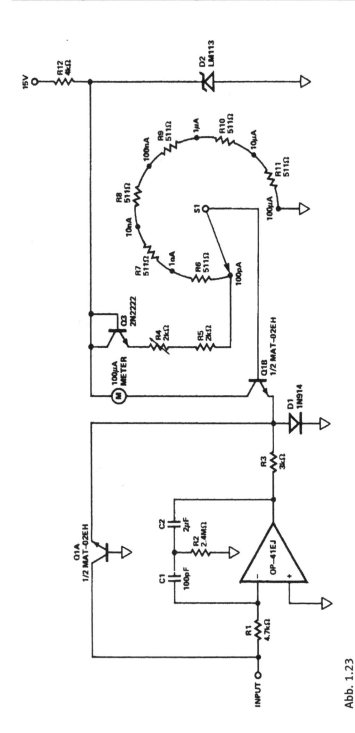

Abb. 1.23

Analog Devices Application Note 106, James Wong

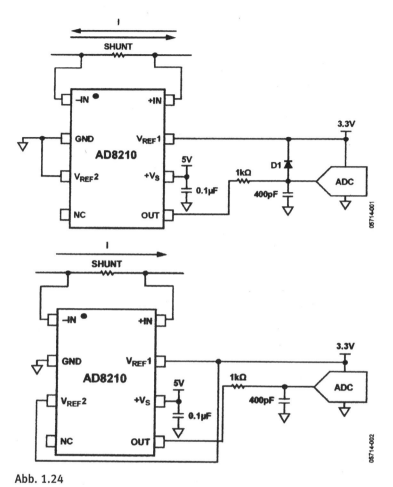

Abb. 1.24

Analog Devices Application Note 815, Henri Sino

1.17 Präzise Low-Side-Strommessung

Die Operationsverstärker AD8638 und AD8639 sind Auto-Zero-Verstärker, regeln also ihre Offsetdrift selbständig aus. Nach *Abb. 1.25* kann man damit beispielsweise eine sehr genaue Strommessschaltung realisieren. Um den empfindlichen Verstärker nicht zu überlasten, wurde der Shunt auf der geerdeten Seite der Last angeordnet. Er arbeitet als normaler Differenzverstärker. Durch die hohe Verstärkung von 1000 ergibt sich eine Ausgangsspannungs-Änderung von 100 mV/mA im Lastkreis.

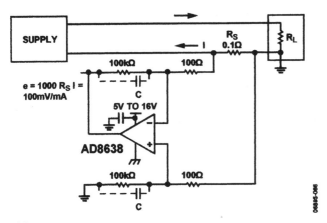

Abb. 1.25

Analog Devices Data Sheet AD8638/AD8639

Eine solch empfindliche und präzise Strommessmöglichkeit hat in der modernen Elektronik vielfältige Anwendungsmöglichkeiten.

1.18 Messung des Stroms aus Quelle mit negativer Spannung

Beispielsweise mit dem High-Side-Strommess-IC MAX4172, welcher eigentlich für die Messung von Strömen aus Quellen mit positiver Spannung entwickelt wurde, kann man auch den Stroms aus einer Quelle mit negativer Spannung messen. Diese Quelle ist links oben in *Abb. 1.26* eingezeichnet.

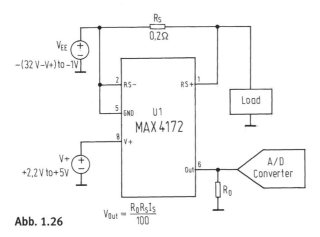

Abb. 1.26 $V_{Out} = \dfrac{R_0 R_S I_S}{100}$

Der MAX4172 erhält eine positive Betriebsspannung von 2,2 bis 5 V. Obwohl ein negativer Strom gemessen wird, erscheint an Pin 6 eine Ausgangsspannung von 1 % der Spannung $R_O \times R_S \times I_S$. Die maximale Ausgangsspannung muss 1,2 V unter der Betriebsspannung an Pin 8 liegen.

1.19 Strommesser mit Digitalanzeige

Der A/D-Wandler-IC ICL7107 gestattet den Anschluss von LED-Siebensegment-Anzeigen. Die Zusatzbeschaltung zum Aufbau einer Strommessschaltung ist – wie *Abb. 1.27* beweist – gering. Die Anzeige ist 3,5-stellig. Man muss auf die Shuntwiderstände achten. Der Widerstand 0,01 Ohm kann ein Stück Kupferdraht mit 1,5 mm Durchmesser und 5 cm Länge sein. Die Widerstände 0,1 und 1 Ohm sollten mit 5 W belastbar sein. Man hat hier natürlich Gestaltungsmöglichkeiten.

Die Schaltung verbraucht etwa 25 mA.

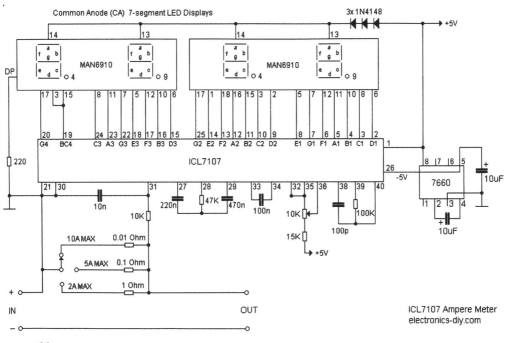

Abb. 1.27

http://electronics-diy.com

1.20 Strommess-IC versorgt sich selbst aus Stromschleife

Die einfache Schaltung in *Abb. 1.28* nutzt einen Low-Current-Drain-Verstärker MAX4073H, um ohne eigene Versorgungsspannung den Strom in einer 4...20-mA-Stromschleife zu messen. Fließen beispielsweise 10 mA durch den 1-Ohm-Shuntwiderstand, so beträgt die Ausgangsspannung 1 V, denn die Verstärkung ist 100. Der IC benötigt selbst nur 500 µA an Versorgungsstrom. Dieser ist nicht Teil des gemessenen Stroms. Daher werden 500 µA zu wenig angezeigt. Damit dieser Fehler recht konstant bleibt und sich also bei Bedarf möglicht vollständig kompensieren lässt, sorgen die Dioden für eine konstante Betriebsspannung.

Die Ausgangsspannung ist mit −50 mV Fehler linear zwischen 350 und 1950 mV.

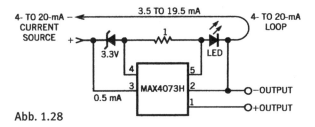

Abb. 1.28

Shyam Tiwari: A 4- to 20-mA loop needs no external power source, EDN, September 13, 2001

1.21 Low-Cost-Strommessschaltung

In der Schaltung nach *Abb. 1.29* kommt ein moderner Strommess-IC aus der Familie INA19x zur Anwendung. Die maximale Spannung von 100 mV über dem Shunt resultiert in einer Spannung von 2 V am Pin OUT. Die Stromquelle mit dem Operationsverstärker und dem MOSFET liefert dann 15 mA (2 V / 133 Ohm = 15 mA).

1.22 Strommessungen mit LTC1392

Der LTC1392 ist ein Mess-IC für Temperatur oder Spannung und benötigt keine oder nur minimale Außenbeschaltung. Es ist ein 10-bit-A/D-Wandler integriert. Mit diesem beträgt der Stromverbrauch 350 µA, ohne den Wandler nur 1 µA.

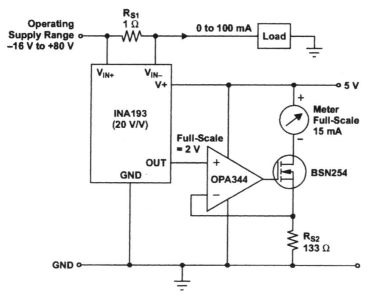

Abb. 1.29

Thomas Kugelstadt: Low-cost current-shunt monitor IC revived moving-coil meter design, Analog Application Journal, 2Q 2006

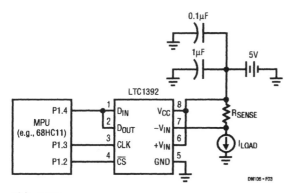

Abb. 1.30

Linear Technology Design Note 106

Abb. 1.30 zeigt eine Beschaltung zur Strommessung. Außer Abblockkondensatoren und dem Shuntwiderstand sind keine externen Komponenten erforderlich.

1.23 Gleichspannungsmessung mit UTI

Der UTI (universal transducer interface) von Smartec ist ein analoger Messwert-Umformer für Signale mit niedriger Änderungsrate. Der UTI-IC arbeitet auf Basis eines pulsbreitenmodulierten Oszillators. Die Sensoren werden direkt angeschlossen, die Messsignal-Auswertung erfolgt mit einem Mikroprozessor. Es genügt eine einzige Signalleitung.

In einer Drei-Zyklen-Technik erfolgt im UTI eine automatische Korrektur des Offsets und der Verstärkung; außerdem wird die Netzfrequenz unterdrückt.

Das UTI kennt je nach Messgröße verschiedene Betriebsarten (Modi). Es ist zwar nicht direkt für die Gleichspannungsmessung vorgesehen, kann aber in der Kapazitätsmessfunktion Gleichspannungen messen. In der Schaltung nach *Abb. 1.31* wird die Betriebsart C23 dafür genutzt. V_X ist die unbekannte Spannung. Eine Referenzspannung V_{Ref} ist erforderlich.

Der Kondensator C_S und die elektronischen Schalter bilden Signalproben (samples) von beiden Größen. Die entsprechenden Ladungen wandelt der UTI in Perioden seiner Ausgangsspannung um.

1.24 Strommessung an Spannungen bis 1 kV

Bei der High-Side-Strommessung mit Direktanschluss des Strommess-ICs erhält dieser (etwa) die Spannung im Messstromkreis als Gleichtaktspannung an seinen Eingängen. Damit ist die Spannung im Messstromkreis in der Regel auf einige 10 V begrenzt.

Man kann in Kreisen mit wesentlich höherer Spannung messen, wenn man in die Messanordnung einen entsprechend spannungsfesten Optokoppler einbringt. *Abb. 1.32* gibt ein Schaltungsbeispiel. Hierbei erfolgt eine separate Versorgung der Schaltkreise IC1 und IC2 vor dem Optokoppler mit 9 V. Der Optokoppler IC3 besitzt zwei Fotodioden und weist hohe Linearität auf. Die Fotodiode auf der „floating" Seite kompensiert die Nichtlinearität der internen LED. Auf der „grounded" Seite arbeitet IC4 als Transimpedanzverstärker.

IC1 liefert 10 mA/V am Shunt. Die Ausgangsspannung ist fünf mal höher als die Spannung am Shunt: $U_{OUT} = I_{SHUNT} \times 0{,}01 \times R1 \times R2$.

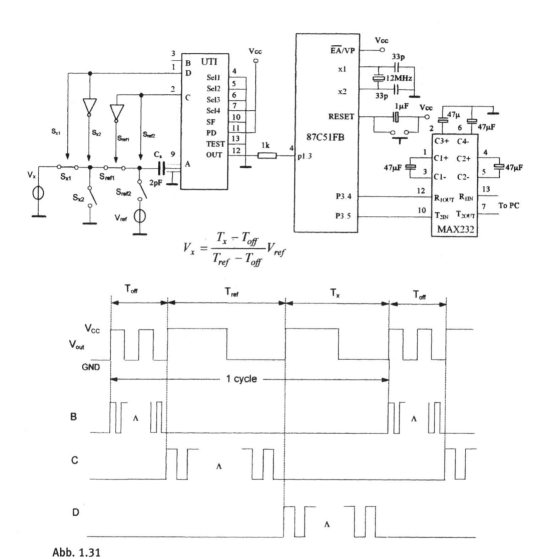

$$V_x = \frac{T_x - T_{off}}{T_{ref} - T_{off}} V_{ref}$$

Abb. 1.31

Application Note of UTI

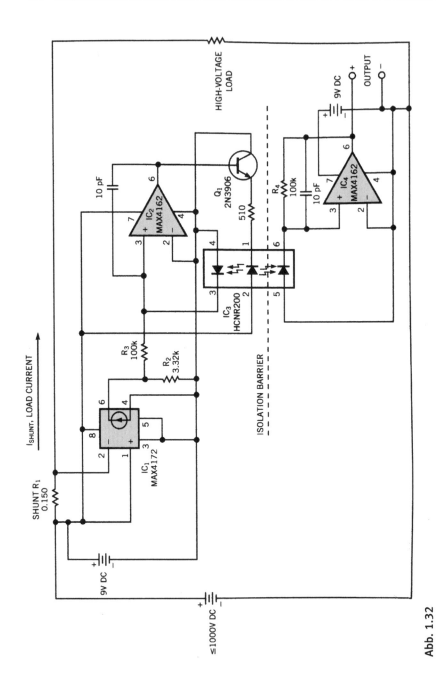

Abb. 1.32

Roger Griswold: Optocoupler extends high-side current sensor to 1 kV, EDN, March 1, 2001

1.25 High-Side-Strommessung an hoher Spannung

Die Strommessschaltung nach *Abb. 1.33* benötigt außer V_{CC} keine (isolierte) Versorgungsspannung. Der Gleichtaktbereich wird nur durch die ausgewählten Transistoren begrenzt.

Q1 und Q2 bilden eine Stromspiegelschaltung. Die Kollektorströme dieser Transistoren sind immer gleich. Diese Ströme werden von der zusätzlichen Stromspiegelschaltung mit Q3 bestimmt. Es gilt $V_O = I_S \times R_S \times R_G / R1$.

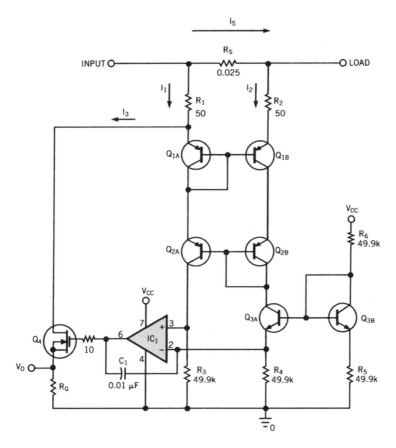

Abb. 1.33

NOTES: IC_1 IS AN MC33202 RAIL-TO-RAIL OP AMP.
Q_1 AND Q_2 ARE SC-88 MBT3906 DUAL PNPs.
Q_3 COMPRISES MBT3904 SC-88 DUAL NPNs.
Q_4 IS A 2N7002 SOT-23 FET.

Bob Bell/Jim Hill: Circuit senses high-side current, EDN, March 1, 2001

1.26 Einfaches zweistelliges Voltmeter

Die in *Abb. 1.34* gezeigte Schaltung ist modern und preiswert. Sie zeigt Spannungen zwischen 10 und 990 mV an. Der PIC16F84A besitzt keinen internen Analog-Digital-Wandler. Daher wird eine klassische RC-Zeitverzögerungs-Beschaltung für die Analog-Digital-Wandlung vorgesehen. Für Q3 ist wegen des bestimmten On-Widerstands die Spezifikation A erforderlich.

C1 und C2 haben lt. PIC-Datenblatt 15...33 pF.

Mit einem 20-MHz-Quarz ist eine dreistellige Anzeige möglich.

Die Firmware ist über www.edn.com/060622di1 zugänglich.

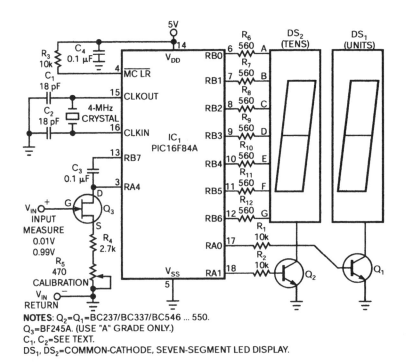

NOTES: $Q_2=Q_1=$BC237/BC337/BC546 ... 550.
$Q_3=$BF245A. (USE "A" GRADE ONLY.)
C_1, $C_2=$SEE TEXT.
DS_1, $DS_2=$COMMON-CATHODE, SEVEN-SEGMENT LED DISPLAY.

Abb. 1.34

Noureddine Benabadji: Microcontroller, JFET form low-cost, two-digit millivoltmeter, EDN, June 22, 2006

1.27 Messung kleiner Ströme

Die Messung kleiner Ströme gestaltet sich oft schwierig. Die Schaltung nach *Abb. 1.35* ist kein Verstärker, sondern ein aktiver Stromreduzierer. Die Reduktion erfolgt mit dem Faktor R2/R1. Wenn das Instrument an der Spannungsquelle also beispielsweise 100 µA anzeigt, fließt durch den Lastwiderstand ein Strom von 100 nA. Die am Laborgerät eingestellte Spannung und die Spannung über dem Lastwiderstand sind gleich, es handelt sich also nicht um eine Stromquelle. Die Last bestimmt den Strom.

Die gestrichelt eingezeichneten Bauelemente sind bei großer Lastkapazität vorteilhafter.

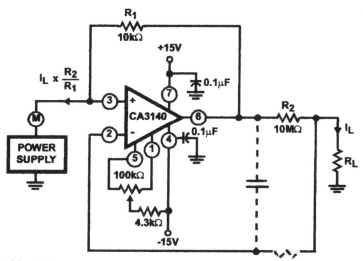

Abb. 1.35

Intersil Data Sheet CA3240, CA3240A

1.28 Pikoamperemeter

Zur Messung von Leckströmen an Kondensatoren oder Sperrströmen an Halbleitern kann die Schaltung nach *Abb. 1.36* dienen. Der besonders niedrige Eingangsruhestrom des modernen Operationsverstärkers CA3420 von typisch 200 fA (0,2 pA) macht sie möglich. Man muss sich allerdings einen 10-GOhm-Widerstand besorgen und die Schaltung äußerst sauber aufbauen, um Kriechströme zu vermeiden.

Der 1-MOhm-Widerstand schützt den Eingang. Der 10-MOhm-Widerstand hält die Eingangskapazität des ICs vom Eingang der Schaltung fern und verhindert Selbstoszillation.

Nullpunkt und Skalierung lassen sich abgleichen.

Statt des CA3420 lässt sich auch der CA5420A einsetzen.

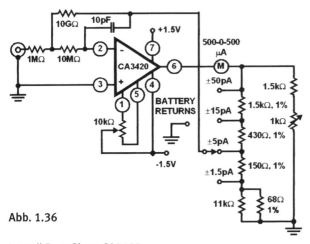

Abb. 1.36

Intersil Data Sheet CA3420

1.29 Voltmeter mit extrem hohem Eingangswiderstand

In der Voltmeterschaltung nach *Abb. 1.37* addieren sich die Widerstände 22 MOhm und 10 MOhm mit dem Differenzeingangswiderstand des Operationsverstärkers zum Eingangswiderstand der Schaltung. Da der IC-Eingangswiderstand extrem hoch ist, kann man die Widerstände vernachlässigen und von einem Eingangswiderstand über 1000 GOhm ausgehen.

Der Stromverbrauch in Nullstellung liegt bei 300 µA. Nullpunkt und Skalierung sind einstellbar.

Die Schaltung lässt sich auch mit dem CA5420A realisieren.

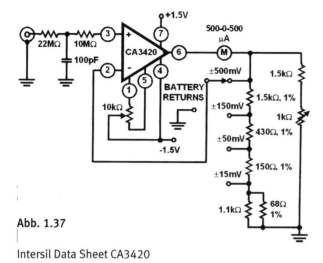

Abb. 1.37

Intersil Data Sheet CA3420

2 Messung niederfrequenter Spannungen

2.1 Driftarmer Spitzendetektor

Die Schaltung nach *Abb. 2.1* hält positive und negative Spitzen der Eingangsspannung für eine gewisse Zeit. Sie benutzt die Operationsverstärker LM101A und LM102, welche eine sehr hohe Temperaturstabilität sichern. Die Dioden vom Typ 1N914 entsprechen dem Typ 1N4148.

Im Wesentlichen handelt es sich um einen Vollwellen-Präzisionsgleichrichter. D2 lädt zusätzlich C2 auf die positiven und invertierten negativen Spitzen auf. Da der Sperrstrom dieser Diode sehr gering und der Eingangswiderstand des LM102 sehr hoch ist, kann C2 sich nur langsam entladen. R2 dient lediglich der Verbesserung der Temperaturstabilität.

Die Schaltung arbeitet bis etwa 10 kHz linear. Der lineare Frequenzbereich hängt von der Größe der Eingangsspannung ab. Diese sollte mindestens einige 10 mV betragen.

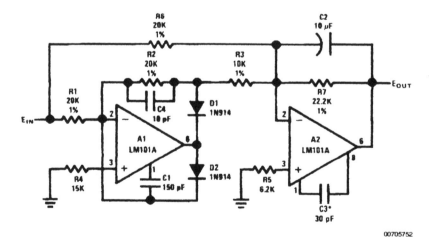

00705752

*Feedforward compensation can be used to make a fast full wave rectifier without a filter.

Abb. 2.1

National Semiconductor Application Note 31

2.2 Präzise arbeitender Vollwellen-Gleichrichter

Operationsverstärker vom Typ LM101A sind besonders driftarm. Ein Beispiel für die Anwendung ist der Vollwellen-Präzisionsgleichrichter mit anschließendem Integrator, welcher in der Literatur schon ausreichend beschrieben wurde.

In *Abb. 2.2* ist nun die Version mit zwei Operationsverstärkern LM101A gezeigt. Die Widerstände R4 und R5 verbessern die Temperaturstabilität. C4 verleiht der Gleichrichtung mehr Schnelligkeit. C2 ist der Integrationskondensator. Die Ausgangsspannung ist proportional zum Spitzenwert der Eingangsspannung.

Bei kleinen Eingangsspannungen ist die Einsatzbandbreite geringer als bei großen.

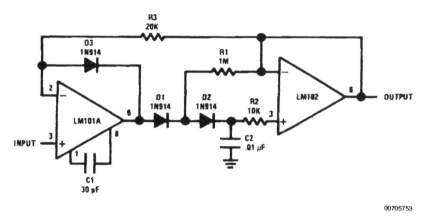

00705753

Abb. 2.2

National Semiconductor Application Note 31

2.3 RMS-zu-DC-Konverter

Einfache Messgeräte, wie die meisten Hand-Digitalmultimeter, orientieren sich bei der Wechselspannungsmessung am Spitzenwert und liefern daher nur bei Sinusform des Messsignals eine exakte Anzeige des Effektivwerts. Soll der Effektivwert weitgehend unabhängig von Kurzvenforum und somit Crest-Faktor des Messsignals richtig angezeigt werden, muss man dieses einer analogen oder digitalen mathematischen Verarbeitung unterziehen. Hierbei wird quadriert und radiziert. Der LTC1966 ist ein preiswerter Baustein, der dies leistet. Man erhält den sogenannten echten Effektivwert (d. h. den Effektivwert in einem weiten Crest-Faktor-Bereich); dafür steht die Abkürzung RMS (root mean square, quadratischer Mittelwert).

Abb. 2.3 zeigt das Blockdiagramm des LTC1966. Die Außenbeschaltung ist minimal und beschränkt sich auf wenige Kondensatoren. In *Abb. 2.4* ist links der Betrieb an +/–5 V dargestellt, rechts der Betrieb an einfachen 2,7 V mit AC-Kopplung und Shutdown-Möglichkeit und unten der Betrieb an +/–2,5 V mit unsymmetrischem DC/AC-Eingang und Chutdown-Möglichkeit.

Der LTC1966 arbeitet mit einem zusätzlichen durch den Frequenzgang bestimmten Fehler von maximal 1 % bis 6 kHz und con maximal 10 % bis 20 kHz. Damit sind Messanwendungen im Audiobereich möglich.

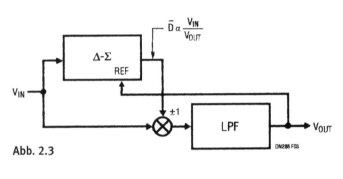

Abb. 2.3

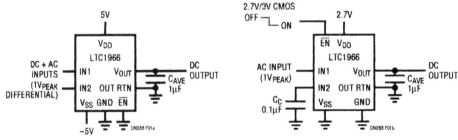

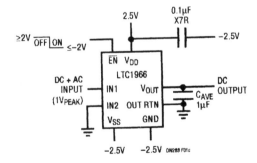

Abb. 2.4

Linear Technology Design Note 288, Glen Brisebois/Joseph Petrofsky

2.4 Präziser Spitzendetektor

Eine sonst unübliche Rückkopplung verleiht der Spitzenspannungs-Messschaltung nach *Abb. 2.5* mehr Genauigkeit. Die beiden Operationsverstärker arbeiten an einfachen 5 V, daher ergibt sich bei Eingangsspitzen über 4 V ein Anzeigefehler. Auch unter 700 mV steigt der Fehler an wegen der Flussspannung der Diode. Der Frequenzfehler hat im Bereich 10 kHz bis 1 MHz ein Maximum bei 100 kHz (−2 %) und bleibt bis 15 MHz im Bereich +/−10 %.

Auch hier wird die Spitzenspannung über eine Diode „gehalten", welche das Rückfließen von Strom aus C1 verhindert. Die Zeitkonstante mit R23 bestimmt das „Halteverhalten". Der nachfolgende Impedanzwandler sorgt für einen niederohmigen Ausgang.

Q1 und die an ihm liegenden Bauelemente machen A1 zu einem Begrenzer. Fällt die Eingangsspannung unter die Spannung an C1, dann wirkt dieses Netzwerk rückkoppelnd. Das erhöht die Reaktionsschnelligkeit der Schaltung. Um diesen Effekt voll auszunutzen, wurden High-Speed-Operationsverstärker eingesetzt.

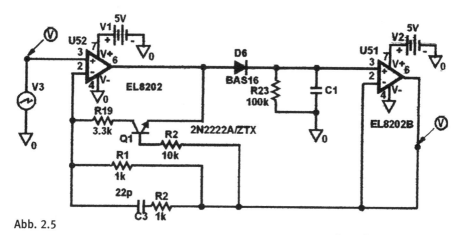

Abb. 2.5

Intersil Application Note 1309

2.5 Einfacher 80-dB-Verstärker

Der AD8639 ist ein dualer Auto-Zero-Verstärker. In *Abb. 2.6* wird gezeigt, wie man damit einen empfindlichen und hochverstärkenden Niederfrequenzverstärker aufbauen kann. Es sind zwei identische invertierende Verstärker in Reihe geschaltet.

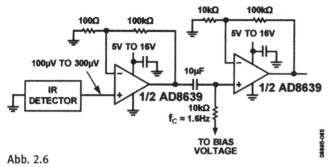

Abb. 2.6

Analog Devices Data Sheet AD8302

Jeder bringt 40 dB. Über den 10-kOhm-Widerstand erfolgt die Nullpunkteinstellung am Ausgang.

Der Verstärker ist sehr temperaturstabil und kann Mess- und Detektorsignale für hochauflösende Analog-Digital-Wandler aufbereiten. Das Funkelrauschen ist sehr gering.

2.6 Ausgangsverstärker für hochauflösende D/A-Wandler

Der Auto-Zero-Operationsverstärker AD8638 kann als Ausgangsverstärker für 16-bit-Digital-Analog-Wandler eingesetzt werden. Ein solcher DAC hat eine Auflösung von 38 µV, wenn er an 2,5 V arbeitet. Sein Ausgangswiderstand liegt im

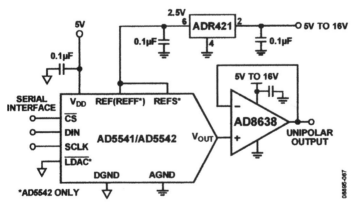

Abb. 2.7

Analog Devices Data Sheet AD8302

Kiloohmbereich (z. B. 6 kOhm). Der folgende Impedanzwandler muss also besonders kleine Störgrößen haben (Eingangsruhestrom, Offsetspannung) und sollte
zudem möglichst wenig driften. Mit dem AD8638 werden diese Bedingungen
erfüllt.

2.7 Messung von Audiosignalen

In dem Messgerät nach *Abb. 2.8* sind die Schaltung eines Messgeräts für VU
(volume unit) und ein PPM (peak programme meter) vereinigt, also eine Anzeige
der mittleren Lautstärke (VU) ebenso wie der Lautstärkespitzen (peak). Man schaltet dazu nur die Glättungskapazität um.

Mit UA1A erfolgt eine Anpassung an den aktuellen Pegel. Die Zweiweg-Gleichrich-
tung gelingt durch Signalinversion mit UA1B. Auf die Glättungskapazität folgt ein
Impedanzwandler mit Q1, in dessen Emitterkreis das mit einem RC-Glied über-
brückte Anzeigeinstrument liegt.

Die Schaltung wird an +/−15 V betrieben.

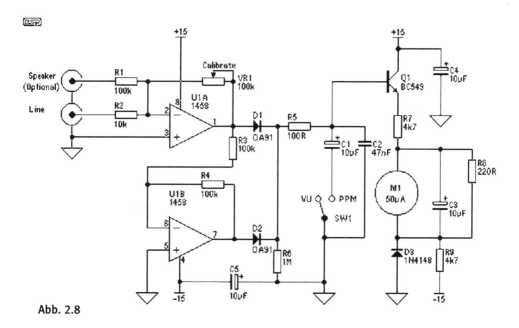

Abb. 2.8

Rod Elliot: VU and PPM Audio Metering, http://sound.westhost.com/projects.htm

2.8 Lautstärke-Anzeige

Die in *Abb. 2.9* vorgestellte Schaltung ist zum Einsatz im Zusammenhang mit einem Audioverstärker vorgesehen. Man kann sie aber auch z. B. an eine Soundcard schalten. Entscheidend ist die Veränderung der Stellung des Lautstärkereglers.

Die Schaltung erfordert kein externes Taktsignal, denn dieses wird aus dem LSB (lowest significant bit) abgeleitet. Dies geschieht mithilfe zweier Differenzier-Netzwerke (R9/C1 und R10/C2), welche die Frequenz des LSB-Signals verdoppeln.

Um zu gewährleisten, dass die Zähler der Anzeige mit dem Lautstärkeregler synchron laufen, werden die vom Verstärker gelieferten Signale U /D, Vorwärts /Rückwärts und Preset benutzt.

2.9 Aktive Vollwellen-Gleichrichter

Der CA3130 ist ein 15-MHz-BiMOS-Operationsverstärker. Die *Abb. 2.10* zeigt eine Applikation als Vollwellen-Gleichrichter. Dies ist bei Single-Supply-Betrieb mit einer Diode möglich. Eine Halbwelle wird übertragen, die andere verstärkt und invertiert. Mit R3 können die Spitzenwerte im Ausgangssignal gleich gemacht werden.

Der CA3140 ist ein 4,5-MHz-BiMOS-Operationsverstärker. In der in *Abb. 2.11* gezeigten Schaltung arbeitet er nach dem gleichen Prinzip, nur die Werte sind etwas anders. Die positive Halbwelle setzt sich über die Gegenkopplungs-Widerstände zum Ausgang der Schaltung durch, während die Diode sperrt. Die negative Halbwelle wird hingegen invertierend verstärkt.

Genau genommen findet eine Gleichrichtung gar nicht statt.

2.10 Diodenloser Vollwellen-Gleichrichter

Es gibt verschiedene Konzepte, einen Gleichrichter ohne Dioden zu realisieren. Das in *Abb. 2.12* gezeigte ist originell, denn es setzt auf einen Komparator und einen Multiplexer. Der High-Speed-Komparator mit typisch 9,5 ns Verzögerungszeit sorgt bei positiver Halbwelle für die eingezeichnete Schalterstellung. Die Halbwelle erscheint dann am Ausgang. Bei negativer Halbwelle arbeitet der Verstärker invertierend. Die Verzögerungszeit des Multiplexers beträgt typisch 20 ns.

Abb. 2.9

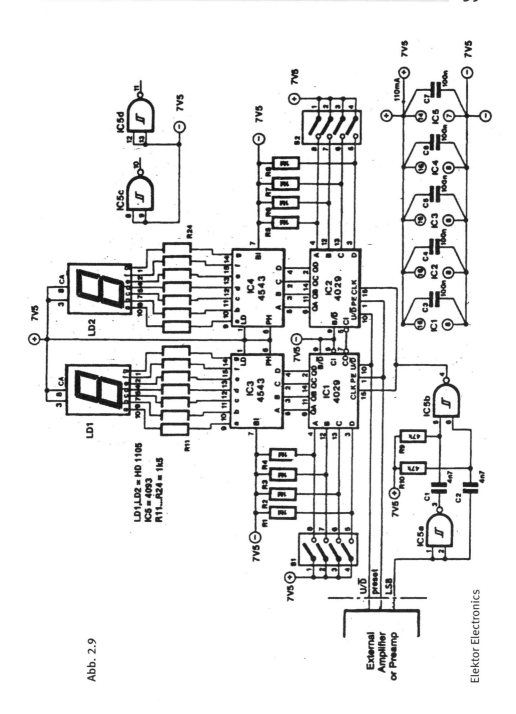

Elektor Electronics

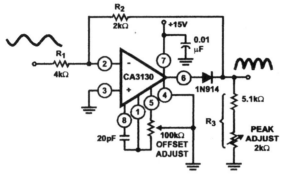

$$\text{Gain} = \frac{R_2}{R_1} = X = \frac{R_3}{R_1 + R_2 + R_3}$$

$$R_3 = R_1 \left(\frac{X + X^2}{1 - X} \right) \qquad \text{For } X = 0.5: \ \frac{2K\Omega}{4k\Omega} = \frac{R_2}{R_1}$$

$$R_3 = 4k\Omega \left(\frac{0.75}{0.5} \right) = 6k\Omega$$

20V$_{P-P}$ Input: BW(-3dB) = 230kHz, DC Output (Avg) = 3.2V
1V$_{P-P}$ Input: BW(-3dB) = 130kHz, DC Output (Avg) = 160mV

Abb. 2.10

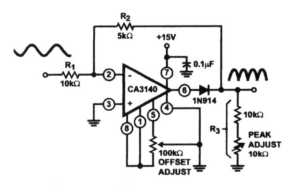

$$\text{GAIN} = \frac{R_2}{R_1} = X = \frac{R_3}{R_1 R_2 + R_3}$$

$$R_3 = \left(\frac{X + X^2}{1 - X} \right) R_1$$

$$\text{FOR } X = 0.5 \ \frac{5k\Omega}{10k\Omega} = \frac{R_2}{R_1}$$

$$R_3 = 10k\Omega \left(\frac{0.75}{0.5} \right) = 15k\Omega$$

20V$_{P-P}$ Input BW (-3dB) = 290kHz, DC Output (Avg) = 3.2V

Abb. 2.11

Intersil Data Sheet CA3240, CA3240A

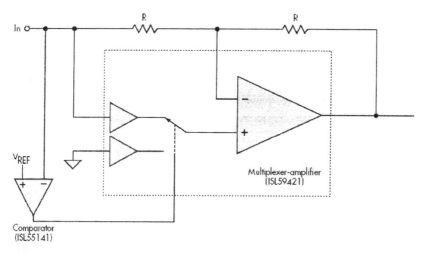

Abb. 2.12

Tamara Papalias: High-Speed Full-Wave Rectifier Requires No Diodes, Few Parts, EDN
June 7, 2007

Die Schaltung weist keinen pegelabhängigen Frequenzgang auf wie konventionelle
aktive Gleichrichter. Die Gesamtverzögerung liegt bei 30 ns. Ein 500-kHz-Signal
wird noch gut verarbeitet.

2.11 Verbesserter passiver Gleichrichter

Das Leistungsvermögen eines passiven Gleichrichters mit vor- und nachgeschalte-
tem Impedanzwandler (hoher Eingangswiderstand/geringer Ausgangswiderstand)
kann durch eine Rückkopplung verbessert werden.

Ein entsprechendes Schaltungsbeispiel ist in *Abb. 2.13* dargestellt. Das Rückkopplungs-Netzwerk besteht aus dem npn-Transistor und seiner Beschaltung und wirkt
im Schalterbetrieb. Liegt der Augenblickswert der Eingangsspannung unter dem
Mittelwert der Spannung an der Kathode, dann wird die Rückkopplung aktiv. Ist
der Augenblickswert größer als der Mittelwert, dann sperrt der Transistor. Die
Rückkopplung hat also Begrenzerfunktion.

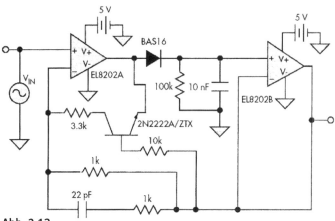

Abb. 2.13

Tamara Papalias/Mike Wong: Adding Feedback Boosts Peak Detector's Precision

2.12 Messung des echten Effektivwerts der Netzspannung

Um den echten Effektivwert der Netzspannung zu messen, muss man diese Spannung heruntertransformieren oder teilen, denn RMS to Voltage Converters, wie LTC1966, 1967 und 1968, können maximal nur einige Volt verarbeiten.

In *Abb. 2.14* wird herabtransformiert. Die obere Wicklung liefert die symmetrische Speisespannung für die Messelektronik, die untere stellt ein Abbild der Netzspannung zur Verfügung. Mit dem Potentiometer oder Trimmer 1 kOhm erfolgt der Abgleich auf Entwert. Die Restwelligkeit der Ausgangsspannung des LTC1966 wird geglättet; der Operationsverstärker verstärkt zweifach und wirkt vor allem als Puffer.

In *Abb. 2.15* ist eine andere Möglichkeit für die galvanische Trennung dargestellt. Hier liegt die Messschaltung einschließlich Eingangskondensator und Spannungsteiler direkt am Netz. Daher muss eine isolierte Versorgung erfolgen. Hierzu dient der obere Schaltungsteil mit dem Generator, der sein Signal über einen spannungsfesten Transformator auf einen Gleichrichter und Begrenzer gibt.

Mit den gewonnenen 5 V werden zwei Optokoppler, der LTC2000, der LT1006, der LTC1967 und der LT6650 versorgt. Die Optokoppler isolieren die Datenausgänge. Der RMS to Voltage Converter steuert nämlich einen selbstgetakteten A/D-Wandler mit seriellem Ausgang an.

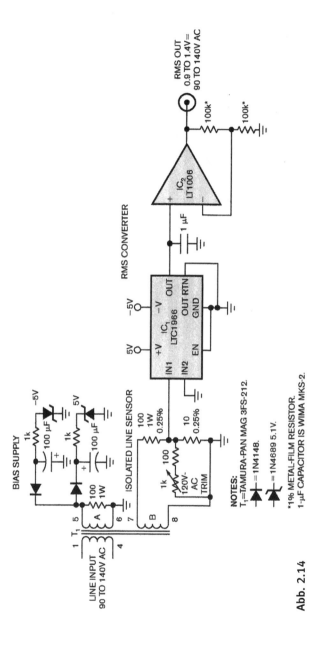

Abb. 2.14

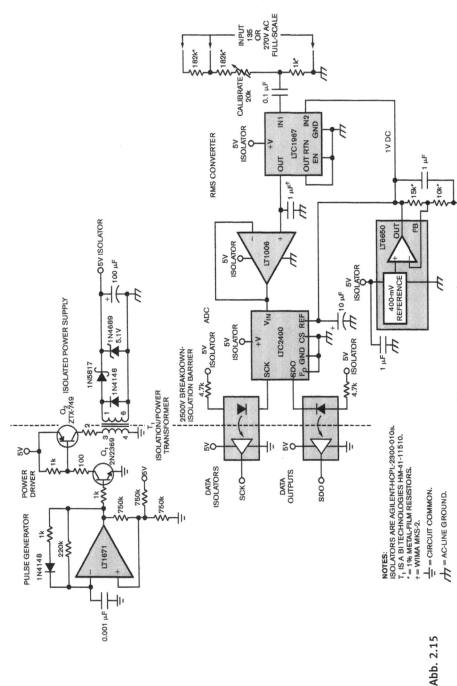

Abb. 2.15

Jim Williams: Designing instrumentation circuity with rms/dc converters, EDN, February 1, 2007

2.13 Messung des echten Effektivwerts sehr keiner Spannungen

Um den echten Effektivwert sehr kleiner Spannungen (maximal 1 mV) mit einem RMS to Voltage Converter messen zu können, muss man diese Spannungen kräftig verstärken. Der Converter IC liefert erst ab einem gewissen Pegel richtige Ergebnisse (frequenzabhängig).

Abb. 2.16 zeigt einen Vorverstärker, welcher mit Faktor 1000 verstärkt. Man kann zwischen zwei Pfaden wählen, einer für niedrige, der andere für höhere Frequenzen (bis 650 kHz mit 3 dB Abfall).

Wegen des Messbereichs 0...1 mV werden chopperstabilisierte Operationsverstärker eingesetzt. Die minimale Eingangsspannung beträgt 15 µV.

In der Schaltung nach *Abb. 2.17* gelangt das Eingangssignal nicht sofort zu einem Operationsverstärker, sondern passiert erst einen Puffer. Dies sichert einen besonders hochohmigen Eingang bei geringem Eigenrauschen. Die folgenden Operationsverstärker sind in der Verstärkung über kleine Relais schaltbar. Auch hier gibt es hochohmige Steuereingänge mit FETs.

Das Ausgangsfilter ist aktiv.

Die minimale Eingangsspannung beträgt 20 µV. Die −3-dB-Bandbreite liegt bei 500 kHz (verstärkungsabhängig).

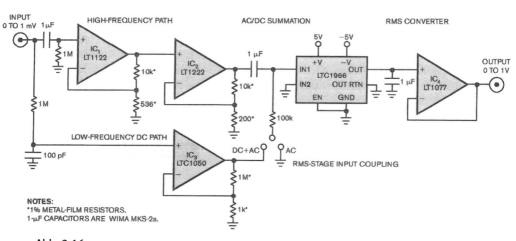

Abb. 2.16

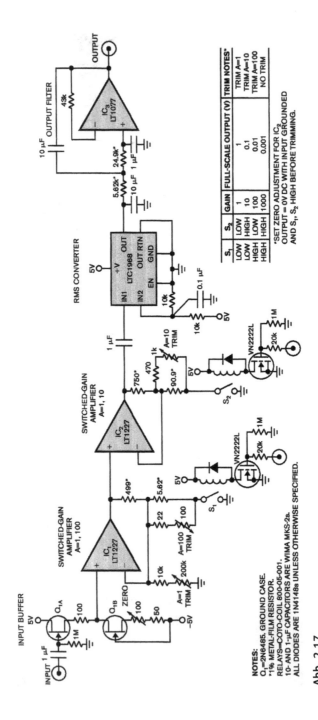

Abb. 2.17

Jim Williams: Designing instrumentation circuitry with rms/dc converters, EDN, February 1, 2007

3 Messung hochfrequenter Spannungen

Vorbemerkung

In der Hochfrequenztechnik sind linear und logarithmisch arbeitende Spannungs-
messgeräte bekannt. Erste zeigen in der Grundeinheit Volt oder Millivolt an, zweite
liefern ab einem bestimmten Eingangspegel einen festen Strom- oder Spannung-
sanstieg pro dB (z. B. 25 mV/dB). Sie lassen sich also sowohl in dBμ (Bezug: 1 μV)
als auch dBm (Bezug: 1 mW) kalibrieren, man spricht von Pegelmessern. Diese
Pegelmesser sind also im Prinzip Spannungs- und Leistungsmesser. Das ist exemp-
larisch in *Abb. 3.1* dargestellt: oben die dBV-, unten die dBm-Einteilung. Denn ein
Vorteil der Dezibel-Rechnung besteht darin, dass eine dB-Angabe sowohl die Span-
nungs- als auch die dazugehörige Leistungsänderung beschreibt. Beispielsweise
bedeutet ein Spannungsverhältnis von 10 auch ein Leistungsverhältnis von 100 und
beides 20 dB. Voraussetzung ist ein 50-Ohm-Eingang. Es scheint vernünftig, Pegelmesser in erster Linie als Leistungsmesser anzusehen, denn dBm-Angaben sind in
der Hochfrequenztechnik verbreiteter als dbμ-Angaben. Sie wurden daher ins
nächste Kapitel eingeordnet.

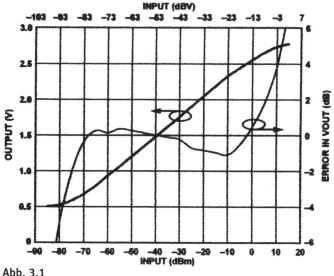

Abb. 3.1

3.1 Messung des echten Effektivwerts mit LTC12968

Seit geraumer Zeit stehen relativ preiswerte integrierte Schaltungen zur Verfügung, welche auch bei Signalfrequenzen über 1 MHz weitestgehend von der Signalform unabhängig den echten Effektivwert ermitteln können. Einer dieser Bausteine ist der LTC1968. Er unterscheidet sich bezüglich Bandbreite wesentlich von seinem Vorgänger LTC1966, hat aber den gleichen Grundaufbau und wird identisch angewandt. Der LTC1968 macht bis 150 kHz einen zusätzlichen Frequenzfehler von nur 0,1 %. Bis 500 kHz hält sich dieser Fehler unter 1 %. Die +/–3-dB-Bandbreite liegt bei 15 MHz und ist etwas von der Eingangsspannung abhängig.

Abb. 3.2 informiert zu Eingangsbeschaltung und Betriebsspannung. Jeweils liegt eine AC-Kopplung vor. Links arbeitet der RMS to DC Converter an einer gesplitteten Betriebsspannung. In der Mitte ist die Beschaltung für Betrieb an einfacher Versorgungsspannung gezeigt. Wenn die Eingangsspannung von einer Gleichspannung etwa in Höhe der halben Betriebsspannung überlagert ist, kann man auf den Spannungsteiler an Pin 3 verzichten und schaltet dann den Koppelkondensator von Pin 3 nach Masse, wie rechts gezeigt.

Das Ausgangssignal des LTC1968 ist besonders bei niedrigen Frequenzen nicht frei von Welligkeit. Man kann diese unterdrücken und gleichzeitig einen niedrigeren Ausgangswiderstand erzielen, wenn man einen aktiven Tiefpass nachschaltet – siehe *Abb. 3.3*. Der Kondensator C_{AVE} (10 μF) bildet zudem mit dem Innenwiderstand des Converters von 12,5 kOhm einen Tiefpass und kann grundsätzlich zur Glättung vorgesehen werden. Die kleine Tabelle zeigt die durch das Filter verursachten Zusatzfehler mit vier Operationsverstärker-Typen.

Abb. 3.4 zeigt ein alternatives Filter. Hier können die Operationsverstärker-Offsetgrößen das Ausgangssignal nicht verfälschen. Der Ausgangswiderstand beträgt nun

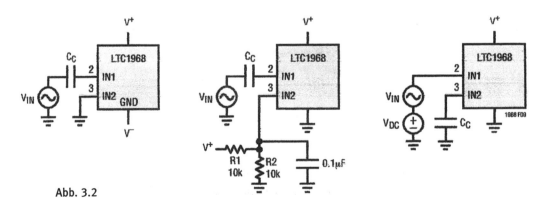

Abb. 3.2

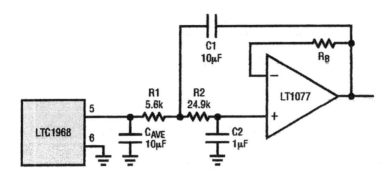

OP AMP	LT1494	LT1880	LT1077	LTC2054
LTC1968 V_{OOS}	±750µV			
V_{IOS}	±375µV	±150µV	±60µV	±3µV
$I_{B/OS} \cdot R$	±11µV	±48µV	±48µV	±13µV
TOTAL OFFSET	±1.1mV	±940µV	±858µV	±766µV
R_B VALUE	43k	SHORT	43k	SHORT
I_{SQ}	1µA	1.2mA	48µA	150µA

Abb. 3.3

1968 F12

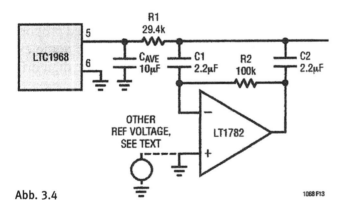

Abb. 3.4

1068 F13

aber 41,9 kOhm. Der Operationsverstärker kann an einfacher Spannung arbeiten. Die Referenzspannung muss dann mindestens so groß sein wie der Betrag der minimalen negativen Betriebsspannung des Operationsverstärkers.

In *Abb. 3.5* ist der erwähnte Kondensator am IC-Ausgang zu sehen. Der Betrieb an einfacher Spannung ohne Zusatzbeschaltung und ohne DC-Überlagerung des Eingangssignals ist möglich, wenn das Messsignal symmetrisch zur Verfügung steht. Man führt es über einen Koppelkondensator zu.

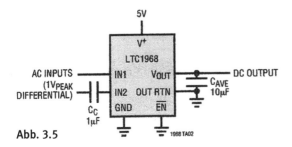

Abb. 3.5

RMS Noise Measurement

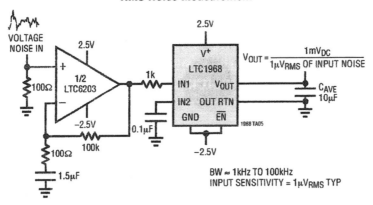

Abb. 3.6

Linear Technology LTC1968 Precision Wide Bandwith, RMS-to-DC Converter

Abb. 3.6 zeigt eine Schaltung zur Rauschspannungsmessung. Die Rauschspannung muss größer als 1 μV sein. Das Rauschen wird vom Operationsverstärker mit Faktor 1000 verstärkt. Der LTC1968 bildet den echten Effektivwert. Er liefert 1 mV DC bei 1 μV Rauschspannung am Eingang.

3.2 Messung des echten Effektivwerts mit AD636

Die Firma Analog Devices produziert schon seit langem den bewährten IC AD636 im DIP-14-Gehäuse oder TO-100-Rundgehäuse. *Abb. 3.7* zeigt Innenaufbau und Außenbeschaltung des ICs zugleich. Der „True-RMS-to-DC Converter" zeichnet sich durch folgende Eigenschaften aus:

- 200 mV Skalenendwert

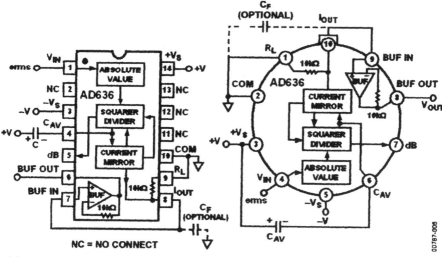

Abb. 3.7

- lasergetrimmt auf maximal 1 % Fehler
- 3-dB-Bandbreite von Eingangsspannung abhängig
- beim Crest Factor 6 nur 0,5 % Zusatzfehler
- dB-Ausgang mit 50 dB Umfang
- typ. 0,8 mA Ruhestrom
- Versorgung mit einfacher Spannung möglich

Man muss also für Eingangsspannungen im Bereich 0...200 mV sorgen. Ein Crest Factor von 6 bedeutet schließlich schon eine erheblich höhere Spitzenspannung! Die einfache Betriebsspannung kann im Bereich 5...24 V liegen. Ein- und Ausgang der ICs sind sehr gut geschützt (gegen Überspannung bzw. Kurzschluss). Die Spitzen der Eingangsspannung dürfen so groß sein wie die Versorgungsgleichspannung, maximal aber nur 12 V.

Für die 3-dB-Frequenz gelten folgende Eckdaten:

- Eingangsspannung 10 mV: typ. 100 kHz
- Eingangsspannung 100 mV: typ. 900 kHz
- Eingangsspannung 200 mV: typ. 1,5 MHz

Abb. 3.8 bringt dazu die Ergebnisse einer Messung. Die einfachen Schaltungen wandeln ab 7 mV Eingangsspannung korrekt. Der Anwender hat drei verschiedene Ausgangssignale zur Verfügung, hier bezogen auf den Typ im Rundgehäuse:

- Pin 7: Wandlungsfaktor −3 mV/dB

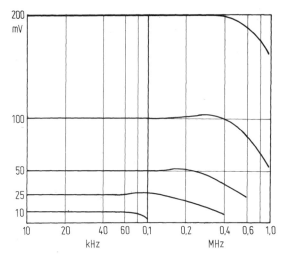

Abb. 3.8

Verdoppelt sich die Eingangsleistung, sinkt diese Spannung um 9 mV. Man benötigt für genaue Messungen eine Anzeigeauflösung von 0,1 mV. Dies leisten bereits preiswerte Multimeter.

- Pin 10 (Pin 1 frei): Wandlungsfaktor 100 μA/V

Verdoppelt sich die Eingangsleistung, steigt der Ausgangsstrom um 41 %. Mit einem Multimeter kann man den Strom genau messen.

- Pin 9 (Pin 1 an Masse) oder Pin 8: Wandlungsfaktor 1

Der Strom aus Pin 10 fließt über den internen Widerstand nach Masse. 100 μA erzeugen einen Spannungsabfall von 1 V. Die Gleichspannung hier entspricht somit der RMS-Eingangsspannung. Hier kann man bequem mit einem digitalen Multimeter im 200-mV-Bereich messen.

Abb. 3.9 zeigt die Empfindlichkeitsverringerung mit einem Vorwiderstand und die Möglichkeit der Justage der Ausgangs-Nullspannung. *Abb. 3.10* zeigt die Beschaltung für Betrieb an einfacher Versorgungsspannung.

Zum Nachbau aller Schaltungen genügt eine kleine Lochrasterplatine. Da die ICs bis 1,5 MHz arbeiten, müssen noch zwei Abblockkondensatoren 10 nF gegen Masse geschaltet werden. Der Eingangswiderstand liegt bei 7 kOhm. Unverzichtbar ist der Kondensator zwischen Pin 3 und 6 des TO-100-Typs. Siehe hierzu *Abb. 3.11*. Nimmt man einen 1-μF-Elko, beträgt der Wandlungsfehler über 300 Hz maximal 1 %. Daher sollte 1 μF der Mindestwert sein.

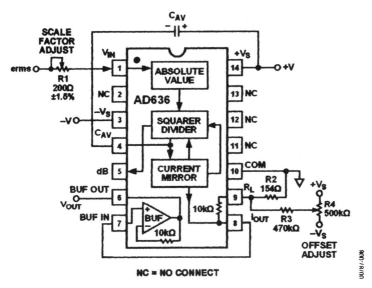

Abb. 3.9

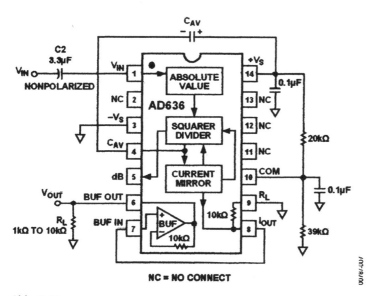

Abb. 3.10

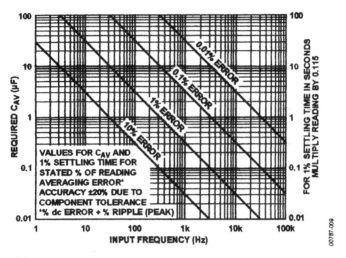

Abb. 3.11

3.3 Messschaltungen mit AD813x und ADC

Der AD813x weicht von herkömmlichen Operationsverstärkern ab, denn er besitzt einen zusätzlichen Eingang und einen zusätzlichen Ausgang. Die Spannung am zusätzlichen Eingang steuert die Gleichtaktspannung am Ausgang. Die beiden Ausgangsgangsanschlüsse stellen einen Differenzausgang dar. Dies bedeutet, dass zwei Rückkopplungszweige eingesetzt werden. Der AD813x kann mit Einsverstärkung laufen und hat dann eine −3-dB-Bandbreite über 300 MHz. Bei einer Verstärkung von 10 reduziert sich diese Bandbreite auf etwa 20 MHz.

Der AD813x eignet sich aufgrund seiner sehr guten Offset- und Drifteigenschaften hervorragend als Impedanzwandler vor Analog-Digital-Wandlern. *Abb. 3.12* zeigt ihn vor einem 12 bit/40 MSPS ADC. Dessen Eingangsspannungs-Bereich ist hier für 4 V Spitze-Spitze ausgelegt. Die Gleichtaktspannung des Differenzausgangs des AD813x wurde auf 2,5 V eingestellt. Mit einer Sampling Rate von 20 MHz kann ein 5-MHz-Signal sauber verarbeitet werden.

Die ähnliche Schaltung nach *Abb. 3.13* arbeitet mit 3 V statt 5 V Betriebsspannung. Dies harmoniert mit 10 bit Auflösung des ADCs. Der zusätzliche Eingang erhält 1,5 V; die Ausgangsspannungen an jedem Pin würden bei Übersteuerung symmetrisch begrenzt werden. Der Dynamikbereich ist maximal. Am Operationsverstärker-Ausgang liegen zwei RC-Filter. Signale mit Frequenzen bis zu einigen Megahertz können korrekt umgesetzt werden.

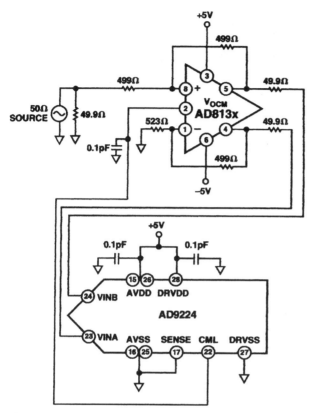

Abb. 3.12

3.4 Präziser Gleichrichter für HF

Der schnelle Spezial-Operationsverstärker AD831x erlaubt auch den Aufbau eines aktiven Messgleichrichters mit hoher Einsatzbandbreite. Wie leicht aus *Abb. 3.14* ersichtlich, werden dabei die Dioden nicht in die Gegenkopplung einbezogen. Im Grunde bereitet der Operationsverstärker das Signal nur auf. Der Differenzausgang ermöglicht dabei die Vollwellen-Gleichrichtung. Ein Kondensator parallel zu R_L kann eine Glättung bewirken, die in den meisten Fällen gewünscht wird. Ohne Kapazität erhält man aber einen einfachen Verdoppler für Ausgangsfrequenzen bis über 600 MHz. Auch mit Dioden 1N4148 statt der Schottky-Dioden sollten sich gute HF-Eigenschaften ergeben.

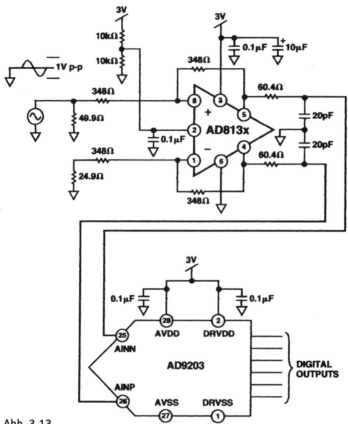

Abb. 3.13

Analog Devices Application Note 584

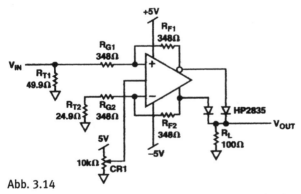

Abb. 3.14

Analog Devices Application Note 584

3.5 Spannungsmessung mit TruPwr Detection IC

Der AD8361 ist ein RMS to DC Converter mit einem Einsatzfrequenzbereich bis 2,5 GHz. Der 50-Ohm-Eingang darf mit maximal 700 mV/10 dBm belastet werden. Der Eingangs-Dynamikbereich ist 30 dB. Die Temperaturstabilität ist mit 0,25 dB Toleranz ungewöhnlich gut. Allerdings ist das Übertragungsverhalten nennenswert frequenzabhängig.

Der Baustein benötigt einfache 2,7 bis 5,5 V bei 11 mA Stromverbrauch. Er ist mit dem Gehäusen SOT-23 (small outline transistor) und MSOP (mini small outline package) erhältlich.

Mit dem AD8361 sind drei Referenzmodis möglich, beispielsweise der Ground Mode mit Nullwert der Ausgangsspannung ohne Eingangssignal. *Abb. 3.15* zeigt die grundsätzliche Beschaltung. Der Eingangswiderstand beträgt 225 Ohm. C_C wirkt mit dem Eingangswiderstand als Hochpass. Dies ist das einzige Bauelement, welches der Anwendung angepasst werden sollte. Beträgt C_C 1 µF, so ist die −3-dB-Grenzfrequenz 700 Hz. Somit können Signale ab 3,5 kHz praktisch ohne Fehler verarbeitet werden.

Der Hersteller bezeichnet den AD8361 als TruPwr Detection RFIC, was auf Leistungsmessung hindeutet. Das ist etwas irreführend, denn er arbeitet linear. Er liefert beispielsweise bei 100 mV RMS-Eingangsspannung 550 mV bei 2,5 GHz und 800 mV bei 100 MHz. Die DC-Ausgangsspannung nimmt proportional zur Eingangsspannung zu: 200 mV am Eingang bedeuten 1,1 V (2,5 GHz) oder 1,6 V (100 MHz) am Ausgang, daher auch ein kleiner Dynamikbereich.

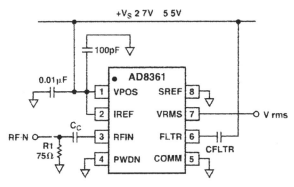

Abb. 3.15

Analog Devices Application Note 691, Matthew Pilotte

3.6 HF-Tastkopf bis 2,5 GHz

In dem verdoppelnden Gleichrichter nach *Abb. 3.16* wurden Schottky-Dioden von Toshiba eingesetzt, die eine hohe Sperrspannung aufweisen. Erstaunlich gute Ergebnisse sind aber auch mit Dioden 1N4148 möglich. Der Aufbau erfolgt auf einer Platine mit gemischter Bestückung: Die Kondensatoren sind SMT-, die Widerstände bedrahtete Typen. Man kann die Platine in einem Metallrohr unterbringen.

Für Verstärkung und Pufferung sorgt die Schaltung nach *Abb. 3.17*. Sie bedarf kaum eines Kommentars. Wichtig ist die „schwimmende" Versorgung aus zwei 9-V-Blocks. Der Aufbau ist unkritisch. Man kann auch ein Multimeter zur Anzeige benutzen.

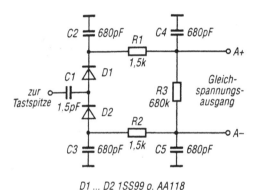

Abb. 3.16

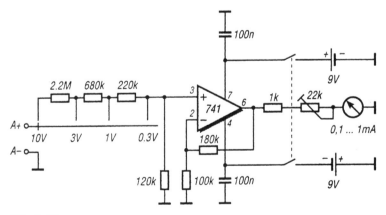

Abb. 3.17

Walter Zwickel: Einfacher HF-Tastkopf – nutzbar von 1 MHz bis 2,5 GHz, Funkamateur 11/03

3.7 Weitbereichs-RMS-Spannungsmesser

Der AD8330 ist ein Low-Cost-Verstärker mit einstellbarer Verstärkung für Einsatzfrequenzen bis 150 MHz. Die Eingangsspannung sollte im Bereich 300 µV bis 1 V liegen und darf um 50 dB schwanken. Ein Modus mit 30 mV/dB ist möglich. Die Stromaufnahme beträgt etwa 20 mA.

Abb. 3.18 bringt eine sehr interessante Anwenderschaltung. Dabei wird der AD8330 vom AD8362 unterstützt, einem RMS-Spannungsmesser mit 60 dB Dynamik für Frequenzen bis 2,7 GHz. Somit sind 110 dB Gesamtdynamik realisierbar. Beide ICs laufen im linearen Dezibel-Modus mit 33 mV/dB über alles. Die Ausgangsspannung wird geteilt auf das Steuerpin VDBS des AD8330 zurückgeführt. Die Schaltung benötigt eine gewisse Einschwingzeit.

3.8 Empfindliches HF-Voltmeter

In *Abb. 3.19* ist die Schaltung eines HF-Millivoltmeters mit zwei ICs MC1350P gezeigt. Diese bilden einen empfindlichen Breitband-Vorverstärker. Das HF-Voltmeter erfasst in vier Bereichen Spannungen von wenigen Mikrovolt bis 100 mV. Der Einsatzfrequenzbereich beträgt 0,5 bis 30 MHz.

Durch den Schalter x2, der die Empfindlichkeit halbiert, erspart man sich einen Bereichswechsel bei geringer Überschreitung des Endausschlags.

Der Eingangswiderstand beträgt 1 kOhm.

Auch der neuere MC1390 kann benutzt werden. Die Schaltung liefert auch Anregungen für einen Aufbau mit modernen High-Speed-Operationsverstärkers.

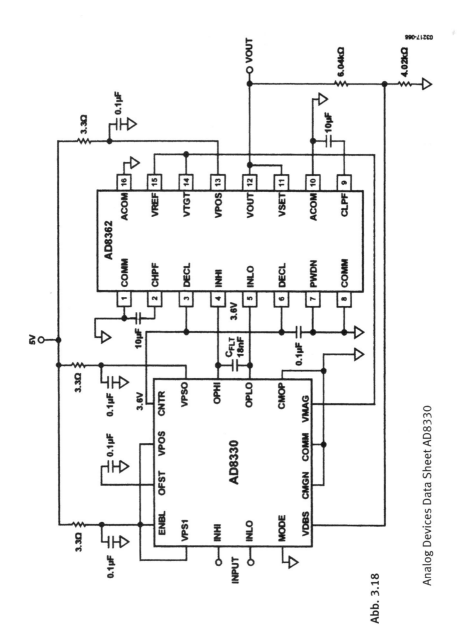

Abb. 3.18

Analog Devices Data Sheet AD8330

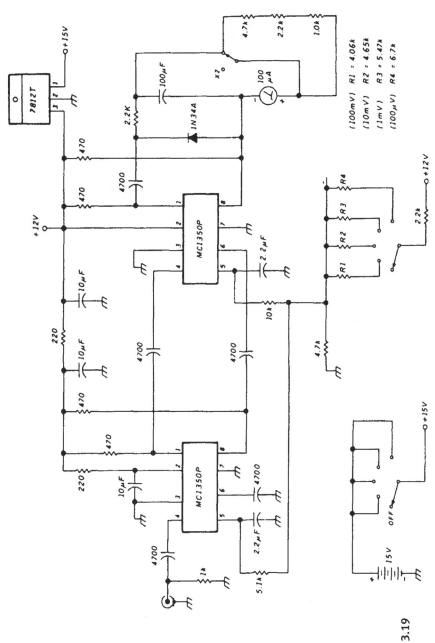

Abb. 3.19

J. Pivinchy: Empfindliches HF-Voltmeter, Ham Radio

4 Messung von Leistungen

4.1 Quadrierer

Mehrere nichtlineare Funktionen, wie Quadrieren, Kehrwertbildung oder Multiplizieren, können auf Grundlage von Logarithmiererschaltungen realisiert werden. So wird dabei etwa die Multiplikation zur Addition, die Division zur Subtraktion.

Abb. 4.1 zeigt eine Schaltung, deren Ausgangsspannung quadratisch mit der Eingangsspannung zunimmt. Grundlage der Funktion ist der exponentielle Zusammenhang zwischen Kollektorstrom und Basis-Emitter-Spannung eines Transistors. Die Transistoren Q2 und Q4 wurden zur Temperaturkompensation vorgesehen. Sie sollten besten thermischen Kontakt zu Q1 und Q3 haben. Die Basis-Emitter-Spannung hat ja einen Temperaturkoeffizienten von recht genau –2 mV/K.

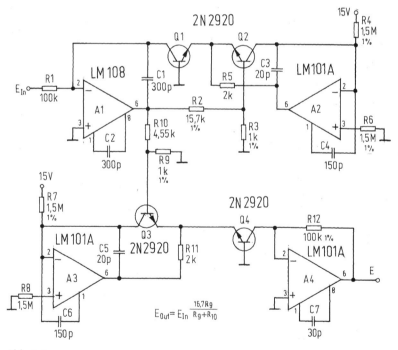

$$E_{Out} = E_{In} \frac{16,7 R_9}{R_9 + R_{10}}$$

Abb. 4.1

National Semiconductor Application Note 30

Der Operationsverstärker zur direkten Verarbeitung der Eingangsspannung hat sehr geringe Offset- und Driftwerte. So beträgt der Offsetstrom nur maximal 400 pA im Temperaturbereich von −55 bis 150 °C.

Entspricht die Eingangsspannung der Spannung an einer Last, so entspricht die Ausgangsspannung der in dieser Last verbrauchten Leistung.

Das Übertragungsverhalten der Schaltung kann mit den Widerständen R9 und R10 variiert werden. Die Formel nennt die Abhängigkeit der Ausgangsspannung von der Eingangsspannung und diesen Widerständen.

Ein Quadrierer erweitert einen linearen Spannungsmesser zum Leistungsmesser, der in der Grundeinheit Watt anzeigt.

4.2 Leistungsmessung im Gigahertzbereich

Der ADL5513 stellt die nächste Generation des logarithmischen Verstärkers AD8313 dar. Er bietet einen Dynamikbereich von 80 dB bei 3 dB Toleranz und ermöglicht bis 4 GHz die Erfassung der Ausgangsleistung z. B. mobiler Kommunikationsgeräte. Da der neue Baustein außerdem eine Drift von maximal 0,5 dB im Einsatztemperaturbereich aufweist, genügt eine Kalibrierung bei Zimmertemperatur.

Der ADL5513 hat ein 3×3 mm² großes Gehäuse LFCSP mit 16 Pins. In *Abb. 4.2* ist die Schaltung eines Evaluation Boards zu sehen.

Der ADL5513 wurde für alle Wireless-Anwendungen entwickelt, bei denen die Leistung von HF- oder ZF-Signalen gemessen oder gesteuert werden soll. Als logarithmischer Verstärker ist er ein Pegelmesser, kann also Leistungen in dBm und Spannungen in dBμ linear detektieren.

4.3 Leistungsmessung mit Log Amp/Detector

Der AD8362 basiert auf dem linearen AD8361, quadriert aber das Ausgangssignal. Er ändert somit seine Ausgangsspannung proportional zur Signalleistung in dBm. Berücksichtigt wird dabei der echte Effektivwert (RMS, root mean quare). Also ein „Exponential TruePwr IC".

Der AD8362 ist im Frequenzbereich 50 Hz bis 3,8 GHz einsetzbar; sein Übertragungsverhalten ist nur leicht frequenzabhängig. Die Eingangsleistung kann nominell im Bereich −52 bis +8 dBm liegen (1 mV bis 1 V). Der Eingangs-Dynamikbe-

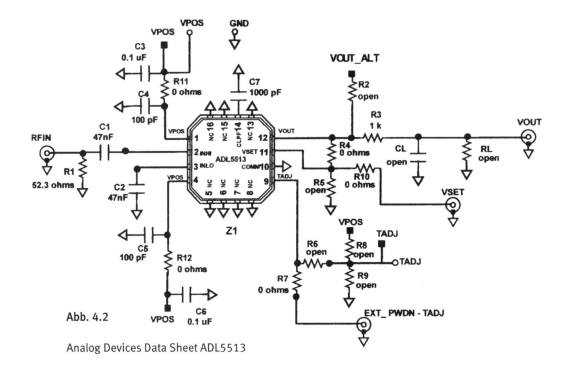

Abb. 4.2

Analog Devices Data Sheet ADL5513

reich wird sogar mit 65 dB angegeben. Dies wird insbesondere bei Frequenzen über 500 MHz aber nur bei symmetrischer Ansteuerung erreicht. Der Baustein ist komplett kalibriert. Er liefert eine Ausgangsspannung von 50 mV/dB. Die Temperaturstabilität ist mit 0,5 dB Toleranz gut.

Der AD8362 arbeitet an 4,5...5,5 V und nimmt 24 mA auf. Er besitzt ein 16-poliges Gehäuse.

Abb. 4.3 zeigt die Grundbeschaltung zur HF-Leistungsmessung. Im Eingang liegt ein Symmetrierglied. Der Differenzeingangs-Widerstand von 200 Ohm des ICs wird gleichzeitig auf 50 Ohm transformiert.

In vielen Fällen kann das Eingangssignal aber auch direkt an den IC gelegt werden. Mit einem 100-Ohm-Querwiderstand hat man dann 50 Ohm Eingangswiderstand (*Abb. 4.4*), muss allerdings eine Einengung des Dynamikbereichs um 10 bis 15 dB gegenüber symmetrischer Ansteuerung in Kauf nehmen können. Für Frequenzen über 5 MHz genügen DC-Trennkondensatoren von 1 nF.

In *Abb. 4.5* wird gezeigt, wie man den Eingang vorrangig für Frequenzen über 2,7 GHz beschalten sollte. Die Impedanzanpassung geschieht nun mit zwei Induktivitäten.

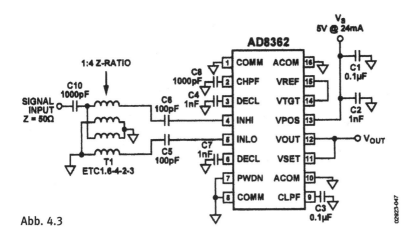

Abb. 4.3

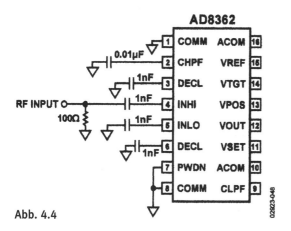

Abb. 4.4

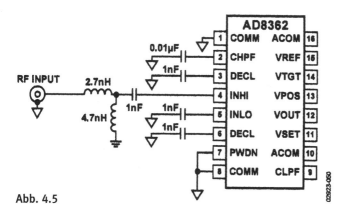

Abb. 4.5

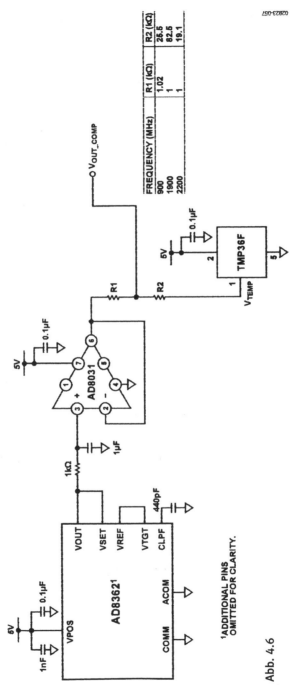

FREQUENCY (MHz)	R1 (kΩ)	R2 (kΩ)
900	1.02	26.5
1900	1	82.5
2200	1	19.1

02823-057

Abb. 4.6

Analog Devices Data Sheet AD8362

Abb. 4.6 zeigt schließlich, wie man die Temperaturstabilität einer Leistungsmessschaltung mit dem AD8362 verbessern kann. Hierzu wird ein Temperatursensor genutzt, der dem Ausgangssignal des Präzisions-Operationsverstärkers eine kleine temperaturabhängige Spannung zur Kompensation der Driftspannung des AD8362 zusetzt. Die Widerstände des Spannungsteilers sind von der Signalfrequenz abhängig.

4.4 RMS-Leistungsmesser mit hohem Dynamikbereich

Die Nutzung moderner Bauelemente führt zu Messschaltungen mit hervorragender Leistungsfähigkeit. In *Abb. 4.7* ist die Schaltung eines Voltmeters für den echten Effektivwert gezeigt. Es arbeitet korrekt bis 70 MHz und besitzt einen Dynamikbereich von 90 dB.

Der spezielle Operationsverstärker AD8131 sorgt für ein symmetrisches Ansteuersignal für den Low-Cost Variable-Gain Amplifier AD8330. Dieser fortschrittliche Baustein kombiniert die zwei gegensätzlichen Varianten von Variable Gain Amplifiers, nämlich IVGA (input variable-gain amplifier) für hohe Eingangsdynamik und OVGA (optimized variable-gain amplifier) für hohe Anpassungsfähigkeit an eine spezielle Aufgabe. Sein Einsatzfrequenzbereich ist 150 MHz. Der AD8330 kann in zwei Modis betrieben werden, hier liegt der „Lin dB Modus" vor für eine Eingangsdynamik von 50 dB. Damit erweitert er den bei symmetrischer Ansteuerung möglichen Dynamikbereich des logarithmischen Verstärkers AD8362. Hier erfolgt auch die Bildung des echten Effektivwerts und die Quadratur. Die Erweiterung des Dynamikbereichs gelingt durch Rückführung der halben Ausgangsspannung an den Gain-Control-Eingang des VGAs. Dieser verfügt über eine dB-lineare AGC-Funktion (automatic gain control).

Der Leistungsmesser arbeitet besonders dB-linear im Bereich −76 dBm und 6 dBm. Der Fehler ist klein im Bereich −80 dBm (Ausgangsspannung 500 mV) und 10 dBm (2,7 V).

4.5 HF-Pegelmessung mit Demodulating Logarithmic Amlifiers

Die Bausteine AD8306, AD8307, AD8309 und AD8310 sind moderne Pegelmesser (Kurzbezeichnung Log Amp/Detector). Sie unterscheiden sich elektrisch vor allem in Frequenz- und Dynamikbereich sowie Temperaturstabilität. Die Gehäuse haben acht oder 16 Pins.

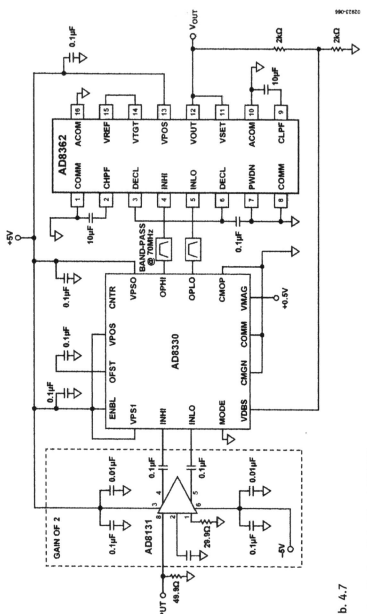

Abb. 4.7 Analog Devices Data Sheet AD8362

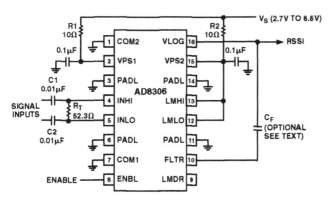

Abb. 4.8

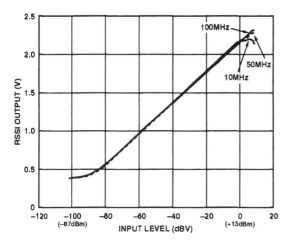

Abb. 4.9

Der AD8306 eignet sich für Frequenzen zwischen 5 und 400 MHz und hat 100 dB Eingangsdynamik. *Abb. 4.8* zeigt die Grundbeschaltung, *Abb. 4.9* das Übertragungsverhalten. Der Fehler liegt im Bereich 0 bis –75 dBV bei null.

Der AD8307 ist bis 500 MHz einsetzbar und weist 92 dB Dynamik bei 3 dB Toleranz und 88 dB Dynamik bei 1 dB Toleranz auf (je 100 MHz). Er ist sehr temperaturstabil und einfach anzuwenden, wie *Abb. 4.10* beweist. Im Standby-Betrieb werden 150 µA aufgenommen. *Abb. 4.11* zeigt die Übertragungsfunktion.

Der AD8309 arbeitet ebenfalls bis 500 MHz und basiert auf der Progressive-Compression-Technik. Dies ist eine sukzessive Arbeitsweise (schrittweise Annäherung). Hierbei wird ein Dynamikbereich von 100 dB erreicht, wobei im zentralen 80-dB-

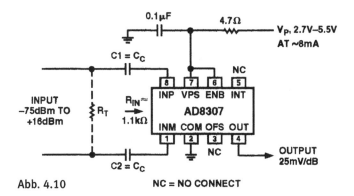

Abb. 4.10

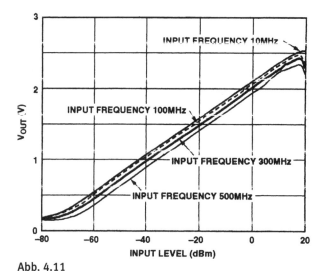

Abb. 4.11

Abschnitt der Fehler bei nur 0,4 dB liegt. Die Stromaufnahme aus einer Quelle mit 2,7 bis 5,5 V liegt bei 20 mA. *Abb. 4.12* zeigt die Grundbeschaltung, *Abb. 4.13* das typische Übertragungsverhalten.

Der AD8310 ist ein schnell reagierender und vielseitig einsetzbarer Log Amp/Detector im Gehäuse MSOP. Die maximale Nenn-Einsatzfrequenz ist 400 MHz. Der Dynamikbereich beträgt 95 dB bei 3 dB Abweichung und 90 dB bei 1 dB Toleranz (300 MHz). Die Temperaturstabilität ist sehr hoch. Bei 2,7 V Betriebsspannung beträgt die Leistungsaufnahme 20 mW. *Abb. 4.14* zeigt die Außenbeschaltung, *Abb. 4.15* die Übertragungskurve.

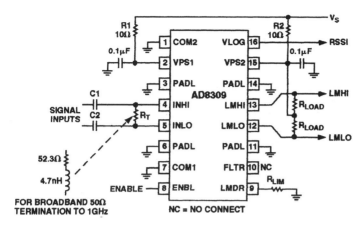

Abb. 4.12

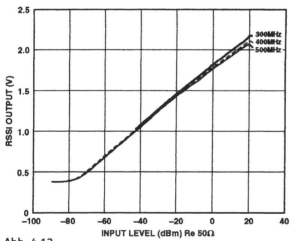

Abb. 4.13

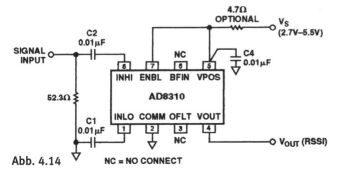

Abb. 4.14

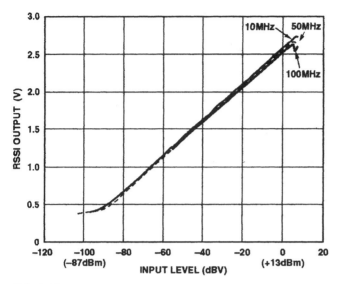

Abb. 4.15

Analog Devices Application Note 691, Matthew Pilotte

4.6 NF-Pegelmessung mit Demodulating Logarithmic Amlifiers

Die modernen integrierten Bausteine AD8306, AD8307, AD8309 und AD8310 lassen sich auch als Pegelmesser für niedrige Frequenzen nutzen. Die untere Einsatzfrequenz wird dabei vom Eingangs-Koppelkondensator bestimmt.

Die minimale Einsatzfrequenz des AD8306 errechnet sich nach der Formel in *Abb. 4.16*, wobei gilt: C_C = C1 = C2. Dies bedeutet etwa 300 kHz mit 10 nF und 300 Hz mit 10 µF. Aus *Abb. 4.17* geht das Übertragungsverhalten hervor.

Abb. 4.18 bringt die für niedrige Frequenzen modifizierte Beschaltung des AD8307. Mit C_C = 100 nF arbeitet er beispielsweise noch bei 100 Hz korrekt ab −39 dBm. Die drei Diagramme in *Abb. 4.19* geben weitere Aufschlüsse.

Der AD8309 kann für niedrige Frequenzen in seiner typischen Grundbeschaltung gemäß *Abb. 4.20* betrieben werden. Mit C1 = C2 = 10 µF ergibt sich bei 100 Hz bereits ein stark eingeengter Dynamikbereich und ein signifikanter Fehler – siehe *Abb. 4.21*.

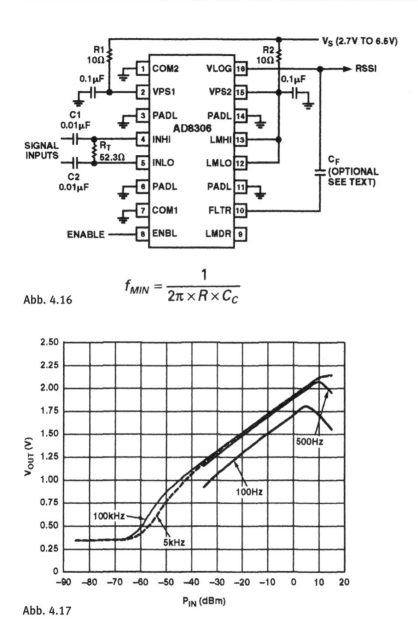

Abb. 4.16

$$f_{MIN} = \frac{1}{2\pi \times R \times C_C}$$

Abb. 4.17

Beim AD8310 nutzt man für niedrige Frequenzen die modifizierte Schaltung nach *Abb. 4.22*. Der 1-μF-Kondensator an Pin 3 reduziert die untere Loop-Grenzfrequenz auf 60 Hz. Die Kondensatoren C_C bestimmen die untere Einsatzfrequenz. *Abb. 4.23* bringt Übertragungskurven.

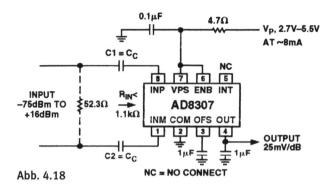

Abb. 4.18

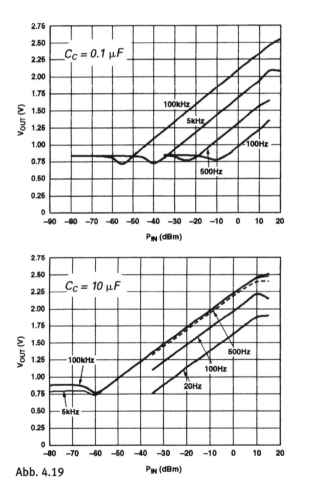

Abb. 4.19

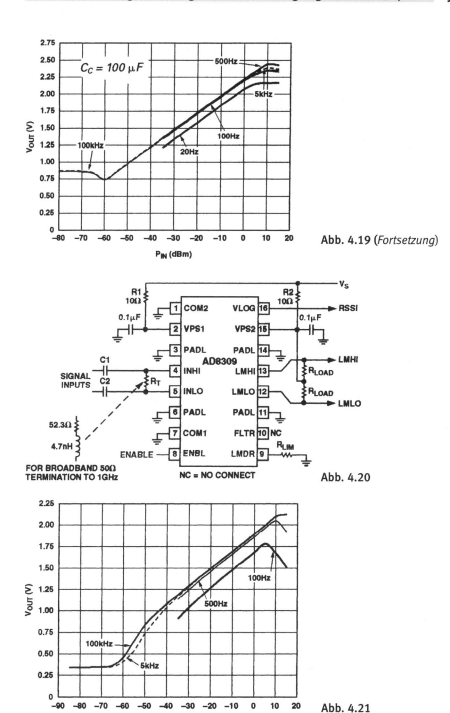

Abb. 4.19 (*Fortsetzung*)

Abb. 4.20

Abb. 4.21

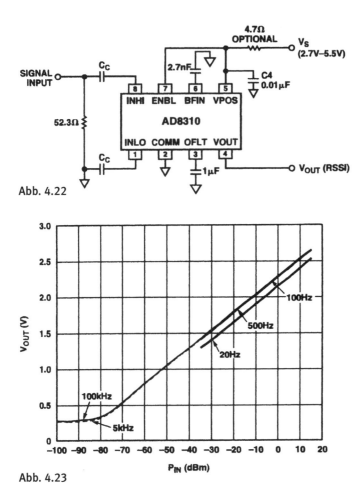

Abb. 4.22

Abb. 4.23

Analog Devices Application Note 691, Matthew Pilotte

4.7 Spitzenleistungsmessung im Gigahertzbereich

Eine Leistungsmessung bis 7 GHz gelingt mit dem Spitzenwert-Detektor LTC5532. Dieses Bauelement enthält einen sehr schnellen Schottky-Gleichrichter mit On-Chip-Temperaturkompensation und einen Ausgangspuffer mit 2 MHz Bandbreite. Auf diese Weise wird eine Gleichspannung erzeugt, die proportional zum HF-Spitzenwert ist. Also geeignet für kontinuierliche Signale und eigentlich ein Spannungsmesser. Der Baustein verbraucht im aktiven Modus nur 500 µA.

Eine Version dieses Bausteins, der LTC5532EDC im sechspoligen DFN-Gehäuse, weist sehr geringe parasitäre Effekte auf und ist für mindestens 12 GHz ausgelegt.

In *Abb. 4.24* ist der Eingang für 11,5...12 GHz beschaltet. C3 dient als DC-Sperre. In *Abb. 4.25* ist das Übertragungsverhalten dargestellt. Leistungen ab –10 dBm können mit guter Genauigkeit ermittelt werden.

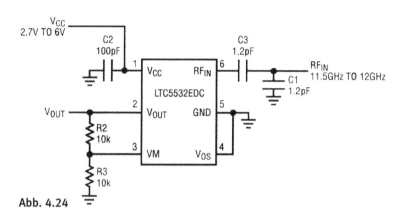

Abb. 4.24

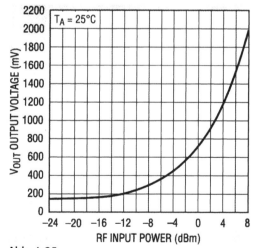

Abb. 4.25

Vladimir Dvorkin/Andy Mo/James Wong: RF Power Measurement Techniques for Portable Systems

4.8 Pegelmessung im Gigahertzbereich

Ein Beispiel für einen Log Amp/Detector mit großem Dynamik- und Frequenzbereich ist der LT5538. *Abb. 4.26* zeigt die Grundbeschaltung dieses Bausteins mit einem Einsatzfrequenzbereich von 40 MHz bis 3,8 GHz und einem Dynamikbereich von 75 dB (880 MHz). In *Abb. 4.27* ist das Übertragungsverhalten dargestellt. Die *Abb. 4.28* ist eine Modifikation für Anwendung im Bereich 40 MHz bis 2,2 GHz.

Der Detektor kann Signale ab nur –68 dBm mit maximal 1 dB Abweichung erkennen. Die Temperaturstabilität ist mit 0,5 dB sehr gut. Der Versorgungsstrom liegt bei 30 mA. Im Standby-Modus werden 100 µA benötigt.

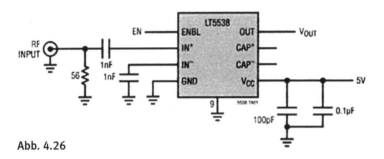

Abb. 4.26

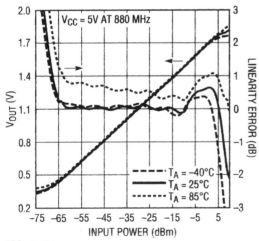

Abb. 4.27

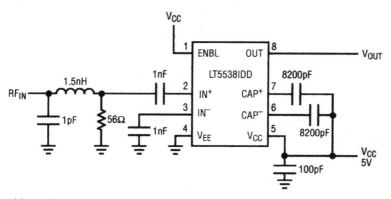

Abb. 4.28
Vladimir Dvorkin/Andy Mo/James Wong: RF Power Measurement Techniques for Portable
Systems

4.9 RMS-Leistungsmessung im Gigahertzbereich

Moderne drahtlose Breitband-Datensysteme verwenden komplexe Modulationsverfahren. Diese Signale haben ein hohes Verhältnis zwischen Spitzen- und Durchschnittleistung (PAR, peak to average ratio). Ein moderner RMS-Detektor, der LT5581, hilft bei der Messung von Signalen mit PARs bis über 12 dB. Er nutzt eine On-Chip-RMS-Messschaltung für eine hochgradig exakte Leistungsmessung von Signalen mit hohem Crest Factor. Und das bei Frequenzen von 10 MHz bis 6 GHz bei 40 dB Dynamikbereich bei niedrigen und etwa 30 dB bei hohen Frequenzen. Die Temperaturstabilität ist hervorragend, der Betriebsstrom mit 1,4 mA sehr gering.

Abb. 4.29 bringt die Applikation zur Leistungsmessung an WLAN- oder WiMAX-Sendern. Der unsymmetrische Eingang wird über ein ohmsches Dämpfungsglied mit dem Sender verbunden. Ein Richtkoppler ist nicht erforderlich. *Abb. 4.30* zeigt die Übertragungsfunktion.

Der Einsatz eines Richtkopplers hat allerdings den Vorteil, dass eine gewisse Richtwirkung vorhanden ist. Reflektierte Leistung kann daher weniger stören. Eine entsprechende Schaltung zeigt *Abb. 4.31*.

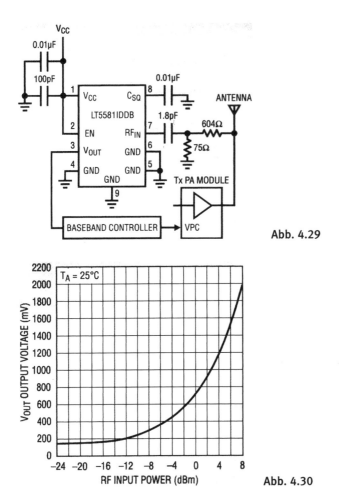

Abb. 4.29

Abb. 4.30

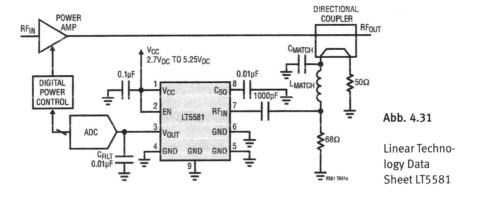

Abb. 4.31

Linear Technology Data Sheet LT5581

4.10 Genauer linearer Leistungsmesser

Die Schaltung in *Abb. 4.32* nutzt die Tatsache, dass die Leistung das Produkt von Spannung und Strom ist. Sie kann die Leistung mit einer Toleranz von nur 1 % messen.

Der Stromwandler MAX4372H wandelt den Strom durch den Lastwiderstand in eine Spannung. Diese wird zusammen mit der Spannung über der Last dem Vierquadranten-Multiplizierer MC1495 zugeführt. Ein Operationsverstärker MAX427 sorgt für ein unsymmetrisches Ausgangssignal. Mit einem weiteren Operationsverstärker kann es invertiert werden.

Die Multiplizierer-Eingangsspannungen sollten für höchste Genauigkeit 3...15 V betragen. Der Widerstand R_{SENSE} ergibt sich in Ohm aus dem Kehrwert der Nennleistung in Watt. Für 10 W ist er also 0,1 Ohm groß. Die Ausgangsspannung beträgt dann 10 V. Bei Leistungen unter 50 % und über 130 % der Nennleistung nimmt der Fehler zu, also ein relativ eingeschränkter Messbereich.

Mehrere Abgleichschritte sind erforderlich.

4.11 Selektiver Leistungsmesser mit 120 dB Dynamik

Will man mit Log Amps/Detectors Leistungsmesser aufzubauen, bei welchen der Dynamikbereich deutlich größer ist als der nominelle Dynamikbereich eines einzelnen Bausteins, dann kann durch Kaskadierung von zwei Log Amps/Detectors die Empfindlichkeit gesteigert und der Dynamikbereich nach unten erweitert werden.

Ein entsprechender Schaltungsvorschlag findet sich im Datenblatt des AD8307. Ihm wird der AD603 vorgeschaltet. Dieser besitzt ein sehr geringes Eigenrauschen und 40 dB Dynamik. In der Schaltung nach *Abb. 4.33* wurden beide ICs in geeigneter Weise verbunden. Dies bedeutet eine Gegenkopplung über R1 und R2. Der Messbereich beträgt nun –110 bis +10 dB mit 10 mV/dB Skalierung.

Das Filter ist für 9 MHz ausgelegt, andere Werte sind möglich.

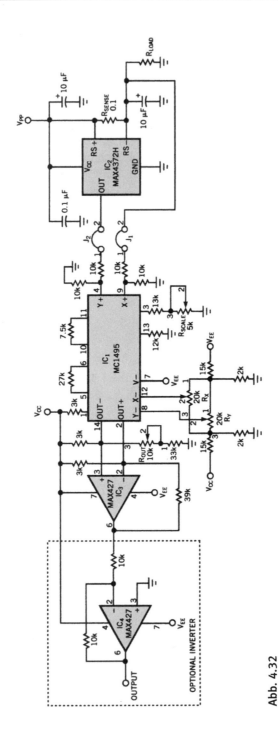

Abb. 4.32

Ken Yang: Power meter is +/−1 % accurate, EDN, May 30, 2002

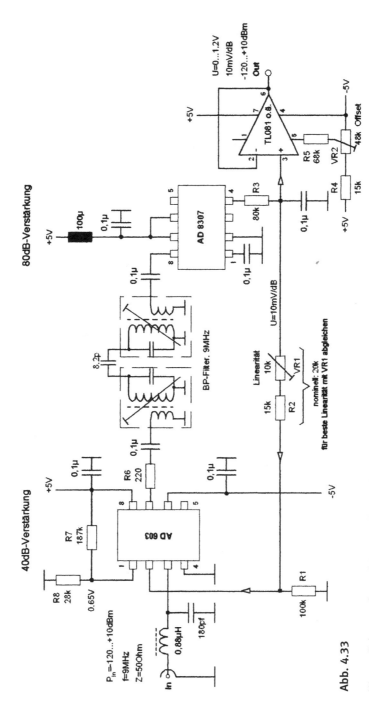

Abb. 4.33

Werner Schnorrenberg: S-Meter mit 120 dB Anzeigebereich, November 2004

4.12 Pegelmessung −70 bis +20 dBm bis 500 MHz

In der Schaltung nach *Abb. 4.34* sorgt der AD8307 für einen Messbereich von 90 dB. Da die Schaltung sehr empfindlich ist, können auch Dämpfungsglieder ausgemessen werden. Die Anzeige erfolgt digital mit einem Voltmeter-Modul oder Multimeter.

Durch die Beschaltung des Ausgangs des AD8307 wird eine Skalierung von 10 mV/dB erreicht. Um auf den „bequemen" Messbereich zu kommen, wurden zwei Dämpfungsglieder vorgeschaltet.

4.13 Pegelmessung −30 bis +60 dBm bis 500 MHz

Die Schaltung nach *Abb. 4.35* unterscheidet sich nur geringfügig von der Applikationsschaltung des AD8307. C6 hat nur praktische Gründe.

Um auf −30 bis +60 dB Messbereich zu kommen, wurde ein Spannungsteiler 1 : 158 eingesetzt. Das entspricht 44 dB. Er besteht aus R1, dem Eingangswiderstand des ICs und der Kombination P2/R4. Diese ermöglicht den Abgleich.

Ein möglichst driftarmer Operationsverstärker dient als Spannungsfolger für das Anzeigeinstrument 1 mA.

Die Log-Amp/Detector-Baugruppe wurde geschirmt aufgebaut.

4.14 Leistungsmessung in 50 Ohm

Die in *Abb. 4.36* gezeigte Schaltung beruht auf der Messung der Spitzenspannung U_S an einer aus den Widerständen gebildeten 50-Ohm-Last. Es gilt: $P = U^2 /$ 50 Ohm $= (0{,}707 \times U_S)^2 /$ 50 Ohm $= (0{,}5 \times U_S^2) /$ 50 Ohm. Daraus folgt: P in W $= 0{,}01 \times (U_S$ in V$)^2$. Da die Schaltung gleichzeitig einen Spannungsteiler 1 : 10 darstellt, gilt für sie speziell: P in W $= 0{,}01 \times (10 \times U_S$ in V$)^2$, wobei U_S jetzt die gemessene Spitzenspannung ist. Damit ergibt sich P in W $= 0{,}01 \times 100 \times (U_S$ in V$)^2$ bzw. P in W $= U_S^2$ in V.

Man kann mit dieser Schaltung Leistungen ab 10 mW bis theoretisch 1,4 kW mit einer 1N4148 messen, denn ihre Sperrspannung beträgt 75 V. Letzteres bedeutet jedoch hochbelastbare Widerstände und kürzeste Messzeit. Für den unteren Teil genügt 1/81 der Belastbarkeit des oberen Teils, wo eine neunmal höhere Spannung abfällt.

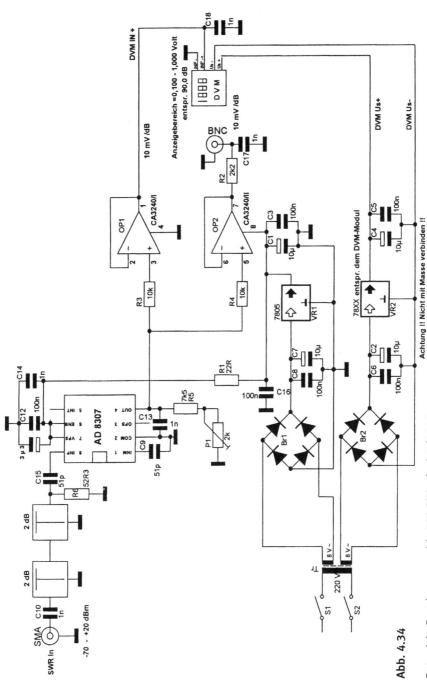

Abb. 4.34

Peter Artt: Pegelmessung bis 500 MHz, funk 7/2005

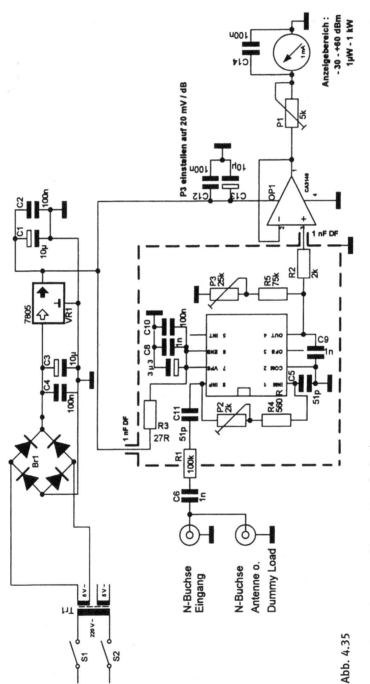

Abb. 4.35

Peter Arlt: Pegelmessung bis 500 MHz, funk 7/2005

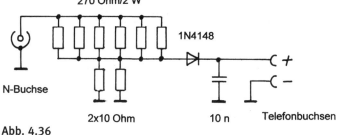

6 Metalloxidschicht-Widerstände

270 Ohm/2 W

1N4148

N-Buchse

2x10 Ohm   10 n   Telefonbuchsen

Abb. 4.36

Frank Sichla: Hochfrequenz-Messpraxis

4.15 Leistungsmessung durch Spannungsmessung an 50 Ohm

Zur Messung hoher Leistungen verwendet man einen hochbelastbaren ohmschen Abschlusswiderstand. Kommerzielle Produkte besitzen meist keinen Abgriff, etwa bei 10 % des Widerstandswertes. Daher muss die volle Spannung gemessen werden, was eine hohe Spannungsbelastung der Gleichrichterdiode bedeutet. Daher werden mehrere Dioden in Reihe geschaltet.

Abb. 4.37 bringt einen Leistungsmessadapter für 50-Ohm-Kunstantennen mit sieben Dioden. Er kann mit einer Gleichspannung gemäß der Formel $P = (U / 9{,}5)^2$ kalibriert werden.

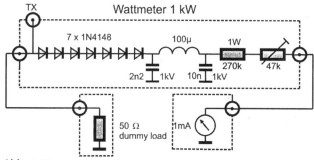

TX   Wattmeter 1 kW

7 x 1N4148   100µ   1W

                                  270k   47k

2n2 ⊥ 1kV   10n ⊥ 1kV

50 Ω   1mA
dummy load

Abb. 4.37

Frits Geerlings: HF-wattmeter voor grote vermogens, Electron, November 2004

4.16 Thermischer Leistungsmesser

Bei Signalen im Gigahertzbereich wird die thermische Leistungsmessung eingesetzt. Der Leistungsmesser mit Thermosensor nach *Abb. 4.38* arbeitet mit abgesetzten Messköpfen von DC bis 60 GHz. Erfasst wird die Wärmeentwicklung an einem 50-Ohm-Widerstand (Mitte). Die Brückenschaltung mit zwei NTC-Widerständen (negative temperature coefficient) ist dabei typisch, denn dadurch wird die Umgebungstemperatur kompensiert.

Nur die durch Erwärmung der Dummy Load über die Umgebungstemperatur entstehende Spannung wird verstärkt, wobei sechs Messbereiche von 300 µW bis 100 mW vorgesehen wurden. Kalibriert wird ganz einfach mit Gleichspannung. Ein Null-Test ist möglich.

Der Messkopf mit N-Stecker erfasst Leistungen im Bereich 0...12 GHz. Im Selbstbau sind gute Ergebnisse mit Chipwiderständen auf einer Teflon-Streifenleitungsplatine möglich. Als Wärmefühler sind Mikro-NTCs geeignet. Der Selbstbau muss sorgfältig erfolgen, wobei Details, wie IR-Sperrfilter oder Schaumstoff-Absorber, eine Rolle spielen.

4.17 Nanowatt und Mikrowatt messen

Mit der Schaltung nach *Abb. 4.39* kann man in den drei Bereichen −20, −30 und −40 dBm Leistungen zwischen 10 nW und 10 µW an 50 Ohm bis etwa 150 MHz auf 1 dB genau messen. Mit einem Leistungsdämpfungsglied lassen sich höhere Leistungen erfassen. Es gibt viele Anwendungsmöglichkeiten, wie Filterkurvenbestimmung, Feldstärkemessung zur Richtdiagrammbestimmung von Antennen oder Impedanzmessungen.

Der Temperatureinfluss wird durch die Differenzkombination mit zwei Dioden auf einem Chip eliminiert. Die Dioden können beispielsweise aus dem Array NTE 907 oder CA 3039 stammen. Es sollten jedoch auch zwei diskrete Dioden 1N4148 möglich sein. Der Vorstrom von etwa 20 µA bringt die Gleichrichterdiode in den linearen Arbeitsbereich.

Der INA2128 von Burr-Brown bietet zwei temperaturkonstante Differenzverstärker mit hoher Gleichtakt-Unterdrückung. Einer verstärkt die Richtspannung von D1, der andere dient als mit einem Widerstandstrimmer (Zehngang) einstellbare Offset-Kompensationsspannungsquelle.

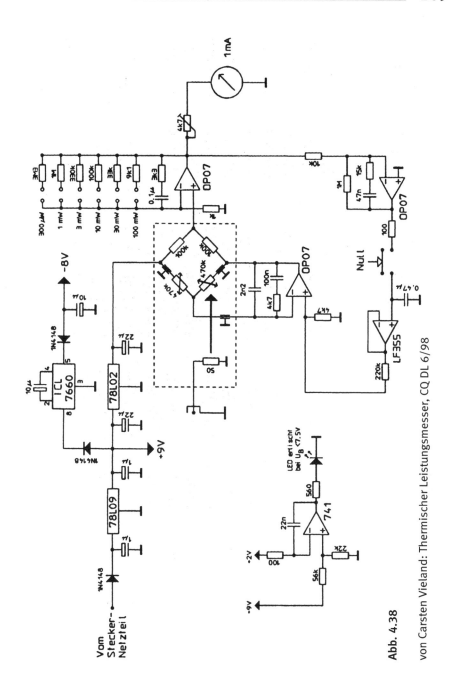

Abb. 4.38

von Carsten Vieland: Thermischer Leistungsmesser, CQ DL 6/98

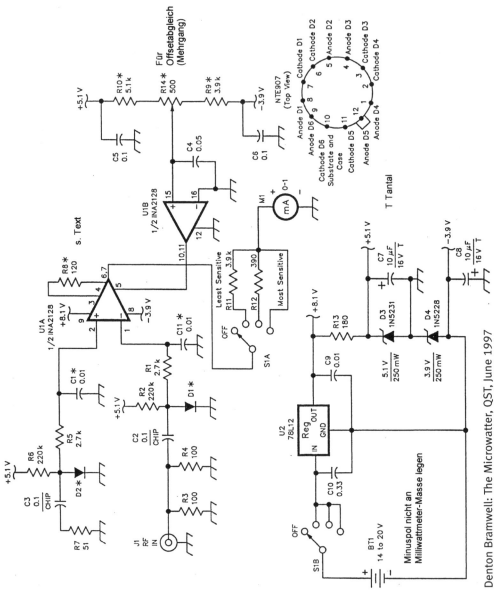

Abb. 4.39

Denton Bramwell: The Microwatter, QST, June 1997

Mit schaltbaren Vorwiderständen vor dem Instrument 1 mA/50 Ohm entstehen der mittlere und der höchste Bereich.

Der Spannungsstabilisator-Teil stellt drei stabile Spannungen zur Verfügung.

4.18 Mikrowatt und Milliwatt messen

Ein preiswertes Milliwattmeter mit Diodendetektor zeigen *Abb. 4.40* und *4.41*. Der Messkopf ist bestimmend für die Gesamtqualität. Es finden durchweg SMT-Bauele-

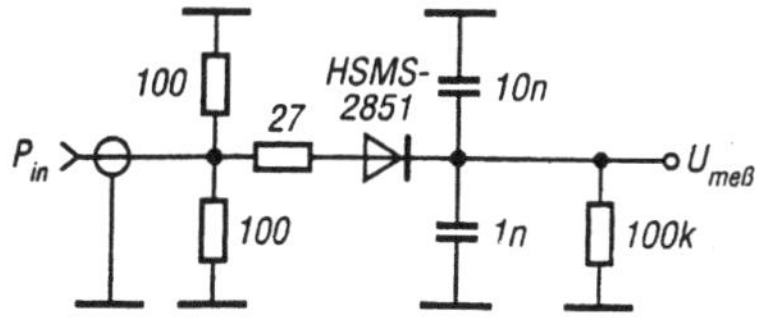

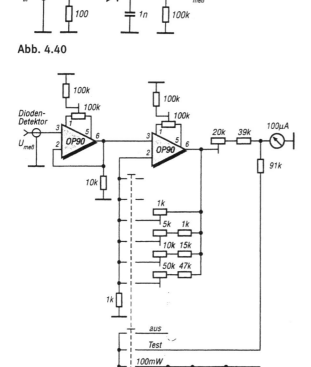

Abb. 4.40

Abb. 4.41

Wolfgang Schneider: Preiswertes Milliwattmeter mit Diodendetektor, Funkamateur 4/99

mente Anwendung (Bauform 1206). Das ermöglicht einen Einsatz bis zu Frequenzen um 3 GHz.

Die Messkopfschaltung baut man so kompakt wie möglich in einen BNC- oder N-Stecker ein, dessen unkritisches Kabel zum eigentlichen Messgerät führt.

Die Elektronik besteht aus einem einfachen zweistufigen Verstärker. Der OP90 besitzt die hier wichtigen hervorragenden Eigenschaften, insbesondere Stabilität. Die erste Stufe ist ein hochohmiger Impedanzwandler; der Minuseingang Pin 2 liegt am Ausgang Pin 6. In der zweiten Stufe kann man vier Verstärkungen wählen, die nach erfolgtem Offsetabgleich mit Spindeltrimmern genau einstellbar sind. Die Messbereiche sind 100 µW, 1, 10 und 100 mW.

Die Schaltung wird aus einer 9-V-Blockbatterie betrieben und benötigt nur 400 µA. In Stellung „Test" wird die Batteriespannung angezeigt.

4.19 Leistungsanzeige mit LEDs

In der Schaltung nach *Abb. 4.42* wird die Messspannung quadriert; der XR2208 ist ein Vierquadranten-Multiplizierer. Pin 3 und 5 sind seine Eingänge. Die Anzeige erfolgt mit zehn LEDs. Sie werden über den bekannten LED-Treiber-IC LM3914 angesteuert.

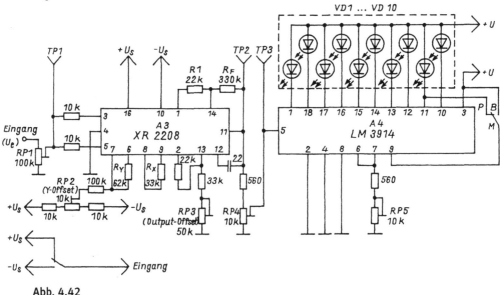

Abb. 4.42

Max Perner: Leistungsanzeige – einmal anders, Funkamateur 1/94

Ein Abgleich ist mit RP3 (Nullpunkt) und RP4 (Skalierung) möglich.

Die Schaltung wurde zur Anzeige der Leistung eines Kurzwellensenders benutzt. Dabei repräsentiert jede LED einen Leistungszuwachs von 10 W.

Die Betriebsspannung beträgt etwa +/–9 V.

4.20 Leistungsmesser für 1 kW

In der Schaltung nach *Abb. 4.43* sorgt ein Matched Pair von Transistoren für hohe Temperaturunabhängigkeit. Die Schaltung ist für Betrieb an 117 V +/–50 V (amerikanische Netzspannung) ausgelegt und kann für niedrigere Spannungen leicht umdimensioniert werden. Die Spannung am Shuntwiderstand gelangt als Differenzspannung auf das Transistorpaar, wobei mit D2 eine Gleichrichtung erfolgt. Ausgewertet werden die negativen Halbwellen.

Mithilfe von D1 erfolgt eine Selbstversorgung. Der Eigenleistungsbedarf liegt bei 500 mW.

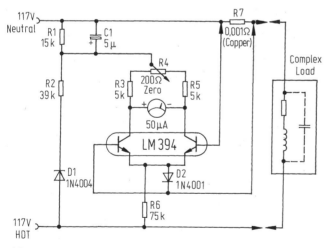

Abb. 4.43

National Semiconductor Data Sheet LM394

4.21 Leistungsmesser mit Optokoppler

Die in *Abb. 4.44* dargestellte Messbrückenschaltung gewährleistet durch den Vier-fach-Optokoppler eine galvanische Trennung zum Messkreis. Dennoch ist die Genauigkeit auch bei mit Blindkomponenten behafteten Lasten sehr hoch.

Die Skalierung beträgt 1 V/100 W. Maximal können 1,3 kW erfasst werden.

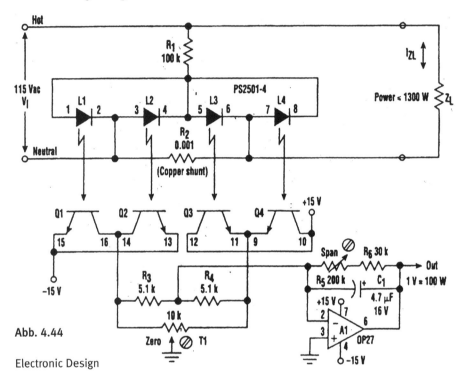

Abb. 4.44

Electronic Design

4.22 HF-Leistungsanzeige durch Kompensationsverfahren

In der Leistungs-Messschaltung nach *Abb. 4.45* wird die Gleichrichterdiode über einen spannungsgesteuerten logarithmischen Abschwächer angesteuert. Die Leistung wird bis zum Verschwinden des Ausschlags am Messinstrument heruntergeregelt. Damit lässt sie sich aus dem Grad der erforderlichen Abschwächung ermitteln. Da der Abschwächer eine logarithmische Kennlinie hat, kann die Nichtlinearität der Diode vernachlässigt werden.

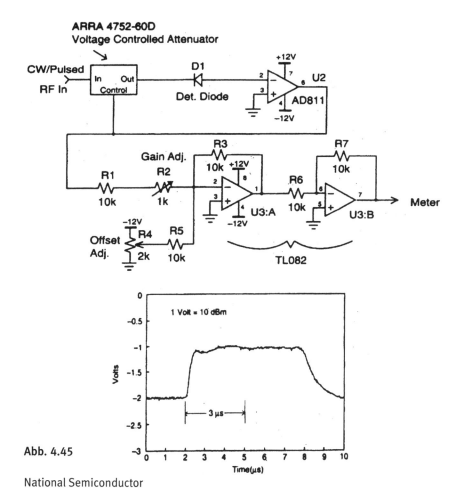

Abb. 4.45

National Semiconductor

4.23 Wattmeter für kleine Sender

Abb. 4.46 zeigt die Schaltung eines Wattmeters für Sender kleiner Leistung, das als Kit von der Firma Oak Hills Research angeboten wurde.

Als Messkoppler dient eine sogenannte Hybridschaltung, deren Auskoppelverhältnis sich sehr genau berechnen lässt, was zu hoher Genauigkeit der Anzeige führt. Verwendet werden zwei Ferritringkerne.

Mit S1 wählt man zwischen Messung der vorlaufenden und der rücklaufenden (reflektierten) Leistung.

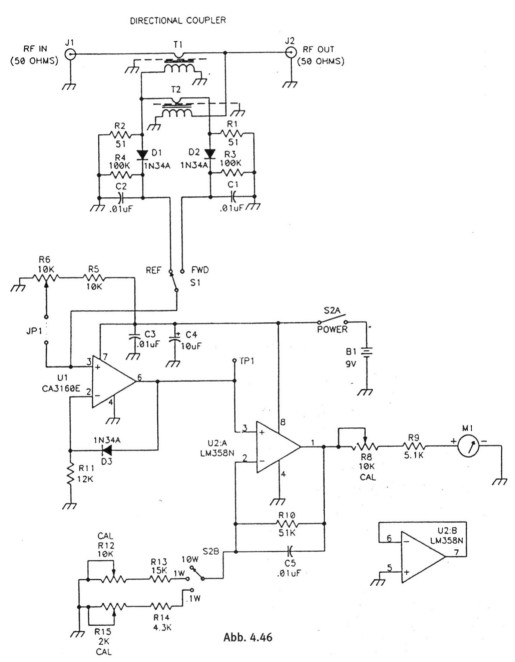

Abb. 4.46

Firma Oak Hills Research Instruction

D3 ist eine Überspannungs-Schutzdiode.

Der zweite Operationsverstärker hat im 10-W-Bereich die Verstärkung 1, da R10 nun lediglich mit dem sehr hochohmigen Eingang in Reihe liegt. Dieser Bereich wird mit R8 kalibriert.

4.24 Einfaches linear anzeigendes HF-Wattmeter

Da die Leistung in einen Widerstand, z. B. eine 50-Ohm-Antenne, quadratisch mit der Spannung steigt, ist eine Leistungsmessschaltung auf Basis der Spannung meist etwas aufwendig.

Nicht so die Schaltung nach *Abb. 4.47*. Hier erfolgt ganz normal eine Gleichrichtung der Spannung durch D1. Die Spannung am Lastwiderstand wird mit R1 und R2 geteilt. Gleichzeitig wird mit R3, R4, und D2 eine fast drei mal höhere Spannung abgeleitet. Die Diode D3 sperrt daher.

Durch Ändern von R2 und R6 kann der Messbereich verändert werden. Im vorliegenden Fall beträgt er 100 W. Es wurden folgende Anzeigewerte bei folgenden Leistungen an 50 Ohm gemessen: 18 µA/20 W, 37 µA/40 W, 63 µA/60 W, 83 µA/80 W, 100 µA/100 W.

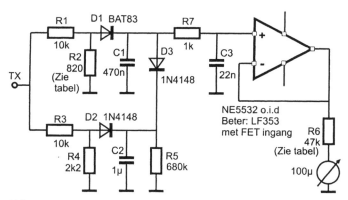

Abb. 4.47

Jan Harte: Een outputmeter waar je niet naar hoeft te schreeuwen, Electron, December 2004

4.25 Laser-Leistungsmesser

Abb. 4.48 bringt den Schaltplan des Laser-Leistungsmessgeräts LPM-10. Der Messbereich und die kalibrierten Wellenlängen wurden zur Messung von Laserdioden ausgelegt, wie sie im Amateurfunk verwendet werden. Auch zur Überprüfung von Laserpointern oder Messungen an He-Ne-Gaslasers ist das Gerät geeignet.

D4 arbeitet im Kurzschlussbetrieb. C2 wirkt in einem einfachen Tiefpass des Strom-Spannungs-Wandlers. Durch dieses wird der arithmetische Mittelwert gebildet. Mit R1 bis R4 wird die Anzeige kalibriert. Die Wellenlänge wählt man mit S1 aus.

Zur Anzeige dient ein Drehspulinstrument 100 μA, welches auf den Endwert 5 mW skaliert und beschriftet wird.

Zur Unterdrückung von Fremdlicht wird die Fotodiode am Ende eines Kunststoffröhrchens montiert.

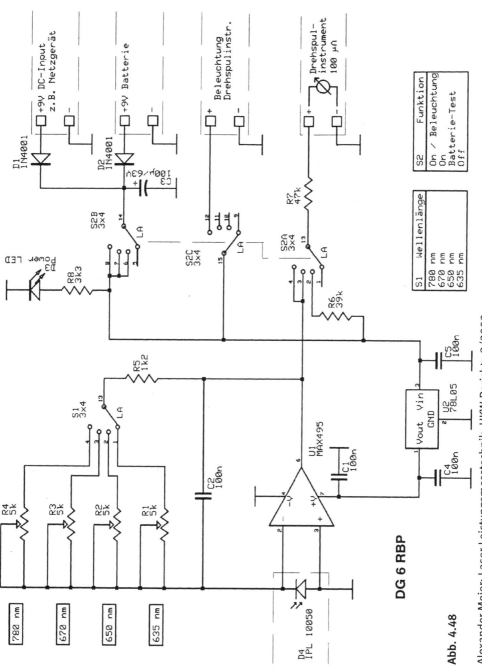

DG 6 RBP

Abb. 4.48

Alexander Meier: Laser-Leistungsmesstechnik, UKW-Berichte 3/2002

5 Messung von Frequenzen

5.1 Einfacher 1-GHz-Zähler

Der Zähler nach *Abb. 5.1* ist zwar einfach und nur vierstellig, erfasst aber Signale bis 1 GHz. Der digitale Fehler beträgt also 100 kHz.

Man baut solche Schaltungen vorteilhaft mit einem Mikroprozessor (PIC) auf.

Die Betriebsspannung darf 8...20 V betragen, der Strombedarf ist typisch 80 mA und maximal 120 mA. Die Empfindlichkeit ist mit 10 mV im Bereich 70... 1000 MHz gut. Der Messzyklus beträgt nur 82 ms.

Die Bauelemente: R1 39 k, R2 1 k, R3...6 2,2 k, R7...14 220 Ohm, C1, 5, 6 100 n mini, C2, 3, 4 1 n, C7 100 μ, C8, 9 22 p, IC1 7805, IC2 SAB6456 (U813BS), IC3 PIC16F84A, T1 BC546B, T2...5 BC556B, D1, 2 BAT41 (BAR19), D3 HD-M514RD (HD-M512RD), X1 4 MHz.

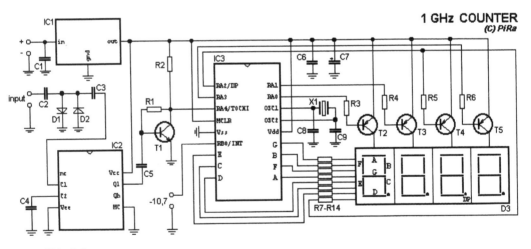

Abb. 5.1

www.pira.cz

5.2 Alternatives Frequenzmessverfahren

Die klassische digitale Frequenzmessung hat einen systemischen Fehler von +/−1 digit, welcher die Messung sehr kleiner Frequenzen praktisch unmöglich macht. Das in *Abb. 5.2* skizzierte Verfahren vermeidet diesen Fehler. Es misst das Verhältnis der unbekannten Frequenz zu einer bekannten Referenzfrequenz und besitzt nur einen von der zu messenden Frequenz unabhängigen relativen Fehler. Die untere Messfrequenz wird nur noch durch einen Zählerüberlauf bestimmt. Außerdem ist die Ausgabe von Zwischenergebnissen möglich, deren Genauigkeit mit der Messzeit zunimmt.

Unter der Annahme, dass der Torzeitgenerator bzw. die Referenzfrequenz als fehlerlos angesehen werden, beträgt der mögliche Fehler bei einer Torzeit von 100 ms für das klassische Verfahren 10 Hz und für das alternative Verfahren bei 20 MHz Referenzfrequenz nur 0,5 ppm (parts per million). Bei diesem Verfahren werden die

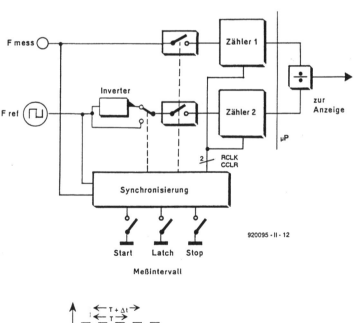

Abb. 5.2

Bernhard C. Zschocke: Alternatives Frequenzmessverfahren, Elektor 12/92

Perioden von Mess- und Referenzfrequenz gleichzeitig gezählt. Die Messzeit wird dabei so synchronisiert (verlängert), dass sie einem ganzzahligen Vielfachen der Periodendauer der zu messenden Frequenz entspricht. Damit hängt der Gesamtfehler nur von Höhe der Referenzfrequenz und Länge der Messzeit ab. Somit ist der klassische systemische Fehler eliminiert.

5.3 Mini-Zähler mit Offset

Die praktische Schaltung nach *Abb. 5.3* ist die Grundlage für eine einfache und preiswerte Baugruppe mit LC-Display, 1 kHz Auflösung, 35 MHz oberer Einsatzfrequenz sowie vier einstell- und wählbaren Frequenz-Offsets. Somit kann also die

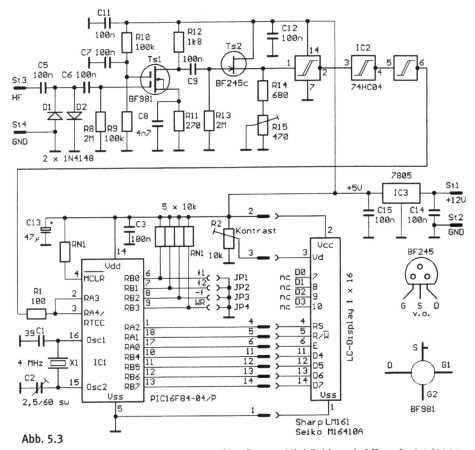

Abb. 5.3

Max Perner: Mini-Zähler mit Offset, funk 3/2001

Oszillatorfrequenz eines Superhetempfängers gemessen werden, während auf dem Display die Empfangsfrequenz erscheint, weil die Anzeige um die Zwischenfrequenz korrigiert wurde.

Mikrocontroller des Typs PIC16F84 haben einen Port, den man entweder für eine Timer- oder eine Counter-Funktion programmieren kann. Nach 256 Impulsen ist ein Byte voll, es wird ein Überlaufsignal generiert, und eine erneute Zählung beginnt. Ein weiteres Byte ist daher nötig, es muss die Überlaufe zählen. Der nun mögliche Wertebereich entspricht einem Dezimalwert von 65.536. 1 ms Torzeit ist der optimale Wert. Die Taktfrequenz ist 4 MHz.

Das LC-Display hat 16 Zeichen. Auf den angegebenen Typ ist die Software zugeschnitten. Die nutzbare Anzeige umfasst die linken fünf Stellen, die Null nach dem Komma ist ebenso wie die Anzeige kHz fest programmiert.

Da der PIC nur mit TTL-Signalen arbeitet, wird das Eingangssignal verstärkt und dieser Pegel mit Schmitt-Trigger-Stufen gebildet. Der Verstärker legt die untere Einsatzfrequenz auf 350 Hz fest.

5.4 Frequenzzähler bis 200 MHz

Zum Aufbau von Zählern sind diverse logische Baugruppen notwendig, die sich heutzutage dank programmierbarer Logik-ICs in einem einzigen Schaltkreis unterbringen lassen. Dafür ist beispielsweise die Bezeichnung CPLD (complex programmable logic device) bekannt. Mit einem relativ einfachen CPLD lässt sich z. B. ein siebenstelliger Zähler aufbauen. Die Programmierung erfolgt mit der Sprache VHDL und kostenlosen Tools des Herstellers.

In der Schaltung nach *Abb. 5.4* wird das klassische Prinzip angewandt. Das CPLD aus der Familie XC9500 stammt von Xilinx. Es benötigt 5 V. Die Taktfrequenz 4 MHz wurde gewählt. Ein Vorverstärker ist nicht vorhanden.

Die CPLD-Programmierung kann in vier Stufen unterteilt werden: Eingabe der Schaltung, Erstellung einer Netzliste vom Compiler, Implementierung in die Makrozellen durch einen sogenannten Fitter und Programmierung z. B. über ein JTAG-Interface.

Die Bauteilwerte: R1 33 k, R2 22 k, R3 1,8 k, R4, 8...14 680, R5 1,2 k, R6, 7 180 k, R15...21 100, C1 220 μ, C2, 3, 4, 5...7 100 n, C4 470 μ, C8 180 p, C9 390 p, C10 40 p, VD1...7 SA52-11, VT1...7 BC327-40, VT8 BC559C, VT9 2SC2026, IC1 XC9572-PC84-15, IC2 μA7805.

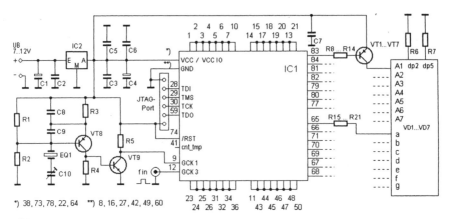

Abb. 5.4

Markus Lemke: Frequenzzähler bis 200 MHz, Funkamateur 2/05

5.5 2,5-GHz-Zähler

Die Zählerschaltung nach *Abb. 5.5* kombiniert einfache Konstruktion und hohe Leistungsfähigkeit. Herz ist der Mikroprozessor PIC16F870. Seine Taktfrequenz beträgt 13 MHz. Die Software kann Zwischenfrequenzen von 455 kHz oder 10,7 MHz berücksichtigen.

Die sechsstellige Anzeige löst auf 1 kHz genau auf, wenn die Frequenz maximal 999.999 kHz beträgt. Eine RS-232-Schnittstelle ist optional möglich (Q7). Der HF-Eingang ist symmetrisch. Man kann ein Pin an Masse legen. Einige zehn Millivolt Eingangsspannung genügen. Der LMX2322 hat eine Vorteiler-Funktion (:64). Andere ICs sind möglich.

Der Controller zählt die Impulse 64 ms lang. Die LED-Diplays werden im Multiplex-Betrieb angesteuert. Mit SW1 und SW2 erfolgt bei Bedarf die Offset-Einstellung.

Die Software kann für 1 kHz oder 10 kHz Auflösung geladen werden.

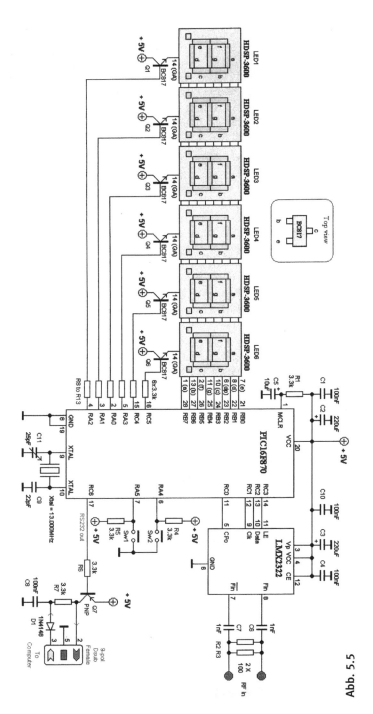

Abb. 5.5

http://hem.passagen.se/communication/frcpll.html

5.6 Drei-Digit-Zähler

Von der Firma Quasar wird ein einfacher Zähler als Selbstbau-Kit angeboten. Mehrere Module lassen sich zu einem sechs- oder neunstelligen Zähler verbinden. Als Anzeige dient ein gemultiplextes LED-Display.

Die Schaltung nach *Abb. 5.6* arbeitet mit einem integrierten 3-digit-BCD-Zähler (binary coded decimal) 14553 und dem LED-Display-Ansteuer-IC 14511. Der 1-nF-Kondensator bedeutet eine Multiplexrate von 1 kHz.

Die Entprellschaltung nach *Abb. 5.7* steuert den eigentlichen Zählerblock. Auch hier kommt ein CMOS-IC zur Anwendung. Mit zwei Tastern wird der Zählbetrieb gestartet oder die Anzeige rückgesetzt.

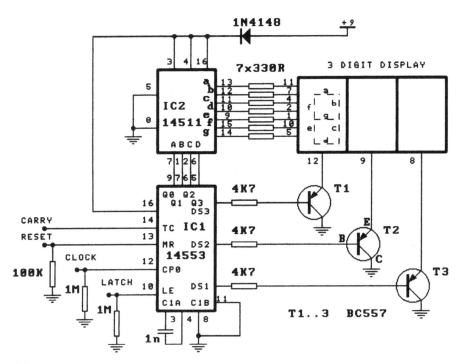

Abb. 5.6

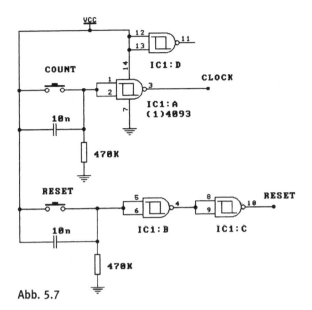

Abb. 5.7

www.quasarelectronics.com

5.7 Messung einer Frequenzdifferenz

Der Low-Cost-Baustein TC9400/9401/9402 lässt sich als Frequenz-Spannungs- oder als Spannungs-Frequenz-Wandler nutzen. In dem Konzept nach *Abb. 5.8* werden zwei TC9400 als F/U-Wandler benutzt, und ein TC9400 wird als U/F-Wandler eingesetzt. Ein Inverter und ein Operationsverstärker sorgen dafür, dass über die Gleichspannungen die Differenz der Eingangsfrequenzen gebildet wird. Dabei steht auch ein DC-Ausgang zur Verfügung.

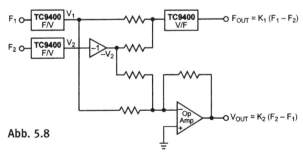

Abb. 5.8

Microchip Application Note 795, Michael O. Paiva: Voltage-to-Frequency/Frequency-to-Voltage Converter

5.8 Frequenzmessung mit Frequenz-Spannungs-Wandler-IC

Mit dem CMOS-Baustein TC9400 kann man recht einfach einen Frequenzmesser bis etwa 100 kHz aufbauen (*Abb. 5.9*). Statt eines analogen Instruments lässt sich natürlich auch eine Digitalanzeige verwenden.

Üblicherweise benötigt der TC9400 eine symmetrische Versorgung. Gerade in der Anwendung als Frequenzmesser ist das nicht immer willkommen. Man kann dann nach *Abb. 5.10* mit einer Z-Diode das Massepotential der eigentlichen Schaltung anheben. Das Instrument wird nun nicht gegen negative Betriebsspannung, sondern gegen Pin 6 angeschlossen.

Aufgrund der CMOS-Technik ist der Stromverbrauch gering. Für nichtprofessionelle Zwecke sollte eine 9-V-Blockbatterie zur Versorgung genügen.

Abb. 5.9

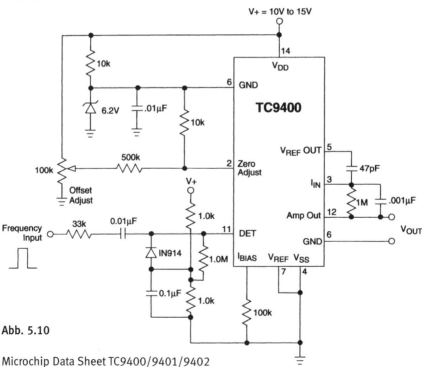

Abb. 5.10

Microchip Data Sheet TC9400/9401/9402

5.9 Kostengünstiger 2,8-GHz-Prescaler

Die Frequenzteilerschaltung nach *Abb. 5.11* teilt durch 1000. Der garantierte Arbeitsbereich von IC1 ist 0,25...2,8 GHz, typisch wird jedoch der Bereich 0,1... 3,5 GHz erreicht. Die minimale Eingangsspannung ist 0,4...1 V Spitze-Spitze (0,25...1 GHz) bzw. 0,1...1 V Spitze-Spitze über 500 MHz.

IC1 teilt durch 128. Die anschließenden ICs besorgen eine Division durch 7,8125. Das richtige Teilerverhältnis baut sich erst über mehrere Perioden der anliegenden Messspannung auf.

5.10 Einfacher zweistelliger Zähler

Die in *Abb. 5.12* gezeigte Zählerschaltung benötigt nur sehr wenige Bauelemente. Der Low-Cost-Mikrocontroller steuert die Anzeige direkt an. Mehrere strombegrenzende Widerstände sind nicht erforderlich. Die Software sorgt für den gemultiplexten Betrieb. Es leuchtet immer nur eine LED, daher ist auch nur ein strombegrenzender Widerstand nötig. Wählt man ihn etwas größer, ist eine dritte Stelle möglich.

Das Listing ist über www.edn.com/060817di1 erhältlich. Die Software nutzt ein Refresh-Intervall von 1 ms.

5.11 50-MHz-Zähler

Mit der in *Abb. 5.13* gezeigten Schaltung können Frequenzen zwischen 1 Hz und etwa 50 MHz gemessen werden. Es handelt sich um eine Modifikation eines Designs von Weeder Technologies.

Der Mikrocontroller ermöglicht Auto-Ranging mit selbstständig wechselndem Dezimalpunkt; hierbei wird auch die Toröffnungszeit von 100 ms oder 1 s selbsttätig gewählt.

Zum Einsatz kommt ein Siebensegment-LC-Display 1x16.

Die Empfindlichkeit beträgt etwa 100 mV (100 Hz bis 2 MHz) bzw. 800 mV bei 50 MHz. Der Eingang besitzt einen Überlastschutz.

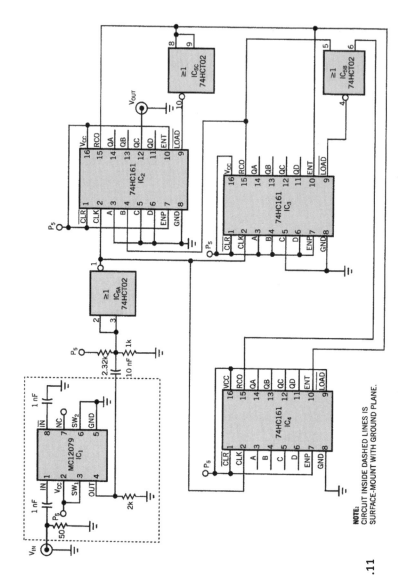

Abb. 5.11

Neil Eaton: 2.8-GHz prescaler keeps cost down, EDN, July 20, 2000

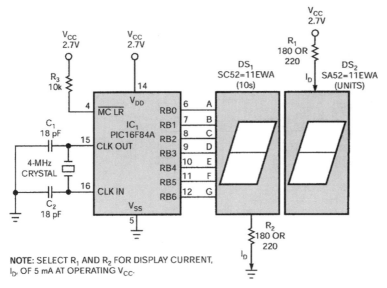

Abb. 5.12

Noureddine Benabadji: Ultralow-cost, two-digit counter features few components, EDN, August 17, 2006

5.12 Zählerschaltung mit Zusatzfunktionen

Die in *Abb. 5.14* vorgestellte Schaltung dient in erster Linie der Messung von Frequenzen bis etwa 50 MHz bei relativ geringer Genauigkeit (vierstellige Anzeige). Es sind drei schaltbare Messbereiche möglich. Darüber hinaus können aber auch Spannungen angezeigt werden. Hierzu dienen die an R21 und R22 liegenden Anschlüsse. Ein Abgleich ist mit TP1 möglich.

5.13 Sechsstelliger 6-MHz-Zähler

Durch die Beschränkung auf etwa 6 MHz maximale Frequenz bleibt der Aufwand für den Zähler in *Abb. 5.15* gering. Darin steuert ein CMOS-Zählerbaustein von Intersil eine sechsstellige Anzeige. Damit wird bis auf 10 Hz aufgelöst.

Als Betriebsspannung genügen 5 V. Die Torzeit lässt sich zwischen 10 und 100 Hz umschalten.

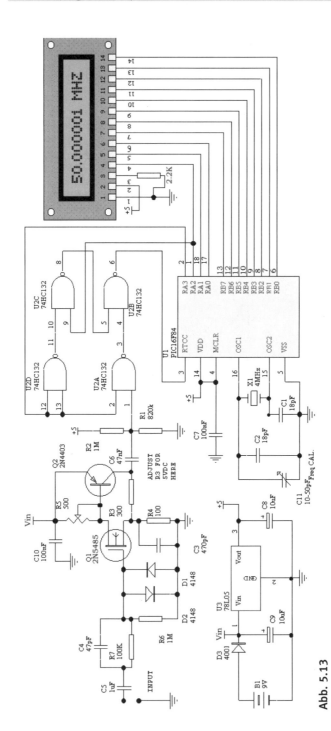

Abb. 5.13

50 MHz frequency counter, www.sixca.com

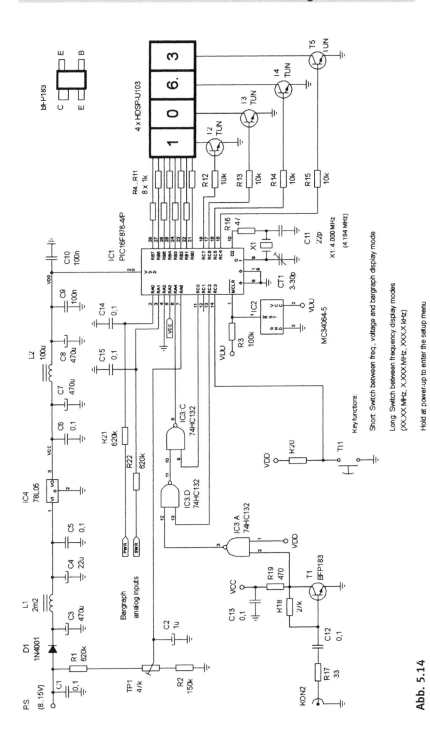

Abb. 5.14

A. Stare: 50 MHz frequency counter, V-meter and bargraph indicator, Internet

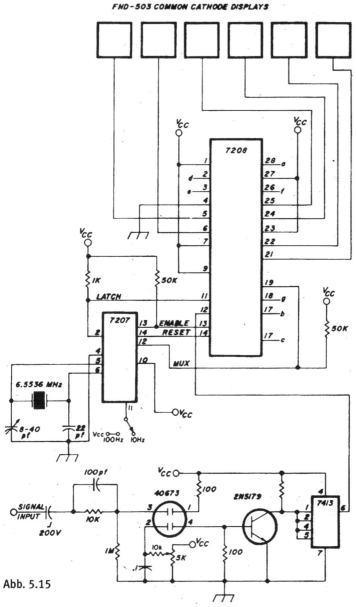

Abb. 5.15

Ham Radio

5.14 Zwei-Dekaden-Teiler für Frequenzmesser

In der Vorteilerschaltung nach *Abb. 5.16* sorgen die Transistoren für einen hohen Eingangswiderstand, aber nur für eine gewisse Verstärkung. Jeder der folgenden TTL-ICs teilt durch 10. Mit einem Umschalter wählt man das gewünschte Signal. Die Schaltung arbeitet an stabilisierten 5 V. Die Eingangsspannung sollte nicht wesentlich kleiner als 1 V Spitze-Spitze sein.

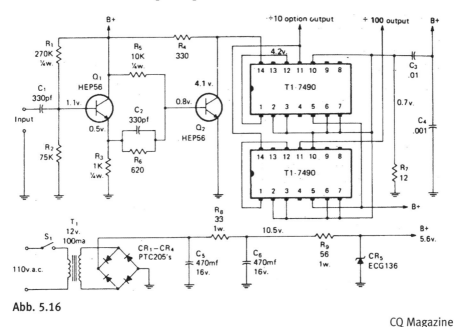

Abb. 5.16

CQ Magazine

5.15 Über Tastenfeld programmierbarer Teiler

Manchmal ist in der Messtechnik ein einstellbarer Teiler erforderlich. In der Schaltung nach *Abb. 5.17* kann die Eingangsfrequenz durch jeden ganzen Wert zwischen 1 und 16 geteilt werden. Das ermöglicht der Codier-Baustein MM74C922. Man muss nur die entsprechende Taste drücken.

Das Ausgangssignal hat stets ein Impuls-Pausen-Verhältnis von 1 bzw. ein Tastverhältnis von 0,5.

Die Betriebsspannung kann im Bereich 3...15 V liegen. Bei 10 V können Signale mit maximal 1 MHz geteilt werden.

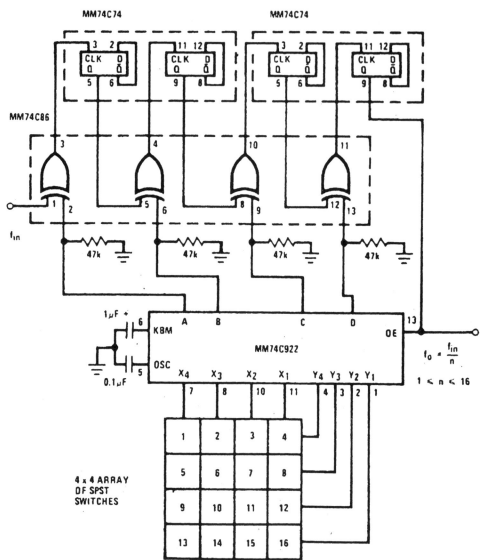

Abb. 5.17

National Semiconductor Data Sheet MM74C922

5.16 Digital programmierbarer Teiler

Die Teilerschaltung nach *Abb. 5.18* ist einfach aufgebaut. Der IC vom Typ 74193 ermöglicht es, in Abhängigkeit der Pegel an seinen Eingängen A bis D, durch 3 bis 19 zu teilen. Neben diesem 4-Bit-Aufwärts-/Abwärtszähler ist nur ein dualer D-Flop-Baustein 7474 erforderlich.

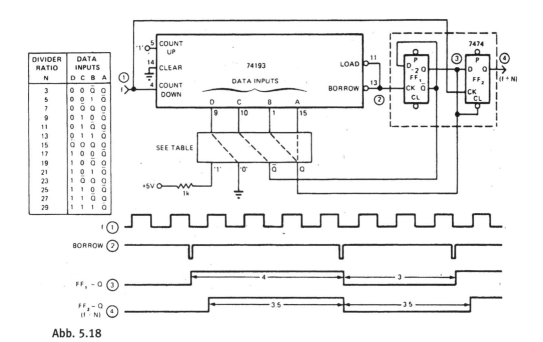

DIVIDER RATIO N	DATA INPUTS D C B A
3	0 0 $\bar{Q}$ Q
5	0 0 1 $\bar{Q}$
7	0 $\bar{Q}$ Q Q
9	0 1 0 $\bar{Q}$
11	0 1 $\bar{Q}$ Q
13	0 1 1 $\bar{Q}$
15	$\bar{Q}$ 0 0 Q
17	1 0 0 $\bar{Q}$
19	1 0 $\bar{Q}$ Q
21	1 0 1 $\bar{Q}$
23	1 $\bar{Q}$ Q Q
25	1 1 0 $\bar{Q}$
27	1 1 $\bar{Q}$ Q
29	1 1 1 $\bar{Q}$

Abb. 5.18

EDN Magazine

5.17 Achtstelliger Zähler mit drei ICs

Die Zählerschaltung in *Abb. 5.19* verbindet einen einfachen Aufbau mit hoher Auflösung. IC1 sorgt für eine Vorteilung des Messsignals. IC2 ist ein spezieller Zähler-IC mit internem Oszillator und für Direktanschluss eines Display-Bausteins. Die interne Betriebsspannung beträgt 5 V und wird mit IC3 erzeugt. Die Transistor/LED-Schaltung am Eingang informiert über den Zustand des Signals.

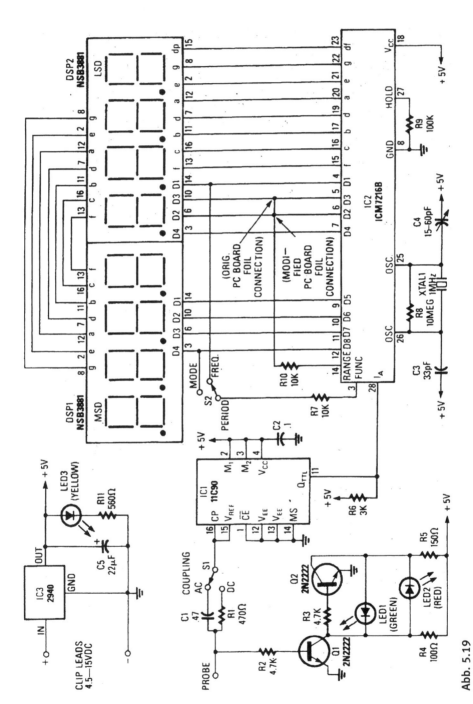

Abb. 5.19
Radio Electronics

5.18 Zeitbasis für 1,2-GHz-Zähler

Die in *Abb. 5.20* gezeigte Schaltung liefert einen 1-s-Torimpuls, die Steuersignale für den ·Speicher, ein 1-kHz-Signal zur Umschaltung der Anzeigen sowie das Steuersignal für die digitale Abtastrate für Hochfrequenzzähler mit hoher Auflösung.

Weiterhin wird ein externes Referenzsignal zur Erzeugung des Torimpulses durch 106 geteilt. Der Fünf-Dekaden-Zähler MC14534 erzeugt das 1-kHz-Umschaltsignal, dessen Tastverhältnis stark von 0,5 abweicht. Die Abtastrate lässt sich mit dem Daumenradschalter (BCD Thumbwheel) zwischen einer und neun Sekunden festlegen.

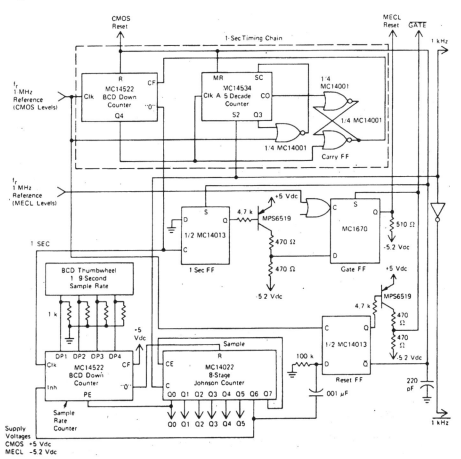

Abb. 5.20

Motorola Application Note

5.19 Dipper mit Stromspar-Oszillator

Die Schaltung nach *Abb. 5.21* stammt von einem ebenso kreativen wie fachkompetenten Entwickler. Der Oszillator beruht auf einem einfachen Differenzverstärker. Der Schwingkreis liegt zwischen den Basis-Kollektor-Verbindungen und einseitig an Masse, was die Funktion nicht beeinträchtigt. Diese einfache Anordnung schwingt nur darum in einem großen Frequenzbereich sicher, weil der Strom mit P1 je nach verwendeter Spule optimal eingestellt werden kann. Dieser ist mit maximal 25 µA ungewöhnlich gering. Je mehr der Schleifer gegen Masse gedreht wird, umso geringer wird der Strom und umso unsicherer arbeitet der Oszillator – bis die Schwingungen ganz abreißen. Dann arbeitet der Dipper im passiven Betrieb.

In dieser Betriebsart wird der SFET als aktiver Gleichrichter genutzt. Er verbindet Hochohmigkeit und Empfindlichkeit. Die Gleichrichtung erfolgt über die Gate-Source-Diode. C2 ist der Glättungskondensator. Auch hier lässt sich über die Source-Spannung wieder die Empfindlichkeit, mehr aber noch die Ruhelage des Messwerkzeigers einstellen. Durch die hohen Werte von R2 und R3 ist die Stromaufnahme hier geradezu vernachlässigbar.

Der Operationsverstärker realisiert die unbedingt nötige Impedanzwandlung.

Über C3 kann ein Kopfhörer angeschlossen werden (Kontrollempfänger-Funktion).

R5 wird so bemessen, dass 8 V Vollausschlag des Instruments ergeben. Dieses ist unkritisch (100 µA bis 10 mA).

Der Ruhestromverbrauch entsteht vor allem durch den Operationsverstärker und liegt bei 3 mA. Hinzu kommt im Betrieb der Strom durch das Messwerk.

Bereich	Windungs-zahl	Spulen-durchmesser	Spulenlänge	Draht-durchmesser
1,3–5,5 MHz	75	14 mm	25 mm	0,25 mm CuL
4,2–18 MHz	17	18 mm	15 mm	0,35 mm CuL
6,6–30 MHz	10	18 mm	25 mm	0,8 mm CuAg
7,6–34 MHz	10	18 mm	25 mm	0,8 mm CuAg
11–50 MHz	5	22 mm	16 mm	1,2 mm CuAg

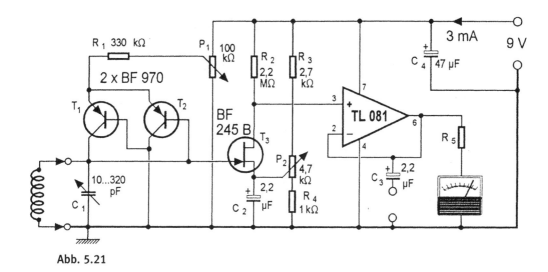

Abb. 5.21

H. Schreiber: Dip-mètre de haute sensibilité, Megahertz Magazine, April 1998

5.20 Akustisch signalisierendes Dipmeter

Anstelle eines Anzeigeinstruments verwendet die Schaltung nach *Abb. 5.22* einen akustischen Indikator. Hier sind zwei Vorteile zu erkennen: Erstens ersetzt billige und platzsparende Elektronik empfindliche Mechanik und zweitens Vereinfachung, da sich das Auge voll auf die Lage des Dipmeters zum Messobjekt konzentrieren kann.

Der Oszillator ist in einfacher und üblicher Weise aufgebaut. Mit P1 lässt sich die Amplitude und somit hier die Tonhöhe beeinflussen. Der Drehko hat im Original 2x266 pF. Die kleinste Spule ist eine auf einem Dorn gewickelte Luftspule.

Die Gleichrichterdiode liegt an der Betriebsspannung. Die Glättung erfolgt über das Glied R5/C8. Es schließt sich ein pnp-Transistor als „Anzeigeverstärker" an.

Der populäre Timer-IC wird als gut funktionierender Spannungs-Frequenz-Umsetzer beschaltet. Diese Funktion wird hier ausgenutzt. Über ein weiteres Siebglied R7/C9 erhält der Timer die Steuerspannung. Er arbeitet als astabiler Multivibrator im Tonfrequenzbereich. An seinem Ausgang kann man einen Kopf- oder Ohrhörer oder einen Kleinlautsprecher mit Vorwiderstand anschließen. Die Tonhöhe ist mit P2 einstellbar. Die Stromaufnahme liegt bei 15 mA.

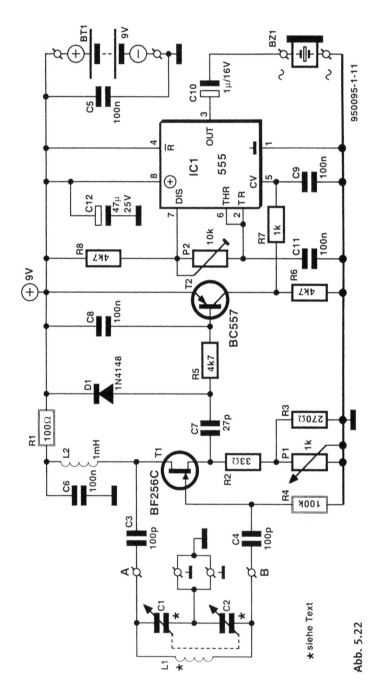

Abb. 5.22

E. Chicken: HF-Tone-Dip-Oszillator, Elektor 11/95

Bereich	Windungszahl	Spulendurchmesser	Drahtdurchmesser
1,5–5 MHz	100	16 mm	0,2 mm CuL
4–15 MHz	65	8 mm	0,2 mm CuL
11–46 MHz	22	6 mm	0,4 mm CuL
37–160 MHz	3,5	9 mm	1 mm CuAg

5.21 Ein VHF-Dipper

Die Schaltung nach *Abb. 5.23* wirkt simpel, verlangt aber einen durchdachten Aufbau sowie eine exakte Berechnung der Induktivitäten aller Zuleitungsdrähte und ihrer geeigneten Bemessung.

Beeindruckend ist die geringe Betriebsspannung, die jedoch eventuell für bessere Funktion erhöht werden kann. Statt des sehr empfindlichen Messwerks können natürlich ein Verstärkertransistor und ein weniger empfindliches Instrument benutzt werden.

Verwendet man eine Luftspule mit zwei Windungen aus 1-mm-Kupferdraht (CuL oder CuAg), kommt man auf einen Bereich von etwa 50...150 MHz. Diese Spulen können direkt auf einen DIN-Stecker gewickelt werden. Da die Drehko-Endkapazität recht klein sein muss, kann man auch z. B. einen 2x100-pF-Doppeldrehko verwenden und die Pakete in Reihe schalten. Gut geeignet sind auch kleine Drehkos aus (AM/)FM-Transistorradios, wobei man die UKW-Pakete von je ca. 25 pF parallel schaltet.

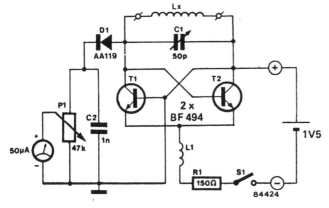

L1 = Luftspule: 10 Wdg CuL (φ 0,5 mm)
auf 5-mm-Dorn wickeln
Lx = siehe Text

Abb. 5.23

P. Engel: VHF-Dipper, 302 Schaltungen

5.22 Dipmeter mit fünf Transistoren

In der Dipmeterschaltung nach *Abb. 5.24* ist der Oszillatorteil mit drei Feldeffekttransistoren und der Verstärkerteil mit zwei Bipolartransistoren aufgebaut.

Die Spulen benötigen keine Anzapfungen und werden an der Buchse J1 angeschlossen. Mit S1 schaltet man zwischen aktivem und passivem Betrieb um.

Die Besonderheit ist ein Ausgang für das Oszillatorsignal.

Zur Versorgung genügen zwei 1,5-V-Elemente.

Das Dipmeter kann mit verschiedenen Spulen im Frequenzbereich von etwa 500 kHz bis 150 MHz arbeiten.

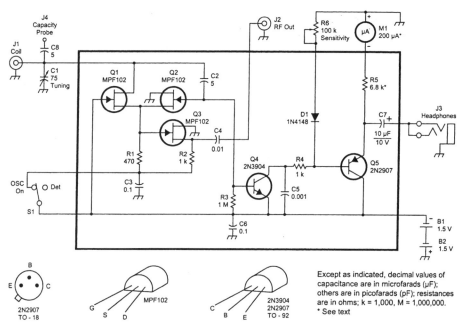

Abb. 5.24

Alan Bloom: A Modern GDO – The „Gate" Dip Oscillator, QST, May 2003

5.23 Vierstellige Zählerschaltung

Abb. 5.25 bringt eine Schaltung, welche die Nullstellen der Signalspannung auswertet.

Den Zähler-IC ICM7217 mit seiner vierstelligen LED-Multiplexanzeige setzt eine Gatterschaltung mit dem IC 4093 zurück, wenn die Betriebsspannung angelegt wird. S1 und S2 sind Schalter für die Speicher- und Displaykontrolle.

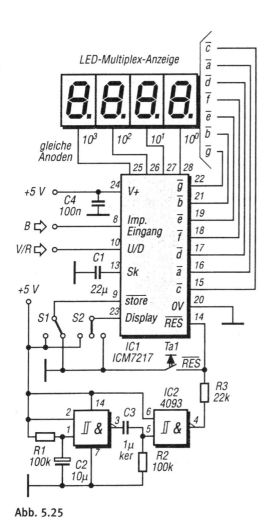

Abb. 5.25

Helmut Israel: Bewegungsmeldung per Privat-Radar, Funkamateur 1/99

5.24 Dipper mit Modulationszusatz

Die Dipmeterschaltung nach *Abb. 5.26* setzt sich neben der Kreisentdämpfung mit T1 und T2, dem aktiven Demodulator mit T3 und dem Verstärker mit dem TL081 aus einer Modulationsquelle mit dem NE566 zusammen.

Zur Kreisentdämpfung bilden die bipolaren Transistoren einen negativen Widerstand, welcher den Verlustwiderstand des Kreises teilweise kompensiert. Der Grad dieser Entdämpfung lässt sich mit P2 einstellen. Die Gleichrichterwirkung ergibt sich durch den großen Drainwiderstand R5, sodass auch bei kleinen Gatespannung durch die interne Gate-Source-Diode eine Halbwelle „abgeschnitten" wird. Da hier eine Gleichspannung angezeigt werden soll, muss die Sourcespannung durch einen Spannungsteiler festgelegt werden.

Der Operationsverstärker verstärkt Gleichspannung mit 1 und Wechselspannung für einen Kopfhörer mit 16.

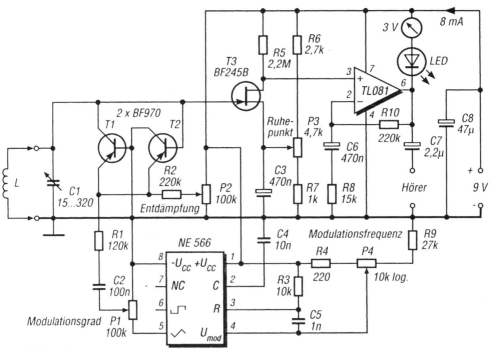

Abb. 5.26

Herrmann Schreiber: Messgerät und Signalquelle: Dip-Meter mit Modulationszusatz, Funkamateur 1/99

Moduliert wird mit einer zwischen etwa 10 Hz und 7,8 kHz einstellbaren Dreieckspannung (P4). Mit P1 wird der Modulationsgrad eingestellt, der auch von der P2-Stellung abhängt.

Frequenzbereich	Windungszahl	Durchmesser	Länge
1,5...5,5 MHz	75	14 mm	25 mm (mit Kern)
4,2...18 MHz	17	18 mm	15 mm (mit Kern)
6,6...30 MHz	10	18 mm	25 mm (mit Kern)
11...50 MHz	5	22 mm	16 mm

5.25 Frequenzvergleicher

Mit der Schaltung in *Abb. 5.27* kann man den Frequenzunterschied von zwei Signalen feststellen, wobei die Ausgangsspannung ein Maß für den Unterschied ist.

Im Grunde handelt es sich um eine zweifache Ladungspumpen-Schaltung. Dabei dient das eine Eingangssignal zum (teilweisen) Entladen des Elkos, während das anderen diesen lädt. Der Spannungsteiler sorgt dabei dafür, dass über dem Konden-

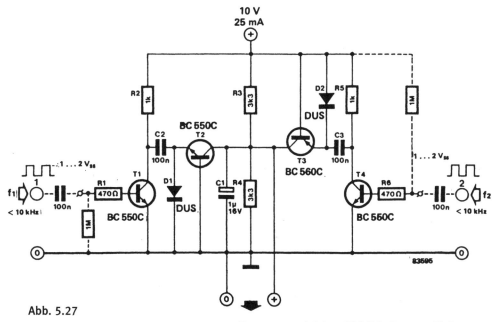

Abb. 5.27

Frequenzvergleicher, 302 Schaltungen, Elektor

sator im Ruhezustand die halbe Versorgungsspannung steht. Über T1 und T2 erfolgt die Entladung. Über T3 und T4 erfolgt die Aufladung.

Die Schaltung eignet sich für Rechtecksignale mit Amplituden von 1 bis 2 V und Frequenzen bis etwa 10 kHz.

6 Messung von Impedanzen

Vorbemerkungen

Die Begriffe „Impedanz" (von lateinisch impedire = hemmen, hindern), „komplexer Widerstand" und „Widerstandsoperator" sind identisch. Das Wort „komplex" verwendet man deshalb, weil sich dieser Widerstand aus mindestens zwei verschiedenartigen Widerständen zusammensetzt. Dies kann z. B. die Reihen- oder Parallelschaltung eines Kondensators und einer Spule sein (Schwingkreis). Ein weiteres einfaches Beispiel ist die Ersatzschaltung eines verlustbehafteten Kondensators. Sie besteht aus dem kapazitiven Blindwiderstand und der Reihen- oder Parallelschaltung eines ohmschen Widerstands. Dieser Verlustwiderstand ist als Bauelement nicht vorhanden und ergibt sich z. B. aus dem Phasenwinkel zwischen Strom und Spannung. Ein komplizierter aufgebauter komplexer Widerstand ist z. B. ein mehrpoliges passives Filter. Hier finden sich mehrere Kondensatoren und Induktivitäten, die netzwerkartig miteinander verschaltet sind.

Als LC-Netzwerk kann man sich auch eine Hochfrequenzleitung vorstellen. Sie zeichnet sich durch einen homogenen (über die gesamte Länge gleich bleibenden) Aufbau aus. Ihre „charakteristische Impedanz" oder ihr „Wellenwiderstand" wird durch diesen Aufbau bestimmt.

Die Impedanz ist gleich dem Quotienten aus Spannungs- und Stromzeiger. Bei Hochfrequenzleitungen wird eine unreflektierte Welle betrachtet; bei dieser besteht Phasengleichheit zwischen Spannung und Strom. Daher ergibt sich als Sonderfall kein induktiver oder kapazitiver Anteil. Das rechtfertigt den Begriff „Wellenwiderstand".

Von diesem Sonderfall abgesehen, kann man eine Impedanz auf zwei Arten angeben:

1. in Normalform durch Angabe von ohmschem Anteil und Blindanteil (gekennzeichnet durch ein j z. B. 40 Ohm + j30 Ohm oder 20 Ohm −j10 Ohm), wie
2. in Exponentialform durch Angabe von Scheinwiderstand und Phasenwinkel (z. B. 50 Ohm $e^{j+37°}$ oder 22,4 Ohm $e^{j-27°}$)

Den Scheinwiderstand erhält man durch quadratische Addition von ohmschem Anteil und Blindanteil. Der Phasenwinkel entspricht dem arctan des Verhältnisses Blindanteil/ohmscher Anteil.

Während die Phasenverschiebung zwischen Strom und Spannung bei einem Wirkwiderstand immer null ist, kann sie bei einer Impedanz beliebige Werte annehmen. So besteht z. B. zwischen Strom und Spannung einer an einem Kabelende reflektierten Welle ein Versatz von 180°.

Der an den Anschlüssen einer passiven Antenne messbare Widerstand ist ebenfalls komplex, man spricht von „Antennenimpedanz". In der Funktechnik muss diese Impedanz oft ermittelt werden.

Je nachdem, ob die induktive oder die kapazitive Komponente überwiegt, kann eine Impedanz positiv oder negativ sein. Den Betrag der Impedanz nennt man Scheinwiderstand. Diesen erhält man aus der Impedanz, wenn man die Komponenten bei Darstellungsart 1 quadratisch addiert bzw. bei Darstellungsart 2 die Winkelangabe weglässt. Die oben angegebenen Beispiele sind daher identisch: Wurzel aus $(40^2 + 30^2) = 50$, Wurzel aus $(20^2 + 10^2) = 22,4$.

Oftmals messen sogenannte Impedanzmessgeräte nur den Scheinwiderstand. Hierbei ist es aber in der Regel möglich, durch Ändern der Messfrequenz und Beobachtung der Anzeige das Vorzeichen zu ermitteln: Wird die Frequenz erhöht und nimmt die Anzeige zu, ist er positiv, andernfalls negativ.

Eine Impedanz aus R und X (C oder L) kann eine Parallel- oder Reihenschaltung sein. Ob eine Parallel- oder Reihenschaltung die richtige Ersatzschaltung ist, lässt sich mit einfachen Anordnungen kaum feststellen: Bei C als zweiter Komponente nimmt Z in beiden Fällen bei Frequenzerhöhung ab, bei L als zweiter Komponente zu.

Der Kehrwert der Impedanz ist die Admittanz (komplexer Leitwert).

6.1 Universelle Impedanzmessbrücke

Abb. 6.1 zeigt eine im Bereich 0,1 bis 100 MHz einsatzfähige Selbstbaulösung zur Ermittlung beispielsweise von Antennenimpedanzen. Das Prinzip dieser Brücke ist einfach, sie wird auch als Differential-Messbrücke bezeichnet. Zum Messen wird ein durchstimmbarer HF-Generator mit mindestens 1 V_{SS} Ausgangspegel benutzt.

Die Brücke kann Scheinwiderstände bis 470 Ohm bestimmen und benötigt zum Betrieb weder eine zusätzliche Stromquelle noch einen Empfänger.

Die Schaltung besteht aus einem Übertrager und einem verdoppelnden Gleichrichter sowie dem Instrument zur Anzeige des Brückenminimums. Es eignet sich ein einfaches Drehspulinstrument.

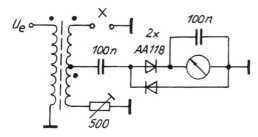

Abb. 6.1

Hans Nussbaum: Universelle Impedanzmessbrücke, funk 2/2002

Schließt man an X ein Messobjekt – z. B. eine Kombination von Widerstand, Kapazität oder Induktivität – an, kann dieser dadurch gebildete frequenzabhängige Widerstand (max. 470 Ohm) mithilfe des Potentiometers bestimmt werden. Das Potentiometer wird so eingestellt, dass sich die Brücke im Gleichgewicht befindet, infolgedessen das Instrument ein Minimum zeigt. Dabei ist zu beachten, dass die Anzeige nur bei rein Ohmschem Messobjekt bis auf Null zurückgeht. Je größer bei einer Impedanz dagegen der kapazitive oder induktive Blindanteil ist, desto weniger ausgeprägt und umso flacher ist die Minimumanzeige.

Der Übertrager wird mit einem kleinen Ferritkern aus dem Material FT77 hergestellt (Bestellbezeichnung: FT50-77). Man nimmt drei möglichst verschiedenfarbige 0,3-mm-Cu-Lackdrähte mit je 20 cm Länge und verdrillt sie leicht (ein Schlag auf 5 mm). Anschließend wickelt man vier bis fünf Windungen auf den Ringkern, kürzt die Enden auf 1 cm und isoliert sie ab. Die Wicklung sollte man mit einigen Tropfen Kleber fixieren.

Es empfiehlt sich die Verwendung eines Präzisionspotentiometers. Der Aufbau ist vollisoliert, das Gehäuse vergossen. Solche Potentiometer bieten ihren Gleichstromwert auch noch bis 150 MHz.

Es kann jedes Drehspulinstrument mit 200 µA Endausschlag verwendet werden.

6.2 Einfache Impedanzmessung

Für den in *Abb. 6.2* links zwei mal dargestellten Messkreis wird ein durchstimmbarer Hochfrequenzgenerator benötigt. Zur bequemen Anpassung sollte die Spule Anzapfungen etwa bei 50, 25, 12 und 6 % haben. Die Spannungsanzeige muss hochohmig sein. Vorteilhaft ist ein analoges elektronisches Multimeter, da Maximum und Minimum der Anzeige wichtig sind.

Der Koppelkondensator C_K sollte 5...10 % des Wertes aufweisen, welchen der Abstimmkondensator C_A bei Resonanz besitzt.

Die Messung erfolgt in drei Schritten und beginnt mit der im Bild oben gezeigten Anordnung:

1. mit C_A Anzeigemaximum einstellen
2. Impedanz anschließen, dabei den Abgriff so wählen, dass nach erneutem Resonanzabgleich von C_A die angezeigte Spannung etwa 30 % gegenüber Schritt 1 ist. Wenn der Neuabgleich eine Erhöhung von C_A verlangt, dann ist die Impedanz induktiv und die im Bild unten gezeigte Anordnung ist anzuwenden.
3. Unter Beibehaltung der neuen Einstellung von C_A wird Z_X durch die Elemente C_S und R_S ersetzt, die man so verändert, dass ein Maximum mit dem Wert von Schritt 2 erhalten wird.

Die eingestellten Werte kann man einzeln messen, sie sind identisch mit den entsprechenden Werten der Impedanz, wenn es sich dort um eine RC-Parallelschaltung handelt. Natürlich ist auch die Simulation in Reihe möglich, wobei der Rotor von C_S wieder an Masse liegen sollte.

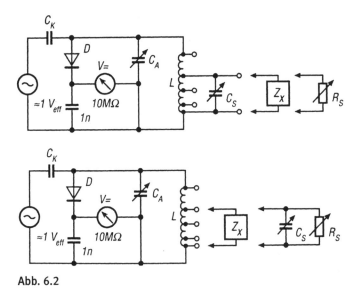

Abb. 6.2

Herrmann Schreiber: Einfache Impedanzmessungen, Funkamateur 7/99

6.3 Impedanzmessbrücke für 2...30 MHz

Die Schaltung gemäß *Abb. 6.3* wirkt einfach, ist aber gut durchdacht. Der Eingang „Unknown" ist für die zu messende Impedanz bestimmt. Mit RV1 und C1 oder C2 kann die Brücke ins Gleichgewicht gebracht werden. Die Minimumanzeige erfolgt mit einem A1A-Empfänger, den man auf die Generatorfrequenz mit etwa 1 kHz Versatz einstellt. Man hört die Lautstärke und/oder beobachtet eine eventuell vorhandene Signalstärkeanzeige

Es lässt sich sowohl ein externer Festwiderstand als auch ein Kondensator zuschalten.

Mit C3 wird die parasitäre Kapazität auf der anderen Seite der Brücke kompensiert. C3 balanciert hingegen vor allem die Anfangskapazität des Drehkos aus.

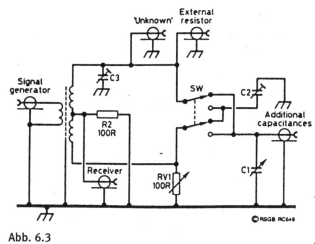

Abb. 6.3

Jack Gentle: RF Impedance Bridge For 2–30 MHz, Radio Communication, July 1995

6.4 Antennen-Messbrücke

Die Impedanz-Messschaltung nach *Abb. 6.4* wurde speziell für Messungen an Antennen entwickelt. Sie ist symmetrisch aufgebaut. Mit C1 wird die Parasitärkapazität des Potentiometers R1 kompensiert. C2 und C3 sind die Hälften eines kleinen Differential-Drehkondensators.

Die Minimumanzeige erfolgt mit einem A1A-Empfänger (RX), eingestellt auf die Frequenz des zwischen den 56-Ohm-Widerständen eingekoppelten Messsignals.

Der zu messende Scheinwiderstand kann im Bereich von etwa 20 bis 150 Ohm liegen.

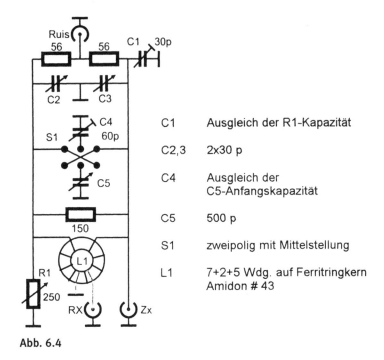

C1	Ausgleich der R1-Kapazität
C2,3	2x30 p
C4	Ausgleich der C5-Anfangskapazität
C5	500 p
S1	zweipolig mit Mittelstellung
L1	7+2+5 Wdg. auf Ferritringkern Amidon # 43

Abb. 6.4

William Oorschol: Verbeteringen aan de antennemeetruisbrug, electron, August 2004

6.5 Impedanz-Messbox

Die in *Abb. 6.5* gezeigte Schaltung wurde für Messungen an Hochfrequenzleitungen entwickelt und hat einen Messbereich von etwa 5 bis 600 Ohm. Sie arbeitet mit einem modernen Digitalvoltmeter zusammen, dessen Eingangswiderstand möglichst 10 MOhm betragen sollte.

Das Prinzip der Messung: Die unbekannte Impedanz Z ist in Serie verbunden mit einer bekannten Impedanz S. Man kann die Gesamtspannung sowie Teilspannungen messen. Es gilt die Formel $Z/S = V_Z/V_S$. Daraus kann man leicht Z ermitteln: $Z = S \times V_Z / V_S$.

Die Widerstände R1, 2 und 3 teilen eine zu hohe Eingangsspannung und können auch entfallen. S kann ein kapazitätsarmes Potentiometer sein. Die Kondensatoren haben z. B. je 100 nF. R4, 5, 6 und 7 sind hochohmige Entladewiderstände von z. B. 1 MOhm. Als Dioden eignen sich 1N4148.

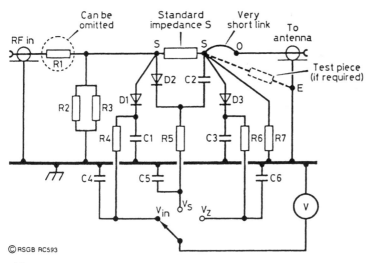

© RSGB RC593

Abb. 6.5

G. Billington: A Box to Measure RF Impedances, Radio Communication, May 1995

6.6 Aktive Antennen-Messbrücke

In *Abb. 6.6* ist die Schaltung eines sogenannten Antennen-Analyzers oder aktiven Stehwellen-Messgeräts dargestellt. Sie besitzt einen Generator, welcher mit VT1 und VT2 in Gegentaktschaltung arbeitet. Es sind die vier Frequenzbereiche 2,3...3,8, 3,5...6,5, 6...13 und 13...30 MHz mit einem Drehkondensator 2 × 250 pF möglich. Die Spulen wurden mit Kupferlackdraht gewickelt und besitzen folgende Induktivitäten/Windungszahlen: L1 1,3 µH/15, L2 5,7 µH/30, L3 14 µH/60 und L4 36 µH/250.

Die Drosseln haben 400...500 µH.

Über VT3 wird das Signal auf einen Frequenzmesser gegeben.

VT4 hebt das Signal nochmals an und speist die Messbrücke. Diese ist aus der Literatur bekannt als Antennascope.

Man stellt mit RP1 auf minimalen Zeigerausschlag. Der eingestellte Wert entspricht dem Scheinwiderstand an der PL-Buchse.

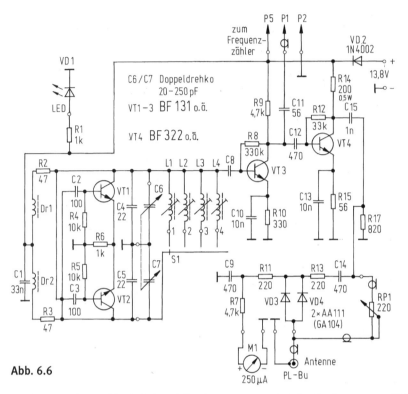

Abb. 6.6

Wolfgang Kuchnowski: Einfache aktive Antennenmessbrücke, Funkamateur 1/05

6.7 Antennen-Netzwerk-Analyzer

Die Schaltung in *Abb. 6.7* wirkt recht komplex, besteht aber größtenteils aus einem von nahe 0 bis 50 MHz durchstimmbaren Empfänger. Die Brücke zum Anschluss der Antenne ist links erkennbar. Das Signal für Brückennull wird sehr lose auf den BFR96 gekoppelt und über ein 50-MHz-Tiefpassfilter zum aktiven Mischer geführt. Die über die Leitung zugeführte Oszillatorspannung kann zwischen 100 und 150 MHz eingestellt werden. Es folgt ein dreistufiges LC-Filter für die erste Zwischenfrequenz 100 MHz. Diese wird im zweiten NE612 auf 10,7 MHz herabgemischt (zweite ZF). Im Empfänger-IC SA614 wird ein der Eingangsspannung in Dezibel entsprechender Gleichstrom gebildet, den das Instrument anzeigt.

Der VCO arbeitet mit dem S-FET J310, die Steuerspannung liegt am Punkt B (3...11 V). Der Teiler SAB6456 ermöglicht die genaue Frequenzanzeige mit einem einfachen Zähler.

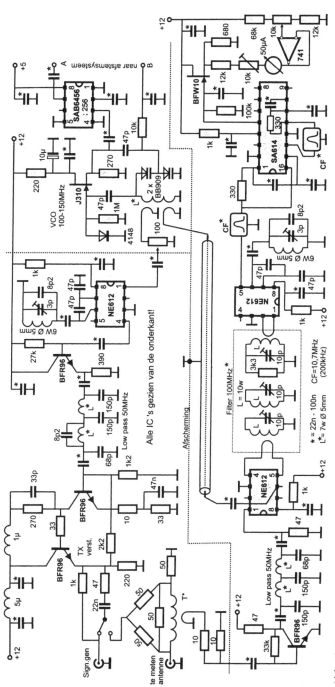

Abb. 6.7

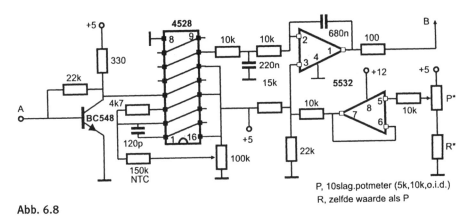

Abb. 6.8

Jan Ottens: ANNA, een HF-antennemeter die meer kan, Electron, April 2005

In *Abb. 6.8* ist die Linearisierungsschaltung für den VCO zu sehen. Die Frequenz nimmt dadurch linear mit dem Potentiometer-Drehwinkel zu.

Der Schaltungsteil neben der Brücke ist der Signalgenerator. Man kann sein Signal mit dem Schalter auch auf eine Buchse legen, um die Frequenz zu messen. Es wird das Signal des VCOs benutzt, daher ist kein Abstimmen von Generator und Sender aufeinander erforderlich. Im NE612 oben wird das VCO-Signal 100...150 MHz mit 100 MHz gemischt, also etwa 0 bis 50 MHz an der Brücke.

6.8 Messanordnung für Impedanzen

Mit der in *Abb. 6.9* skizzierten Anordnung kann man die Reflexionskoeffizienten einer beliebigen Last messen. Sie werden unmittelbar als Ort(skurve) im Smith-Diagramm dargestellt. Man kann die Messspannungen auch an die auf gleiche Empfindlichkeit eingestellten X- und Y-Eingänge eines Oszilloskops geben.

Die Anordnung besteht aus zwei Paaren von Schottky-Dioden an einer HF-Leitung, zwei Verstärkern und einem HF-Generator mit ca. 1 mW. Der Frequenzbereich beschränkt sich wegen der Abstände von 1/8 Wellenlänge auf eine Oktave.

In *Abb. 6.10* ist das Schaltbild der Messbrücke genauer ausgeführt. Die Dioden erhalten einen Vorstrom; die Verstärker sind vom Typ AD524 oder ähnlich.

Je nach Frequenzbereich und vorhandenem Material sind sehr viele Ausführungsformen denkbar.

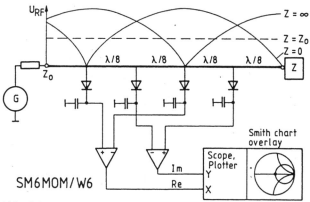

SM6MOM/W6

Abb. 6.9

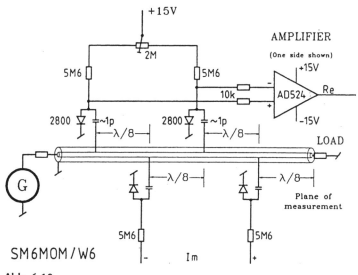

SM6MOM/W6

Abb. 6.10

Carl G. Lodström: Messanordnung für komplexe Impedanzen, UKW-Berichte 4/90

7 Messung weiterer elektrischer Größen

7.1 Messung des Innenwiderstands einer Batterie

Die Ermittlung des Innenwiderstands einer Spannungsquelle kann einfach erfolgen: Man misst die Leerlaufspannung und die Spannung bei einem bekannten Laststrom. Dividiert man dann die Differenz zwischen Leerlauf- und Lastspannung durch den Strom, erhält man den Innenwiderstand.

In *Abb. 7.1* wird eine direkt anzeigende Schaltung vorgestellt, welche die Ermittlung von Innenwiderständen zwischen 1 mOhm und 1 Ohm von Batterien bis 13 V Leerlaufspannung erlaubt. A1, Q1 und einige passive Bauelemente bilden eine Stromsenke. Der Batterie kann also ein definierter Strom entnommen werden. Die Spannung am Widerstand 0,1 Ohm ist proportional zum Strom, welcher somit über die Spannung am Pluseingang festgelegt werden kann. Bei 0,11 V fließen 1,1 A, bei 0,01 V fließen 100 mA. Ein elektronischer Schalter schaltet, angesteuert vom Frequenzteiler CD4040, periodisch zwischen diesen Spannungen um. Das Resultat ist eine ständige abrupte Stromänderung von 1 A. Auf die Spannung an den Klemmen der Batterie bezogen, erfolgt eine vom Innenwiderstand abhängige Amplitudenänderung im 0,5-Hz-Rhythmus. Diese wird durch den chopperstabilisierten Verstärker A2 ausgewertet. Man kann von einer Synchron-Demodulation sprechen: Aus der wechselnden Rechteckspannungs-Amplitude (reine Rechteckspannung mit überlagerter Gleichspannung) wird eine zum Innenwiderstand proportionale Gleichspannung erzeugt. Bei der Umsetzung wird auch ein eventueller Spannungsabfall an der Leitung vom Minuspol der Batterie gegen Masse kompensiert.

A2 stellt die Ansteuerspannung für den CMOS-Teiler-IC zur Verfügung. Dieser liefert neben den 0,5 Hz auch noch 500 Hz an Pin 2 für eine einfache Ladungspumpenschaltung zur Bereitstellung der negativen Versorgungsspannung von A2. Diese muss also bereits mit nur 9 V Betriebsspannung beginnen, das 1-kHz-Signal auszugeben, damit sich dann die negative Spannung aufbauen kann.

Die Schaltung nimmt 230 µA aus der 9-V-Batterie auf. Deren Spannung darf sich im Laufe der Zeit halbieren; der mögliche Messfehler ist dann immer noch kleiner als 3 %. Die Spannung der zu testenden Batterie darf bis auf 0,9 V abfallen.

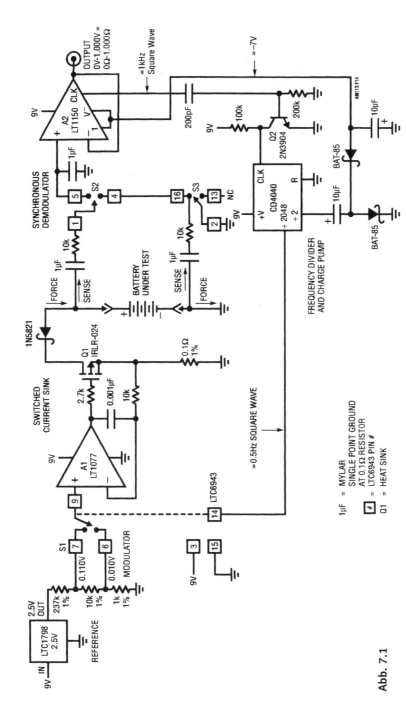

Abb. 7.1

Linear Technology Application Note 113

7.2 Messung des Stroms eines Quarzes

Der Strom durch einen Quarz erwärmt diesen und wirkt sich daher auf die Stabilität aus. Für höchste Temperaturstabilität eines Oszillators mit einem Quarz in Parallelresonanz (sehr hoher Resonanzwiderstand) oder Serienresonanz (sehr geringer Resonanzwiderstand) muss man daher für minimale Ströme sorgen. Es ist klar, dass bei Parallelresonanz ein wesentlich kleinerer Strom fließt als bei Serienresonanz – was wegen des hohen Verlustwiderstands nicht unbedingt weniger Verlustleistung bedeuten muss –, weshalb sich eine Strommessung recht aufwendig gestaltet. Man kommt schon deshalb um einen professionellen Sensor (current probe) nicht umhin, weil der hochohmige Quarzzweig kaum belastet werden darf. In *Abb. 7.2* wird eine Current Probe von Tektronix vorgeschlagen, welche 5 μV pro Mikroampere liefert.

Eine weitere Besonderheit ist die Erfassung des Effektivwerts. Allein dieser ist ja maßgeblich für die Erwärmung. Weicht die Signalform von Sinus ab, muss der echte Effektivwert (RMS, root mean square) ermittelt werden.

Der mit A1 bis A4 aufgebaute Spannungsverstärker bringt 5 μV Eingangsspannung mit mittlerer und hoher Frequenz auf 1,12 V Ausgangsspannung. Bei der angegebenen niedrigen Frequenz liefert die Current Probe allerdings etwas weniger Spannung als nominell, sodass bei 1 μA Quarzstrom etwa 1 V auftritt. Alle Verstärker arbeiten in nichtinvertierender Grundschaltung. Es folgt ein Bandpassfilter-IC, um Störungen zu unterdrücken. Dieses gibt sein Signal an den integrierten RMS/DC-Konverter weiter. A5 ist Filter und Ausgangspuffer zugleich.

Die Messtoleranz der Schaltung beträgt 5 % und ist für den vorgesehenen Zweck völlig ausreichend. Eine Kalibrierung mit einem 1-μA-Signal der Messfrequenz ist zu empfehlen. Die Anpassung kann dann mit einem Zusatzwiderstand (R_{CAL}) erfolgen.

7.3 Messung des echten Effektivwerts eines Stroms

Hat ein Wechselstrom keine definierte Kurvenform, also handelt es sich beispielsweise um einen impulsförmigen Strom, der sein Tastverhältnis verändert, und soll der Effektivwert ermittelt werden, kann man die Schaltung nach *Abb. 7.3* einsetzen. Der Strom kann dann Frequenzen bis 500 kHz aufweisen, wobei der durch den Frequenzgang des Konverter-ICs verursachte Fehler bis 1 % beträgt. Natürlich muss der Transformator bei der Frequenz des Stroms noch gut übertragen können. Sie wird in vielen Fällen deutlich geringer sein als 500 kHz. Dann kann man auch den preiswerteren Konverter LTC1966 benutzen.

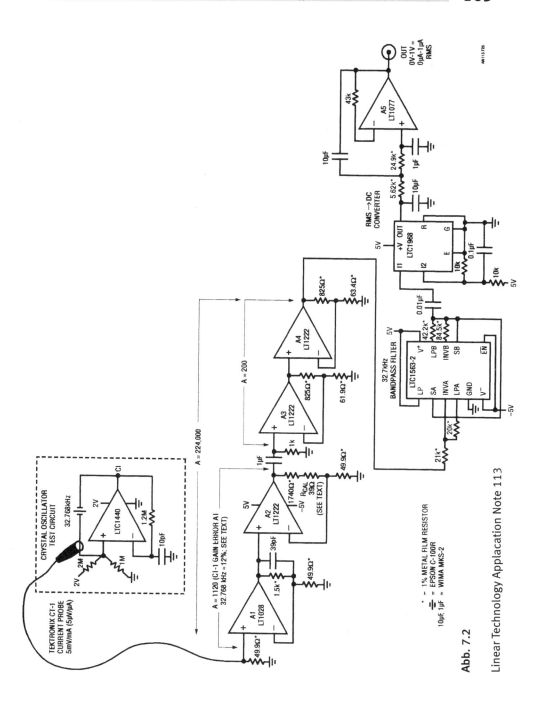

Abb. 7.2

Linear Technology Applacation Note 113

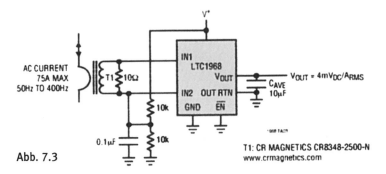

Abb. 7.3

Linear Technology LTC1968 Precision Wide Bandwith, RMS-to-DC Converter

Die Beschaltung mit 2 × 10 kOhm und 100 nF erlaubt den Betrieb an einfacher Versorgungsspannung. Steht eine duale Spannung zur Verfügung, kann man darauf verzichten. Der Widerstand 10 Ohm soll Resonanzen im Messstromkreis vor dem IC vorbeugen. Er bedämpft die Sekundärwicklung.

7.4 Einfacher Phasenmesser für Frequenzen bis 10 MHz

Phasenmessungen sind besonders im Audiobereich erforderlich. Viele Phasenmesser sind daher nur für geringe Signalfrequenzen ausgelegt. Wo größere Frequenzen gemessen werden sollen, kann die Schaltung nach *Abb. 7.4* zum Einsatz kommen.

Das Low-Cost-Gerät verspricht 1 % Messtoleranz. Dies ist mit einem Oszilloskop kaum möglich. Die Schaltung ist einfach aufzubauen und zu justieren. Die Anzeige erfolgt mit einem Digitalvoltmeter.

Referenz- und Messsignal werden in Rechtecksignale gewandelt, da sich zwischen diesen der Phasenversatz sehr gut messen lässt. Wenn die Amplituden gleich sind, dann ist der Mittelwert der Zeit zwischen den Pulsen proportional zum Phasenversatz.

Oft sind die Signale ungleich. Beispielsweise bei der Messung an einem Verstärker ist das Referenzsignal (Eingangssignal) um die Verstärkung kleiner als das Messsignal (Ausgangssignal). Dies würde bei der Sinus-Rechteck-Wandlung einen Fehler infolge der Slew Rate (begrenzten Anstiegsgeschwindigkeit) der Operationsverstärker bedeuten.

In dieser Messschaltung ist IC1 als Verstärker mit schaltbarer Verstärkung konfiguriert. Somit lässt sich das Referenzsignal in vier Stufen dem Messsignal in der Amp-

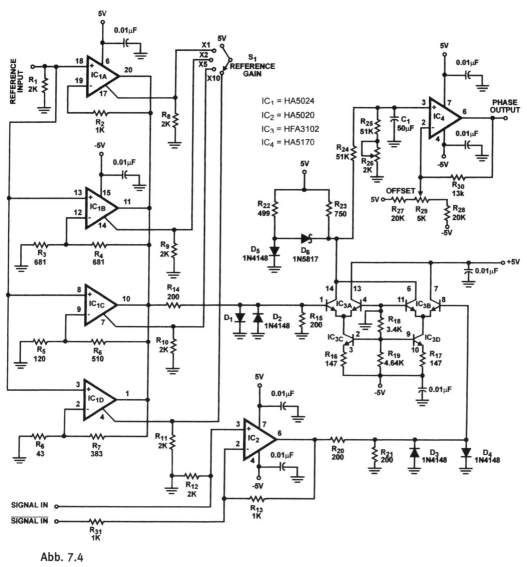

Abb. 7.4

Intersil Application Note 9637

litude anpassen. Natürlich ergibt sich durch die Vorverstärkung ein Laufzeit- und Phasenfehler. Daher wird auch das Messsignal über einen Operationsverstärker (IC2) geführt. Durch entsprechende Auswahl und Dimensionierung sind die Fehler nun gleich, kompensieren sich also.

Die Signale werden jeweils an parallelen Dioden begrenzt; es entstehen annähernd Rechteckspannungen mit etwa +/–600 mV. Natürlich müssen die Signale eine gewisse Größe haben; die Dioden begrenzen auf ihre Schwellspannungen (etwa +/–600 mV). Es folgt ein Transistorarray, welches hohe Temperaturstabilität garantiert. Die Ansteuerung der beiden Differenzstufen erfolgt bei Phasengleichheit von Referenz- und Messsignal mit ebenfalls phasengleichen Rechtecksignalen. Somit steuern der linke und der rechte Transistor gleichzeitig durch. R16 und R17 bewirken 10 mA Ruhestrom für jede Stufe, sodass maximale Schaltgeschwindigkeit erreicht wird. Die Transistoren haben 10 GHz Transitfrequenz. R23 bewirkt mit seinem Wert, dass der Abfall der Kollektorspannung an Pin 14 größer als 5 V ist. D6 steuert somit durch. Zusammen mit D5 wird die Ausgangsspannung zu Masse symmetrisch auf etwa +/–3,8 V „geklemmt".

Es folgt ein Puffer zum DC-Voltmeter-Anschluss. Mit R26 wird der Skalenfaktor, mit R29 der Nullpunkt justiert. Ohne Phasenversatz ist die mittlere Kollektorspannung null. Bei 90 Grad Phasenversatz entsteht eine mittlere Spannung von 0,25 × +/–3,8 V und bei 180 Grad von 0,5 × +/–3,8 V. Man stellt ohne Versatz (Eingänge parallel am selben Signal) mit R29 auf 0 V und dann mit um 180 Grad versetzten Signalen (schneller digitaler Baustein mit entsprechenden Ausgängen) mit R26 auf 1,8 V ein. Das Multimeter wird also im Bereich 2 V DC benutzt. Es zeigt 10 mV/ Grad an.

Der Aufbau der Schaltung sollte unter HF-technischen Gesichtspunkten erfolgen. Beim Einsatz ist der eventuelle Einfluss einer kapazitiven Kopplung der Signale zu beachten bzw. auszuschließen.

7.5 Crest-Faktor-Bestimmung im Gigahertzbereich

Der ADL5502 ist ein integrierter Crest Factor Detector. Er vereint folgende Funktionen: Messung des echten Effektivwerts, Hüllkurven-Detektor und Bestimmung des Crest Factors auch von komplexen Signalen. Der Einsatzfrequenzbereich ist 800 MHz bis 3,8 GHz. Der ADL5502 bietet eine Toleranz für die Messung des Crest-Faktors von 0,1 dB, wenn dieser 11 dB nicht überschreitet. Die Temperaturstabilität ist 0,2 dB.

Abb. 7.5 zeigt die Basisbeschaltung. Es genügt eine einfache Betriebsspannung ab 2,5 V. Der Ruhestrom beträgt 5 mA. R10 sorgt für 50 Ohm Eingangswiderstand. Der Kondensator an Pin 1 verbessert den Mittelwert RMS (root mean square). Der Kondensator an Pin 7 bildet mit dem Innenwiderstand von 100 Ohm ein Tiefpassfilter. Angegeben ist der Mindestwert.

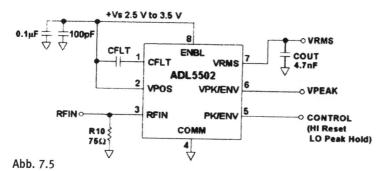

Abb. 7.5

Analog Devices Data Sheet ADL5502

Für Peak-Hold-Modus muss Pin 5 zunächst kurz auf hohen und dann auf niedrigen Pegel gesetzt werden.

7.6 Verstärkungs- und Phasenmessung

Der AD8302 ist ein Verstärkungs- und Phasendetektor. Sein Einsatzfrequenzbereich erstreckt sich bis 2,7 GHz. Die Kleinsignal-Bandbreite beträgt aber nur 30 MHz. Die Eingangsleistung ist jedoch auf 1 mW begrenzt. Zur Phasenmessung besitzt er zwei 60-dB-Verstärker und einen Phasendetektor. Der Phasenmessbereich ist +/−90 Grad. Das Übertragungsverhalten kann im Bereich +/−30 dB gemessen werden.

Abb. 7.6 zeigt einen Messaufbau zur Erfassung von Phasenversatz und Verstärkung. Die Dimensionierung lt. Tabelle trifft für eine Verstärkung um 10 dB und eine Verstärker-Eingangsleistung von −10 dBm zu. Der Attenuator A dämpft etwa 10 dB stärker als der Attenunator B. Verstärkungsabweichungen vom Nominalwert werden mit 30 mV/dB quittiert. Wenn die Phasenbeziehung stimmt, liefert der Ausgang VPHS 900 mV. Änderungen werden mit 10 mV/Grad angezeigt.

7.7 Messung des Reflexionskoeffizienten

Abb. 7.7 zeigt die Schaltung eines Reflektometers mit dem Verstärkungs- und Phasendetektor AD8302. Der Reflexionskoeffizient ist das Verhältnis von reflektierter zu ankommender Spannung an einer Stoßstelle oder einem Kabelabschluss. Er kann auch negativ sein, wenn bei der Reflexion ein Phasensprung erfolgt. Die Signale der Richtkoppler werden unterschiedlich gedämpft. Beide Signale liegen daher sicherer im Dynamikbereich des AD8302.

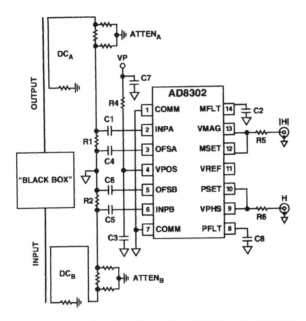

Abb. 7.6

Analog Devices Data Sheet AD8302

Component	Value	Quantity
R1, R2	52.3 Ω	2
R5, R6	100 Ω	2
C1, C4, C5, C6	0.001 µF	4
C2, C8	Open	
C3	100 pF	1
C7	0.1 µF	1
AttenA	10 dB (See Text)	1
AttenB	1 dB (See Text)	1
DC$_A$, DC$_B$	20 dB	2

Betrag und Vorzeichen des Reflexionskoeffizienten entsprechen Spannungen an den Pins VMAG und VPHS. Daher handelt es sich um ein vektorielles Reflektometer. Die Skalierungen sind 30 mV/dB und 10 mV/Grad. Der Reflexionkoeffizient wird also in dB angegeben. Beträgt er –19 dB, liefert VMAG 900 mV.

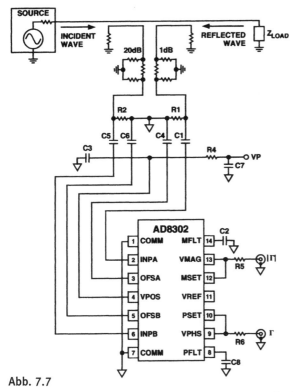

Abb. 7.7

Analog Devices Data Sheet AD8302

7.8 Audio-Klirrfaktormesser

Zur Klirrfaktomessung wird traditionell ein klirrarmer Sinusgenerator benutzt und dieses Signal nach der zu messenden Schaltung ausgefiltert. Gemessen werden die Oberwellen, welche ein Maß für den Klirrfaktor sind.

So auch in der Schaltung nach *Abb. 7.8*. Sie kann im Eingang weitläufig an das Ausgangssignal des zu testenden Verstärkers angepasst werden, auch ein Monitor-Ausgang ist vorhanden. Es folgt ein aktives Filter, mit welchem die Frequenzen 100 Hz, 1 kHz und 10 kHz unterdrückt werden können. Hierbei ist ein Feinabgleich möglich. Auch die Güte ist schaltbar (HI/LO). Im Ausgang ist ein Tiefpass einschaltbar.

Bei der Berechnung des Klirrfaktors muss man die Anhebung der Oberwellen um 20 dB berücksichtigen. Die Messschaltung kann Klirrfaktoren bis herab zu 0,001 % nachweisen (1 kHz).

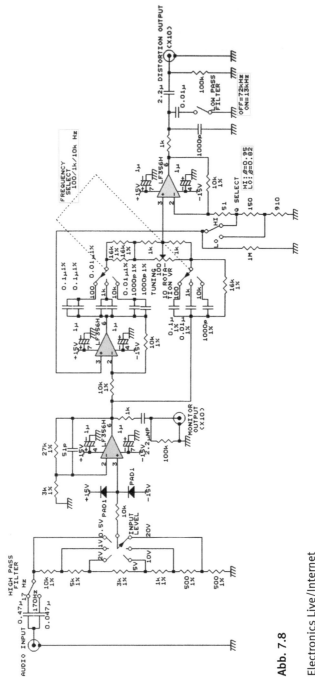

Abb. 7.8

Electronics Live/Internet

7.9 Reflexionsfaktor-Messbrücke bis 1 GHz

Wenn man SMT-Widerstände benutzt, kann man in gewöhnlicher Schaltungstechnik eine Reflexionsfaktor-Messbrücke aufbauen, die bis 1 GHz genau arbeitet.

Die Schaltung zeigt *Abb. 7.9*. Da die Brücke symmetrisch ausgelegt ist, die Anschlüsse von Messsender und Oszilloskop aber unsymmetrisch sind, muss ein Balun eingesetzt werden. Es handelt sich um einen Strombalun 1:1. Er besteht aus einem Amidon-Ringkern FT50-43 mit zwei verdrillten Wicklungen aus 0,25-mm-CuL-Draht (zwölf Windungen). Damit ergeben sich etwa 50 Ohm Impedanz. Die Schaltung wurde in freier Verdrahtung an den BNC-Buchsen in einem Metallgehäuse ausgeführt.

Die Grunddämpfung der Brücke beträgt 12 dB.

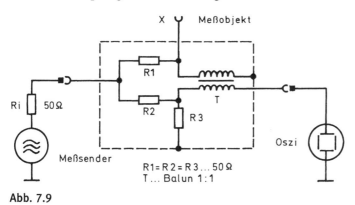

Abb. 7.9

Hans Nussbaum: Reflexionsfaktormessbrücke mit SMD-Widerständen bis 1 GHz, funk 9/99

7.10 Ermittlung der Center-Frequenz bei FM

In der Modulationsart FM bleibt die Amplitude des Trägers konstant, und die Lautstärke-Information steckt in der Auslenkung der Frequenz, ausgehend von einer Mittenfrequenz (center frequency). Man spricht von Hub. Der ZF-Verstärker sollte natürlich so abgestimmt sein, dass die positiven und negativen Auslenkungen symmetrisch gedämpft werden. Um das zu überprüfen, kann man die Hilfsschaltung nach *Abb. 7.10* einsetzen. Sie geht von einer nominellen ZF von 455 kHz aus. Das Instrument hat den Nullpunkt in der Mitte und zeigt positive und negative Abweichungen an. Verwendet wird der bewährt FM-ZF-Verstärker/Demodulator-IC S041P in üblicher Beschaltung.

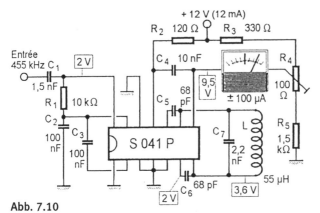

Abb. 7.10
Herrmann Schreiber: Indicateur d'accord à zéro cantral pour une lecture précise de fréquence, Megahertz magazine, Janv. 1997

7.11 Messung sehr kleiner Kapazitäten

Multimeter bringen heute oft eine Kapazitäts-Messfunktion mit, die Auflösung ist aber gering bzw. der kleinste Bereich recht hoch. Kapazitäten unter 10 pF können kaum noch genau gemessen werden. Die Schaltung nach *Abb. 7.11* bringt Abhilfe.

Sie arbeitet an stabilisierten 9 V. Ein dualer Operationsverstärker und vier CMOS-Gatter erzeugen ein 200-kHz-Dreiecksignal. Der zu messende Kondensator wird zwischen diese Signalquelle und einen Integrator geschaltet. Das Resultat ist eine im Pegel kapazitätsabhängige Rechteckspannung. Sie wird auf einfache aktive Weise gleichgerichtet. Es folgt ein passives Glättungsfilter. Dieses wird von zwei weiteren integrierenden Schaltungen entkoppelt, wobei sich die Skalierung festlegen lässt. Ein dritter Operationsverstärker dient dem Nullpunkt-Abgleich.

7.12 Messung des Verlustwiderstands von Elkos

Ein Verlustwiderstand ist ein Ersatzwiderstand, dem man dem als verlustfrei angenommenen Bauteil zuschaltet. Dabei sind eine Reihen- und eine Parallelschaltung möglich. Die Güte ist beim Reihenwiderstand das Verhältnis aus Blindwiderstand und Verlustwiderstand.

In *Abb. 7.12* ist der Verlustwiderstand mit ESR (equvalent serial resistor) bezeichnet. U1 arbeitet als 50-kHz-Rechteckgenerator. Durch R1 und R2 fließt ein Strom von maximal +/−180 mA, wenn ein Kondensator angeschaltet ist. U2 wertet den

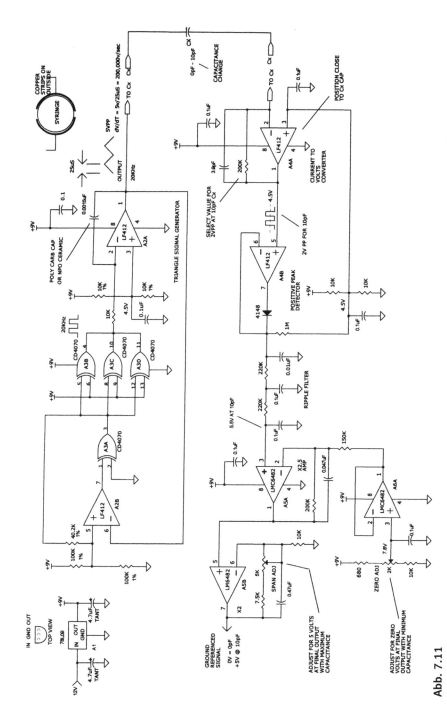

Dave Johnson: Low Value Capacitance Meter, www.discovercircuits.com

Abb. 7.11

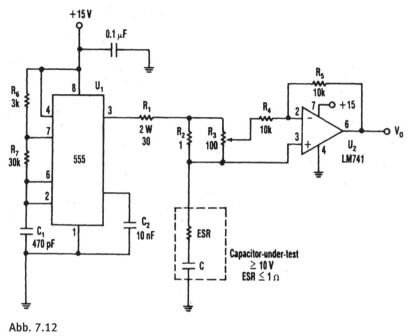

Abb. 7.12

Electronic Design

Spannungsabfall am Reihenwiderstand R2 aus. Mit R3 wird die Ausgangsspannung auf ein Minimum eingestellt. Je größer der Verlustwiderstand ESR, umso kleiner der Strom und somit der Spannungsabfall an R2. Der Schleifer des Potentiometers muss dann stärker nach oben gedreht werden.

Die Schaltung ist für Kondensatoren über 100 μF bestimmt.

7.13 Messung großer Kapazitäten

Zur Bestimmung großer Kapazitäten kann man die Lade- oder Entladezeit messen und somit die Zeitkonstante bestimmen. Da der Widerstand bekannt ist, lässt sich die Kapazität errechnen, indem man die Zeitkonstante durch den Widerstand teilt. Beträgt diese beispielsweise 10 s und der Widerstand 1 MOhm, liegt ein 10-μF-Kondensator vor.

Dieses Prinzip verwendet auch die Schaltung nach *Abb. 7.13*. Die als Zeitanzeige fungierende LED wird durch Q3, Q4 und Q5 gepulst. Durch Abzählen der Sekunden bis zum automatischen Beenden des Zählvorgangs erhält man die Kapazität in

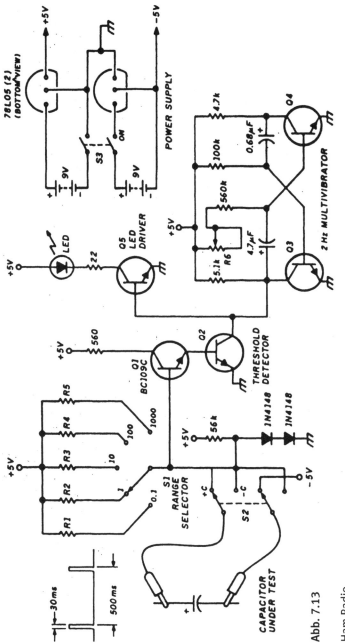

Abb. 7.13

Ham Radio

Mikrofarad, wenn der Widerstand 1 MOhm beträgt. Andere Werte sind mit dem Stufenschalter wählbar, bei großen Kapazitäten nimmt man z. B. 100 kOhm. Jede Sekunde bedeutet dann 10 µF. Mit R6 bringt man die LED beispielsweise in den Sekundenmodus oder lässt sie zwei mal pro Sekunde blinken.

7.14 Bestimmung von Induktivitäten

Die Schaltung nach *Abb. 7.14* wird praktisch vor allem dazu dienen, unbekannte Induktivitäten zu bestimmen. Es handelt sich um eine Brückenschaltung. Es erfolgt ein Vergleich der Blindwiderstände der unbekannten Induktivität mit einer bekannten Kapazität.

Man hat zwei Möglichkeiten: Einsatz eines bekannten Festkondensators und Veränderung der Frequenz der Brückenspannung (100 mv bis 1 V an J1). Oder Verwendung einer festen Frequenz (Quarzgenerator-Modul) und Einsatz eines Drehkondensators.

Bei Minimumanzeige des Messwerks notiert man Frequenz bzw. Kapazität, errechnet den kapazitiven Blindwiderstand, multipliziert ihn mi −1 (denn er ist negativ) und erhält somit den Blindwiderstand der unbekannten Spule. Daraus kann man leicht die Induktivität bestimmen.

Der Feldeffekt-Transistor wirkt auch als Gleichrichter.

7.15 Hochohmiges Rail-to-Rail-Messsystem

Das Herz der in *Abb. 7.15* gezeigten Schaltung ist der Analog-Digital-Wandler LTC2449. Er arbeitet nach dem Delta-Sigma-Prinzip und besitzt einen hochohmigen Eingang, der mindestens bis an die Grenzen der Betriebsspannung ausgesteuert werden kann. (Hier sind +300 mV über 5 V möglich.)

Angeschlossen sind ein Widerstands-Temperatursensor (RTD) und ein Thermokoppler. Der RTD ist Teil eines Spannungsteilers. Der IC vergleicht die Spannung am RTD mit der Spannung am Referenzwiderstand 400 Ohm. Eine Stromquelle ist daher nicht erforderlich. Der RTD wird in Vierleitertechnik angeschlossen.

Die Spannung vom Thermokoppler kann negativ werden.

Die Operationsverstärker wirken als Puffer für die Multiplex-Ausgänge. Der LTC6241 ist ein dualer High-Precision-Operationsverstärker in CMOS-Technik mit Rail-to-Rail-Eingängen.

Die Schaltfrequenz des LTC2449 beträgt 1,1 MHz.

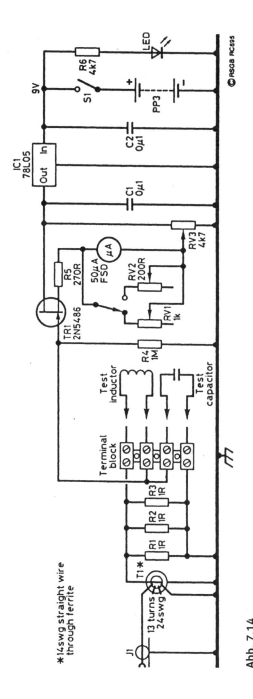

Abb. 7.14

Jack Gentle: Capacitor Calibration for the RF Z-Bridge, Radio Communication, August 1995

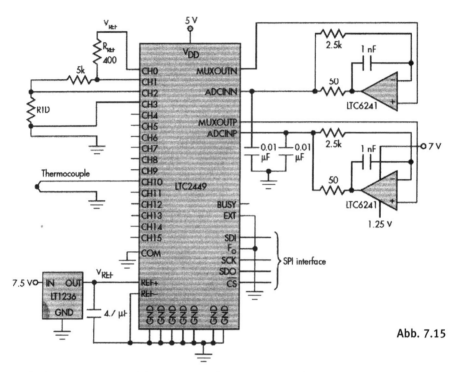

Abb. 7.15

Mark Thoren: Create A High Input Impedance, Rail-To-Rail Measurement System, EDN, January 18, 2007

7.16 230-V-Phasenwinkelmessung

Eine Phasenwinkelmessung ist bei 50 Hz relativ einfach, indem man die Nulldurch-gänge registriert und die Zeit dazwischen misst.

Die in *Abb. 7.16* gezeigte Anordnung wird einfach zwischen Netzanschluss und Verbraucher geschaltet. Ein Spannungsteiler sorgt für ein ungefähriches Spannungsniveau. Der Strom erzeugt einen Spannungsabfall an R9. Die Dioden schützen vor Spannungsspitzen (Transienten).

IC1a und IC1b dienen als Nulldurchgangs-Detektoren. Die Impulse werden differenziert und dann einem Flipfolp zugeführt. Das Tastverhältnis ist nun von der Phasenverschiebung abhängig. Der arithmetische Mittelwert ist proportional dazu. Ein Drehspul-Messgerät zeigt ihn an. Es hat den Nullpunkt in der Mitte, sodass zwischen kapazitiver und induktiver Last unterschieden werden kann.

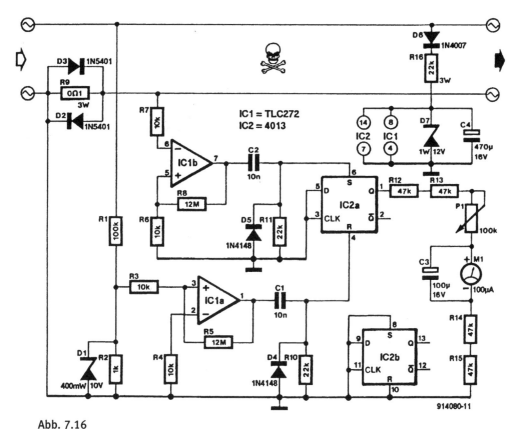

Abb. 7.16

230-V-Phasenwinkelmesser, 305 Schaltungen, Elektor

7.17 LC-Messgerät

Das LC-Messgerät nach *Abb. 7.17* arbeitet mit vier Transistoren. Die unbekannte Induktivität oder Kapazität ist mit frequenzbestimmend im Oszillator mit T1 und T2. Eine Regelschaltung hält die Spannung am Schwingkreis zwischen 30 und 40 mV. Beim Zuschalten von C_X oder L_X sinkt die Frequenz. Die Frequenz wird von T2 und T3 in eine Gleichspannung umgesetzt. Der Emitterfolger T5 passt das Messinstrument an. Ein Spannungsteiler-Widerstand ist zu korrigieren, wenn das Instrument ohne C_X oder L_X nicht auf Null steht.

Mit P2 erfolgt die Justage auf Endausschlag. Man muss eine neue Skale zeichnen, denn am Anfang ist die Teilung etwa dreifach gedehnt.

Bereich	L_0	C_0	C_L	f_0
100 pF	1 mH	100 pF	100 pF	502 kHz
1 nF	1 mH	1 nF	330 pF	158 kHz
10 nF	10 mH	10 nF	3,3 nF	15,8 kHz
100 nF	10 mH	100 nF	10 nF	5,02 kHz
10 µH	10 µH	10 nF	100 pF	502 kHz
100 µH	100 µH	10 nF	330 pF	158 kHz
1 mH	1 mH	10 nF	1 nF	50,2 kHz
10 mH	10 mH	10 nF	3,3 nF	15,8 kHz
100 mH	100 mH	10 nF	3,3 nF	5,02 kHz

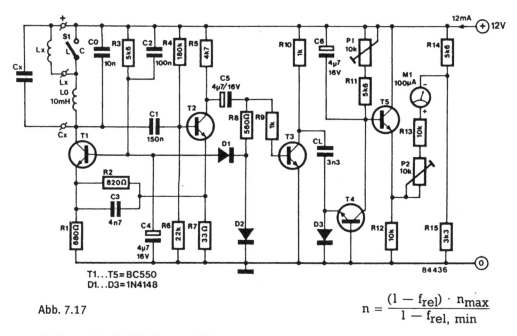

Abb. 7.17

$$n = \frac{(1 - f_{rel}) \cdot n_{max}}{1 - f_{rel,\, min}}$$

LC-Messgerät, 302 Schaltungen, Elektor

7.18 Messbrücke für kleine Kapazitäten

Die Schaltung gemäß *Abb. 7.18* erlaubt die Messung von Kapazitäten unter 1 pF. Sie kann problemlos bis 1,5 nF erweitert werden. Die Frequenz der Brückenspannung beträgt etwa 55 kHz. Man kann einen üblichen Sinusgenerator verwenden.

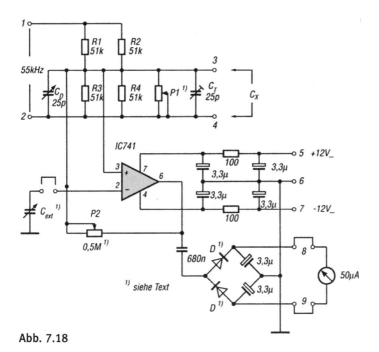

Abb. 7.18

Hans A. Feil: Messbrücke für kleine Kapazitäten, Funkamateur 4/98

Im oberen Teil liegt das eigentliche Brückenelement. Mit anderen Kapazitätswerten ergeben sich andere Messbereiche. C1 dient der Kompensation der Anfangskapazität des Drehkos. Dieser erhält eine Skala.

8 Messung nichtelektrischer Größen

8.1 Einfache Messanordnung für die Batterielebensdauer

Die Qualität von Batterien ist sehr unterschiedlich und der Preis keine zuverlässige Richtschnur für die Kapazität in mAh oder den Verlauf der Entladerspannung bei einer bestimmten Last. Mit der in *Abb. 8.1* gezeigten Schaltung kann man die Lebensdauer einer Batterie ermitteln. Dabei ist die Entladespannung einstellbar. Man ermittelt sie zuvor mit einer einstellbaren Spannungsquelle anhand des Geräts, mit welchem man die Batterie testen möchte.

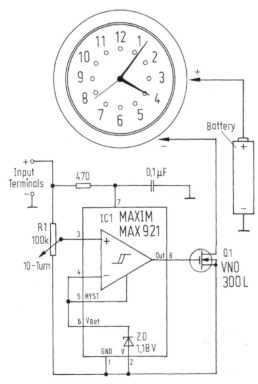

Abb. 8.1

Maxim Application Note 527

Man benötigt eine billige elektronische Wanduhr und den Baustein MAX 921, welcher einen Komparator und eine Referenzdiode enthält. Der Baustein benötigt nur 4 μA Versorgungsstrom, den er der zu testenden Batterie „stiehlt". Die Uhr allerdings muss mit einer extra Zelle versorgt werden; ihr Stepper-Motor verlangt Stromspitzen bis 100 mA. Die interne Referenzspannung von 1,18 V ermöglicht nur eine Zelle (Trockenelement oder Akku) an den Testeingängen. Mit dem Präzisionstrimmer wird die Entladespannung von beispielsweise 0,95 V eingestellt. Man legt diese Spannung an die Testeingänge und stellt den Trimmer so ein, dass der Ausgang von hohem auf niedriges Potential wechselt bzw. die Uhr stehen bleibt. Zu Beginn des Tests hat er also hohes Potential, und der selbstsperrende MOSFET leitet. In dem Moment, wo die eingestellte Spannung unterschritten wird, schaltet der Ausgang dauerhaft auch niedriges Potential, sodass der MOSFET sperrt. Die zu Beginn auf 12.00 Uhr eingestellte Analoguhr bleibt stehen.

8.2 Betriebsmöglichkeiten für Widerstands-Temperatursensoren

Bei Widerstands-Temperatursensoren, welche entfernt von der Messschaltung angeordnet sind, sollte der Leistungswiderstand berücksichtigt werden. Nutzt man eine zweiadrige Verbindung (*Abb. 8.2*), addiert sich dieser zum Wert des Sensorwiderstands, bewirkt also einen Fehler. Man kann den Einfluss einer der Drähte zur Messschaltung mindern, wenn man den Sensor über eine zusätzliche Leitung erdet (*Abb. 8.3*). In diesen Fällen ist es möglich, den Fehler für eine bestimmte Temperatur zu null zu machen. Erst die Vierleitertechnik gemäß *Abb. 8.4* erlaubt es, den Leitungswiderstand völlig zu vernachlässigen. Da der Eingang der Messschaltung hochohmig ist, spielt der Leitungswiderstand keine Rolle mehr.

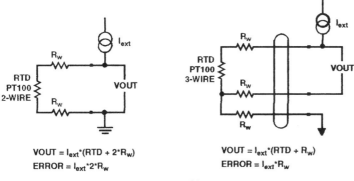

I_{ext}
R_W
RTD
PT100
2-WIRE
VOUT
R_W
VOUT = I_{ext}*(RTD + 2*R_W)
ERROR = I_{ext}*2*R_W

Abb. 8.2

I_{ext}
R_W
RTD
PT100
3-WIRE
VOUT
R_W
R_W
VOUT = I_{ext}*(RTD + R_W)
ERROR = I_{ext}*R_W

Abb. 8.3

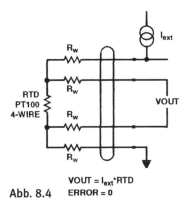

Abb. 8.4   VOUT = I$_{ext}$·RTD
ERROR = 0

Der bekannte Widerstandssensor PT 100 ist im Temperaturbereich von –40 bis +200 °C einsetzbar. Bei 0 °C und 1 mA Konstantstrom sollten an ihm 100 mV abfallen.

Abb. 8.5 zeigt die Anwendung der Dreileitertechnik in Verbindung mit einem Instrumentationsverstärker als Interface für einen hochauflösenden Analog-Digital-Wandler. Abweichungen beim Strom können hier im AD-Wandler ausgeglichen werden (radiometric mode). Daher genügen die Widerstände R1 und R2 als „Konstantstromquelle". Der AD-Wandler erfasst den Strom über den Spannungsabfall an R2.

8.3 Präzise Temperaturmessung mit Mikroprozessor

Die *Abb. 8.6* stellt dar, wie ein Temperatursensor vom Typ TC1046 an einen Mikroprozessor PIC16F872A angeschlossen wird, um die Temperatur sehr genau zu messen. Die Anzeige erfolgt mit einem 2x20-Punkte-Matrix-LCD.

Die Ausgangsspannungsänderung des Sensors ist proportional zur Temperaturänderung. Der TC1046 arbeitet im Bereich –40 bis +125 °C. Pro Kelvin ändert sich die Ausgangsspannung um 6,25 mV. Der dem Temperaturbereich entsprechende Ausgangsspannungsbereich ist 174 mV bis 1,205 V. Eine negative Betriebsspannung ist nicht erforderlich.

In der einfachen Anwenderschaltung wird die Taktrate des Mikroprozessors vom internen RC-Oszillator mit R1 und C3 auf etwa 2,7 MHz festgelegt. Timer 1 ist als Realtime Clock konfiguriert und bestimmt die Messintervalle. Zwischen den Messungen ist der PIC deaktiviert, um Strom zu sparen. Der Sensor erhält seine Betriebsspannung vom Pin 7.

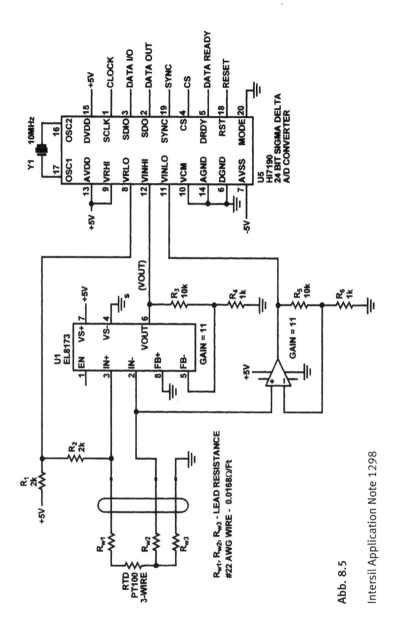

Abb. 8.5

Intersil Application Note 1298

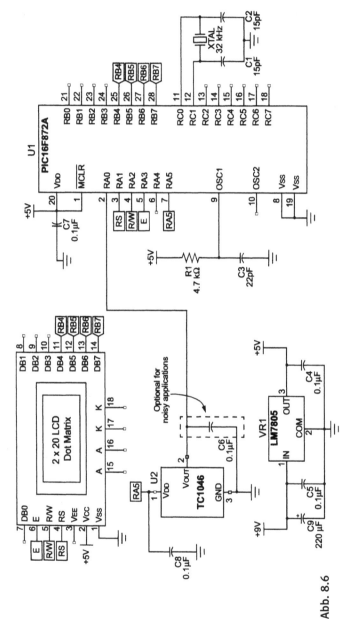

Abb. 8.6

Microchip TB051, Chris Valenti

Das Display zeigt nicht nur die aktuelle Temperatur, sondern auch minimale und maximale Temperatur während der vergangenen 24 Stunden an.

8.4 Temperaturmessung im Bereich −200 bis 600 °C

Mit den robusten Widerstands-Temperatursensoren (RTD, resistance temperature detector) kann man sehr tiefe und sehr hohe Temperaturen messen. In der Schaltung nach *Abb. 8.7* wird der bekannte RTD PT100 eingesetzt. Dabei kommt eine Dreileitertechnik zur Kompensation von Leitungswiderständen zur Anwendung. Die beiden Operationsverstärker oben bilden die Stromquelle. Der Operationsverstärker A3 ermöglicht es, den Fehler durch die Drahtwiderstände zu kompensieren. Siehe dazu die angegebene Formel. Sind die Drahtwiderstände 1 und 3 gleich, müssen auch R1 und R2 gleich sein. Wegen des hochohmigen Operationsverstärker-Eingangs hat Drahtwiderstand 2 keinen Einfluss.

Mit A4 erfolgt die Verstärkung der am RTD abfallenden Spannung. R3, R4, C3 und C4 bilden ein gutes Filter, um Störkomponenten zu unterdrücken. R5 und R6 bestimmen die Verstärkung. Ein 12-bit-Analog-Digital-Wandler bereitet das Messsignal für die Verarbeitung im 8-Pin-Microcontroller auf.

Für die Operationsverstärker genügen kleine symmetrische Betriebsspannungen.

8.5 Luftstrommessung mit Mikrocontroller

Der PIC16C781 ist ein programmierbarer Schaltmodus-Mikrocontroller (PSMC, programmable switch mode controller). Er ermöglicht mit seinen internen Operationsverstärkern und dem internen Digital-Analog-Wandler den Aufbau verschiedener Messschaltungen, beispielsweise zur Luftstrommessung. Wie aus *Abb. 8.8* ersichtlich, ist dazu kaum eine Außenbeschaltung erforderlich.

Der Luftstrom wird durch den Abkühleffekt eines erhitzten Widerstands erfasst. R5 und R7 sind RTDs in Dünnfilm-Platium-Technik. Es sind sehr linear arbeitende Thermistoren. Der Luftstromsensor besteht aus R6 und R7. Die thermische Kopplung ist wichtig. Bei gleicher Temperatur der RTDs ist der Strom durch R7 geringer als der durch R5. Erst durch die Erwärmung von R7 durch R6 sind gleiche Spannungsabfälle möglich. In dem Moment schaltet der Operationsverstärker den PSMC in den Shut-down-Modus, und die Erwärmung wird gestoppt. Wenn nun Luft R6 und somit den RTD R7 abkühlt, ist mehr Strom durch R6 erforderlich, um wieder den Gleichgewichtszustand zu erreichen. Über den elektrischen Strom lässt sich also der Luftstrom bestimmen.

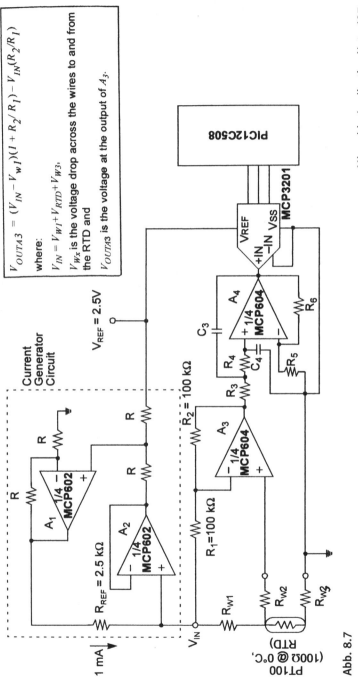

$$V_{OUTA3} = (V_{IN} - V_{w1})(1 + R_2/R_1) - V_{IN}(R_2/R_1)$$

where:

$V_{IN} = V_{W1} + V_{RTD} + V_{W3}$,

V_{Wx} is the voltage drop across the wires to and from the RTD and

V_{OUTA3} is the voltage at the output of A_3.

Abb. 8.7

Microchip Application Note 687

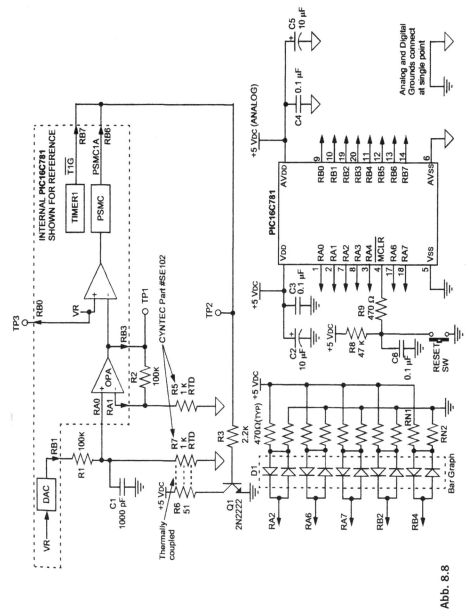

Abb. 8.8

Microchip TB044

Der Einfluss der Umgebungstemperatur wird durch die beiden Spannungsteiler R2/ R5 und R1/R7 kompensiert. Eine Fehlspannung am Operationsverstärker-Eingang durch Temperaturänderung wird dadurch ausgeschlossen.

Die R6-Erwärmung erfolgt durch eine Regelschleife mit dem Operationsverstärker, dem folgenden Komparator, dem PSMC und dem Transistor Q1. Die Operationsverstärker-Ausgangsspannung ist direkt proportional zur Spannung über R7. Fällt die Operationsverstärker-Ausgangsspannung unter die Referenzspannung des Komparators, schaltet dessen Ausgang auf hohes Potential um. Der PSMC reagiert darauf mit der Ansteuerung des Transistors, um nachzuheizen.

Der DAC-Ausgang wird benutzt, um den Gleichgewichtszustand bei ruhender Luft einzustellen. Höhere Erhitzung bedeutet höhere Empfindlichkeit, da dann auch der Abkühlungseffekt größer ist. Man muss aber einen Kompromiss eingehen. Empirisch wurde herausgefunden, dass die Schaltung gut arbeitet, wenn die Operationsverstärker-Ausgangsspannung 100 mV unter der Komparator-Referenzspannung liegt, wobei die Erhitzung verhindert wird.

Die Leistung in R6 wird gemittelt und als Maß für den Luftstrom betrachtet. Der Mikrocontroller erfasst dazu mit seinem Timer 1 die Zeit, in der die Stromversorgungsschaltung aktiv ist. Der Timer 1 läuft nur, wenn der PSMC-Ausgang L-Potential führt. Die Mittelwertbildung erfolgt durch das Clearing von Timer 1, danach wartet Timer 0 eine bestimmte Zeit, nach deren Verstreichen Timer 1 gelesen wird. Höhere Zeiten bedeuten weniger Leistung in R6.

Ein Zehnsegment-Bargraph wird benutzt, um die relative Luftbewegung anzuzeigen. Jeder Mikroprozessor-Ausgang führt zu zwei Segmenten.

8.6 Temperaturmessung mit Widerstandssensor und A/D-Wandler

Die 16-bit-Analog-Digital-Wandler CS5516/5520 sind für Brückenmessungen geeignet und können auch vorteilhaft zur präzisen Temperaturmessung mit einem Widerstandssensor verwendet werden.

Abb. 8.9 zeigt eine entsprechende Schaltung, wobei der Sensor von Gleichstrom 250 µA durchflossen wird. Diesen liefert die integrierte Konstantstromquelle LM334. Die Diode dient dabei der Temperaturkompensation. Der LM334 stellt auch eine Referenzspannung für den A/D-Wandler zur Verfügung. Der RTD (resistance temperature detector) wird in Vierleitertechnik angeschlossen. Leitungswiderstände spielen praktisch keine Rolle. Die RC-Filter sind problemlos möglich.

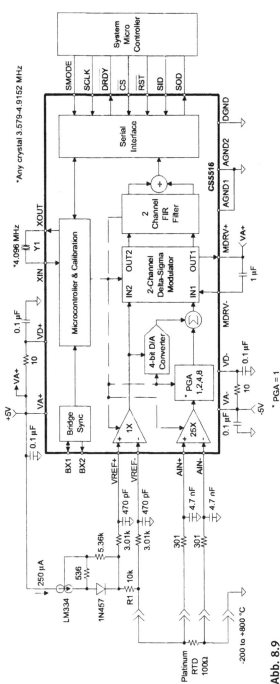

Abb. 8.9

Der CD5516 erlaubt die Verstärkungsänderung und kann somit dem RTD angepasst werden. R1 ist der Referenzwiderstand und sollte sehr temperaturstabil sein.

Offset und Verstärkung kalibriert der ADC selbst. Die Offset wird bei Kurzschluss des RTDs kompensiert. Den Endwert kalibriert man dann mit einem genau bekannten Widerstand an Stelle des RTDs von etwa 390 Ohm. Die Schaltung kann im Widerstandsbereich von 0...400 Ohm messen, entsprechend einem Temperaturbereich von −200 bis +800 °C.

Der Strom durch den Sensor erwärmt diesen und verursacht einen Messfehler. Betreibt man den Sensor an einer Rechteckspannung, wird dieser Fehler minimiert. Dadurch wird aber noch nicht der Fehler ausgeschaltet, der sich durch parasitäre thermische Kopplung von Schaltung und Sensor ergibt.

Die Schaltung nach *Abb. 8.10* nutzt daher ein mit etwas mehr Aufwand verbundenes Prinzip. Die Stromquelle mit den Operationsverstärkern liefert nun ein symmetrisches 1-kHz-Rechtecksignal mit positiver und negativer Richtung. Der Sensor steht also gewissermaßen nach wie vor unter Strom und erwärmt sich wie bei DC-Betrieb. Der Strom wird durch R5 bestimmt. Üblich ist 1 mA, um den Einfluss der Wärme von der Schaltung gegenüber geringeren Strömen herabzusetzen. Dabei ist jedoch die Eigenerwärmung recht hoch. Da in dieser Schaltung der Einfluss der Schaltungserwärmung kompensiert wird, wurden nur 100 μA gewählt. Nun ist die Ausgangsspannung gegenüber 1 mA 90 % geringer, aber die Erwärmung wurde auf 1 % reduziert.

Der ADC ist dem AC-Betrieb angepasst und liefert das Rechtecksignal. C1 besorgt die Massesymmetrie. Der Strom erzeugt über R7 auch wieder die passende Referenzspannung.

8.7 Temperaturmessung mit Diodenstrecken

Die Basis-Emitter-Diode eines Si-Transistors wird oft zur Temperaturmessung herangezogen, denn ihr Temperaturkoeffizient beträgt etwa −2 mV/K über einen großen Temperaturbereich und ist relativ stromunabhängig, sodass die Eigenerwärmung klein gehalten werden kann. Man muss allerdings die bemerkenswert stromabhängige Schwellspannung von etwa 600 mV kompensieren. Der MTS102 ist ein speziell für die Temperaturmessung entwickelter Transistor. Er besitzt das bekannte Gehäuse TO 92 und erlaubt eine Anzeigetoleranz von 2 K im Bereich −40 bis +150 °C.

Eine einfache Temperaturmessschaltung damit zeigt *Abb. 8.11*. Die duale Konstantstromquelle REF200 sichert gute Betriebsbedingungen sowohl hinsichtlich Kom-

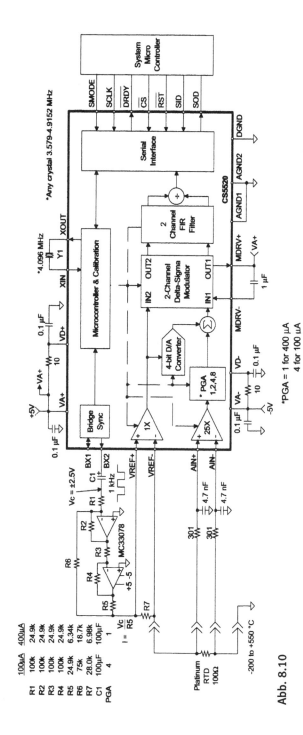

Abb. 8.10

Crystal AN28Rev3

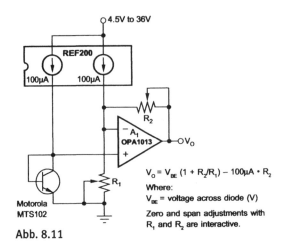

$$V_O = V_{BE}(1 + R_2/R_1) - 100\mu A \cdot R_2$$

Where:

V_{BE} = voltage across diode (V)

Zero and span adjustments with R_1 and R_2 are interactive.

Abb. 8.11

pensation als auch Anzeige. Mit dem Einstellregler R1 erfolgt der Nullabgleich bei 0° des Sensors. Hierzu kann er in mit Eisstücken versetztes Wasser getaucht werden. Mit R2 erfolgt der Endabgleich. Der Operationsverstärker ist besonders temperaturstabil. Viele andere Low-Drift-Operationsverstärker, wie OPA177 oder OPA1013, können benutzt werden. Eine symmetrische Versorgung ist erforderlich. Störend an dieser einfachen Schaltung ist die gegenseitige Beeinflussung von R1 und R2 und das invertierende Verhalten. Für die Erfassung von Temperaturen im Bereich von 0...100 °C entsprechend 0 bis −1 V Ausgangsspannung stellt man R1 auf 6,67 kOhm und R2 auf 128 kOhm ein.

Die gegenseitige Abhängigkeit der Abgleiche auf null und Skalenfaktor (auf einen Wert in der Nähe des Entwerts oder für maximale Genauigkeit auf den Endwert) vermeidet die Schaltung nach *Abb. 8.12*. Es ist lediglich ein Festwiderstand hinzugekommen. Am Emitter liegt ein Einstellwiderstand 2, 2,2 oder 2,5 kOhm. Die Skalenfaktoreinstellung sollte mit R2 zuerst erfolgen. Der eventuelle Nachteil der Inversion bleibt bestehen. Für die obigen Vorgaben ergeben sich mit R1 = 9,72 kOhm einzustellende Werte von 1 kOhm für R_{Zero} und 22,2 kOhm für R2. Man wählt praktisch für R1 einen 10-kOhm-Widerstand und stellt die Trimmer etwas anders ein.

Das invertierende Verhalten kann mit einer Schaltung gemäß *Abb. 8.13* vermieden werden. Der Aufwand hat sich nicht erhöht. Für 0...1 V Ausgangsspannung entsprechend 0...100 °C gelten die gleichen Bauelementewerte. Die duale Stromquelle liegt nun an der negativen Versorgungsspannung. Diese lässt sich mit der Schaltung nach *Abb. 8.14* einsparen. Da der Vorteil der nichtinvertierenden Funktion erhalten bleiben sollte, machte sich der Operationsverstärker A1 erforderlich. Er dient als Puffer,

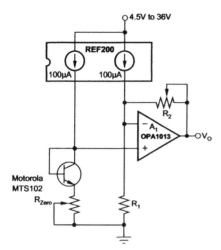

$V_O = (V_{BE} + 100\mu A \cdot R_{ZERO}) \cdot (1 + R_2/R_1) - 100\mu A \cdot R_2$

Where:

V_{BE} = voltage across diode (V)

Adjust span first with R_1 or R_2 then adjust zero with R_{ZERO} for noninteractive trim.

Abb. 8.12

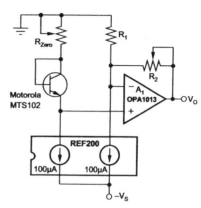

$V_O = (-V_{BE} - 100\mu A \cdot R_{ZERO}) \cdot (1 + R_2/R_1) + 100\mu A \cdot R_2$

Where:

V_{BE} = voltage across diode (V)

Adjust span first with R_1 or R_2 then adjust zero with R_{ZERO} for noninteractive trim.

Abb. 8.13

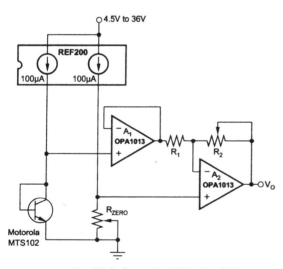

$V_O = 100\mu A \cdot R_{ZERO} \cdot (1 + R_2/R_1) - V_{BE} \cdot R_2/R_1$

Where:

V_{BE} = voltage across diode [V]

Adjust span first with R_1 or R_2 then adjust zero

Abb. 8.14 with R_{ZERO} for noninteractive trim.

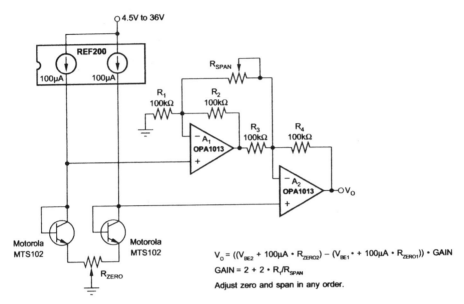

Abb. 8.15

Burr-Brown Application Bulletin, Mark Stitt/David Kunst

sonst würde der Widerstand R1 dem Sensor einen nennenswerten Strom entziehen. Beide Operationsverstärker befinden sich beim OPA1013 in einem Gehäuse. Unter den obigen Bedingungen gilt: R_{Zero} = 5,31 kOhm, R1 = 10 kOhm, R2 = 44,2 kOhm. Für 0...10 V bei gleichem Temperaturbereich gilt: R_{Zero} = 6,37 kOhm, R1 = 10 kOhm, R2 = 442 kOhm.

Schließlich zeigt *Abb. 8.15* noch eine Schaltung zur Messung der Temperaturdifferenz zwischen den beiden Sensoren. Dazu wurde mit zwei Operationsverstärkern ein Differenzverstärker mit hochohmigem Eingang aufgebaut (Instrumentationsverstärker). Soll eine Temperaturdifferenz von 1 K eine Spannungsänderung von 1 V bewirken, muss R_{Span} 455 kOhm groß sein.

8.8 Brückenmessschaltung mit einfacher Versorgung

Die klassische Messbrücke ist auch in der modernen Elektronik in vielen Einsatzfällen anzutreffen. Oft wird dabei eine duale Versorgung benötigt, und der Strombedarf ist recht hoch. Nicht so bei der Brückenmessschaltung nach *Abb. 8.16*. Die integrierte Stromquelle REF200, von der nur eine Hälfte genutzt wird, sowie die Operationsverstärker arbeiten ab 4,5 V zuverlässig und benötigen sehr wenig Strom.

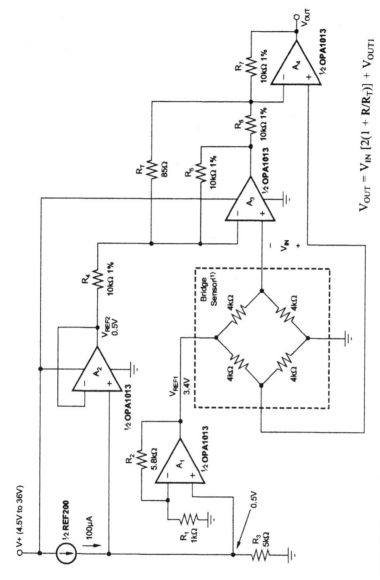

Abb. 8.16

$$V_{OUT} = V_{IN} [2(1 + R/R_T)] + V_{OUT1}$$

NOTE: (1) Bridge sensor: SenSym part number BP101.

Burr-Brown Application Bulletin, Bonnie Baker

A1 stellt die stabile Brückenspannung zur Verfügung. Beliebige Werte unter 1 V der Betriebsspannung sind möglich, man muss nur die Widerstände entsprechend dimensionieren. Die Brücke ist mittelohmig. Sensoren für Druck haben diese Werte. Kleinere Werte sind möglich, der Operationsverstärker liefert z. B. auch 10 mA. Der zweite Operationsverstärker des dualen Typs OPA1013 dient als Puffer für die Referenzspannung des eigentlichen Brückenverstärkers. Auch dieser nutzt den dualen OPA1013. Damit wird ein Instrumentationsverstärker aufgebaut, der die Brücke praktisch nicht belastet. Mit R_T lässt sich die Verstärkung einstellen. Die Verstärkung beträgt 238. Bei Einsatz von Widerständen mit 1 % Toleranz ist die Gleichtaktunterdrückung besser als 80 dB für Verstärkungen ab 200. Mit R3 lässt sich ein eventueller Offsetfehler beseitigen. Der Abgleich erfolgt wechselseitig: Offsetkompensation mit R3, Skalenfaktor mit R_T und Wiederholung, bis das Ziel einer fehlerlosen Funktion erreicht ist.

8.9 Programmierbare Lichtstärkemessung

Ein Transimpedanzverstärker wandelt einen Strom in eine proportionale Spannung. Hierbei sind Wandelfaktoren in einem großen Bereich möglich, und der Eingangswiderstand beträgt praktisch null Ohm.

Der Transimpedanzverstärker in *Abb. 8.17* ist mit zwei Operationsverstärkern aufgebaut und kann mit digital gesteuerten elektronischen Potentiometern eingestellt werden. Eine Fotodiode liefert einen lichtstärkeabhängigen Strom. Die Wandlung des lichtabhängigen Stroms in eine Spannung erfolgt im ersten Operationsverstärker. Die Spannung am Ausgang 1 ist allerdings negativ. Daher der zweite Operationsverstärker, welcher in invertierender Grundschaltung eine kräftige Verstärkung bewirkt.

Der duale Operationsverstärker-Baustein AD822 hat geringes Rauschen und kleine Driftwerte. Der X9258T ist ein digital steuerbares Potentiometer (8 bit). In der Formel ist P1 der digitale Wert für DCP1 (digitally controlled potentiometre) von 0 bis 255. Beträgt er beispielsweise 64, ergibt sich bei 1 µA Diodenstrom eine Ausgangsspannung von 339 mV. Man sieht an der Formel, dass gewissermaßen ein pseudologarithmisches Verhalten vorliegt. Der Wandelfaktor liegt zwischen 1/256 und 256 MOhm, wobei die Auslösung mit 50 kOhm bis 20 MOhm immer unter 10 % liegt. Dies eröffnet ein breites Anwendungsfeld mit ähnlichen Sensoren.

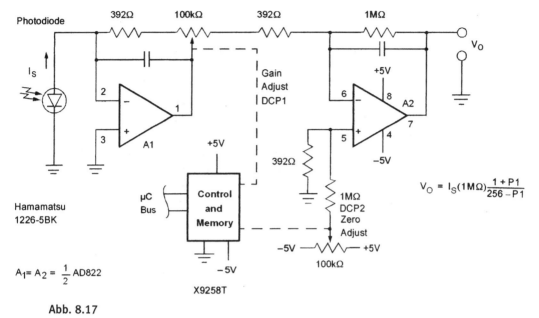

Abb. 8.17

Intersil Application Note 135, Steve Woodward/Chuck Wojslaw

8.10 Programmierbare Druckmessung

Als Druckmesssensor hat sich die Silizium-Piezo-Brücke (SPPT, silicon piezoresistive-bridge pressure transducer) weitläufig etabliert. All diese Sensoren beruhen auf der gleichen Architektur. Für einen fachgerechten Betrieb muss man ihre Eigenheiten beachten.

Dies geschieht in der Schaltung nach *Abb. 8.18*. A1 versorgt den Brückensensor optimal mit Strom. Dieser ist konstant und beträgt 612 µA.

A2 erlaubt den präzisen Nullabgleich mit einem digitalen Potentiometer. Dazu existiert eine Verbindung mit A1 (über R2). Der Kompensationsbereich beträgt –22 bis +22 mV. Die Auflösung ist 172 µV.

Die Brücke liefert ein Signal von etwa 10 mV/PSI. Es wird mit A3 etwa 100-fach verstärkt, sodass am Ausgang exakt 1 V/PSI gilt. Auch hier ist ein digitales Potentiometer vorgesehen, welches eine Auflösung von 0,2 % erlaubt.

Das ganze Arrangement ist preiswert und benötigt nur 1 mA Betriebsstrom.

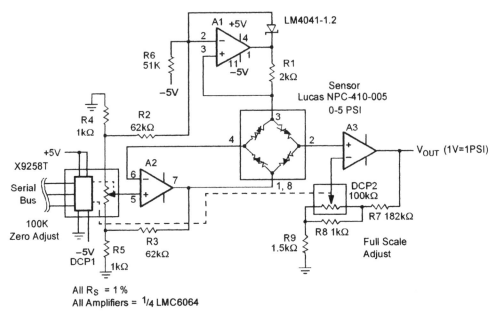

Abb. 8.18

Intersil Application Note 135, Steve Woodward/Chuck Wojslaw

8.11 Programmierbare Temperaturmessung mit PTC

Widerstands-Temperatursensoren zeigen sich oft als PRTD (platinum resistance temperature detector). Sie sind sehr vielseitig einsetzbar. Man muss allerdings ihre Eigenerwärmung und Nichtlinearität beachten. Beim PRTD handelt es sich um einen Sensor mit positivem Temperaturkoeffizienten (PTC, positive temperature coefficient).

In *Abb. 8.19* wird ein PRTD in einer Brückenschaltung eingesetzt, deren weitere Elemente R1, R6 bis R11 und DCP2 sind. Der rechte Brückenzweig ist also wesentlich hochohmiger als der mit dem PRTD. Dieser erhält einen relativ geringen Strom von 250 µA und erwärmt sich dadurch nur gering. Die Widerstände engen den Einstellbereich des digitalen Potentiometers ein. Die Nullpunkteinstellung kann trotz digitaler Steuerung sehr präzise erfolgen. Weiter erfolgt durch Rückkopplung eine Linearisierung (R2, R10). Diese bewirkt eine 100-fache Verbesserung.

Der Eingangswiderstand des Brückenverstärkers ist sehr hoch. Es handelt sich um einen High-Performance-Instrumentationsverstärker. Mit DCP1 wird der Skalen-

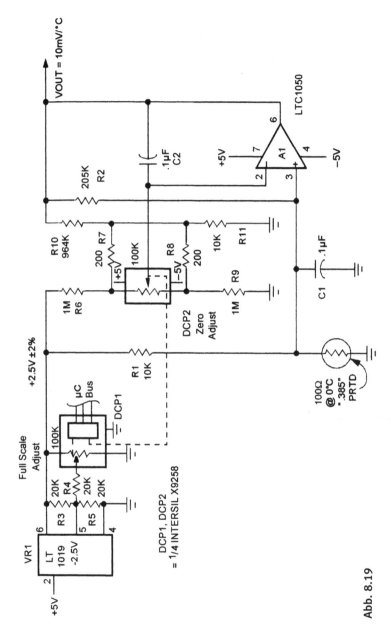

Abb. 8.19

Intersil Application Note 135, Steve Woodward/Chuck Wojslaw

faktor eingestellt. A1 verstärkt nichtinvertierend die Spannung am Sensor mit Faktor 100. 400 mV Ausgangsspannung bedeuten damit 40 °C Sensortemperatur.

8.12 Programmierbare Temperaturmessung mit NTC

Zur Temperaturmessung stehen Widerstandssensoren mit positivem und negativem Temperaturkoeffizienten (NTC, negative temperature coefficient) zur Verfügung. Beide werden mit Konstantstrom versorgt. Legt man zum NTC einen Widerstand in Reihe und greift die Spannung an diesem ab, hat diese Schaltung einen positiven Temperaturkoeffizienten. Der Skalenfaktor ist dann über den Widerstand leicht einstellbar. Man kann ihn recht hoch wählen, um die Eigenerwärmung des Sensors zu minimieren.

In *Abb. 8.20* ist dieser Fall gezeigt. Der Multiplexer des PGAs (programmable gain amplifier) MPC6S26 ermöglicht die Abfrage von maximal fünf weiteren Messstellen. Temperaturen zwischen 0 und 50 °C können mit 10-bit-Linearität gemessen werden. Bei 0 °C beträgt die Spannung am Pluseingang des PGAs 1,5 V, bei 50 °C 4 V. Daher genügt es, die 1,5 V zu kompensieren und das PGA-Ausgangssignal zu filtern, bevor es dem A/D-Wandler zugeführt wird. Für Kompensation und Filterung sind die im MCP6022 enthaltenen Operationsverstärker zuständig. Die PGA-Verstärkung beträgt 1. Die Nullkompensation erfolgt vom Mikroprozessor aus über ein digitales Potentiometer MCP41100, ebenso wie die PGA-Verstärkungseinstellung und die Weiterverarbeitung des digitalisierten Messsignals.

8.13 Programmierbare Temperaturmessung mit Halbleitersensor

In der eben gezeigten Schaltung kann ein Halbleitersensor den NTC ersetzen. Integrierte Silizium-Temperatursensoren sind mit verschiedenen Ausgangsstrukturen erhältlich, wie analogem Spannungs- oder digitalem Schaltausgang. Die Bausteine TC1046, TC1047 und TC1047A liefern temperaturproportionale Ausgangsspannungen. Obwohl sie alle in *Abb. 8.21* einsetzbar wären, wurde der TC1047A ausgewählt. Die Tabelle bringt die Bemessungshinweise gemäß dem gewünschten Temperaturmessbereich. Die Formel beschreibt den Zusammenhang zwischen PGA-Ausgangsspannung, programmierter Verstärkung und Referenzspannung. Für gute Linearität sollte die PGA-Ausgangsspannung 300 mV von den Betriebsspannungen entfernt bleiben.

In beiden Schaltungen hat das Filter eine Eckfrequenz von 10 Hz. Der Analog-Digital-Wandler ist ein 12-bit-Typ. Er ist damit der Präzision des Analogteils angepasst.

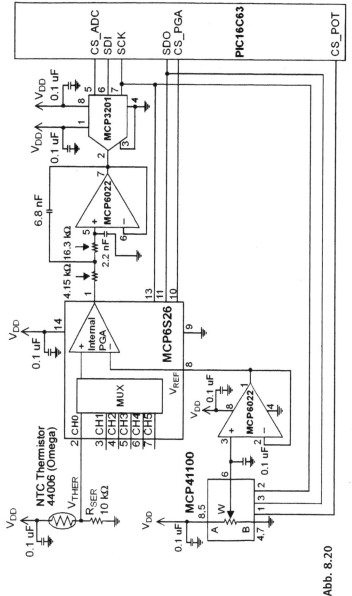

Abb. 8.20

Microchip Application Note 867, Bonnie C. Baker

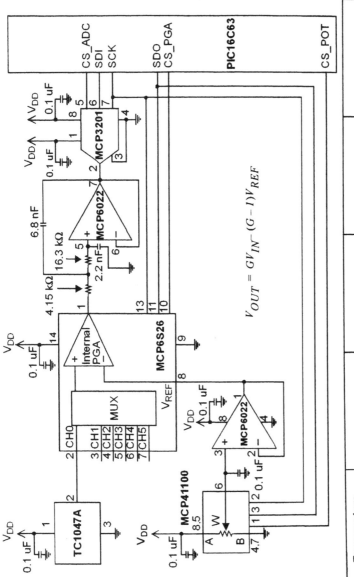

$$V_{OUT} = GV_{IN} - (G-1)V_{REF}$$

Temperature Measurement Range (°C, typ)	TC1047A Minimum Output (V, typ)	TC1047A Maximum Output (V, typ)	PGA Gain (V/V)	PGA V$_{REF}$ (V)
-30 to +125	0.2	1.75	2	0
-30 to +85	0.2	1.35	2	0
0 to +70	0.5	1.2	5	0.5
70 to +100	1.2	1.5	10	1.25

Microchip Application Note 867, Bonnie C. Baker

Abb. 8.21

8.14 Programmierbare Lichtstärkemessung

Die in *Abb. 8.22* gezeigte Schaltung unterscheidet sich kaum von den zuvor besprochenen Schaltungen. Die Fotodiode lässt einen lichtstärkeabhängigen Strom durch R1 fließen. Der präzise PGA (programmable gain amplifier) wertet die Spannung an R1 aus. Sie ist proportional zur Lichtstärke.

An den anderen Multiplexer-Eingängen können weitere Sensoren angeschlossen werden. Grundsätzlich gibt es die beiden gezeigten Möglichkeiten. Die Nachfolgeschaltung arbeitet sehr schnell und erlaubt die Zwischenspeicherung der abgefragten Signale, sodass sie alle praktisch parallel digital verarbeitet werden können. Da Frequenzen bis 100 kHz möglich sind, kann man auch digitale Informationen auswerten, wozu Filter und A/D-Wandler überbrückt werden müssen oder entfallen können.

8.15 Driftarme Lichtmessschaltung

Der Operationsverstärker LM108 zeichnet sich durch geringe Offsetgrößen aus. Er kann mit Widerständen im Megaohmbereich beschaltet werden, ohne dass die Temperaturdrift stört. Diese Drift kommt bekanntlich auch durch die Temperaturabhängigkeit der Eingangsruheströme zustande, die an den Widerständen an den Eingängen entsprechende Fehlspannungen produziert.

Abb. 8.23 zeigt eine einfache Lichtmessschaltung mit dem LM108. Die Fotodiode liegt direkt zwischen den Operationsverstärker-Eingängen. Sie bestimmt den Strom

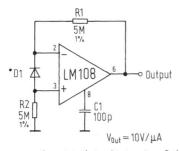

$V_{out} = 10V/\mu A$

*Operating photodiode with less than 3mV
across it eliminates leakage currents

Abb. 8.23

National Semiconductor Application Note 31

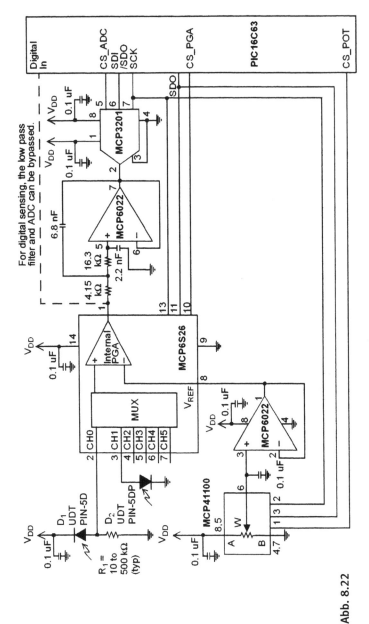

Abb. 8.22

Microchip Application Note 865, Bonnie C. Baker

durch R1 und R2. Eine Stromänderung von 1 μA infolge Lichtschwankung bedeutet eine Spannungsänderung von 5 V über jedem Widerstand. Daher ändert sich die Operationsverstärker-Ausgangsspannung um 10 V.

8.16 Temperatur-Fernmessung mit Quarz und PIC

Mit der in *Abb. 8.24* gezeigten Schaltung lässt sich die Temperatur im Bereich −40 bis +85 °C bei 2 % Toleranz messen. Die Temperaturerfassung erfolgt auf recht ungewöhnliche Weise mit dem Quarz Y1. Dieser sollte möglichst kleine Resonanzfrequenzen haben. Diese Forderung behindert oft die Temperaturmessung auf diese Weise. Man sollte aber auch die Vorteile nicht übersehen: hohe Störfestigkeit, Stabilität und Genauigkeit und leichte Fernübertragung, da eine unmittelbare Temperatur-Frequenz-Wandlung erfolgt.

Der temperaturabhängige Quarzoszillator ist mit dem Transceiver-IC LTC485 (für RS-458-Signale) aufgebaut. Er arbeitet im Transmit-Mode an 5 V. Über eine einfache verdrillte Leitung kann das temperaturabhängige Signal weitergeleitet werden. Der zweite Tranceiver-IC LTC458 hat am Eingang einen Terminationswiderstand von der Größe des Kabel-Wellenwiderstands und wandelt das Signal in ein pegelgerechtes Digitalformat für den Mikrocomputer, welcher die Umrechnung der Frequenz in die Temperatur übernimmt. Die errechnete Temperatur wird vorzeichenrichtig in Grad Celsius auf einem LC-Display numerisch ausgegeben. Schaltung und Software wurden von Mark Thoren entwickelt. Das Programm-Listing finden Sie in der auf der folgenden Seite angegebenen Quelle.

8.17 Messung des Sauerstoffgehalts

Zur Messung des Sauerstoffgehalts der Luft gibt es spezielle Sensoren. Elektrisch gesehen handelt es sich um Stromquellen, die einen dem Sauerstoffgehalt entsprechenden Gleichstrom liefern. Dieser beträgt bei Frischluft (20,9 % Sauerstoff) 100 μA. Daher ist die Auswertung sehr einfach – siehe *Abb. 8.25*. Hier wurde ein Micropower-Operationsverstärker eingesetzt. Der Stromverbrauch liegt daher unter 1 μA! Daher gibt es auch praktisch keine Eigenerwärmung.

Bei kleinen Sauerstoffkonzentrationen nimmt der Anzeigefehler infolge Offset und deren Drift durch Schwankungen der Umgebungstemperatur dennoch beachtlich zu. Die Schaltung nach *Abb. 8.26* bewirkt hier eine Verbesserung. A1 sorgt für eine Spannungsbasis leicht über Masse, die sich mit der Drift ändert und somit die Drift von A2 weitgehend kompensiert. Dieser Operationsverstärker hat 100 Ohm Eingangswiderstand und eine Verstärkung von −100. Der Strombedarf liegt bei 10 μA.

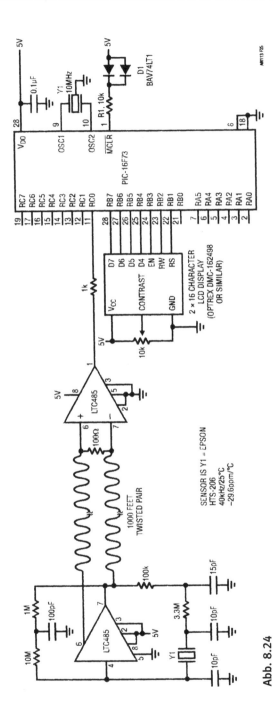

Abb. 8.24

Linear Technology Application Note 113

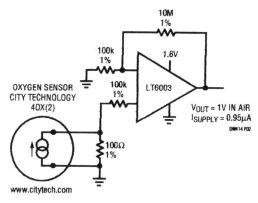

Abb. 8.25

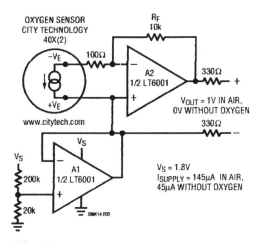

Abb. 8.26

Linear Technology Design Note 414, Glen Brisebois

8.18 Thermometer mit Analog- und Digitalausgang

Die maximal zulässige Sperrschichttemperatur von Siliziumhalbleitern liegt selten über 200 °C. Will man höhere Temperaturen messen, kann man keine Halbleitersensoren benutzen, sondern setzt Widerstandssensoren (RTDs, resistance temperature detectors) ein. Bewährt haben sich Platin-Widerstandssensoren.

Ein solcher Platinum-RTD wird in der Schaltung nach *Abb. 8.27* eingesetzt. Sie misst Temperaturen im Bereich 300...600 °C, besitzt zwei Ausgänge und ist trotz-

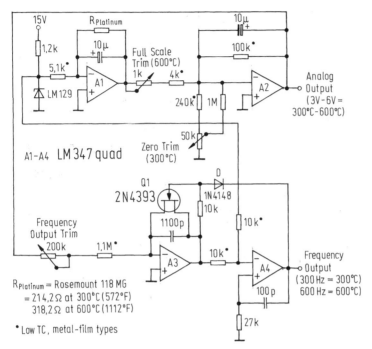

Abb. 8.27

National Semiconductor Application Note 262

dem recht einfach. Der Analogausgang liefert im vorgesehenen Messbereich 3...6 V, der Digitalausgang 300 bis 600 Hz. Der Spannungs-Frequenz-Wandler erhält seine Eingangsspannung vom Analogausgang. Man kann also nicht davon ausgehen, dass er ein genaueres Ergebnis liefert als dieser. Durch zufällige gegenseitige Kompensation ist dies jedoch zumindest theoretisch möglich.

Der RTD liegt im Gegenkopplungszweig von A1. A2 arbeitet ebenfalls in invertierender Grundschaltung mit drei Gegenkopplungs-Widerständen. Hier sind Bereichsanfang und Skalenfaktor einstellbar. Zum Schluss wird der mit A3 und A4 aufgebaute Spannungs-Frequenz-Wandler abgeglichen.

8.19 Verstärker für piezoelektrischen Wandler

Der piezoelektrische Effekt wurde 1880 empirisch entdeckt. Piezoelektrische Wandler findet man heute in vielen Formen in der Messtechnik. Ein Beispiel ist der Biegewandler. Durch auf den Wandler erzeugt eine elektrische Gleichspannung. Der

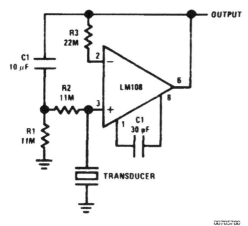

Low frequency cutoff = R1 C1

Abb. 8.28

National Semiconductor Application Note 31

Wandler selbst ist hochohmig. Will man die Spannung möglichst voll ausnutzen, muss man also für sehr geringe Belastung sorgen.

Die Schaltung nach *Abb. 8.28* erfüllt diesen Anspruch. Der Operationsverstärker LM108 ermöglicht die Beschaltung mit Widerständen im zweistelligen Megaohmbereich, da seine Eingangsruheströme äußerst gering sind. R3 wurde zur Kompensation eingesetzt. C1 muss eine ungepolte Ausführung sein.

8.20 Einfache Temperatur-Messschaltung

Die einfache Schaltung zur Temperaturmessung im Bereich 0 bis 100 °C nach *Abb. 8.30* benutzt einen Transistor im Plastikgehäuse als Sensor. Die Basis-Emitter-Spannung von etwa 600 mV lässt sich mit R3 kompensieren. Bei 0 °C Sensortemperatur beträgt die Ausgangsspannung dann 0 V. An den Operationsverstärker-Eingängen muss man dann etwa –600 mV messen.

Der Operationsverstärker arbeitet in nichtinvertierender Grundschaltung. Erhöht sich die Temperatur, steigt mit jedem Kelvin die Spannung am Pluseingang um etwa 2 mV an, denn die Basis-Emitter-Diode hat einen Temperaturkoeffizienten von etwa –2 mV/K. Mit R6 wird die Ausgangsspannung auf 100 mV bei 100 °C Sensortemperatur eingestellt.

Da der Operationsverstärker sehr gute Offsetdaten hat, kann man trotz einfacher Schaltungstechnik eine hohe Genauigkeit erzielen.

8.21 Lichtmessung in weitem Bereich

Die Schaltung nach *Abb. 8.29* hat den für Lichtstärke-Messschaltungen üblichen Aufbau. Es handelt sich um einen Transimpedanzverstärker. Die Diode gibt einen zur Lichtstärke proportionalen Strom ab, welchen der Operationsverstärker in eine betragsproportionale Ausgangsspannung umsetzt. Da der OP-41 aber mit je 5 pA äußerst geringe Eingangsruheströme aufweist, können auch kleine Lichtstärken noch genau angezeigt werden. Es ergibt sich ein Anzeigebereich von 60 dB. Beispielsweise bei 5 mV bis 5 V Ausgangsspannung ist der Anzeigefehler noch akzeptabel.

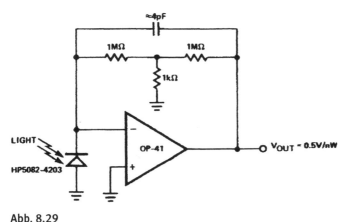

Abb. 8.29

Analog Devices Application Note 106, James Wong

8.22 Temperaturmessung mit Cold-Junction-Kompensation

Die hervorragenden Eigenschaften des Operationsverstärkers OP-77 können genutzt werden, um einen Thermokoppler-Verstärker mit hoher Linearität zu entwerfen. Sie kann typisch 0,5 % betragen.

Abb. 8.30 zeigt eine entsprechende Schaltung. Die Cold-Junction Compensation (Kompensation der Leitfähigkeit im kalten Zustand) wird durch die Bauelemente D1, R1 und R2 bewerkstelligt. Die Kalibrierung erfolgt nach einer Einlaufphase von 15 min. Ein Kurzschluss mit Kupferdraht wird zwischen den Punkten „Cu" herge-

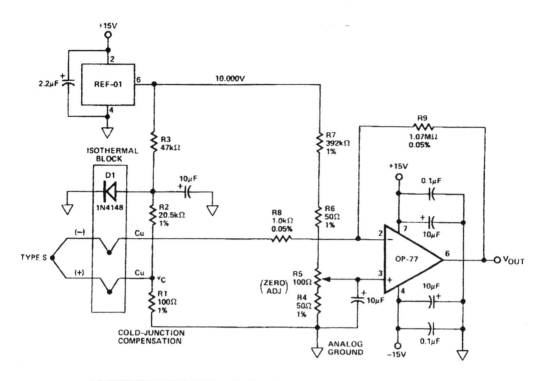

Abb. 8.30

Analog Devices Application Note 106, James Wong

TYPE	SEEBECK COEFFICIENT, α	R1	R2	R7	R9
K	39.2µV/°C	110Ω	5.76kΩ	102kΩ	269kΩ
J	50.2µV/°C	100Ω	4.02kΩ	80.6kΩ	200kΩ
S	10.3µV/°C	100Ω	20.5kΩ	392kΩ	1.07MΩ

stellt und damit die Temperatur 0 °C des Thermoelements simuliert. Mit R5 stellt man folgerichtig die Ausgangsspannung auf 0 V. Ein Skalenfaktor-Abgleich wäre mit R9 möglich. Die Schaltung ist für einen Thermokoppler Typ S dimensioniert. Bei 1000 °C liefert sie 10 V Ausgangsspannung.

8.23 Multikanal-Temperaturmessung

Der ADT7461 ist ein digitaler Temperaturmonitor mit einem internen und einem externen Messkanal. Viele Anwendungen erfordern jedoch Messungen an mehr

Stellen. Die Schaltung nach *Abb. 8.31* zeigt, wie das mit dem ADT7461 möglich ist. Dem externen Kanal, welcher auf 1 K genau misst, wird ein Multiplexer vorgeschaltet. Dieser legt abwechselnd einige Transistor-Temperatursensoren, wie sie normalerweise fest an die Anschlüsse D+ und D- gelegt werden, an den Temperaturmonitor. Die nachgeschaltete Elektronik gibt die Steuersignale und erkennt die Sensoren.

8.24 Temperatur-Strom-Wandler für Fernmessung

Mit der in *Abb. 8.32* gezeigten Schaltung kann man Temperaturen beispielsweise im Bereich von −10 bis +50 °C in einen proportionalen Strom umsetzen und diesen zwecks Fernmessung über eine verdrillte Leitung schicken. Den genannten Werten entsprechen hierbei 4 und 20 mA.

IC1 ist der Temperatursensor TMP36 und liefert 750 mV bei 25 °C bzw. 10 mV/K. Die Referenzquelle IC2 ist vom Typ REF2912 und sorgt zusammen mit dem Operationsverstärker IC3 vom Typ TMP36 oder ähnlich für den erforderlichen Spannungsversatz. Die Spannungs-Strom-Umsetzung geschieht in IC4, einem Treiber-IC für weiße LEDs.

Die minimale Betriebsspannung beträgt 2,7 V. Bei Zimmertemperatur liegt der gesamte Stromverbrauch unter 15 mA.

8.25 Temperaturmessung über 4...20-mA-Loop

In *Abb. 8.33* wird gezeigt, wie eine relativ einfache Temperaturfernmessung über eine Stromschleife möglich ist. Als Temperatursensor wird IC1 benutzt und dessen Ausgangsspannung mit dem Operationsverstärker und A1 in einen proportionalen Strom umgesetzt. Dabei ist ein weiter Temperaturbereich möglich. IC2 ist ein Low-Drop-Linearregler, welcher 3 V liefert.

Der Eigenstrom der ICs ist gegenüber dem minimalen Strom durch Q1 bzw. die Schleife zu vernachlässigen, daher eine lineare Temperaturmessung im Bereich −25 bis +125 °C. Mit kleinerem R1 kann er eingeengt werden.

8.26 Beschleunigungsmesser mit ADXL05

Der ADXL05 ist ein monolithischer Low-Cost-Beschleunigungssensor. Der Messbereich des ADXL05 beträgt +/−5 g. Er arbeitet gut mit einem Spannungs-Frequenz-

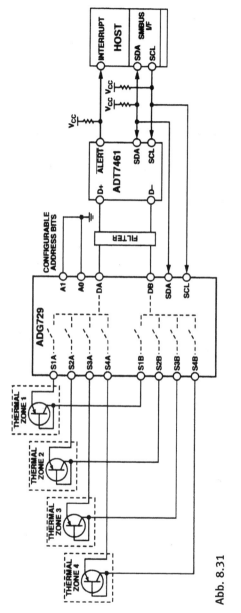

Abb. 8.31

Analog Devices Application Note 702, Susan Pratt

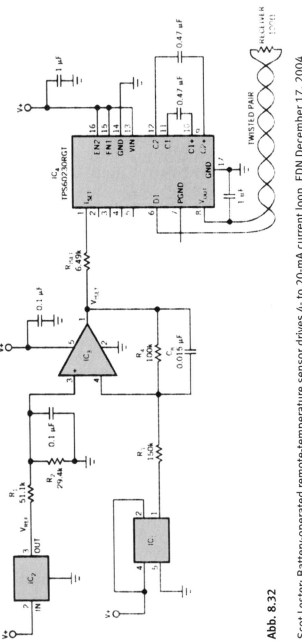

Abb. 8.32

Scot Lester: Battery-operated remote-temperature sensor drives 4- to 20-mA current loop, EDN December 17, 2004

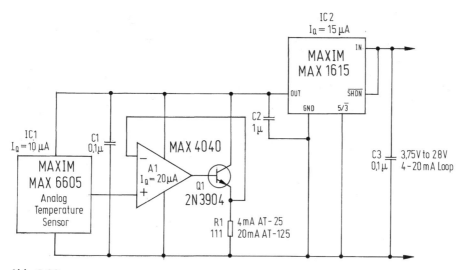

Abb. 8.33

Maxim Applikation Note 1873

Wandler zusammen. Die Frequenz als Maß der Beschleunigung kann ein Mikroprozessor leicht verarbeiten.

Durch Nutzung der Erdanziehung ist eine Selbstkalibrierung möglich.

Abb. 8.34 zeigt einen High-Performance-Beschleunigungs-Frequenz-Wandler. Der Zusammenhang ist direkt proportional. Ohne Beschleunigung stehen an Pin 8 2,5 V. Bei 1 g erhöht sich die Spannung auf 2,7 g. Der AD654 besorgt die Spannungs-Frequenz-Umsetzung. Die Schaltung benötigt 9…12 V Betriebsspannung.

Abb. 8.35 bringt eine Modifikation für den Beschleunigungssensor ADXL50, welcher im Bereich +/−50 g eingesetzt werden kann. Mit R4 ist hier der Nullpunkt und mit R1a die Skalierung einstellbar. Ein Dimensionierungsbeispiel für 0 g entsprechen 10 kHz, Skalierung 100 Hz/g, Bandbreite 200 Hz: C_T 10 nF, R_T 2,5 kOhm, R1 52,7 kOhm, C5 16 nF.

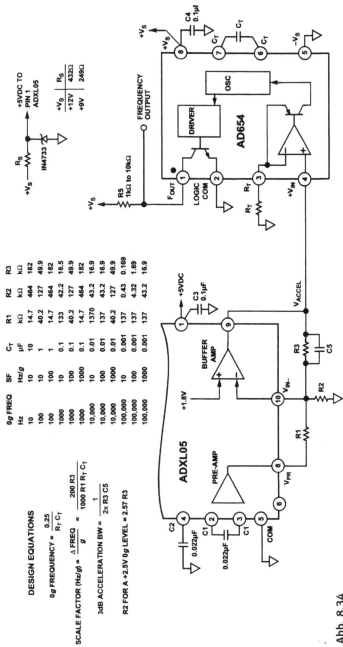

DESIGN EQUATIONS

$$0g \text{ FREQUENCY} = \frac{0.25}{R_T C_T}$$

$$\text{SCALE FACTOR (Hz/g)} = \frac{\Delta \text{ FREQ}}{g} = \frac{200 \text{ R3}}{1000 \text{ R1 } R_T C_T}$$

$$\text{3dB ACCELERATION BW} = \frac{1}{2\pi \text{ R3 C5}}$$

$$\text{R2 FOR A +2.5V 0g LEVEL} = 2.57 \text{ R3}$$

0g FREQ	SF	C_T	R1	R2	R3
Hz	Hz/g	µF	kΩ	kΩ	kΩ
10	10	10	14.7	464	182
100	10	1	40.2	127	49.9
100	100	1	14.7	464	182
1000	10	0.1	133	42.2	16.5
1000	100	0.1	40.2	127	49.9
1000	1000	0.1	14.7	464	182
10,000	10	0.01	1370	43.2	16.9
10,000	100	0.01	137	43.2	16.9
10,000	1000	0.01	40.2	127	49.9
100,000	10	0.001	137	0.43	0.169
100,000	100	0.001	137	4.32	1.69
100,000	1000	0.001	137	43.2	16.9

	R_S
+V_S	432Ω
+12V	
+9V	249Ω

+5VDC TO PIN 1 ADXL05

Abb. 8.34

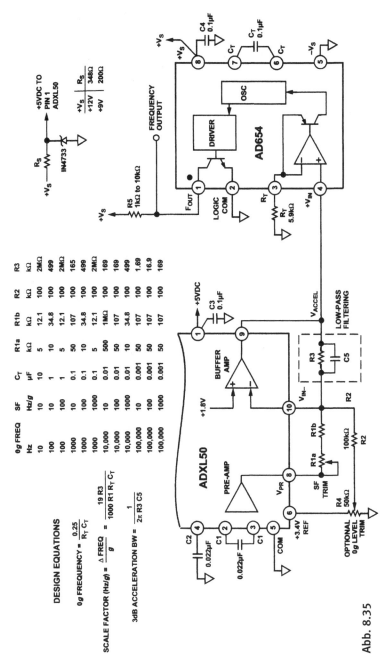

Abb. 8.35

Analog Devices Application Note 411, Charles Kitchin/Dave Quinn/Steve Sherman

DESIGN EQUATIONS

$$0g \text{ FREQUENCY} = \frac{0.25}{R_T C_T}$$

$$\text{SCALE FACTOR (Hz/}g) = \frac{\Delta \text{FREQ}}{g} = \frac{19 R3}{1000 \, R1 \, R_T \, C_T}$$

$$\text{3dB ACCELERATION BW} = \frac{1}{2\pi \, R3 \, C5}$$

0g FREQ Hz	SF Hz/g	C_T μF	R1a kΩ	R1b kΩ	R2 kΩ	R3
10	10	10	5	12.1	100	2MΩ
100	10	1	10	34.8	100	499
100	100	1	5	12.1	100	2MΩ
1000	10	0.1	50	107	100	165
1000	100	0.1	10	34.8	100	499
1000	1000	0.1	5	12.1	100	2MΩ
10,000	10	0.01	500	1MΩ	100	169
10,000	100	0.01	50	107	100	169
10,000	1000	0.01	10	34.8	100	499
100,000	10	0.001	50	107	100	1.69
100,000	100	0.001	50	107	100	16.9
100,000	1000	0.001	50	107	100	169

+V_S	R_S
+12V	348Ω
+9V	200Ω

8.27 Neigungsmesser mit Frequenzausgang

In *Abb. 8.36* wird gezeigt, wie mit einem Beschleunigungssensor-IC ein Neigungs-messer aufgebaut werden kann. Die Zusatzbeschaltung für eine dem Neigungswin-kel proportionale Frequenz ist gering, die CMOS-Variante des Timers 555 genügt.

Die Ausgangsspannungs-Änderung von 200 mV/g an Pin 8 wird vom internen Ver-stärker verdoppelt. Gleichzeitig erfolgt eine Verschiebung des Nullpunkts auf 1,8 V an Pin 9. C4 und R3 bilden ein 16-Hz-Tiefpassfilter.

Der Timer arbeitet als VCO (voltage-controlled oscillator). Bei 1,8 V an Pin 5 (0 g) beträgt die Frequenz etwa 16,6 kHz. *Abb. 8.37* zeigt den Zusammenhang zwischen Ausgangsfrequenz und Steuerspannung.

8.28 Messschaltung 0...500 °C mit Cold-Junction Compensation

Die einfache Schaltung nach *Abb. 8.38* setzt auf den Single-Supply-Operationsver-stärker AD8572 und einen Widerstands-Temperaturfühler. Damit kann im Bereich 0...500 °C mit 0,02 K Toleranz gemessen werden. Hierzu trägt auch die Referenz-quelle REF02EZ bei.

D1, R1, R2 und R3 werden zur Cold-Junction Compensation (Kompensation der Leitfähigkeit im kalten Zustand) genutzt. Der typische TK der Diode korrespon-diert mit der Änderung von 47 µV/K an R3. Die Kontakte werden gut leitend über-brückt und die Ausgangsspannung wird mit R6 auf null gebracht. Die aktuelle Tem-peratur spielt dabei keine Rolle. Die Skalierung wird durch R8 und R9 bestimmt.

8.29 Drehzahlmessung mit magnetoresistivem Sensor

Ein magnetoresitiver Sensor kann in der Messtechnik vielfältig eingesetzt werden, wie *Abb. 8.39* beweist. Eine konkrete Anwendungsschaltung ist in *Abb. 8.40* darge-stellt. Gezeigt wird eine Methode der Drehzahlmessung durch Reaktion auf ein moduliertes magnetisches Feld, ausgelöst durch einen rotierenden Zahn. Die Schal-tung gibt eine zur Umdrehungszahl des Zahns proportionale Frequenz aus. Bei Stillstand herrscht ein hohes statisches Ausgangspotential.

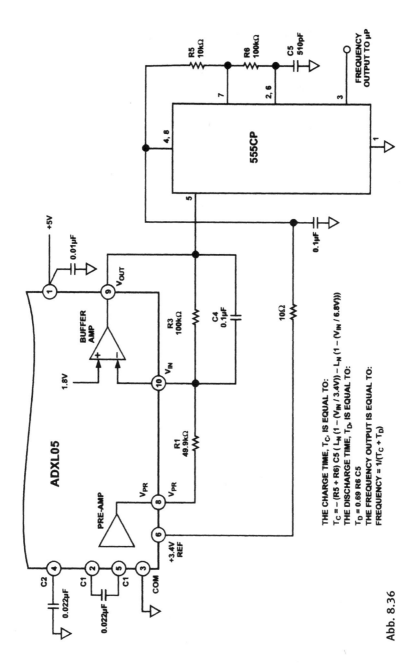

Abb. 8.36

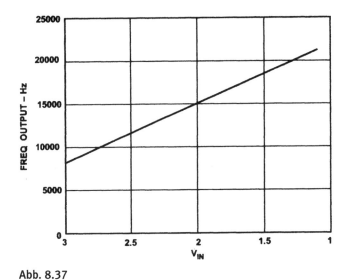

Abb. 8.37

Analog Devices Application Note 411, Charles Kitchin/Dave Quinn/Steve Sherman

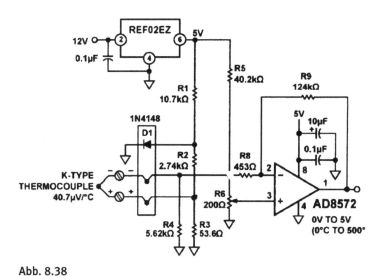

Abb. 8.38

Analog Devices Data Sheet AD8572

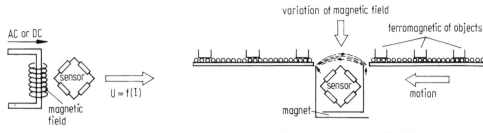

Measurement of Current (AC or DC)   Detection of Ferromagnetic Objects

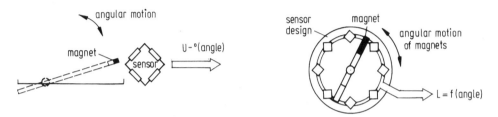

Measurement of Angular Position

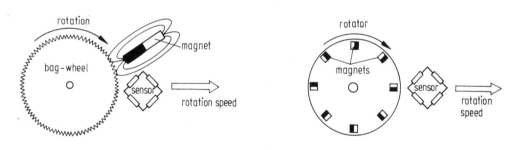

Measurement of Rotation Speed

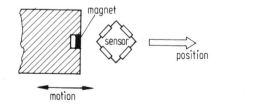

Position Sensor

Measurement of the Earth's Magnetic field

Abb. 8.39

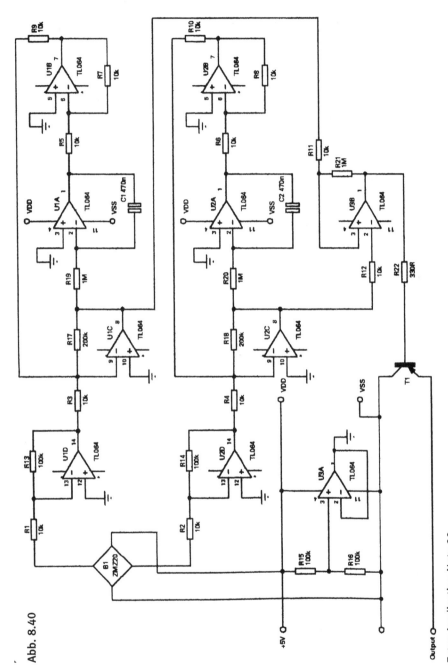

Abb. 8.40

Zetex Application Note 20

8.30 Dreidimensionale Magnetfeld-Erfassung

Abb. 8.41 zeigt eine Applikationsschaltung zur dreidimensionalen Erfassung des Magnetfelds der Erde. Verwendet werden drei magnetoresistive Sensoren vom Typ ZMY20. Wenn die Schaltung aktiviert ist, kalibriert sie sich selbstständig und liefert ein Warnsignal, wenn sich das Erdmagnetfeld bewegt/ändert. Die Speicherung, Verarbeitung und Auswertung erfolgt in einem CMOS-EPROM-Mikrocontroller mit A/D-Wandler.

8.31 Druckmessung mit A/D-Wandler

In der in *Abb. 8.42* gezeigten Schaltung wird der Druck eines Gases oder einer Flüssigkeit von einem Brücken-Drucksensor aufgenommen und die Messspannung von einem Vierfach-Präzisions-Operationsverstärker mit Rail-to-Rail-Fähigkeit für einen Analog-Digital-Wandler aufbereitet. Hierfür eignet sich auch der moderne TLV2544 besonders gut; sein Eingangsspannungs-Bereich beträgt 0...5 V.

Die gesamte Schaltung benötigt nur eine einfache Versorgungsspannung von 5 V.

Mit R13 erfolgt der Nullpunktabgleich.

8.32 Temperaturmessung mit A/D-Wandler

In *Abb. 8.43* ist eine sehr preiswerte Schaltung für einen Messwandler mit Bemessungsgleichungen dargestellt, der die Spannungsänderung über einem Thermistor für einen Analog-Digital-Wandler aufbereitet. Der ausgewählte Thermistor ACC-004 ist vom NTC-Typ (negative temperature coefficient). Bei 0 °C beträgt der Widerstand 32,65 Ohm, bei 100 °C 678,3 Ohm. Die Stromquellen 100 µA sind beispielsweise im Typ REF200 enthalten.

8.33 Einfache und genaue Temperatur-Fernmessung

Die Temperatur-Messschaltung nach *Abb. 8.44* arbeitet mit einfacher Versorgungsspannung von z. B. 5 V. Der Low-Cost-Temperatursensor AD590 erlaubt die Messung im Bereich 0...100 °C mit 1 K Toleranz. Der AD8541 ist ein Rail-to-Rail-Operationsverstärker und ebenfalls sehr preiswert. Sein Leistungsverbrauch ist gering.

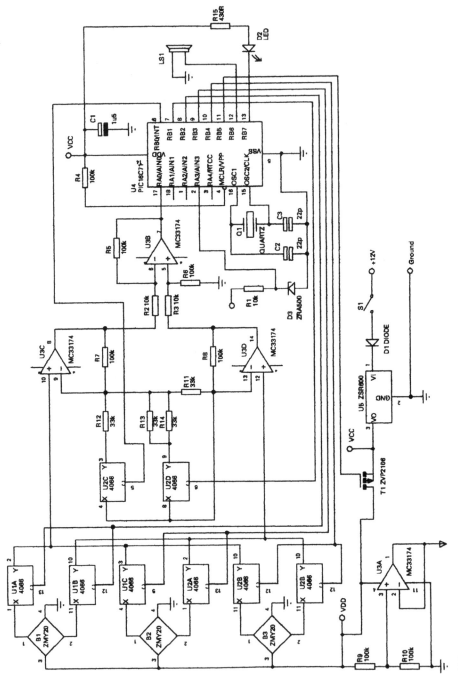

Abb. 8.41

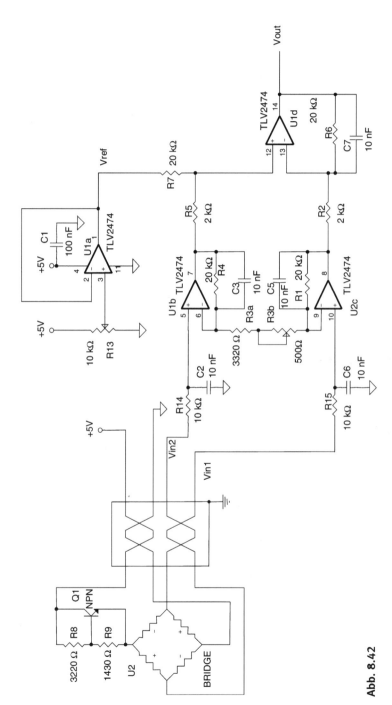

Abb. 8.42

John Bishop: Pressure transducer-to-ADC application, Analog Applications Journal, February 2001

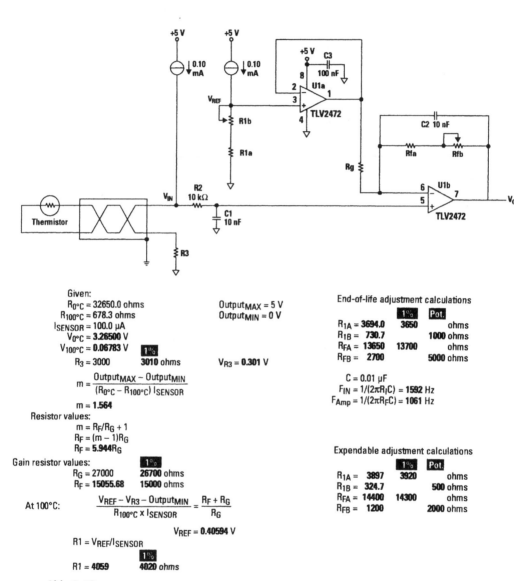

Abb. 8.43

John Bishop: Thermistor temperature transducer-to-ADC application, Analog Applications Journal, November 2000

Mit R2 erfolgt der Nullpunkt-Abgleich. Die Skalierung liegt auf 50 mV/K fest.

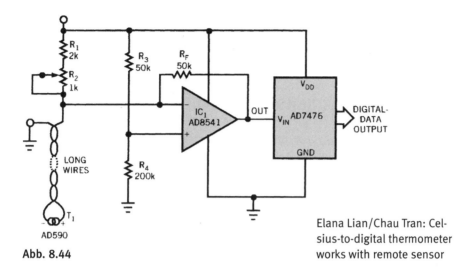

Abb. 8.44

Elana Lian/Chau Tran: Celsius-to-digital thermometer works with remote sensor

8.34 Einfache und genaue Temperatur-Messschaltung

Die Schaltung nach *Abb. 8.45* ist einfach zu verstehen. Mit R2B wird der Nullpunkt abgeglichen. Die Skalierung wird hingegen mit R_{FB} festgelegt.

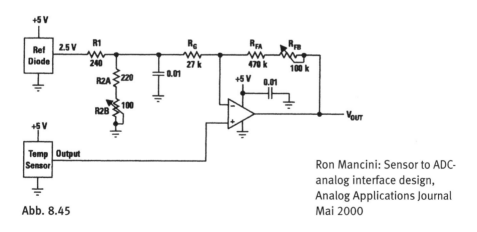

Abb. 8.45

Ron Mancini: Sensor to ADC-analog interface design, Analog Applications Journal Mai 2000

Die Anfälligkeit der Schaltung gegen Temperaturschwankungen steht und fällt mit dem Driftverhalten des Operationsverstärkers. Daher ist ein Low-Offset/Drift-Typ auszuwählen.

8.35 Luftfeuchtigkeits-Messung

In der Schaltung nach *Abb. 8.46* arbeiten zwei CMOS-Timer zusammen, der linke als astabiler Multivibrator mit etwa 25 kHz, der rechte als monostabiler Multivibrator. Der Luftfeuchte-Sensor SMTHS10 setzt die Luftfeuchtigkeit in eine Kapazität um. Somit nimmt die Haltezeit des zweiten Timers mit der Luftfeuchtigkeit zu. Das Glied R4/C3 glättet seine Ausgangsspannung. Dieser Mittelwert ist proportional zur Luftfeuchtigkeit. Für einen niederohmigen Ausgang kann ein Puffer sorgen.

Dimensionierung: R1 27 k, R2 1 k, R3 150 k, R4 100 k, R5 10 M, C1, 4 100 n, C2 1 n, C3 1 µ

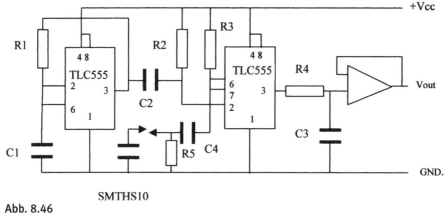

Abb. 8.46

Application circuit for Humidity sensor SMTHS10 DC output

8.36 Temperaturmessung mit UTI

Bei dem UTI (universal transducer interface) von Smartec handelt es sich um einen analogen Messwert-Umformer für Signale mit niedriger Änderungsrate. Der UTI-IC arbeitet auf Basis eines pulsbreitenmodulierten Oszillators. Die Sensoren werden direkt angeschlossen, die Messsignalauswertung erfolgt mit einem Mikroprozessor. Es genügt eine einzige Signalleitung.

In einer Drei-Zyklen-Technik erfolgt im UTI eine automatische Korrektur des Offsets und der Verstärkung; außerdem wird die Netzfrequenz unterdrückt.

Das UTI kennt je nach Messgröße verschiedene Betriebsarten (Modi).

In der Schaltung nach *Abb. 8.47* wird die Temperatur mit einem Widerstandssensor PT100 oder PT1000 erfasst. Dieser ist in Vierleitertechnik angeschlossen. Der UTI-IC arbeitet im Modus 5. Gezeigt wird auch sein Ausgangssignal. Der Mikrocontroller zählt die Impulse und steuert ein PC-Interface (hier MAX232 für RS-232) an. Die Betriebsspannung für alle ICs ist 5 V.

Abb. 8.48 zeigt die Anschaltung eines Thermistors an den UTI-Chip.

8.37 UTI mit Widerstands-Messbrücke

Eine Widerstands-Messbrücke wird oft benutzt, um Druck, Beschleunigung oder Kraft zu messen. Das UTI besitzt sechs Betriebsarten (Modus 9 bis 14), um mit einer Widerstands-Messbrücke zusammenzuarbeiten. In der Schaltung nach *Abb. 8.49* liegt Modus 9 vor. In diesem Modus kann eine Unbalance von +/–4 % sehr genau gemessen werden. Die hohe Genauigkeit wird auch durch Vierleitertechnik gesichert.

8.38 UTI mit potentiometrischen Gebern

Mehrere potentiometrische Geber lassen sich auf einfachste Weise an das UTI (universal transducer interface) von Smartec anschließen, wie in *Abb. 8.50* dargestellt. Genutzt wird Modus 15. Gezeigt wird auch das Ausgangssignal des UTIs.

Einen einzigen potentiometrischen Geber schließt man an Punkt B an, während man die Punkte C und D an Masse legt.

8.39 Kapazitätsmessung mit dem UTI

Das UTI ist auch in der Lage, Kapazitäten zu messen, und zwar in vier Betriebsarten (Modi 0 bis 4). In der in *Abb. 8.51* gezeigten Schaltung arbeitet es in Modus 1. Hier können sehr kleine Kapazitäten erfasst werden. Genutzt wird die Dreisignaltechnik. Ohne Kapazität an Punk B kann die Kapazität C_X praktisch mit der Genauigkeit gemessen werden, mit welcher C_{Ref} bekannt ist.

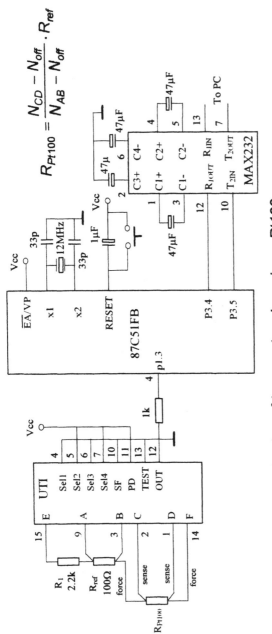

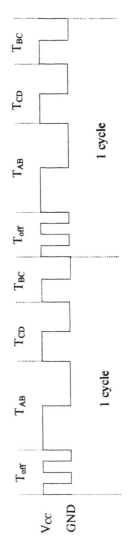

Figure 1 A measurement setup of temperature by using a Pt100.

Abb. 8.47

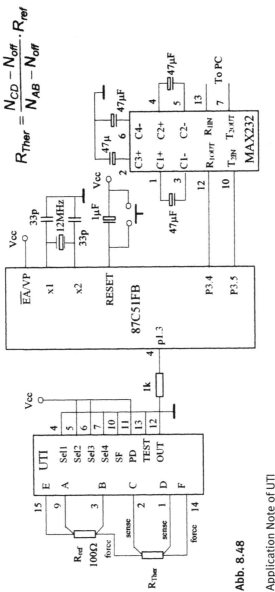

Abb. 8.48

Application Note of UTI

$$R_{Ther} = \frac{N_{CD} - N_{off}}{N_{AB} - N_{off}} \cdot R_{ref}$$

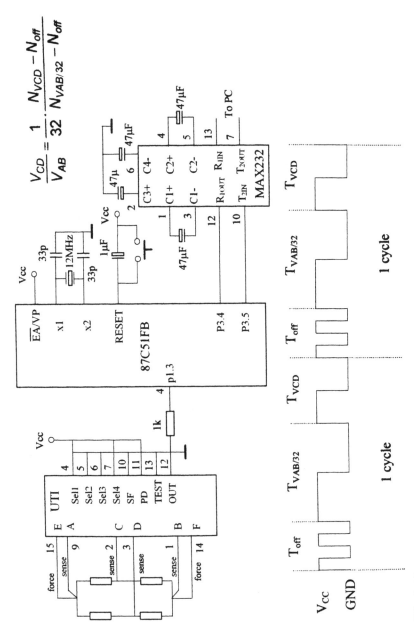

$$\frac{V_{CD}}{V_{AB}} = \frac{1}{32} \cdot \frac{N_{VCD} - N_{off}}{N_{VAB/32} - N_{off}}$$

Abb. 8.49

Application Note of UTI

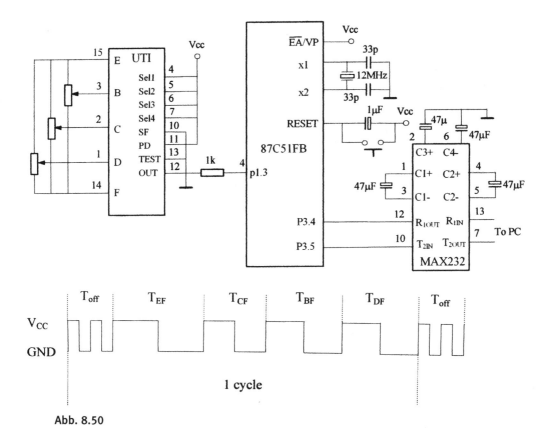

Abb. 8.50

Application Note of UTI

Wegen der Sensibilität des Punktes A wird Koaxkabel benutzt.

In *Abb. 8.52* wird der Anschluss eines Luftfeuchtigkeits-Sensors an den UTI-Chip gezeigt. Dieser ist ja ein kapazitiver Geber. Hier entfällt die Kapazität an Punkt B.

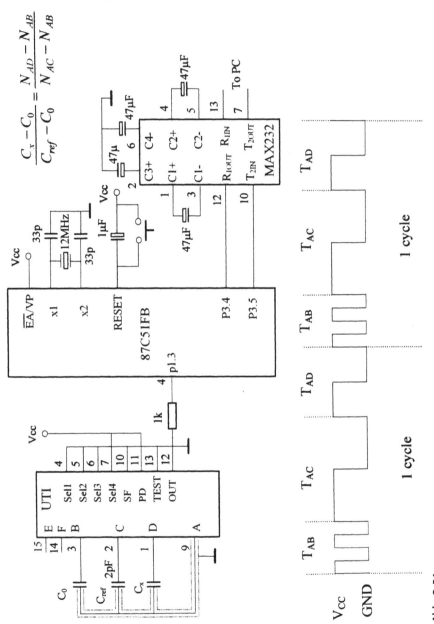

Abb. 8.51

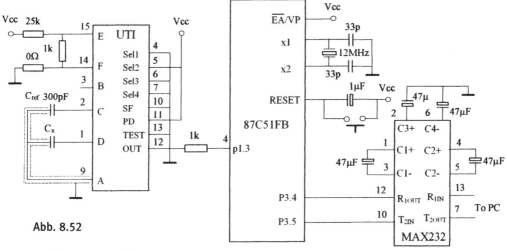

Abb. 8.52

Application Note of UTI

8.40 Mehrkanal-Messsystem mit UTIs

In *Abb. 8.53* wird gezeigt, wie beispielsweise die eben vorgestellten Messaufgaben in ein Multikanal-Messsystem integriert werden können. Man benötigt zwar für jede Messaufgabe ein UTI, zur Auswertung genügt jedoch ein einziger Mikrocontroller.

Der Schlüssel zu einem solchen System ist die Power-Down-Funktion des UTIs. Ist sie aktiv, wird der UTI-Ausgang hochohmig. Der Controller steuert die PD-Pins an.

8.41 Lichtleitfaser-Messkopf

Die Detektorschaltung nach *Abb. 8.54* misst das aus einer Glasfaser austretende modulierte sichtbare oder unsichtbare Licht (Infrarot). Die Lichtleitfaser lässt sich direkt mit der Fotodiode MFOD-71 koppeln. Die obere Grenzfrequenz der zweistufigen Schaltung beträgt 75 MHz. Die untere Grenzfrequenz liegt bei 1 kHz.

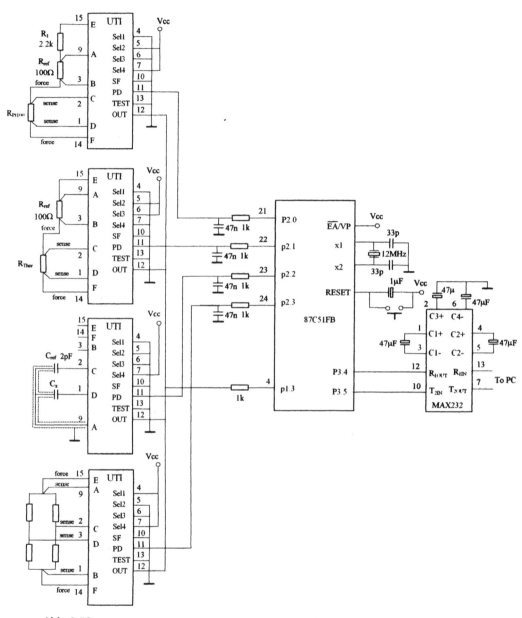

Abb. 8.53

Application Note of UTI

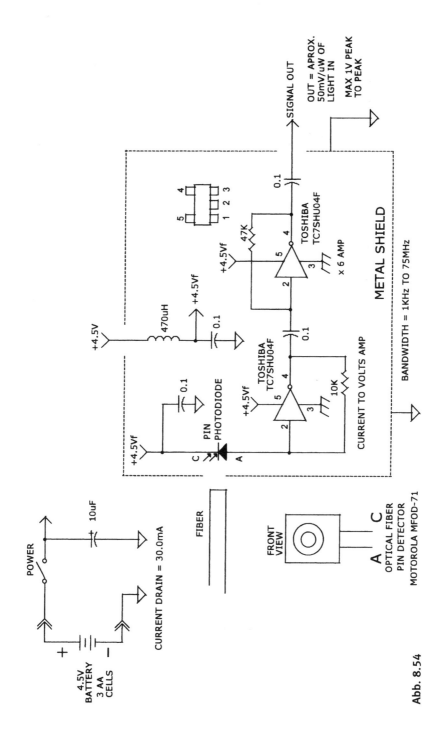

Abb. 8.54

8.42 Tachometer mit Bargraph-Anzeige

In dem Konzept nach *Abb. 8.55* wandelt der vielseitige Transducer-IC TC9400 die Eingangsfrequenz in eine proportionale Spannung. Acht als Komparatoren genutzte Operationsverstärker werten diese aus und lassen ja nach Höhe der Frequenz Leuchtdioden leuchten. Die Verwendung von Quad-Operationsverstärkern macht die Schaltung einfach.

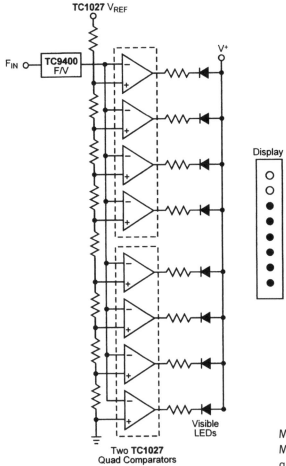

Abb. 8.55

Microchip Application Note 795, Michael O. Paiva: Voltage-to-Frequency/Frequency-to-Voltage Converter

8.43 Messung der Batterie-Lebensdauer

Um die Lebensdauer und mithin die Kapazität (mAh) von Batterien bestimmten Typs zu ermitteln, kann man die in *Abb. 8.56* gezeigte Schaltung nutzen. Sie wird mit 9 V versorgt und nimmt nur etwa 100 µA auf.

Die zu testende Batterie wird mit einem Konstantstrom entladen. Dieser ergibt sich in Ampere als Kehrwert des Source-Widerstands in Ohm, hier also nur 5 mA. Der folgende Komparator schaltet bei 2 V um und stoppt damit die Zeitmessung. Man kann die Schwelle durch Verändern eines Widerstands heben oder senken. Das RS-Flipflop stoppt im Umschaltmoment die Stromentnahme aus der Batterie und die Stromzufuhr zu dem analogen (!) Armbanduhr-Modul, welches die Zeit misst.

8.44 Luftfeuchtigkeits-Sensor ohne Batterie

In der Messschaltung nach *Abb. 8.57* wird die Versorgungsspannung über eine abgeschirmte Leitung zugeführt, welche auch das Messsignal überträgt. Daher ist der Sensorteil sehr widerstandsfähig gegen Umwelteinflüsse.

IC1 bildet einen klassischen Oszillator, dessen Frequenz von der Kapazität des Sensors bestimmt wird. Zur Messung wird die Ladung von C2 durch Anlegen von V_{CC} als Steuersignal kurzzeitig gestoppt. Dann erscheint das Rechtecksignal auf der Leitung. Der Zusammenhang zwischen Frequenz und Luftfeuchtigkeit ist gegenläufig.

8.45 TTL-Signal informiert über Luftfeuchtigkeit und Temperatur

Die Schaltung nach *Abb. 8.58* besteht im Wesentlichen aus einem dualen monostabilen Multivibrator-IC, welcher mit einem Temperatur- und einem Luftfeuchtigkeits-Sensor beschaltet ist. Der IC erzeugt ein TTL-Rechtecksignal, da die Monoflops entsprechend verschaltet sind. Die Längen von H- und L-Impuls informieren über Temperatur und Luftfeuchte. Im ersten Fall geht eine steigende Temperatur mit einer fallenden Impulsbreite einher, im zweiten eine steigende Luftfeuchte mit einer steigenden Impulsbreite.

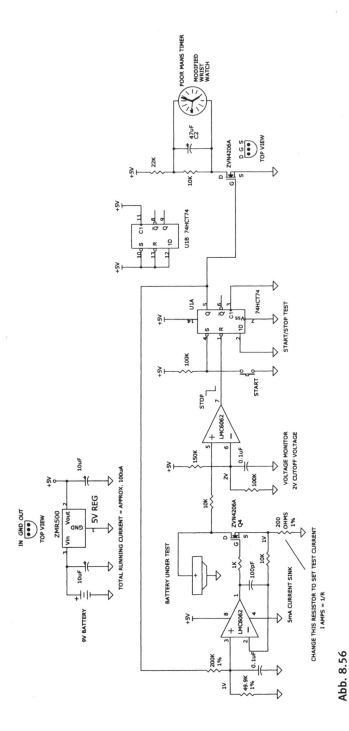

Abb. 8.56

Dave Johnson: Small Battery Milliamp-Hour Tester, www.discovercircuits.com

8.43 Messung der Batterie-Lebensdauer

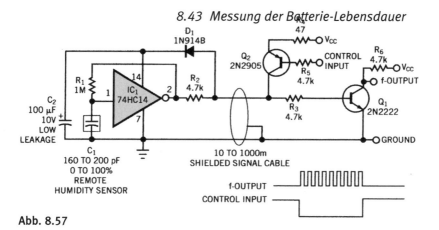

Abb. 8.57

Shyam Tiwari: Remote humidity sensor needs no battery, EDN, April 4, 2002

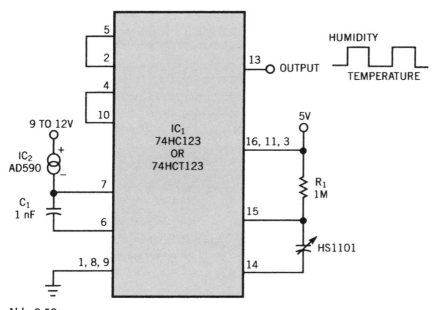

Abb. 8.58

Shyam Tiwari: Measure humidity and temperature on one TTL line, EDN, August 30, 2001

8.46 Umschaltendes Anemometer

Geräte zur Messung der Windgeschwindigkeit werden gemeinhin als Anemometer (vom griechischen Wort anemos = Wind abgeleitet) oder Windmesser bezeichnet. Grundlage der Messung ist die relative Abkühlung eines Objekts durch den daran vorbeistreifenden Wind.

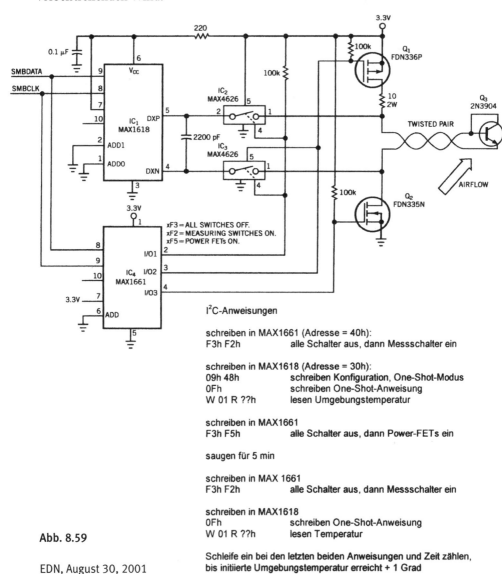

Abb. 8.59

I^2C-Anweisungen

schreiben in MAX1661 (Adresse = 40h):
F3h F2h   alle Schalter aus, dann Messschalter ein

schreiben in MAX1618 (Adresse = 30h):
09h 48h   schreiben Konfiguration, One-Shot-Modus
0Fh   schreiben One-Shot-Anweisung
W 01 R ??h   lesen Umgebungstemperatur

schreiben in MAX1661
F3h F5h   alle Schalter aus, dann Power-FETs ein

saugen für 5 min

schreiben in MAX 1661
F3h F2h   alle Schalter aus, dann Messschalter ein

schreiben in MAX1618
0Fh   schreiben One-Shot-Anweisung
W 01 R ??h   lesen Temperatur

Schleife ein bei den letzten beiden Anweisungen und Zeit zählen,
bis initiierte Umgebungstemperatur erreicht + 1 Grad

In der Schaltung nach *Abb. 8.59* wird zeitweise ein Transistor erhitzt und dann seine Basis-Emitter-Spannung bei sehr kleinem Strom gemessen. Die Zeit, welche benötigt wird, damit die Transistortemperatur ihren ursprünglichen Wert annimmt, ist ein Maß für die Windgeschwindigkeit. Je schneller die Ausgangstemperatur erreicht wird, umso stärker ist die Windgeschwindigkeit.

In der Heizphase beträgt der Strombedarf 200 mA.

8.47 Piezoelektrischer Beschleunigungsmesser

Ein typischer piezoelektrischer Sensor besteht aus einem Plättchen keramischen Materials mit metallisierten Elektroden auf der Oberfläche. Der in *Abb. 8.60* vorgeschlagene piezoelektrische Sensor enthält zwei Plättchen, um die Richtung einer Beschleunigung bestimmen zu können. Da nur die Beschleunigung (Änderung der Geschwindigkeit) gemessen werden soll, ist der Kondensator C_S vorgesehen.

Für eine genaue Messung ist eine hohe Gleichtakt-Unterdrückung erforderlich. Gleichtaktstörungen können oft nicht ausgeschlossen werden, besonders wenn der Sensor abgesetzt betrieben wird. Daher wurde der nachfolgende Verstärker mit IC1 und IC2 als Current-Mode-Instrumentationsverstärker ausgeführt. Für eine Glättung des Messsignals sorgt der Integrator IC3.

8.48 Druckmesser mit Digitalanzeige

Der in *Abb. 8.61* dargestellte Druckmesser verwendet wie üblich einen Drucksensor in einer Brückenschaltung. Dabei sorgen vier Dioden für möglichst hohe Unabhängigkeit von der Temperatur. Ein aus drei Operationsverstärkern aufgebauter Differenzverstärker nimmt das Messsignal ab und gibt es auf den A/D-Wandler-IC. An diesen kann direkt eine 3,5-stellige Anzeige angeschlossen werden.

Mit R16 erfolgt die Nulleinstellung, mit R6 wird die Skalierung festgelegt.

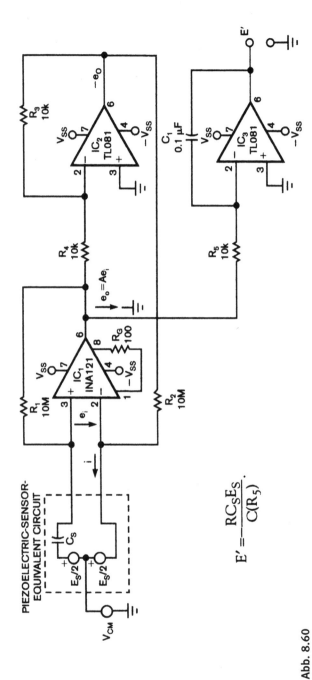

$$E' = -\frac{RC_S E_S}{C(R_5)}.$$

Abb. 8.60

Dave Wuchinich: Current-mode instrumentation amplifier enhances piezoelectric accelerometer, EDN, November 23, 2006

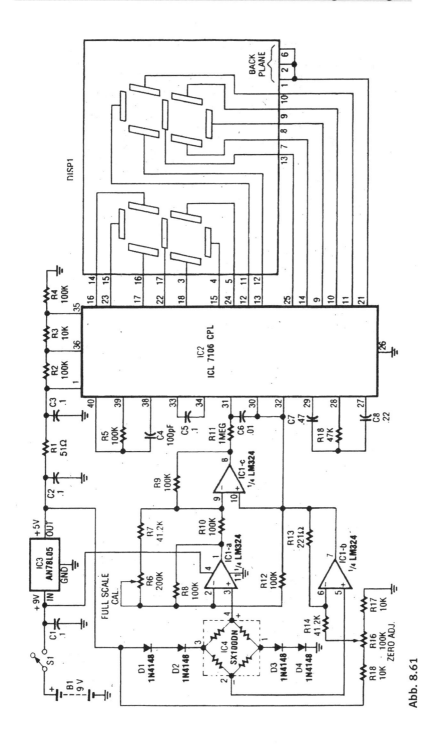

Abb. 8.61

Experimenters Handbook

8.49 Simpler Tastverhältnis-Messer

Als Tastverhältnis bezeichnet man das Verhältnis der Dauer eines Impulses zur Periodendauer. Ist das Impuls-Pause-Verhältnis also 1, dann beträgt das Tastverhältnis 0,5.

Mit einem LM317 als Begrenzer arbeitet die einfache Messschaltung nach *Abb. 8.62.* Man stellt mit R1 in Stellung CAL das Messinstrument auf Vollausschlag. Wird nun beispielsweise ein Rechtecksignal mit gleicher Impuls- und Pausenlänge an den IC-Eingang gelegt, dann ist der arithmetische Mittelwert der Ausgangsspannung nur noch 1,2 V/2 = 600 mV. Das bedeutet auch halben mittleren Strom. Ein Drehspul-Instrument zeigt den arithmetischen Mittelwert, also 50 µA an entsprechend einem Tastverhältnis von 0,5.

Die Frequenz muss größer als etwa 20 Hz sein, sonst kann das Instrument nicht mehr genau integrieren.

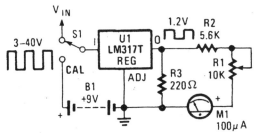

Abb. 8.62

Popular Electronis

8.50 Drehzahl- und Drehrichtungsanzeige

Benötigt man Drehzahl und Drehrichtung beispielsweise einer Welle, kann man die Schaltung nach *Abb. 8.63* einsetzen. Das Messobjekt besitzt zwei Magnete, welche im Winkel von 45 Grad angebracht sind. Nord- und Südpol sind gegensätzlich. Der Operationsverstärker produziert daher einen kurzen Impuls in der einen und einen langen Impuls in der anderen Drehrichtung. Das Instrument bildet den arithmetischen Mittelwert der Impulse und zeigt somit die Drehzahl an. Die LEDs hingegen signalisieren die Drehrichtung (CW Urzeigersinn, CCW entgegen Uhrzeigersinn).

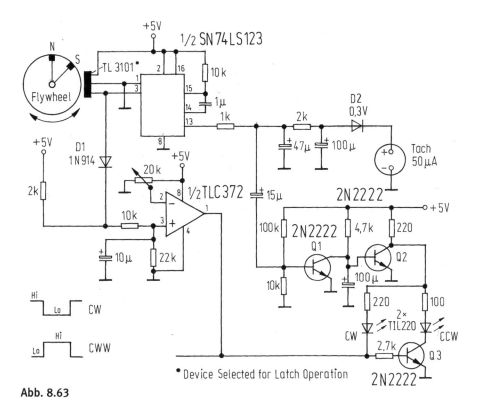

Abb. 8.63

Texas Instruments Data Sheet TLC372

8.51 Pulsbreiten-Messgerät

In der Schaltung nach *Abb. 8.64* wird der 100-pF-Kondensator aus einer mit dem Matched Pair gebildeten Konstantstromquelle geladen, wenn ein negativer Impuls einläuft. Bei H-Pegel am Eingang schaltet Q1 durch und die Stromquelle aus. Mit einer HL-Flanke am Eingang startet der Monoflop 74121 und erzeugt einen Nadelimpuls. Dieser steuert Q2 durch und entlädt den Kondensator. Damit herrscht ein definierter Ausgangszustand. Die Spannung am Kondensator und somit die Ausgangsspannung sind proportional zur Impulsbreite.

8.52 Differenzlicht-Detektor

In der Schaltung nach *Abb. 8.65* wandelt der duale BiMOS-Operationsverstärker CA3240E die Ströme von zwei Fotodioden in Spannungen. Die Differenz zwischen diesen Spannungen wird vom Differenzverstärker mit dem CA3140 zehnfach verstärkt. Umgebungslicht, welches auf beide Fotodioden fällt, wird somit nicht berücksichtigt.

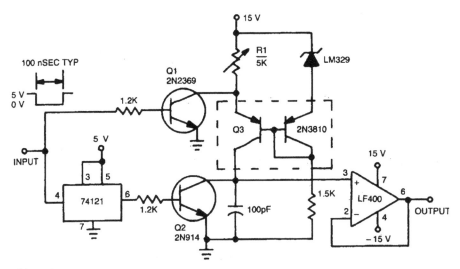

Abb. 8.64

EDN

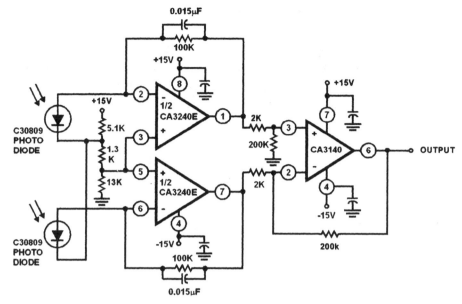

Abb. 8.65

Intersil Data Sheet CA3240, CA3240A

8.53 Hochauflösender Drehzahlmesser

Der Drehzahlmesser nach *Abb. 8.66* ist für Autobastler interessant, die vor dem Elektronik-Selbstbau nicht zurückschrecken. 30 verschiedenfarbige LEDs werden kreisförmig auf einer Platine angeordnet. Die Steuerung übernimmt der U1096B. Obere und untere Grenze der Anzeige sind frei wählbar. Die LEDs kann man also einem bestimmten Drehzahlbereich zuordnen, um die Auflösung zu erhöhen. Das eröffnet Anwendungsmöglichkeiten auch in anderen Bereichen.

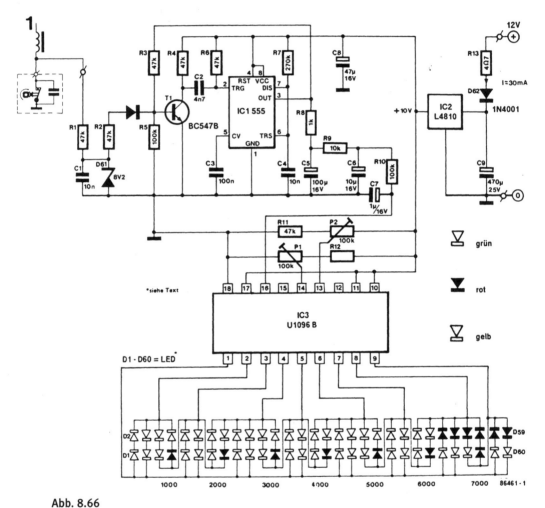

Abb. 8.66

Hochauflösender Drehzahlmesser, 302 Schaltungen, Elektor

8.54 Höhenmessgerät mit LC-Panelmeter

Sogenannte Panelmeter sind kleine Spannungsmess-Platinen mit digitaler Anzeige-einheit. Den unkomplizierten Stromlaufplan für einen Höhenmesser mit einem Panelmeter zeigt *Abb. 8.67*.

Die Funktionsweise des Drucksensors beruht auf einer Brückenschaltung mit einer Elastomer-Membran. Diese Membran teilt eine nach außen hin offene Kammer von einer hermetisch verschlossenen Referenzdruckkammer ab.

Bei Veränderung des Außenluftdrucks verbiegt sich die Membran ja nach Druckver-hältnissen mehr oder weniger. Damit ändern sich auch die Spannungsverhältnisse an der Brücke. Zwischen Pin 2 und 4 entsteht eine dem Außendruck proportionale Ausgangsspannung. Der Einfachst-Instrumentationsverstärker verstärkt diese und steuert das Panelmeter an.

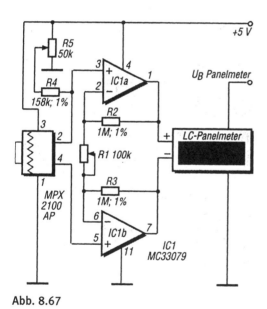

Abb. 8.67

Höhenmessgerät mit LC-Panelmeter, Funkamateur 7/00

9 Schaltungen für Messverstärker

9.1 Instrumentationsverstärker mit Operationsverstärker-ICs

Der Instrumentationsverstärker ist im Gegensatz zum Operationsverstärker, welcher für die analoge Rechentechnik entwickelt wurde, ein ausgesprochener Messverstärker. In der Messtechnik müssen oft Signale verarbeitet werden, welche sich nicht auf Erde/Masse beziehen und die auf hohem Potential gegen Erde/Masse auftreten. Mit seinem Differenzeingang erfasst ein Instrumentationsverstärker diese Signale, wobei seine besonders hohe Gleichtakt-Unterdrückung praktisch keinen Fehler durch die Spannung gegen Erde/Masse zulässt. Ein einfacher Differenzverstärker vermag das in diesem Maße nicht und kann zudem keinen besonders hohen Eingangswiderstand erreichen.

Es gibt integrierte Instrumetationsverstärker, man kann einen Instrumentationsverstärker aber auch mit Operationsverstärker-ICs aufbauen. Grundsätzlich verwendet man dazu die in *Abb. 9.1* links liegende Stufe. Die Gleichtaktunterdrückung kann sehr hoch sein und hängt in erster Linie von den Widerständen ab. Man kann beispielsweise durchgehend 10-kOhm-Widerstände einsetzen. Diese Konfiguration hat allerdings einen Differenzausgang, was oft stört. Für ein massebezogenes Ausgangssignal sorgt dann der einfache Differenzverstärker rechts. Dessen Verstärkung ergibt sich aus dem Verhältnis der Widerstände in den Gegenkopplungszweigen unten und oben.

Der ICL7650S eignet sich sehr gut für diese Aufgabe, denn er ist ein moderner chopperstabilisierter Operationsverstärker, der einen automatischen Driftabgleich ermöglicht. Für viele Einsatzfälle genügen duale Operationsverstärker zum kleinen Preis, wie TL082. Verwendet man einen Vierfach-Operationverstärker, kann man die komplette Schaltung mit einem IC realisieren und hat noch einen Operationsverstärker – etwa zum Splitten einer einfachen Versorgungsspannung – zur Verfügung.

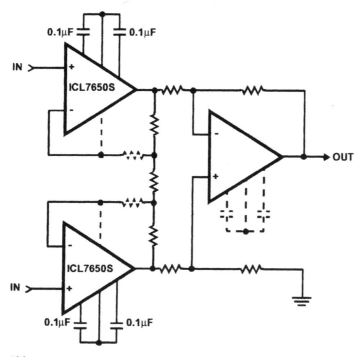

Abb. 9.1

Intersil Application Note 053

9.2 Hohe Spannung und Last für chopperstabilisierte Operationsverstärker

Chopperstabilisierte Operationsverstärker benötigen enger gefasste Betriebsbedingungen als übliche Operationsverstärker. Dies ist der hochpräzisen Arbeitsweise geschuldet. Etwa der ICL7650S darf maximal 18 V über seinen Betriebsspannungspins erhalten und sollte an Lastwiderständen von 10 kOhm oder größer arbeiten. Einen maximalen Ausgangsstrom gibt der Hersteller im Datenblatt gar nicht an.

Um diesen und ähnliche hochwertige Operationsverstärker an hohen Betriebsspannungen zu betreiben und Lasten von z. B. 1 kOhm zu versorgen, kann man eine der Schaltungen nach *Abb. 9.2* einsetzen. Die Reduktion der Betriebsspannungen für den chopperstabilisierten Operationsverstärker übernehmen dabei jeweils ein n- und ein p-Kanal-FET. Die Gates werden verbunden und liegen über einen Widerstand am Ausgang des ICL7650S (oben, unten) oder an Masse (Mitte). Oben

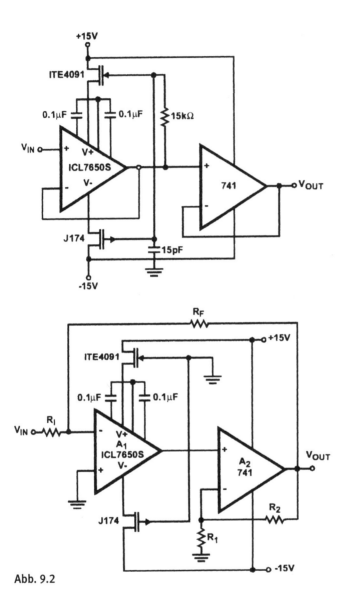

Abb. 9.2

ist die Verstärkung beider Operationsverstärker 1 (Impedanzwandler), bei der mittleren und unteren Schaltung wird über beide Stufen gegengekoppelt. Somit sind Verstärkungen in einem weiten Bereich möglich. Bei der mittleren (invertierenden) Schaltung ist der Eingangswiderstand gleich R1, bei der unteren ist er extrem hoch ($10^{12\,\text{Ohm}}$ für DC).

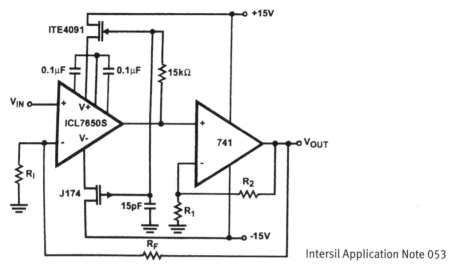

Intersil Application Note 053

Abb. 9.2 (*Fortsetzung*)

9.3 Rauscharmer und temperaturstabiler Messverstärker

Die Schaltung eines hochwertigen Messverstärkers mit einem Eigenrauschen von nur 40 nV Spitze-Spitze (in 10 Hz Bandbreite) und einer Offsetdrift von nur 0,05 µV/K zeigt *Abb. 9.3*. Sie setzt auf die Kombination des Dual-Operationsverstärkers LTC6241HV mit Rail-to-Rail-Fähigkeit und einer diskreten Vorstufe mit extrem rauscharmen Sperrschicht-FETs. Das ist aber noch nicht alles: Um ein besonders niedriges Rauschen und eine besonders geringe Temperaturdrift zu erreichen, ist die Schaltung als Zerhacker-Stabilisator (chopper-stabilized) ausgelegt. Man kann mit ihr empfindliche und hochauflösende Messsysteme, etwa mit induktiven Magnetfeldsensoren, aufbauen.

Der obere Schaltungsteil betrifft die Erzeugung des Chopper-Taktsignals. Das Ausgangssignal des LTC1799 wird geteilt, um einen Zweiphasen-Takt 925 Hz zu erhalten. Diese Frequenz ist nicht harmonisch zu den Netzfrequenzen 50 Hz (Europa) und 60 HZ (USA), sodass Störungen vom Stromnetz weitestgehend ausgeschaltet werden. S1 und S2 legen die diskrete Differenzstufe abwechselnd an das Eingangssignal und an das stark geteilte Ausgangssignal. Da S3 und S4 synchron geschaltet werden, gelangt die Information über Amplitude und Polarität auch zum zweiten Operationsverstärker, welcher das Signal integriert. Die Rückführung dient als

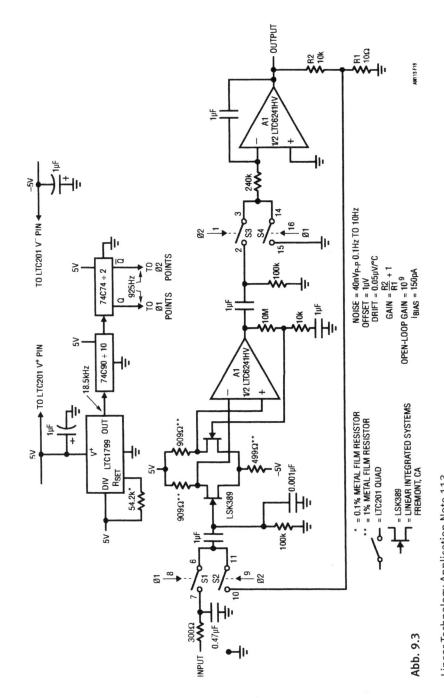

Abb. 9.3

Linear Technology Application Note 113

Nullsignal-Referenz. R1 und R2 bestimmen die Verstärkung (hier 1000). Der Offsetfehler der Eingangsstufe mit den SFETs tritt durch die Arbeitsweise der Schaltung – Trägermodulation, Verstärkung, Demodulation und Rückführung – am Ausgang nicht auf.

9.4 Breitbandiger chopperstabilisierter FET-Verstärker

Die Bandbreite des gerade vorgestellten Verstärkers ist gering, da hierbei das Signal zerhackt wird. Die Schaltung in *Abb. 9.4* umgeht dies, sie legt den stabilisierenden Schaltungsteil (Zerhacker) parallel zum Signal. Dabei wird ein Eigenrauschen von 125 µV in 10 Hz Bandbreite erzielt.

Das FET-Paar Q1 bildet mit A2 einen einfachen rauscharmen Operationsverstärker. R1 und R2 bewirken als Gegenkopplung eine Verstärkung von 1000. Die entsprechende Ansteigszeit bedeutet 29 kHz Bandbreite.

Q1 hat zwar ein exzellentes Rauschverhalten, doch Offset und Driftverhalten sind nicht besonders gut. A1, ein chopperstabilisierter Operationsverstärker, kompensiert diesen Mangel. Dazu vergleicht er die Eingangsspannung mit der rückgeführten Spannung. Über eine entsprechende Spannung an seinem Ausgang, die über den zwei 2-kOhm-Widerständen am geteilten Drainwiderstand des ersten FETs liegt, wird die Offset kompensiert. Sie beträgt maximal 5 µV.

9.5 Empfindlicher und stabiler Transimpedanzverstärker

Ein üblicher Verstärker ist ein Spannungsverstärker. Ein Transimpedanzverstärker wandelt hingegen einen Strom in eine Spannung; sein Übertragungsverhalten wird daher mit der Einheit V/mA (kOhm) oder V/µA (MOhm) beschrieben. Der Eingang ist sehr niederohmig, der Strom begrenzt, weshalb sich die Anwendung auf wenige Einsatzbereiche reduziert. Einer davon ist die Aufnahme des in eine Spule induzierten Stroms zu Messzwecken.

Nicht vergessen sollte man die gute Isolationswirkung eines solchen Verstärkers: Die Leistungsaufnahme aus der Quelle kann überaus gering sein.

Abb. 9.5 zeigt, dass aus einem Operationsverstärker schnell ein Transimpedanzverstärker wird. Es gibt daher wohl keine speziellen Transimpedanzverstärker-Bau-

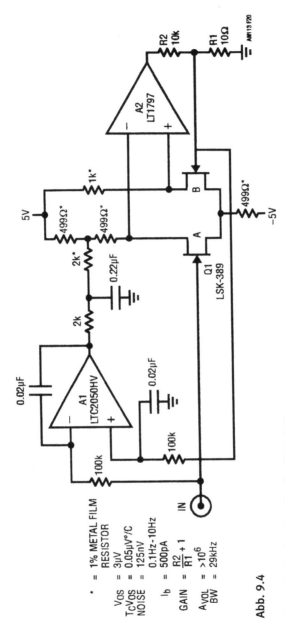

Abb. 9.4

Linear Technology Application Note 113

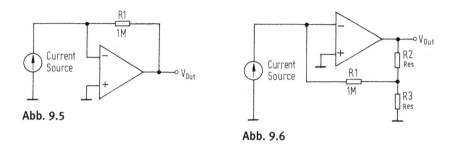

Abb. 9.5

Abb. 9.6

steine. Der Strom der Quelle fließt in den virtuellen Massepunkt des Operations-verstärkers. Die Ausgangsspannung wird von R1 bestimmt. Im Fall 1 MOhm und 1 µA beträgt sie −1 V. Dies gilt allerdings nur für einen idealen Operationsverstärker. Bei einem realen Operationsverstärker muss man die Offsetspannung beachten. Dies ist die Spannung, welche man im nicht gegengekoppelten Betrieb an den Differenzeingang legen müsste, damit die Ausgangsspannung null wird.

Es gibt nun zwei Extremfälle für die Auswirkung dieses Fehlverhaltens: Ist die Quelle eine ideale Stromquelle, dann erscheint die Offsetspannung auch als Ausgangs-Fehlspannung. Das ist in der Regel kein Problem, denn sie ist sehr gering. Ist die Quelle aber eine ideale Spannungsquelle, dann schafft sie eine Kurzschluss des Operationsverstärker-Differenzeingangs. In dem Fall wird die Offsetspannung gewissermaßen mit der Leerlaufverstärkung verstärkt – der Ausgang geht in die positive oder negative Sättigung. Durch eine kleine Kompensationsspannung am Pluseingang kann man das verhindern. Eine Drift wirkt sich natürlich immer noch voll aus. Bei geringem Innenwiderstand der Stromquelle ist also ein driftarmer Verstärker sehr wichtig.

Benötigt man eine sehr hohe Transimpedanz von z. B. 50 MOhm, so bringt die einfache Schaltung ein weiteres Problem. Man müsste den Widerstrand aus mehreren Widerständen bilden (z. B. 5 × 10 MOhm). Außerdem würden Verschmutzungen oder Feuchtebeschläge die Strom-Spannungs-Wandlung verfälschen. Den Ausweg zeigt *Abb. 9.6.* Ein Spannungsteiler am Operationsverstärker-Ausgang erlaubt kleine Widerstände R1 für eine hohe Transimpedanz. Teilen R2 und R3 beispielsweise um 10, hat R1 5 MOhm für eine Transimpedanz von 50 MOhm. Auch hier ist das Problem mit der Offsetspannung nicht gelöst.

Es gibt nun noch einen Schaltungstrick nach Abb. 9.6. C1 trennt die nicht hochohmige Quelle gleichspannungsmäßig vom Operationsverstärker-Eingang. Sie kann hier die Gleichspannung nicht mehr beeinflussen. Das Offsetspannungs-Problem ist eliminiert. R2 bestimmt die Transimpedanz. Man sollte aber darauf achten, dass es bei einer Spule keine Resonanzerscheinungen gibt.

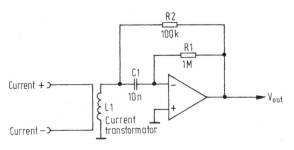

Abb. 9.7

Maxim Application Note 3428

9.6 Instrumentationsverstärker für hohe Frequenzen

Der Instrumentationsverstärker nach *Abb. 9.8* wurde zur Erfassung kleiner hochfrequenter Signale mit einem A/D-Wandler entwickelt. Er zeichnet sich besonders durch eine hohe Gleichtakt-Unterdrückung (common-mode rejection ratio, CMRR) aus. Sie liegt bis 1 MHz über 90 dB.

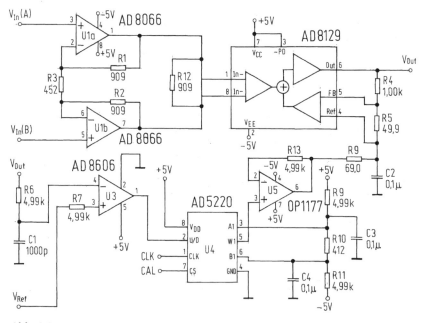

Abb. 9.8

Electronic Design 2005

Der A/D-Wandler ist unten zu erkennen. Die Operationsverstärker im IC U1 haben FET-Eingangsstufen und benötigen nur 6 pA Eingangsstrom. Außerdem ist die Eingangskapazität mit 2 pF gering. U2 wandelt die symmetrische Ausgangsspannung in eine unsymmetrische. Sie kann über U3 einem A/D-Wandler zugeführt werden.

U1 und U2 sichern ein Eigenrauschen von 10 nV pro Wurzel aus Hertz und ein Verstärkungs-Bandbreite-Produkt von 2 GHz. U1 ist für eine Verstärkung von 5 beschaltet, U2 für eine Verstärkung von 20. Das hohe CMRR wird durch eine aktive Rückführung bei U2 erreicht.

U3, U4 und U5 bilden eine optionale Selbstkalibrationsschaltung. U3 arbeitet als Komparator. U4 ist ein digitales Potentiometer. Wenn ein L-Signal am Punkt CAL anliegt, treibt es über U6 den Ausgang des Operationsverstärkers auf Höhe der Referenzspannung. U6 fungiert als Puffer.

9.7 Laststromverdopplung mit Dual-Operationsverstärker

Ein achtpoliges Gehäuse kann zwei unabhängige Operationsverstärker (mit gemeinsamer Betriebsspannung) beherbergen. Solche ICs sind häufig anzutreffen.

In der Messtechnik müssen Signale nicht selten über 50-Ohm-Koaxialkabel geschickt werden. Ist das Kabel am Ausgang mit 50 Ohm abgeschlossen, so „sieht" die Quelle ständig 50 Ohm. Ein einfacher Operationsverstärker ist dann möglicherweise nicht in der Lage, den erforderlichen Strom aufzubringen. Man kann dann zwei Operationsverstärker gemäß *Abb. 9.9* oben oder unten zusammenschalten und somit den möglichen Laststrom signifikant erhöhen. Diese Schaltungen sind auch für High-Speed-Operationsverstärker geeignet.

In beiden Fällen ist die Verstärkung $1 + R_2/R_1$. In der Schaltung oben wird das Ausgangssignal von A2 gegenüber dem von A1 verzögert, denn A2 ist A1 nachgeschaltet. Für Audiofrequenzen ist die Konfiguration dennoch gut geeignet. In der Schaltung unten liegen die Pluseingänge beider Operationsverstärker an der Eingangsspannung. Es gibt keine zeitliche Verschiebung. Gut geeignet auch für hohe Frequenzen.

Mit den Widerständen an den Ausgängen der Operationsverstärker kann man den Ausgangswiderstand der Schaltungen erhöhen bzw. gleich des Kabel-Wellenwiderstands machen. Sie hätten dann für ein 50-Ohm-Kabel je 100 Ohm. Obwohl dies oft erfolgt, ist es selten sinnvoll. Wenn das Kabel am Ausgang mit 50 Ohm abgeschlossen ist, können nämlich grundsätzlich keine Reflexionen auftreten. Man

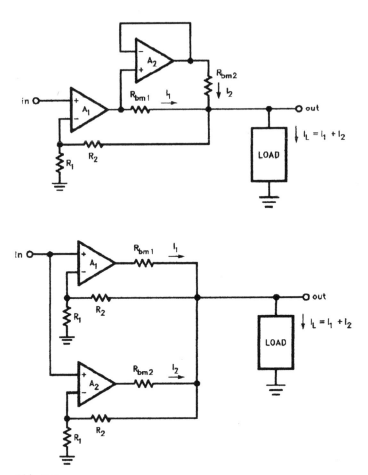

Abb. 9.9

Intersil Application Note 1111

arbeitet dann mit einem kleinen Quellwiderstand energieeffizienter. Bei Leistungs-anpassung beträgt der Wirkungsgrad je nur höchstens 50 %.

Dennoch: Widerstände von wenigen Ohm an den Ausgängen haben entkoppelnde Wirkung. Der erfahrene Ingenieur beugt damit Eventualitäten vor.

9.8 Einfachst-Impedanzwandler mit Operationsverstärker

Impedanzwandler sind oft benötigte Standardbaugruppen. Ein Impedanzwandler mit Operationsverstärker (nichtinvertierender 1-Verstärker) benötigt normalerweise einen Widerstand zwischen Plus-Eingang und Masse. Dieser bestimmt praktisch den Eingangswiderstand. Nutzt man den Doppel-Operationsverstärker MAX4242, kann man sich diesen Widerstand sparen und erhält eine besonders hohe Eingangsimpedanz. Damit ist man dem Impedanzwandler-Ideal so nahe wie möglich gekommen. Besonders gefragt in der Messtechnik!

Der MAX4242 repräsentiert neuste Verbesserungen in der Schaltungstechnik, die den DC-Bias-Widerstand entbehrlich machen. Dabei dürfen die Eingänge jeden Wert innerhalb des Betriebsspannungsbereichs führen. Sie werden intern z. B. über npn- und pnp-Transistor-Differenzpaare vorgespannt. Beim MAX4242 stellt sich dabei eine Spannung ein, die 67 % der Betriebsspannung beträgt. Bei 3 V Betriebsspannung also 2 V. Von da aus kann bei höchster Linearität garantiert um +/−250 mV ausgesteuert werden.

Mit kleinen, preiswerten Koppelkapazitäten um 10 nF wird eine untere Grenzfrequenz von 1 Hz erreicht.

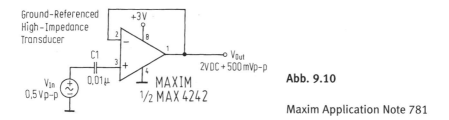

Abb. 9.10

Maxim Application Note 781

9.9 Spannungsgesteuerter Messverstärker

Etwa für automatisierte Messungen sehr stark schwankender Signale wird ein Messverstärker benötigt, dessen Verstärkung weitläufig mit einer Steuerspannung einstellbar ist.

Die in *Abb. 9.11* gezeigte Schaltung eignet sich besonders für DC-Signale oder für AC-Signale mit DC-Komponente. Sie ist sehr temperaturstabil hinsichtlich DC-Drift.

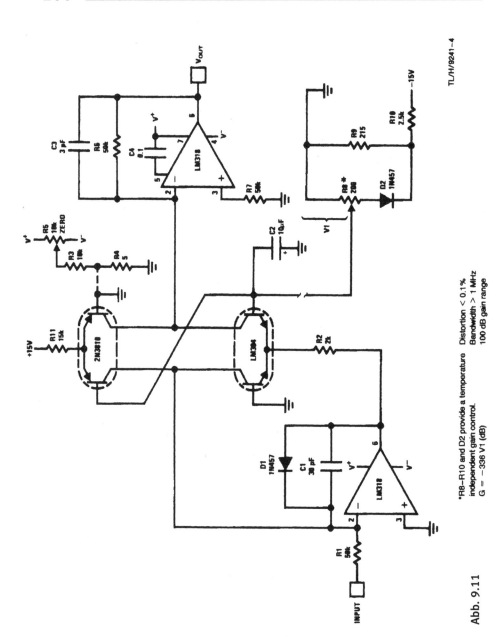

Abb. 9.11

National Semiconductor LM194/LM393 Supermatch Pair

Neben dem Supermatch Pair LM314 werden ein pnp-Transistorpaar im TO-78-Gehäuse 2N3810 und zwei Präzisions-Operationsverstärker benötigt.

Die Steuerspannung V1 beträgt 0 bis etwa 1 V.

9.10 Differenzverstärker mit einfacher Betriebsspannung

Der in *Abb. 9.12* gezeigte Differenzverstärker hat nicht nur einen recht hochohmigen Eingang (2 MOhm), sondern arbeitet auch an einfachen 5 V, obwohl er DC-Signale verstärken kann. Möglich wurde dies durch den dualen Rail-to-Rail-Operationsverstärker LT1884, welcher mit einer unteren Betriebsspannung von 2,7 V arbeiten kann und der nur 20 µV Offsetspannung aufweist. Die 5 V werden mit der Z-Diode und U1B gesplittet. Durch die Eingangs-Rail-to-Rail-Fähigkeit können Differenzsignale von +/–2,5 V verarbeitet werden, während gegen Masse Spannungen bis 42 V möglich sind. U1A ist der eigentliche Verstärker (0 dB).

Das Verhältnis R3/R1 muss möglichst genau dem Verhältnis R2/R4 entsprechen. Dann ist die Gleichtakt-Unterdrückung am größten.

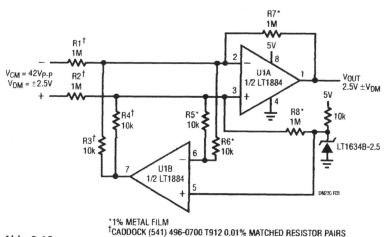

Abb. 9.12

Linear Technology Design Note 230, Glen Brisebols

9.11 Chopper-Verstärker mit sehr geringem Stromverbrauch

Moderne Operationsverstärker können äußerst genügsam im Stromverbrauch sein. Ein hervorragendes Beispiel gibt der LT1495, ein Zweifachtyp mit nur 1 µA Eigenverbrauch.

Abb. 9.13 zeigt einen Chopper-Verstärker, der 5,5 µA Ruhestromaufnahme mit 50 nV/K Temperaturdrift verbindet.

Die Mikropower-Komparatoren C1A und C1B erzeugen einen 5-Hz-Biphase-Takt. Damit werden die elektronischen Schalter angesteuert. A1A hat eine sehr hohe Verstärkung und ist AC-gekoppelt. Es erfolgt hier eine Amplitudenmodulation des Taktes mit dem DC-Eingangssignal. A1B mit seinen Schaltern ist der Demodulator. Der Kondensator glättet das Signal. Die Widerstände am Ausgang bestimmen die Verstärkung der gesamten Schaltung. Von hier erfolgt eine Rückkopplung.

Der Verstärker arbeitet sehr präzise. Seine Einsatzbandbreite ist mit 0,05 Hz aber sehr gering. Die Slew Rate liegt bei nur 1 V/s.

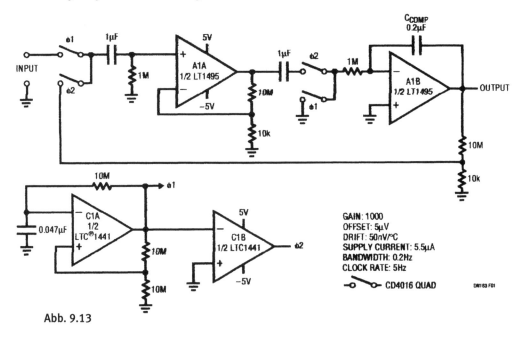

Abb. 9.13

Linear Technology Design Note 163, Metchell Lee/Jim Williams

9.12 Impedanzwandler mit sehr hochohmigem Eingang

Moderne Operationsverstärker mit FET-Eingangsstufen benötigen auch bei Wechselspannung sehr geringe Eingangsströme. Entscheidend ist hier die Eingangskapazität, aber auch die Widerstandsbeschaltung am Eingang.

Man kann den Eingangswiderstand eines Operationsverstärker-Impedanzwandlers oder Spannungsfolger-ICs wie LM102 maximieren, indem man nach *Abb. 9.14* beschaltet. Dies wird auch als Bootstrap-Schaltung bezeichnet. Da die Ausgangsspannung über die hohe Kapazität praktisch unvermindert an R1 gelangt, kann durch diesen kein Strom fließen. Ein zusätzlicher Strom durch den sonst üblichen einfachen Widerstand gegen Masse tritt nicht auf.

Bootstrap heißt Schuhschlaufe – der Begriff symbolisiert das vom deutschen Münchhausen her bekannte „am Schopfe aus dem Sumpf ziehen".

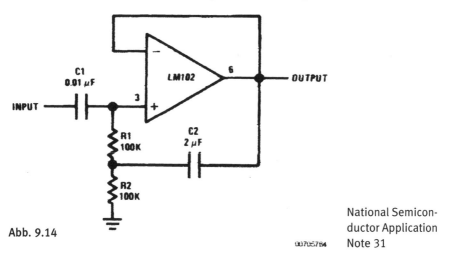

Abb. 9.14

National Semiconductor Application Note 31

00705784

9.13 Rauscharmer Messverstärker

Der Verstärker nach *Abb. 9.15* ist mit einem rauscharmen Operationsverstärker und zwei integrierten Transistorpaaren aufgebaut. Die Rauscharmut dieses Verstärkers wird dadurch erreicht, dass dem Operationsverstärker ein stromarmer Differenzverstärker mit den beiden integrierten Transistorpaaren vorgeschaltet wird, welcher kit sehr geringen Kollektorströmen arbeitet. Das Eigenrauschen ist vom Kollektor-

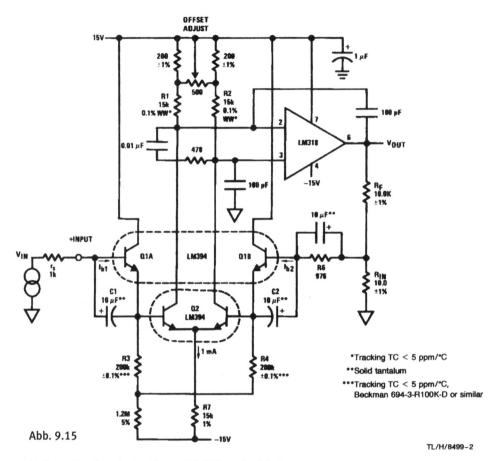

Abb. 9.15

TL/H/8499-2

National Semiconductor Linear Brief 52, Robert A. Pease

strom abhängig, sodass hier eine Optimierung erfolgen kann. Die integrierten Paare sorgen auch für eine hohe Temperaturstabilität, sodass eine kapazitive Kopplung entfallen kann. Der Einsatzfrequenzbereich beginnt also bei 0 Hz.

Q2 arbeitet mit 500 μA Emitterstrom und hat ein sehr geringes Eigenrauschen. Jede Hälfte von Q2 arbeitet mit nur 11 μA Emitterstrom. Die Basisströme liegen zwischen 20 und 40 nA, der Offsetstrom beträgt nur 1 bis 2 nA. Das Rauschen von Q1A und Q1B liegt bei 6 nV pro Wurzel aus Hz, wird aber für die weiteren Stufen von den 10-μF-Kondensatoren unterdrückt. Bei Frequenzen über 10 Hz fungieren Q2A und Q2B als Eingangstransistoren, während Q1A und Q1B vornehmlich für niedrigere Frequenzen und DC-Signale zuständig sind.

Für Frequenzen zwischen 20 Hz und 20 kHz beträgt das Rauschen des Verstärkers 1,4 nV pro Wurzel aus Hz. Es ist abhängig vom Quellwiderstand, der dann 1 kOhm betragen sollte. Dies bedeutet ein Rauschmaß von nur 0,7 dB.

R6 wurde für besten DC-Balance vorgesehen. Der invertierende Eingang des Operationsverstärkers sieht somit gleichspannungsmäßig 1 kOhm.

Die Gesamtverstärkung beträgt 1000 (60 dB). Um die kleinstmögliche Temperaturdrift (unter 0,5 µV/K) zu erreichen, sollten R1 bis R4 Metallschichtwiderstände sein.

9.14 High-Performance-Instrumentationsverstärker

Die integrierten Bausteine LM194 und LM394 sind sogenannte Supermatch Pairs, also Differenzstufen mit sehr hoher Symmetrie. Die integrierten Transistoren wurden bei der Integration sehr genau aufeinander abgeglichen und haben bestmöglichen thermischen Kontakt. Das eröffnet die Möglichkeit zum Aufbau äußerst driftarmer Differenzverstärker.

Die in *Abb. 9.16* gezeigte Schaltung eines Instrumentationsverstärkers eignet sich besonders zur Verabeitung kleiner DC-Signale. Sie kann aber auch Wechselspannungen mit DC-Anteil präzise verarbeiten.

Für höchste Temperaturstabilität werden drei Supermatch Pairs eingesetzt. Das obere Paar ist die Eingangsstufe des eigentlichen Verstärkers. Es schließt sich ein Präzisions-Operationsverstärker an. Natürlich können auch andere Typen benutzt werden.

Über das mittlere und das untere Supermatch Pair erfolgt eine DC-Rückkopplung. Sie sorgt für hohe Temperaturstabilität. Die Verstärkung bestimmt der Widerstand R_S. Wie die Daten zeigen, ergeben sich bei kleinen Werten schlechtere Daten als bei großen. Mit R_S = 1 kOhm wird ein Wert von 1000 erreicht. Die Daten sind dann sehr gut. Bei 50 kHz Bandbreite werden Wechselspannungen bis 10 kHz praktisch ohne frequenzabhängigem Fehler verarbeitet.

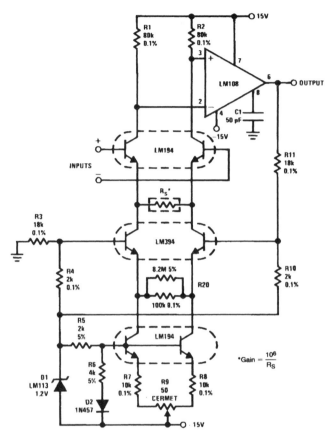

National Semiconductor LM194/LM394 Supermatch Pair

Performance Characteristics

	G = 10,000	G = 1,000	G = 100	G = 10	
Linearity of Gain (± 10V Output)	≤0.01	≤0.01	≤0.02	≤0.05	%
Common-Mode Rejection Ratio (60 Hz)	≥ 120	≥ 120	≥ 110	≥ 90	dB
Common-Mode Rejection Ratio (1 kHz)	≥ 110	≥ 110	≥ 90	≥ 70	dB
Power Supply Rejection Ratio					
+ Supply	> 110	> 110	> 110	> 110	dB
− Supply	> 110	> 110	> 90	> 70	dB
Bandwidth (−3 dB)	50	50	50	50	kHz
Slew Rate	0.3	0.3	0.3	0.3	V/μs
Offset Voltage Drift**	≤0.25	≤0.4	2	≤10	μV/°C
Common-Mode Input Resistance	> 10^9	> 10^9	> 10^9	> 10^9	Ω
Differential Input Resistance	> 3×10^8	> 3×10^8	> 3×10^8	> 3×10^8	Ω
Input Referred Noise (100 Hz ≤ f ≤ 10 kHz)	5	6	12	70	$\frac{nV}{\sqrt{Hz}}$
Input Bias Current	75	75	75	75	nA
Input Offset Current	1.5	1.5	1.5	1.5	nA
Common-Mode Range	± 11	± 11	± 11	± 10	V
Output Swing (R_L = 10 kΩ)	± 13	± 13	± 13	± 13	V

**Assumes ≤ 5 ppm/°C tracking of resistors

Abb. 9.16

9.15 Instrumentationsverstärker mit Spannungsfolger-ICs

Der Baustein LM102 ist ein integrierter Spannungsfolger (voltage follower). Ein solcher entsteht bekanntlich aus einem Operationsverstärker, wenn man den Minuseingang direkt an den Ausgang legt. In *Abb. 9.17* und anderen Applikationsschaltungen ist diese beim LM102 interne Verbindung extra gezeichnet. Der Minuseingang ist aber in Wirklichkeit nicht zugänglich.

Der LM102 ist sehr temperaturstabil, hat einen sehr geringen Eingangsstrom und besitzt Anschlüsse für eine externe Offsetkompensation. Beim gezeigten Instrumentationsverstärker sind diese über Kreuz verbunden und mit einem Balanceeinstellungs-Trimmer versehen.

Es folgt ein konventioneller Differenzverstärker mit dem LM107, welcher die Gesamtverstärkung von 100 erbringt.

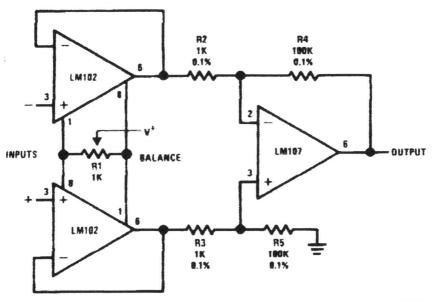

$$\frac{R4}{R2} = \frac{R5}{R3}$$

$$A_V = \frac{R4}{R2}$$

Abb. 9.17

National Semiconductor Application Note 31

9.16 Instrumentationsverstärker mit einfach einstellbarer Verstärkung

Auch die Schaltung nach *Abb. 9.18* arbeitet mit zwei Spannungsfolger-ICs LM102 im Eingang. Um die Verstärkung eines konventionellen Differenzverstärkers zu beeinflussen, muss man zwei Widerstände ändern, sonst leidet die Symmetrie. Nicht so bei dieser Schaltung, welche am Minuseingang mit zwei gleichen Festwiderständen arbeitet und im unteren Gegenkopplungszweig einen invertierenden Operationsverstärker einsetzt. Durch Ändern dessen an Eingangsspannung = Ausgangsspannung des Instrumentationsverstärkers liegenden Gegenkopplungswiderstands kann man die Gesamtverstärkung weitläufig ändern, ohne andere Einschränkungen in Kauf nehmen zu müssen.

9.17 Einfacher Instrumentationsverstärker

Man kann einen Instrumentationsverstärker auch so aufbauen, dass das Ausgangssignal an einem der Operationsverstärker, an denen das Eingangssignal liegt, unsymmetrisch zur Verfügung steht. Die entsprechende Schaltung zeigt *Abb. 9.19*. Es werden zwei Operationsverstärker LM106 benutzt, die driftstabil sind und einen sehr hohen Eingangswiderstand garantieren. Zwei Widerstandspaare bestimmen die Verstärkung. Für höchste Gleichtakt-Unterdrückung sollten sie geringstmögliche Toleranzen aufweisen.

9.18 Invertierender Verstärker mit hochohmigem Eingang

Beim Operationsverstärker in invertierender Grundschaltung mit zwei Widerständen sinkt der Eingangswiderstand mit steigender Verstärkung. Denn der Eingangswiderstand entspricht dem Widerstand zwischen Eingangsspannung und Minuseingang (virtueller Masse). Und dieser ist indirekt proportional zur Verstärkung. Der Größe des anderen Widerstands, welcher proportional zur Verstärkung ist, sind jedoch Grenzen gesetzt, insbesondere durch den Spannungsabfall des Eingangsruhestroms des Operationsverstärkers.

Legt man diesen Widerstand nicht direkt, sondern über einen Spannungsteiler an den Ausgang, nimmt die Verstärkung um den Teilerfaktor zu. Daher sind nun beispielsweise gleich große Widerstände am Minuseingang bei einer Verstärkung von etwa −100 möglich. In *Abb. 9.20* ist das der Fall. Der am Eingang sehr

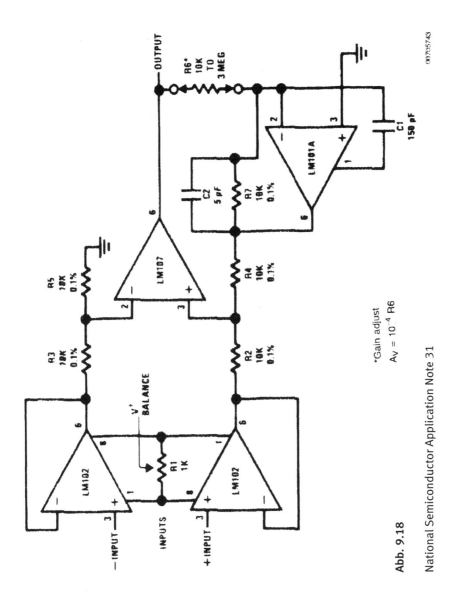

Abb. 9.18

National Semiconductor Application Note 31

*Gain adjust

$A_V = 10^{-4} \cdot R6$

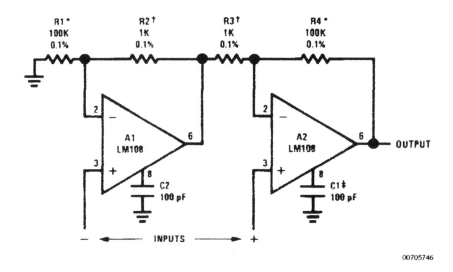

00705746

R1 = R4; R2 = R3

Abb. 9.19

$$A_V = 1 + \frac{R1}{R2}$$

National Semiconductor Application Note 31

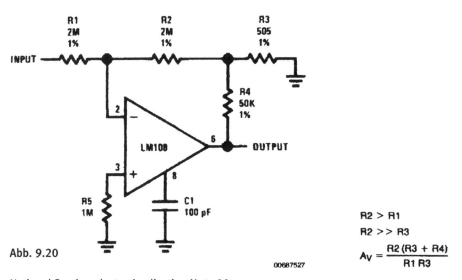

R2 > R1

R2 >> R3

$$A_V = \frac{R2\,(R3 + R4)}{R1\,R3}$$

Abb. 9.20

00687527

National Semiconductor Application Note 29

hochohmige Operationsverstärker LM108 erlaubt 2 MOhm für jeden Widerstand bei guter Temperaturstabilität. R5 dient der Kompensation des Eingangsruhestroms.

9.19 Elektronisch schaltbare Verstärkung

Bei Messgrößen in einem hohen Dynamikbereich muss die Verstärkung der Messgröße möglichst schnell angepasst werden. Ein elektronisch schaltbarer Verstärker ist die Lösung. *Abb. 9.21* deutet an, wie man ihn aufbauen kann. Die Widerstände des Spannungsteilers müssen lediglich der Bedingung1:10:100:1000 entsprechen, die absoluten Werte sind unkritisch. Der Widerstand zwischen Eingangspunkt und Masse bestimmt praktisch den Eingangswiderstand. Der Trimmer dient dem Offsetabgleich.

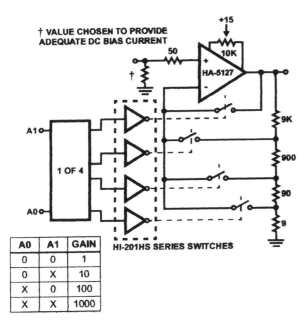

A0	A1	GAIN
0	0	1
0	X	10
X	0	100
X	X	1000

Abb. 9.21

Intersil Application Note 553

9.20 Instrumentationsverstärker mit zwei Operationsverstärkern

Die einfache Schaltung nach *Abb. 9.22* bietet eine hohe Eingangsimpedanz und eine Betriebsspannungs-Unterdrückung über 100 dB. Da die hohe Verstärkung mit dem Operationsverstärker auf Side „B" erreicht wird, kann die Offsetkompensation nur auf Side „A" erfolgen. Mit den angegebenen Werten ist die Verstärkung 100.

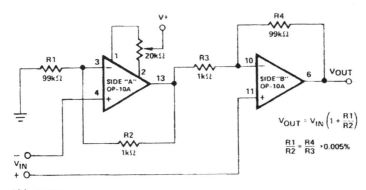

Abb. 9.22

Analog Devices Application Note 106, James Wong

9.21 Digital programmierbarer Präzisionsverstärker

In *Abb. 9.23* kann die Verstärkung des Präzisions-Operationsverstärkers OP-41 mit einem digitalen Potentiometer-IC auf 14 Werte zwischen rund −1 und −4096 eingestellt werden. Das Minuszeichen weist auf eine Inversion hin. In invertierender Grundschaltung ist die Verstärkung zu einem Gegenkopplungs-Widerstand direkt proportional.

Die Genauigkeit bzw. Auflösung ist 12 bit bis einschließlich −1024 und 10 bit darüber. Der geringe Biasstrom des OP-41 erlaubt diese Genauigkeit, während C1 Störwechselspannungen unterdrückt. Daher sind Messungen im Mikrovoltbereich erfolgreich möglich.

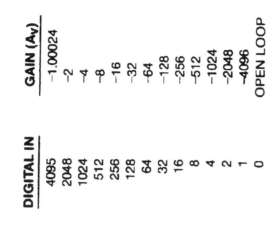

DIGITAL IN	GAIN (A_V)
4095	-1.00024
2048	-2
1024	-4
512	-8
256	-16
128	-32
64	-64
32	-128
16	-256
8	-512
4	-1024
2	-2048
1	-4096
0	OPEN LOOP

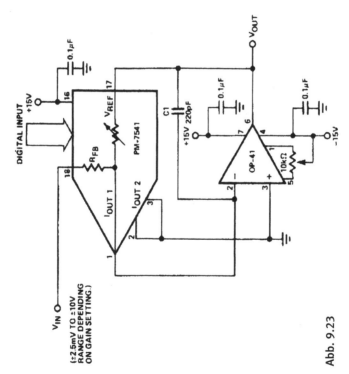

Abb. 9.23

Analog Devices Application Note 106, James Wong

9.22 Micropower-Instrumentationsverstärker

Die in *Abb. 9.24* gezeigte Schaltung eines Instrumentationsverstärkers ist konventionell aufgebaut, hat jedoch durch die Auswahl der Operationsverstärker einen Ruhestromverbrauch von nur 200 µA. Der OP-420 ist für den Betrieb an einfacher Versorgungsspannung ausgelegt. Diese kann im Bereich von 1,6 bis 36 V liegen. Die Ausgangsspannung muss allerdings 1,5 V Abstand zur Betriebsspannung haben, sodass 5 V als untere Grenze vernünftig sind. Die Betriebsspannungs-Unterdrückung ist mit 100 dB sehr hoch. Die Verstärkung ist für Werte über 100 etwa so groß wie der Widerstand R_G in Kiloohm.

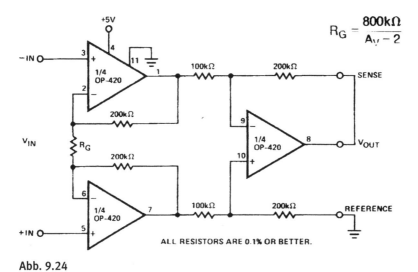

$$R_G = \frac{800\,k\Omega}{A_V - 2}$$

Abb. 9.24

Analog Devices Application Note 106, James Wong

9.23 Messverstärker mit Opto-Isolation

Der Einsatz eines Optokopplers mit hoher Spannungsfestigkeit zwischen Ein- und Ausgangssektion erlaubt den Aufbau von Verstärkern, welche den Anwender und die nachgeschalteten Baugruppen vor gefährlichen Spannungen schützen. So wird etwa diese Opto-Isolation mehr und mehr in USB Scopes eingesetzt, um den PC besser zu schützen.

Im Zusammenwirken mit zwei Optokopplern oder einem dualen Optokoppler, wie dem HCPL-2530, können drei Operationsverstärker einen hochwertigen Verstärker

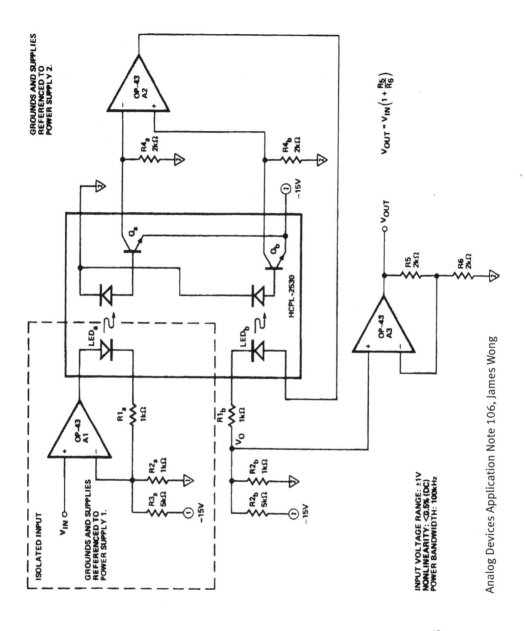

$$V_{OUT} = V_{IN}\left(1 + \frac{R_5}{R_6}\right)$$

GROUNDS AND SUPPLIES REFERENCED TO POWER SUPPLY 2.

GROUNDS AND SUPPLIES REFERENCED TO POWER SUPPLY 1.

ISOLATED INPUT

INPUT VOLTAGE RANGE: ±1V
NONLINEARITY: <0.5% (DC)
POWER BANDWIDTH: 100kHz

Analog Devices Application Note 106, James Wong

Abb. 9.25

mit Opto-Isolation bilden. In der Schaltung nach *Abb. 9.25* sind die Operationsverstärker vom Typ OP-43.

Ein- und Ausgangssektion des Verstärkers arbeiten an getrennten Versorgungsspannungen. Sehr hohe Gleichtaktspannungen sind möglich.

Die Nichtlinearität des einen Optokopplers wird durch die Nichtlinearität des anderen ganz oder teilweise ausgeglichen. Die Ausgangsspannung wird der Eingangsspannung entsprechen, mit einem Offsetfehler, welcher sich aus der Ungleichheit der Übertragungskennlinien der Optokoppler ergibt.

Eine Optimierung kann durch einen Offsetabgleich des Operationsverstärkers A3 erfolgen.

Bei einem Signal mit 2 V Spitze-Spitze lässt sich eine DC-Nichtlinearität von 0,5 % erreichen. Die Schnelligkeit der Operationsverstärker gibt der Schaltung eine Leistungsbandbreite von 100 kHz. Der angegebene Optokoppler erlaubt eine Spannungsfestigkeit von 600 V DC.

9.24 Differenzausgang für Instrumentationsverstärker

Hat ein integrierter Instrumentationsverstärker nur einen einfachen Ausgang (unsymmetrisch) und wird ein Differenzausgang (symmetrisch) benötigt, muss man speziellen Schaltungsaufwand betreiben. Beispielsweise kann man einen Operationsverstärker AD813x nachschalten, welcher einen Differenzausgang besitzt. Beim Instrumentationsverstärker AD8228 – einem Low-Gain-Drift-Typ mit Referenzeingang – kann man gemäß *Abb. 9.26* einen einfachen Operationsverstärker

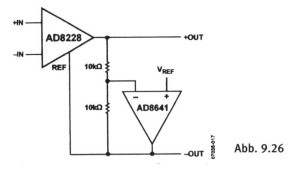

Abb. 9.26

$$V_{DIFF\_OUT} = V_{OUT+} - V_{OUT-} = Gain \times (V_{IN+} - V_{IN-})$$ Analog Devices Data Sheet AD8228

nachschalten. Die Drifteigenschaften werden dabei weiterhin vom AD8228 bestimmt. Für bestes Wechselspannungsverhalten sollte der Operationsverstärker mindestens 3 MHz Transitfrequenz und 2 V/µs Slew Rate haben.

9.25 Präzise 20-dB-Verstärker ohne externe Komponenten

Der Baustein AD628 enthält im sehr kleinen Gehäuse MSOP zwei Operationsverstärker und einige Widerstände mit geringen Toleranzen. Der erste Operationsverstärker ist als Differenzverstärker geschaltet, der zweite kann mit externen Widerständen beschaltet werden. Möchte man eine Verstärkung von 20 dB mit hoher Präzision, so ist dies nicht erforderlich. Man verschaltet dann gemäß *Abb. 9.27.* Dieser Verstärker mit unsymmetrischem Eingang ist nichtinvertierend. Wünscht man 20 dB mit Inversion, legt man die Eingangsspannung an den invertierenden Eingang des zweiten Operationsverstärkers und verschaltet wie in *Abb. 9.28* gezeigt.

Manchmal ist in der Messtechnik auch eine Verstärkung von 1i gewünscht, etwa um ein mit Faktor 0,091 geteiltes Signal mit guter Genauigkeit wieder auf den Ausgangswert zu bringen. Eine solche Teilung bewirkt ein Spannungsteiler mit einem Widerstandsverhältnis von 10:1. Sie kann aus Gründen der Aussteuerbarkeit erforderlich sein. *Abb. 9.29* zeigt, wie der nichtinvertierende Verstärker verschaltet wird.

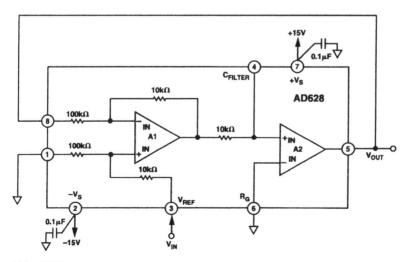

Abb. 9.27

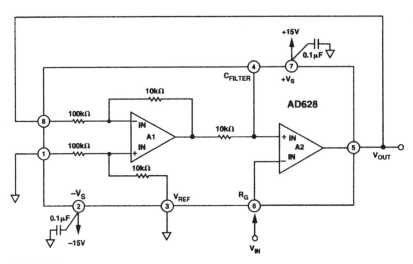

Abb. 9.28

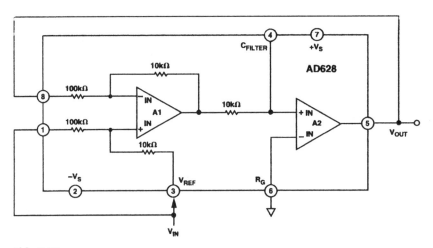

Abb. 9.29

Die –3-dB-Bandbreite liegt bei 110 kHz. Mit der Verschaltung nach *Abb. 9.30* kann man sie auf 140 kHz erhöhen. Der Preis ist eine kleine Abweichung vom Idealwert 20 dB, denn der Verstärkungsfaktor dieses invertierenden Feed-Forward-Verstärkers beträgt nun 9,91 +/–2 %.

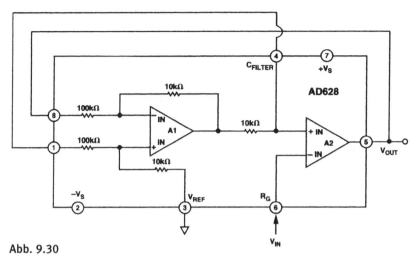

Abb. 9.30

Analog Devices Application Note 669, Moshe Gerstenhaber/Charles Kitchin

9.26 Instrumentationsverstärker mit einem Operationsverstärker

Die Schaltung des Instrumentationsverstärkers nach *Abb. 9.31* wirkt vergleichsweise einfach. Im Eingang liegen zwei integrierte Transistorpaare LM394. Das untere Paar wirkt als duale Konstantstromquelle für das obere Paar, welches das Eingangssignal verstärkt. So werden hohe Balance und Temperaturstabilität erreicht. Der nachfolgende LM118 trägt mit seinem für einen bipolaren Operationsverstärker ungewöhnlich niedrigen Biasstrom ebenfalls zur Stabilität bei.

9.27 Einfacher breitbandiger Messverstärker

Moderne integrierte Verstärker mit guten Hochfrequenzeigenschaften erlauben den Bau einfacher Messverstärker mit hoher Einsatzbandbreite. Der LH4200 gehört zu dieser Klasse von Bauelementen. Er hat einen Dualgate-GaAs-FET als Eingangsstufe, auf den zwei bipolare Transistore folgen. Man erhält das Bauelement im 24-poligen DIL-Gehäuse oder im zwölfpoligen Rundgehäuse.

Abb. 9.32 zeigt eine interessante Standard-Applikationsschaltung mit dem LH4200. Der Rückkopplungs-Widerstand R_F bestimmt die Verstärkung. Für einen Messverstärker wären 20 dB gut geeignet (Verzehnfachung der Messspannung). Für einen

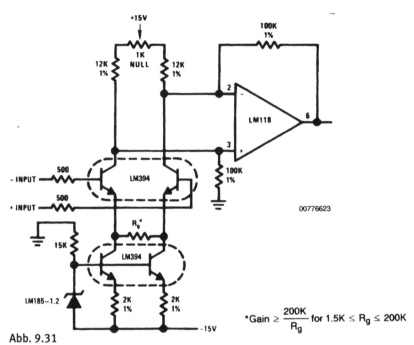

Abb. 9.31

$$^*\text{Gain} \geq \frac{200K}{R_g} \text{ for } 1.5K \leq R_g \leq 200K$$

National Semiconductor Data Sheet LM118/218/318

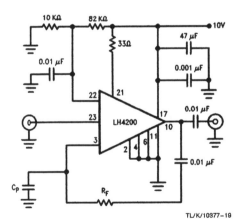

Note: Pinout shown for D24D package.

Gain	Bandwidth	R_F	C_P
30 dB	150 MHz	1.5k	9–50 pF
25 dB	300 MHz	860Ω	<8 pF
20 dB	500 MHz	430Ω	<1 pF

Abb. 9.32

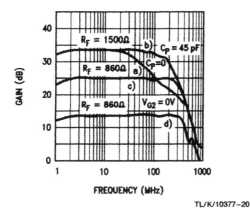

TL/K/10377–20

Abb. 9.33

National Semiconductor Data Sheet LH4200

möglichst linearen Frequenzgang muss die Rückkopplung optimiert werden. *Abb. 9.33* zeigt entsprechende Verläufe. Besonders interessant für allgemeine Messzwecke scheint die Kurve c). Die Verstärkung von 25 dB kann durch Absenken der Vorspannung an Gate 2 verringert werden.

9.28 Instrumentationsverstärker aus Stromquelle und Operationsverstärker

Instrumentationsverstärker mit zwei oder drei Operationsverstärkern sind Standard. In Fällen, wo die Signalquelle „schwimmend" ist, kann der Verstärker nach *Abb. 9.34* nachgeschaltet werden. Der Ausgangswiderstand darf dabei hoch sein. Der Aufwand ist vergleichsweise gering. A1 arbeitet als Transimpedanzverstärker für den Strom in Leitung B und sorgt durch entsprechend bemessenen Widerstand dafür, dass die spannungsgesteuerte Stromquelle G1 einen Strom gleich dem Eingangsstrom in die Leitung A einspeist. Dadurch wird ein eventueller Gleichtaktstrom kompensiert.

In *Abb. 9.35* ist eine mögliche praktische Umsetzung des Konzepts gezeigt. Es handelt sich um einen Biosignal-Verstärker mit hohem Eingangswiderstand.

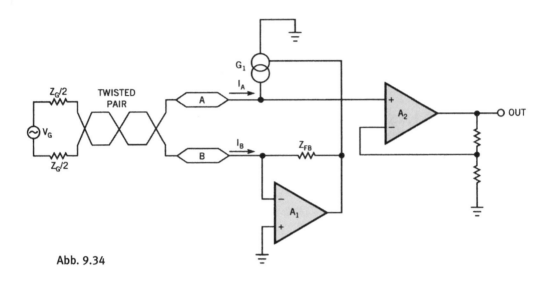

Abb. 9.34

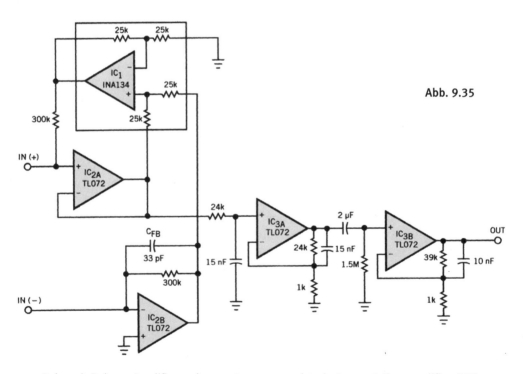

Abb. 9.35

Dobromir Dobrev: Amplifier and current source emulate instrumentation amplifier, EDN, November 13, 2003

9.29 Differenzverstärker mit digitalen Potentiometern

Ein Differenzverstärker besteht aus einem Operationsverstärker und vier Widerständen. Je zwei Widerstandspaare sind zusammengeschaltet, können also mit einem Potentiometer nachgebildet werden. Somit lässt sich mit zwei digitalen Potentiometern ein Differenzverstärker aufbauen – *Abb. 9.36*.

Der IC AD5235 enthält zwei digitale Potentiometer. Sie lassen sich in je 1024 Stufen verstellen. Der AD8628 ist ein Auto-Zero-Operationsverstärker. Andere Typen sind bei kleineren Ansprüchen an die Drift möglich.

In der Formel sind die Teilwiderstände vom „Schleifer" (W) zu den Anschlusspunkten A und B angegeben.

Die Gleichtakt-Unterdrückung liegt bis 10 kHz über 90 dB und bis 100 kHz über 70 dB.

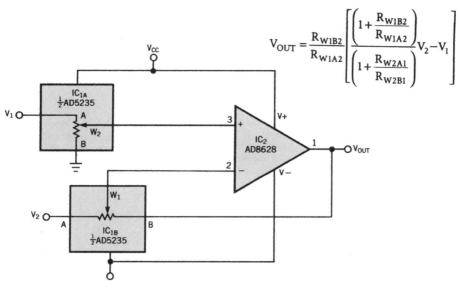

$$V_{OUT} = \frac{R_{W1B2}}{R_{W1A2}} \left[\frac{\left(1 + \dfrac{R_{W1B2}}{R_{W1A2}}\right)}{\left(1 + \dfrac{R_{W2A1}}{R_{W2B1}}\right)} V_2 - V_1 \right]$$

Abb. 9.36

Reza Moghimi: Difference amplifier uses digital potentiometers, EDN, May 30, 2002

9.30 Operationsverstärker verarbeitet große Messsignale

Man unterscheidet bekanntlich zwischen Klein- und Großsignalbetrieb. Beim Kleinsignalbetrieb spielt die Eigen-Anstiegsgeschwindigkeit des Verstärkers (slew rate) noch keine Rolle. Beim Großsignalbetrieb engt sie die Bandbreite gegenüber Kleinsignalbetrieb ein.

Ein Sinussignal hat beim Durchlaufen des Nullpunkts die größte Anstiegsgeschwindigkeit. Diese wächst mit Frequenz und Amplitude.

Die Operationsverstärker LF257 und LF357 haben 20 MHz Transitfrequenz und 50 V/µs Anstiegsgeschwindigkeit bei einer Verstärkung von 5. Damit sind sie zur Verarbeitung auch großer Messsignale geeignet.

In der Applikationsschaltung nach *Abb. 9.37* kann die Ausgangsspannung bis 20 V Spitze-Spitze bei bis 500 kHz erreichen, ohne dass die Verzerrung größer als 1 % wird.

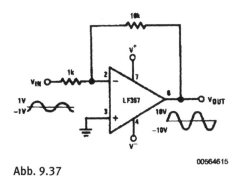

National Semiconductor Data Sheet LF155/LF156/LF256/ LF257/LF355/LF356/LF357

Abb. 9.37

9.31 Instrumentationsverstärker mit hoher Eingangsimpedanz und geringer Drift

Die in *Abb. 9.38* gezeigte Schaltung eines Instrumentationsverstärkers weist keine schaltungstechnischen Besonderheiten auf. Es ist die übliche Standardschaltung mit unsymmetrischem Ausgang.

Durch die Wahl der Operationsverstärker wird jedoch eine hohe Eingangsimpedanz mit geringer Temperaturdrift kombiniert. Die Offsetkompensation des gesamten

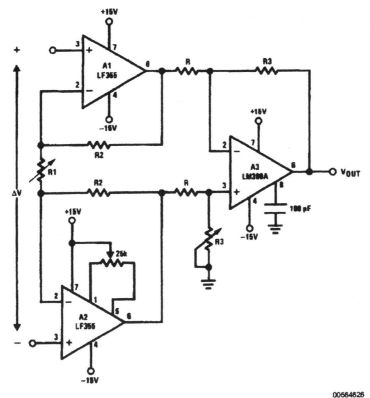

$$V_{OUT} = \frac{R3}{R}\left[\frac{2R2}{R1} + 1\right]\Delta V, \quad V^- + 2V \leq V_{IN} \text{ common-mode} \leq V^+$$

Abb. 9.38

National Semiconductor Data Sheet LF155/LF156/LF256/LF257/LF355/LF356/LF357

Systems erfolgt über die Kompensation an A2. Durch Trimmen von R2 kann die Gleichtakt-Unterdrückung auf 120 dB gebracht werden (1 kHz). Beste Ergebnisse bezüglich Drift bringt die Beschaltung von A3 mit einem Widerstandsarray.

9.32 Rauscharmer Verstärker zur Messung des Phasenrauschens

Will man das Phasenrauschen eines Oszillators messen, muss man sein Signal meist verstärken. Der Verstärker muss bestimmte Bedingungen erfüllen und sollte vor allem selbst sehr rauscharm sein.

Abb. 9.39 zeigt eine Verstärkerschaltung, welche sich besonders für diese Aufgabe eignet. Im Eingang sind zwei Low-Noise-Sperrschicht-FETs parallelgeschaltet, um das Signal-Rausch-Verhältnis zu verbessern. Zusammen mit dem Operationsverstärker ergibt sich eine Verstärkung von 30 dB. Bei hohem Eingangssignal schaltet man aber auf 0 dB. Der folgende Operationsverstärker arbeitet ebenfalls mit 30 dB. Drei Grenzfrequenzen können eingestellt werden. Für nur 30 dB Verstärkung führt man das Signal nicht über diesen Verstärker. Weiter ist nur der Spannungsfolger links unten wählbar.

Der Puffer rechts entkoppelt Spektrumanalysator und Oszilloskop.

Der PLL-Teil ist sehr einfach aufgebaut.

Der Sourcewiderstand des SFET 2N5639 muss ausgesucht werden oder einstellbar sein, um die Ausgangsspannung bei kurzgeschlossenem Eingang auf null zu bringen.

9.33 Digital einstellbarer Messverstärker

Um verschiedene Signale optimal messen zu können, muss man Verstärkung und Bandbreite der Messanordnung an sie anpassen. Dies ergibt den optimalen Messpegel und das geringste Rauschen der Messanordnung.

Abb. 9.40 bringt eine vereinfachte Schaltung, bei welcher sich Verstärkung und Bandbreite durch Einsatz von PGAs (programmable-gain amplifiers) digital einstellen lassen. Auf einen einfachen PGA zur Verstärkungseinstellung folgt ein mit drei einstellbaren Operationsverstärkern aufgebautes Tiefpassfilter erster Ordnung zur Bandbreiten-Einstellung.

Abb. 9.41 zeigt das in die Praxis umgesetzte Konzept auf Basis der Bausteine LTC6910-1 (digital steuerbare PGAs) und LT1884 (dualer Operationsverstärker). Angegeben sind die oberen −3-dB-Grenzfrequenzen. Der Frequenzabfall erfolgt wegen des einfachen Filterkonzepts mit 20 dB/Dekade recht flach. Das Signal-Rausch-Verhältnis beträgt beispielsweise mit 10 mV Spitze-Spitze, Gain 100 und Bandbreite 100 Hz 76 dB.

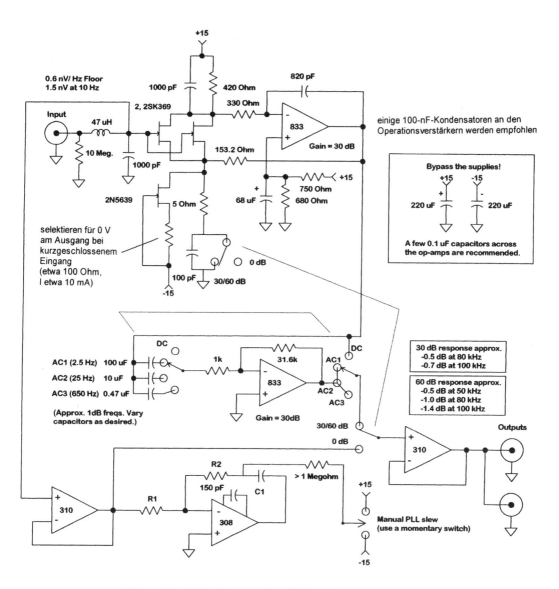

einige 100-nF-Kondensatoren an den
Operationsverstärkern werden empfohlen

Bypass the supplies!

A few 0.1 uF capacitors across
the op-amps are recommended.

30 dB response approx.
-0.5 dB at 80 kHz
-0.7 dB at 100 kHz

60 dB response approx.
-0.5 dB at 50 kHz
-1.0 dB at 80 kHz
-1.4 dB at 100 kHz

R1, 2 und C1 selektieren für gewünschtes PLL-Verhalten
langsames Verhalten für niedrigste Messfrequenz wählen,
z. B. 1 Hz Bandbreite für Messungen bis 10 Hz
Schalter „manual PLL slew" für schnelles Verhalten

Abb. 9.39

Charles Wenzel: A Low Noise Amplifier for Phase Noise Measurements

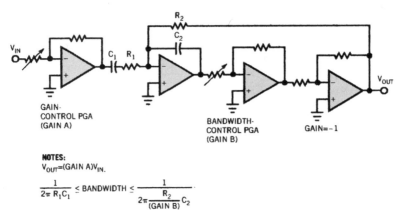

Abb. 9.40

9.34 Auto-Zero-Breitbandverstärker

Der OPA335 ist ein moderner Operationsverstärker, welcher seine Offsetdrift selbst ausgleicht (auto-zero). In *Abb. 9.42* liegt er als Integrator im „Bias-Pfad" des Breitband-Operationsverstärkers OPA353. Dieser arbeitet als invertierender Verstärker mit 20 dB. Der Integrator hat zwei Funktionen: Bei niedrigen Frequenzen führt er eine hohe Verstärkung in die Offset-Ausgleichschleife ein. Bei hohen Frequenzen sorgt seine hohe Zeitkonstante dafür, dass seine Verstärkung schnell absinkt, sodass keine Signalanteile zum Pluseingang des OPA353 gelangen können. Damit dies auch für Rauschen gilt, wurde der Tiefpass R2/C2 nachgeschaltet. Der Tiefpass R1/C1 senkt Rauschanteile am Ausgang.

9.35 Verstärker für 40 dB/100 MHz

In der Schaltung nach *Abb. 9.43* arbeiten zwei High-Speed-Operationsverstärker in Kaskade. Jeder Verstärker bringt etwa 26 dB. Die Anpassung durch den Spannungsteiler in der Mitte sowie durch die Spannungsteilung am Ausgang auf 50 Ohm Lastwiderstand fordern jedoch je 6 dB. Die Versorgung erfolgt mit +/–5 V.

In *Abb. 9.44* sind Frequenz- und Phasengang dargestellt. Für den weitgehend linearen Frequenzverlauf sorgt der Kondensator 39 pF, welcher allerdings das Intermodulationsverhalten verschlechtert.

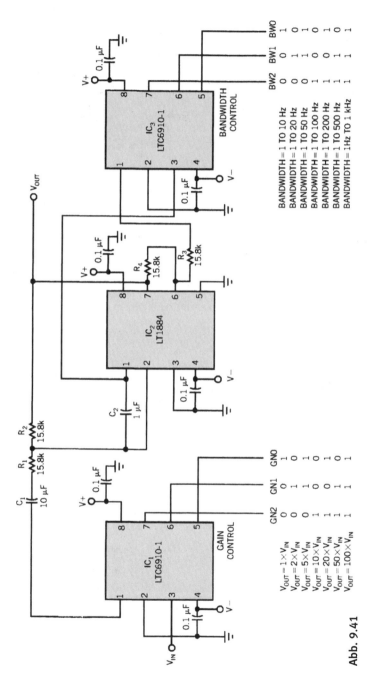

Abb. 9.41

GN2	GN1	GN0	
0	0	1	$V_{OUT} = 1 \times V_{IN}$
0	1	0	$V_{OUT} = 2 \times V_{IN}$
0	1	1	$V_{OUT} = 5 \times V_{IN}$
1	0	0	$V_{OUT} = 10 \times V_{IN}$
1	0	1	$V_{OUT} = 20 \times V_{IN}$
1	1	0	$V_{OUT} = 50 \times V_{IN}$
1	1	1	$V_{OUT} = 100 \times V_{IN}$

BW2	BW1	BW0	
0	0	1	BANDWIDTH = 1 TO 10 Hz
0	1	0	BANDWIDTH = 1 TO 20 Hz
0	1	1	BANDWIDTH = 1 TO 50 Hz
1	0	0	BANDWIDTH = 1 TO 100 Hz
1	0	1	BANDWIDTH = 1 TO 200 Hz
1	1	0	BANDWIDTH = 1 TO 500 Hz
1	1	1	BANDWIDTH = 1Hz TO 1 kHz

Philip Karantzalis: Low-noise ac amplifier has digital control of gain and bandwith, EDN, February 5, 2004

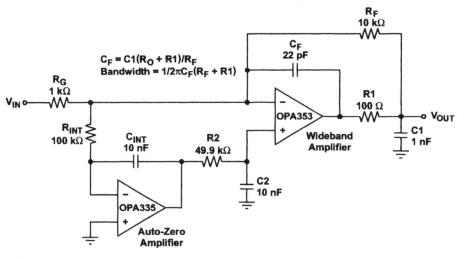

Abb. 9.42

Texas Instruments Analog Applications Journal 2Q 2005

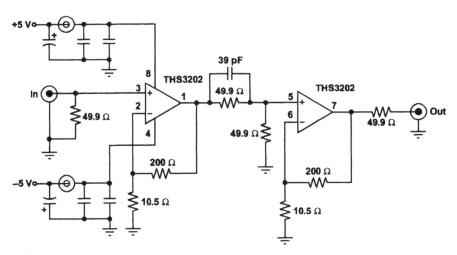

Abb. 9.43

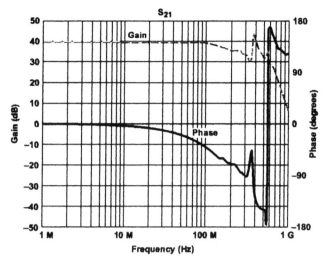

Abb. 9.44

Bruce Carter: RF and IF amplifiers with op amps, Analog Applications Journal 1Q 2003

9.36 Verstärker für 20 dB/100 MHz

In *Abb. 9.45* ist die Applikation eines WFGAs (wideband fixed-gain amplifier) zu sehen. Der Fixed-Gain Amplifier hat bereits seine Gegenkopplungs-Widerstände mit auf dem Chip. Die Anwendung beschränkt sich auf Anpasswiderstände an Eingang und Ausgang sowie die Entkopplung der Betriebsspannungen. Interessant ist der Frequenzgang: Der 3-dB-Punkt wird nicht durch einen Abfall, sondern durch einen Anstieg der Verstärkung erreicht.

9.37 Instrumentationsverstärker mit aktivem Filter

In der Schaltung nach *Abb. 9.46* wurde ein integrierter Instrumentationsverstärker mit einem aktiven Tiefpassfilter kombiniert. Der INA128 lässt sich über R_G in der Verstärkung beeinflussen. Der Integrator mit A5 erhöht die Stabilität. Der OPA2132 ist ein dualer Operationsverstärker. Sein Eigenrauschen beträgt nur 8 nV pro Wurzel aus Herz.

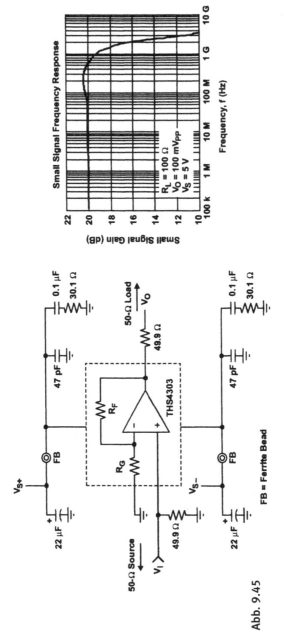

Abb. 9.45

Ron Mancini: Matching amplifiers to applications, Analog Applications Journal 3Q 2005

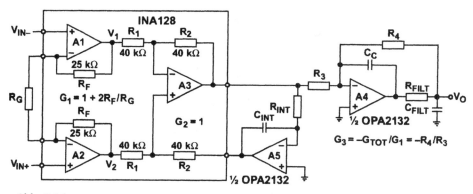

Abb. 9.46

Thomas Kugelstadt: Getting the most out of your instrumentation amplifier design, Analog Applications Journal 4Q 2005

9.38 ECG-Frontend mit einfacher Versorgung

Mit einer einfachen Versorgungsspannung von 5 V kommt das analoge Frontend des präzisen ECG-Verstärkers aus, welches in *Abb. 9.47* gezeigt wird. Dadurch kann das ganze medizinische Equipment besser portabel ausgelegt werden.

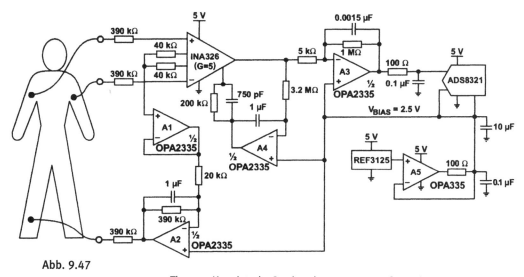

Abb. 9.47

Thomas Kugelstadt: Getting the most aout of your instrumentation amplifuer design, Analog Applications Journal 4Q 2005

9.39 Instrumentationsverstärker mit uni- und bipolarem Ausgang

Intelligente Sensoren und Signalkonditionierer müssen Ausgangssignale erzeugen, welche in eine vom Computer dominierte Auswerteumgebung passen. Solche Standards sind 0...10 V, +/−10 V, 0...1 und 4...20 mA. Die Schaltung nach *Abb. 9.48* erlaubt all diese Signale. Die Volt-Ausgangssektion erfordert ein Dünnfilm-Widerstands-Package Beckmann Serie 668/698 mit zwei FET-Operationsverstärker. Die Strom-Ausgangssektion benötigt ein Vier-Widerstands-Package Serie 664/694 mit zwei weiteren Operationsverstärkern. Eine Referenzspannung von −1 V führt zu Spannungsausgängen von 0...1 und +/−1 V sowie zu einem Stromausgang 0..1 mA mit $R_X = 1$ kOhm und JP2 und 4 gesteckt oder zu 4...20 mA mit $R_X = 83,33$ kOhm und JP1 und 2 gesteckt.

Alle R1- und R2-Werte sind 100 kOhm/0,1 %.

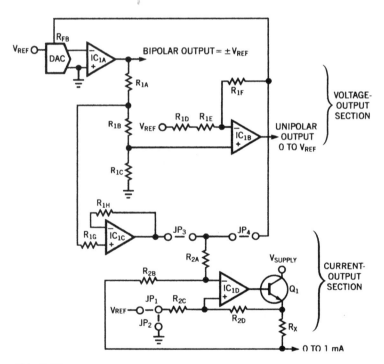

Abb. 9.48

David Rathgeber: Instrumentation amp provides unipolar and bipolar outputs, EDN, July 10, 2000

9.40 Einfachst-Verstärker mit Verstärkungsfaktor 3

Außer einem kleinen Lastkondensator und zwei Stützkondensatoren für die Betriebsspannung benötigt der Baustein ADA4862-3 keine Außenbeschaltung zur Realisierung eines breitbandigen Verstärkers mit dem Verstärkungsfaktor 3. Zur Gegenkopplung sind interne Widerstände fest vorgesehen.

Abb. 9.49 zeigt die Beschaltung. A3 verstärkt mit −1 (Pin 10 an Masse), A2 mit 2. A1 fasst die Ausgangssignale zusammen. Die Bandbreite beträgt 300 MHz.

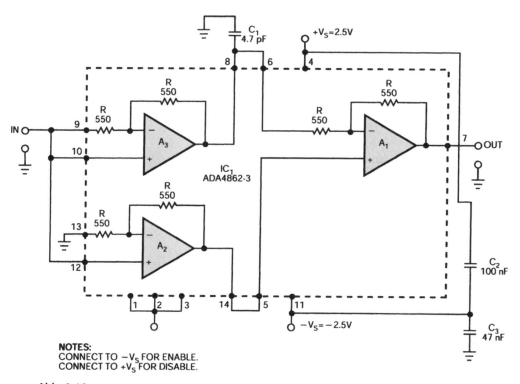

NOTES:
CONNECT TO $-V_S$ FOR ENABLE.
CONNECT TO $+V_S$ FOR DISABLE.

Abb. 9.49

Marian Stofka: Gain-of-three amplifier requires no external resistors, EDN, August 17, 2006

9.41 Programmierbarer Chopper-Verstärker

Viele Messaufgaben betreffen die genaue Erfassung von Gleichspannungen im Millivoltbereich bei sehr verschiedenen Verstärkungsfaktoren. In *Abb. 9.50* wird gezeigt, wie zwei Verstärker zusammenarbeiten können, um hohe Stabilität und in weitem Bereich programmierbare Verstärkung zu kombinieren. Die typische Offsetspannung ist 5 μV, deren Drift beträgt 20 nV/K und das äquivalente Eingangsrauschen wird mit 9 nV pro Wurzel aus Hz bei 0,1 Hz angegeben. Die Verstärkung ist zwischen 160 und 10.240 programmierbar.

IC1 ist ein chopperstabilisierter Low-Voltage-Schaltkreis mit programmierbarer Verstärkung. IC2 ist ein Instrumentationsverstärker mit hier fester Verstärkung von 160.

Die Festlegung der Verstärkung kann z. B. über DIP-Schalter an den Pins 23 und 24 erfolgen.

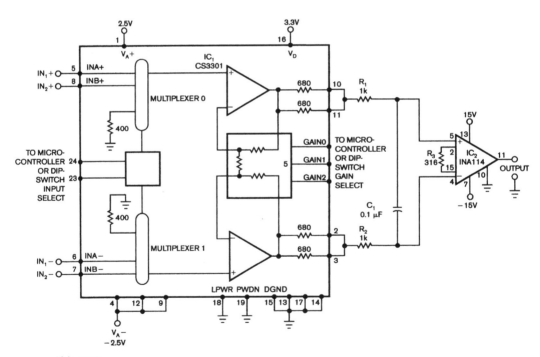

Abb. 9.50

Jerome E. Johnston: Chopper-stabilized amplifier cascade yields 160 to 10,240 programmable gain, EDN, November 23, 2006

9.42 Zwei-IC-Verstärker ohne externe Beschaltung

Die mit zwei AD8222 aufgebaute Verstärkerschaltung gemäß *Abb. 9.51* benötigt außer Stützkondensatoren für die Betriebsspannungen keine Außenbeschaltung. Der Verstärkungsfaktor ist 2. Der Fehler beträgt maximal 0,06 %. Der Eingang ist symmetrisch, der Ausgang unsymmetrisch (Instrumentationsverstärker). Der vierte Verstärker steht für andere Zwecke zur Verfügung.

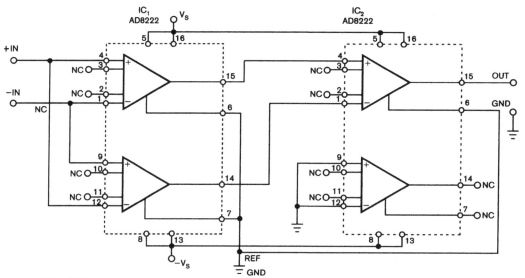

Abb. 9.51

Marian Stofka: Gain-of-two instrumentation amplifier uses no external resistors, EDN, February 15, 2007

9.43 Präziser Instrumentationsverstärker

In *Abb. 9.52* sind drei BiMOS-Operationsverstärker zu einem Instrumentationsverstärker zusammengefügt. In den Eingangsleitungen liegen sehr hochohmige Schutzwiderstände. Die von den Ausgängen der Operationsverstärker ausgehenden Gegenkopplungswiderstände sind kapazitiv überbrückt. Die Verstärkung lässt sich zwischen 35 dB und 60 dB einstellen. Der Verstärker eignet sich beispielsweise für medizinische Anwendungen (EKG).

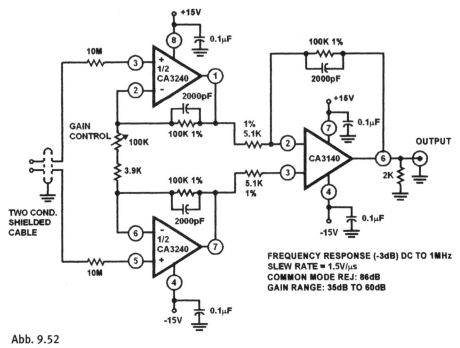

Abb. 9.52

Intersil Data Sheet CA3240, CA3240A

9.44 Präzisionsverstärker mit Booster

In *Abb. 9.53* ist dem modernen 15-MHz-BiMOS-Operationsverstärker CA3130 in invertierender Grundschaltung ein CMOS-Transistorarray CA3600E nachgeschaltet. Dies ermöglicht einen 2,5-fach höheren Ausgangsstrom. Alle Gate-Anschlüsse liegen am Pin 8 des CA3130. Bei 150 mW Ausgangsleistung beträgt der Klirrfaktor bereits 10 %. Die Großsignal-Bandbreite wird mit 50 kHz angegeben. Es genügt eine einfache Betriebsspannung.

9.45 Schneller Präzisionsverstärker

Der EL2276 ist ein dualer 70-MHz-Operationsverstärker mit 1 mA Stromaufnahme je Verstärker. In *Abb. 9.54* ist er als Fast-Settling-Präzisionsverstärker geschaltet. Also ist ein sehr schnelles Einschwingen gewährleistet. Die Eingangsspannung liegt direkt an einem Pluseingang. Die Betriebsspannung beträgt +/–5 V.

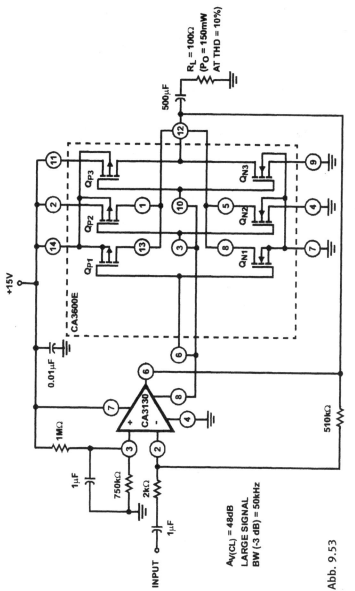

Abb. 9.53

Intersil Data Sheet CA3240, CA3240A

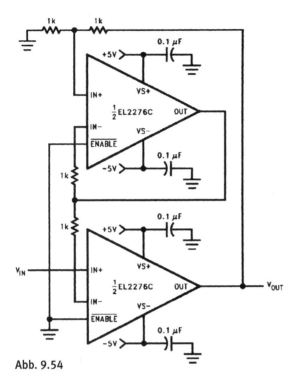

Abb. 9.54

Intersil Data Sheet EL2276

9.46 Einfache Messverstärker mit Mikro-Power-IC

Der ALD2701 ist ein dualer Mikro-Power-Operationsverstärker für Single-Supply-Betrieb. *Abb. 9.55* zeigt ihn in nichtinvertierender Grundschaltung an 5 V. Der gegen 5 V gehende Widerstand ist in der Regel 2,5 mal größer als der Gegenkopplungs-Widerstand am Ausgang. Beim Betrieb an symmetrischer Spannung entfällt

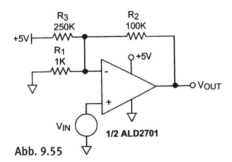

Abb. 9.55

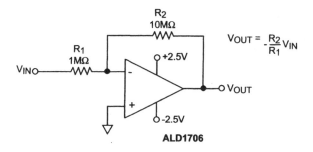

Abb. 9.56

Note: Gain of 10 amplifier
Input impedance is limited to R_1.
Total typical current drain of 20µA

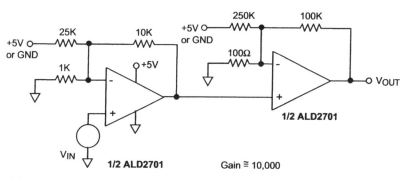

Abb. 9.57

Advanced Linear Devices Application Note 17

er – *Abb. 9.56*. In *Abb. 9.57* ist ein zweistufiger Verstärker gezeigt. Beide Operationsverstärker arbeiten nichtinvertierend.

9.47 Instrumentationsverstärker mit Dual-Operationsverstärker

Die besonders einfache Schaltung nach *Abb. 9.58* nutzt einen dualen Operationsverstärker mit FET-Eingang. IC1B arbeitet als invertierender Verstärker im Rückkopplungspfad von IC1A. Die Eingangswiderstände addieren sich zum Gesamt-Eingangswiderstand. Die umrahmten Bauelemente dienen zum Abgleich auf maximale Unterdrückung von Gleichtaktsignalen, welche nicht im vorgesehenen Frequenzbereich der Schaltung liegen.

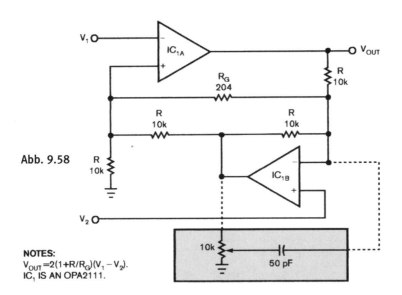

Abb. 9.58

NOTES:
$V_{OUT} = 2(1 + R/R_G)(V_1 - V_2)$.
IC_1 IS AN OPA2111.

Jerald Graeme: Use dial op amp in an instrumentation amp, EDN, January 18, 2007

9.48 Sehr verzerrungsarmer Verstärker

Der mit modernen Bauelementen, wie dem schnellen 150-mA-Puffer LT1010, aufgebaute Vorverstärker gemäß *Abb. 9.59* zeichnet sich durch einen Klirrfaktor von 0,01 % bis 10 kHz aus. Die Betriebsspannung beträgt +/–18 V.

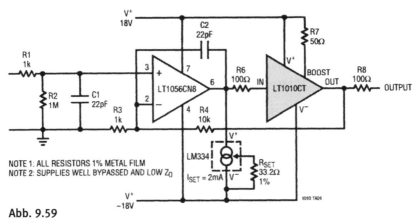

NOTE 1: ALL RESISTORS 1% METAL FILM
NOTE 2: SUPPLIES WELL BYPASSED AND LOW Z_0

Abb. 9.59

Linear Technology Data Sheet LT1010

9.49 Breitband-FET-Verstärker

Der Eingangswiderstand der in *Abb. 9.60* gezeigten Schaltung ist durch den FET sehr hoch. Es schließt sich eine bipolare Kaskadeschaltung an. Dann folgt der schnelle Puffer LT1010.

Mit der rechts dargestellten diskreten Endstufe reagiert die Schaltung auf einen Normimpuls nur unwesentlich schneller als mit dem LT1010. In rund 10 ns ändert sich die Ausgangsspannung um 1 V.

Der LT1012 sorgt für hohe DC-Stabilität unter allen Umständen.

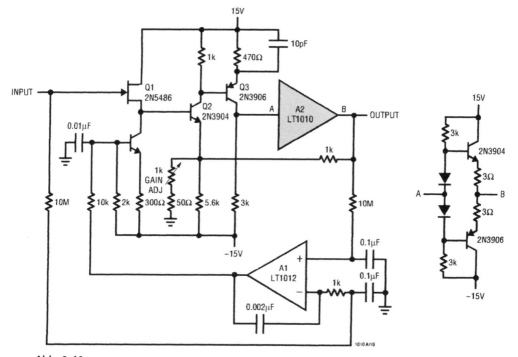

Abb. 9.60

Linear Technology Data Sheet LT1010

10 Schaltungen für Filter

10.1 Gute Filter – ganz einfach

Die ICs LTC1069-x bilden eine Familie von monolithischen Filtern achter Ordnung mit SO-8-Gehäuse. Diese Schaltkreise erlauben flexible und sehr einfache Selektionslösungen. Sie können als Standard-IC oder anwenderspezifisch erworben werden.

Standardprodukte sind LTC1069-1, -6 und -7. Die ersten beiden Bausteine haben geringen oder sehr geringen Verbrauch und erlauben den Aufbau von elliptischen Tiefpassfiltern in Applikationen mit einfacher oder dualer Versorgung. Der LTC1069-7 beruht zwar auf der gleichen Technologie, hat aber einen gänzlich anderen Charakter: Er erlaubt den Aufbau von Tiefpässen mit linearem Phasengang und Grenzfrequenzen bis über 200 kHz. Damit ist er für die Messtechnik besonders interessant.

Alle drei ICs haben die gleiche Anschlussbelegung.

Beispielhaft sei in *Abb. 10.1* die Beschaltung anhand des LTC1069-1 gezeigt, links an einfachen 5 V und rechts an +/–5 V. Der Amplitudengang verläuft flach bis 0,95 f_{Grenz} und fällt ab dieser Frequenz um 52 dB bis etwa 1,4 f_{Grenz} ab. Es folgt ein weiterer, weniger steiler Abfall um etwa weitere 20 dB – siehe *Abb. 10.2*.

Bei 5-V-Betrieb liegt die maximal mögliche Grenzfrequenz mit 8 kHz deutlich unter der mit dualer Versorgung erreichbaren von 12 kHz. Bei 3,3-V-Versorgung muss man sich mit 4 kHz begnügen. Der LTC 1069-1 verbraucht nur wenige Milliampere. Die Taktfrequenz muss 100 mal höher als die Grenzfrequenz sein.

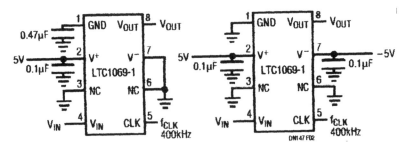

Abb. 10.1

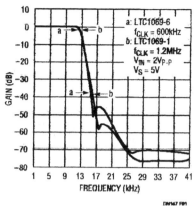
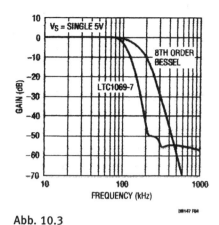

Abb. 10.2   **Abb. 10.3**

Linear Technology Design Note 147

Der LTC 1069-6 ist für 3,3- und 5-V-Betrieb bei 1 bzw. 1,2 mA Stromaufnahme vorgesehen. Hierbei sind Grenzfrequenzen von maximal 14 bzw. 20 kHz möglich. Die Taktfrequenz muss nur 50-mal höher sein.

Der LTC 1069-7 nimmt an 3,3 V typisch 8 mA, an 5 V 12 mA und an +/–5 V 18 mA auf. Hierbei sind maximale Grenzfrequenzen von 70, 140 und 200 kHz möglich. In *Abb. 10.3* ist ein linearer Frequenzgang bis 100 kHz erkennbar. Die Taktfrequenz muss 25 mal höher als die Grenzfrequenz sein.

10.2 Qualifiziertes Antialiasing-Filter

Gegen den unerwünschten „Faltungseffekt" (aliasing) bei der A/D-Wandlung hilft bekanntlich nur ein steilflankiges Tiefpassfilter. In der Audiotechnik hat es einen flachen Frequenzgang bis 40 kHz, um danach möglichst steil abzufallen. Allerdings wird ein solches Filter nicht allein durch den Frequenzganz gekennzeichnet. Wichtig ist auch ein sich gleich zum Frequenzgang verhaltender Phasengang. Schließlich sollte das Filter eine geringe Durchgangsdämpfung und ein geringes Eigenrauschen haben, damit die untere wandelbare Signalschwelle nicht angehoben wird. Dies alles spielt in der Messtechnik eine noch größere Rolle als im Audiobereich.

Viele Antialiasing-Filter nutzen deshalb alle Kniffe der aktiven Filterschaltungstechnik aus. Einer davon heißt Frequency Dependent Negative Resistor (FDNR). Dabei bringt man Operationsverstärker in einen Arbeitspunkt, wo frequenzabhängig eine steigende Spannung einen fallenden Strom bewirkt und umgekehrt, also ein negativer differentieller Widerstand. Dieser ist ja bereits von Einzelbauelementen, wie

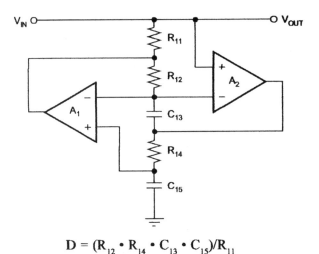

$$D = (R_{12} \cdot R_{14} \cdot C_{13} \cdot C_{15})/R_{11}$$

Abb. 10.4

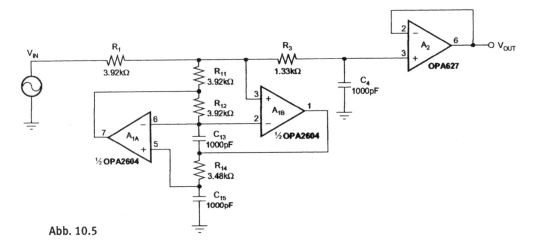

Abb. 10.5

Unijunction-Transistor und Lambda-Diode, her bekannt. Auch ein Sperrschicht-FET in Drainschaltung neigt bei seinem Eingangswiderstand dazu. *Abb. 10.4* zeigt das Konzept mit zwei Operationsverstärkern. D in der Formel steht für den FDNR.

Bei der in *Abb. 10.5* gezeigten praktischen Schaltung ist ein sehr guter Kompromiss zwischen Aufwand und technischen Daten gelungen. Ein rauscharmer Doppel-Operationsverstärker-IC und ein Einfach-Operationsverstärker als Impedanzwandler stellen die aktiven Bauelemente dar. Fünf Widerstände und drei Kondensatoren – allesamt engtoleriert – genügen als passive Komponenten.

Das Tiefpassfilter dritter Ordnung zeigt einen ideal waagerecht verlaufenden Frequenzgang bis 10 kHz, bei 40 kHz beträgt der Abfall 0,4 % und bei 80 kHz 10 %. Nicht ganz so glänzend der Phasengang: etwa 1 Grad bei 10 kHz, 8 Grad bei 40 und 14 Grad bei 80 kHz. Der Parameter Total Harmonic Distortion + Noise (THD + N) liegt bis 10 kHz deutlich unter −100 dB und erreicht diese Marke bei 20 kHz. Durch Bauteiländerung kann man die Cutoff-Frequenz ändern und das Filter somit seinen Zwecken anpassen.

Ein wesentlich steilerer Abfall wird mit der in *Abb. 10.6* gezeigten Schaltung erreicht: Bis 30 kHz ist der Frequenzgang linear, um bei 40 kHz um 3 dB und bei 100 kHz um 50 dB abzufallen. Die Weitabselektion ist nur wenig größer. Der Phasenwinkel beträgt bis 1 kHz −30 Grad und bei 10 kHz −35 Grad.

10.3 Filter mit Fixed-Gain-Operationsverstärkern

Der MAX4174 ist ein Fixed-Gain-Operationsverstärker. Er besitzt interne Gegenkopplungswiderstände und damit eine festgelegte Verstärkung in nichtinvertierender Grundschaltung. Solche Verstärker können oft sinnvoll eingesetzt werden, beispielsweise, um Filter mit möglichst wenigen Bauelementen zu entwerfen.

In *Abb. 10.7* ist oben ein Tiefpass- und unten ein Hochpassfilter zu sehen. Es handelt sich um Sallen-Key-Filter zweiter Ordnung. Die Bezeichnung leitet sich aus den Nachnamen der beiden Entwickler ab. Der Vorteil des Sallen-Key-Filters besteht im minimalen Aufwand für Tiefpass- bzw. Hochpassfilter, aber auch Bandfilter, jeweils mit 12 dB pro Oktave. Die Filterstruktur ist zudem relativ stabil gegenüber Bauteiltoleranzen. Das Tiefpassfilter kann in der Messtechnik beispielsweise als einfaches Anti-Aliasing-Filter dienen. Unter www.changpuak.ch/electronics/calc_08.html kann eine Online-Berechnung erfolgen. Der aktive Hochpass kann Störungen mit Netzfrequenz unterdrücken.

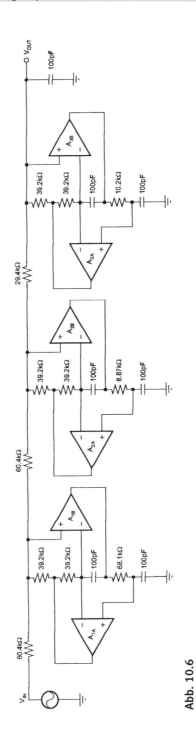

Abb. 10.6

Burr Brown Application Bulletin 026 A, Rick Downs

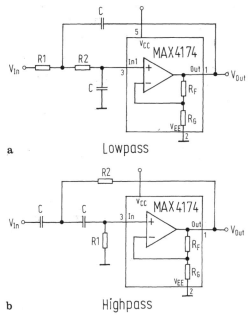

a   Lowpass

b   Highpass

Abb. 10.7

Maxim Application Note 700

10.4 Kerbfilter mit einstellbarer Güte

Wenn in der Messtechnik Störsignale mit konstanter und bekannter Frequenz auf-
treten, kann man ein Kerbfilter (notch filter) einsetzen. Die in *Abb. 10.8* gezeigte
Schaltung benötigt nicht allzu viele Bauteile und lässt sich auch mit einem dualen
Operationsverstärker aufbauen. Die die Kerbfrequenz bestimmenden Widerstände
sind ebenso gleich wie die Kondensatoren. Das erleichtert die Dimensionierung.
Mit dem Trimmer lässt sich die Güte (Kerbtiefe und -breite) einstellen.

10.5 Einfaches Kerbfilter

Das in *Abb. 10.9* gezeigte Kerbfilter ist sehr DC-stabil durch den Operationsverstärker mit nur 5 pA Biasstrom. Es lässt sich auch mit anderen Operationsverstärkern
aufbauen, falls diese hohe Temperaturstabilität nicht erforderlich ist. Allerdings
erlaubt der sehr hohe Operationsverstärker-Eingangswiderstand auch große Wider-

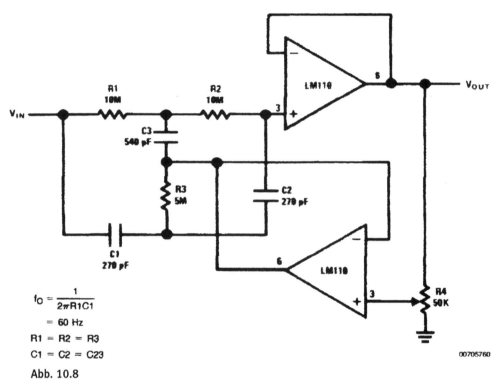

$$f_O = \frac{1}{2\pi R1C1}$$

$$= 60 \text{ Hz}$$

R1 = R2 = R3
C1 = C2 = C23

Abb. 10.8

National Semiconductor Application Note 31

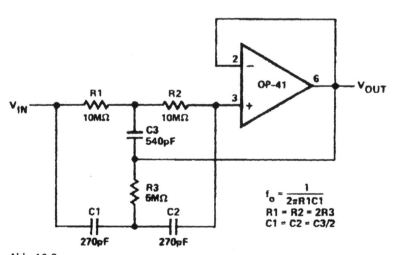

$$f_o = \frac{1}{2\pi R1C1}$$
R1 = R2 = 2R3
C1 = C2 = C3/2

Abb. 10.9

Analog Devices Application Note 106, James Wong

stände und somit sehr kleine Kapazitäten. Die 5 µA führen an R1 und R2 nur zu Spannungsabfällen von je 50 µV.

Das Filter sperrt in der gezeigten Beschaltung 60 Hz, die amerikanische Netzfrequenz. Die Netzfrequenz stört oft bei sensiblen Messaufgaben.

10.6 Tiefpassfilter mit minimalem Aufwand

Der integrierte Baustein AD628 enthält zwei Operationsverstärker und einige präzise Widerstände. Der erste Operationsverstärker ist als (präziser) Differenzverstärker geschaltet. Als solchen kann man den AD628 folglich auch betreiben. Der zweite Operationsverstärker ermöglicht die Flexibilität des Bausteins: Hier ermöglichen externe Komponenten diverse Funktionen.

Eine mögliche Anwendung zeigt *Abb. 10.10*. Der Differenzverstärker mit A1 ist fest auf eine Verstärkung von 0,1 eingestellt. Das erlaubt Gleichtaktspannungen bis +/−120 V, welche mit 90 dB (1 kHz) unterdrückt werden. Die Betriebsspannungs-Unterdrückung beträgt 60 dB (100 kHz). A2 läuft als zweipoliges Tiefpassfilter. Zwei Widerstände und zwei Kondensatoren genügen als Außenbeschaltung. Die Tabellen geben Dimensionierungshinweise.

10.7 Bandpass mit hoher Güte

In dem aktiven Bandpassfilter nach *Abb. 10.11* wird eine Güte von 40 durch eine positive Rückkopplung erreicht. Sie wird über R2 bewerkstelligt.

Die sehr hohen Eingangsimpedanzen der Operationsverstärker LF357 sichern einen praktischen belastungsfreien Betrieb der RC-Netzwerke und erlauben hohe widerstände bzw. kleine Kondensatoren.

Eine symmetrische Versorgung ist erforderlich.

Ein 1-V-Spitze-Spitze-Ton wird 300 µs verzögert (response time).

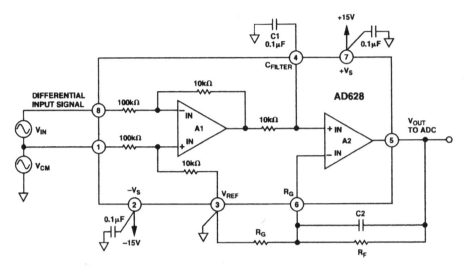

TABLE I

Two-Pole LP Filter
Input Range: 10 V p-p F.S. for a 5 V p-p Output
$R_F = 49.9\ k\Omega$, $R_G = 12.4\ k\Omega$

	–3 dB Corner Frequency			
	200 Hz	**1 kHz**	**5 kHz**	**10 kHz**
Capacitor C2	0.01 µF	0.002 µF	390 pF	220 pF
Capacitor C1	0.047 µF	0.01 µF	0.002 µF	0.001 µF

TABLE II

Two-Pole LP Filter
Input Range: 20 V p-p F.S. for a 5 V p-p Output
$R_F = 24.3\ k\Omega$, $R_G = 16.2\ k\Omega$

	–3 dB Corner Frequency			
	200 Hz	**1 kHz**	**5 kHz**	**10 kHz**
Capacitor C2	0.02 µF	0.0039 µF	820 pF	390 pF
Capacitor C1	0.047 µF	0.01 µF	0.002 µF	0.001 µF

Abb. 10.10

Analog Devices Application Note 669, Moshe Gerstenhaber/Charles Kitchin

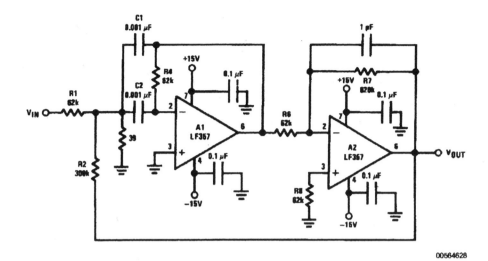

00564628

- $f_{BP} = 100$ kHz

$$\frac{V_{OUT}}{V_{IN}} = 10\sqrt{Q}$$

National Semiconductor
Data Sheet LF155/LF156/
LF256/LF257/LF355/
LF356/LF357

Abb. 10.11

10.8 Einfaches Notchfilter mit hoher Güte

Ein Notchfilter mit hoher Güte, also hoher Dämpfung, wird beispielsweise bei Klirrfaktormessungen zur Unterdrückung der ersten Harmonischen (Grundwelle) benötigt.

Die Schaltung, welche *Abb. 10.12* zeigt, ist besonders einfach, bietet aber eine Güte über 100 bzw. eine Dämpfung der Notchfrequenz von 55 dB.

Die Kondensatoren sollten gut aufeinander abgestimmt sein. Man kann für C einfach zwei mit C1 identische Kondensatoren parallel schalten.

Der Operationsverstärker belastet das Netzwerk praktisch nicht. Mit den angegebenen Werten beträgt die Notchfrequenz 120 Hz.

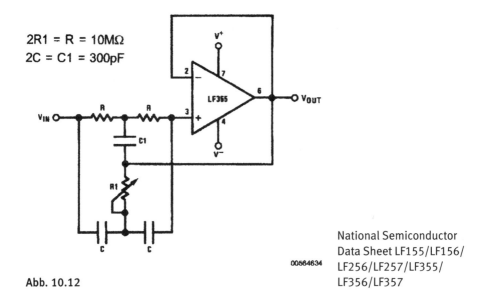

2R1 = R = 10MΩ
2C = C1 = 300pF

National Semiconductor
Data Sheet LF155/LF156/
LF256/LF257/LF355/
LF356/LF357

00584634

Abb. 10.12

10.9 Fliege-Notchfilter

Konventionelle Notchfilter nutzen die Doppel-T-Struktur für das Netzwerk mit dem Vorteil, dass nur ein Operationsverstärker benötigt wird.

Doppel-Operationsverstärker haben jedoch das gleiche Gehäuse und sind nicht teurer. Man kann damit ein Fliege-Notch-Filter aufbauen, welches leichter höhere Frequenzen und Einschwingzeiten erlaubt. Die Grundstuktur mit Formeln und Bemessungsvorschlägen wird in *Abb. 10.13* gezeigt.

Die Vorteile gegenüber dem Doppel-T-Konzept: Nur vier frequenzbestimmende Bauteile sind erforderlich, daher kann die Frequenz mit einem Doppelpotentiometer eingestellt werden. Geringe Abweichungen beeinflussen die Notchtiefe noch nicht. Die Güte kann unabhängig von der Frequenz durch zwei unkritische gleiche Widerstände beeinflusst werden.

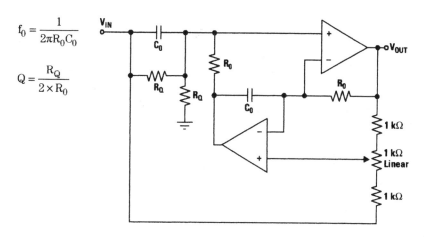

$$f_0 = \frac{1}{2\pi R_0 C_0}$$

$$Q = \frac{R_Q}{2 \times R_0}$$

Q	1 MHz			100 kHz			10 kHz		
	R_0 (kΩ)	C_0 (pF)	R_Q (kΩ)	R_0 (kΩ)	C_0 (nF)	R_Q (kΩ)	R_0 (kΩ)	C_0 (nF)	R_Q (kΩ)
100	1.58	100	316	1.58	1	316	1.58	10	316
10	1.58	100	31.6	1.58	1	31.6	15.8	1	316
1	1.58	100	3.16	1.58	1	3.16	15.8	1	31.6

Abb. 10.13

Bruce Carter: High-speed notch filters, Analog Applications Journal 1Q 2006

10.10 Einfaches 20-kHz-Filter dritter Ordnung

Die Filterschaltung nach *Abb. 10.14* ist einfach und leistungsfähig zugleich. Durch die dritte Ordnung ergibt sich ein steilflankiger Abfall ab 20 kHz, also für Messzwecke gut zu gebrauchen. Der Rail-to-Rail-Operationsverstärker sichert zudem hohe Aussteuerbarkeit bei geringer Betriebsspannung und weist ein niedriges Eigenrauschen auf.

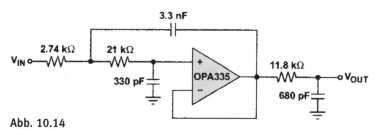

Abb. 10.14

Texas Instruments Analog Applications Journal 2Q 2005

10.11 Aktives 20-MHz-Filter

Durch den Einsatz eines modernen dualen Breitband-Operationsverstärkers erreicht das Filter nach *Abb. 10.15* eine –3-dB-Bandbreite von 20 MHz. Die Verstärkung beträgt 12 dB linear bis etwa 10 MHz. Bei 100 MHz dämpft die Schaltung mit 12 dB.

Der OPA2673 lässt sich an einfacher Spannung betreiben. Er liefert einen hohen Ausgangsstrom und verfügt über eine aktive Off-Line Control.

Eine ähnliche Schaltung ist mit dem OPA2695 möglich.

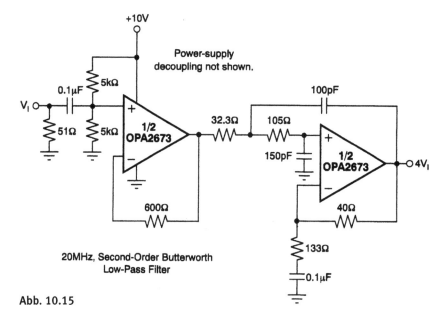

Abb. 10.15

Texas Instruments Data Sheet OPA2672

11 Schaltungen für Wandler

11.1 Spannungs-Frequenz-Konverter für 1 Hz bis 100 MHz

Die Umsetzung einer Gleichspannung in eine Frequenz ist in der Messtechnik oft erforderlich. Eine Frequenz bleibt bei der Übertragung unabhängig von der Qualität der Übertragungsstrecke, solange das Signal auf der Empfängerseite noch auswertbar ist. Will man Gleichspannungen ab 0 V in eine Frequenz wandeln, hat man ein Problem, denn Wandler und Übertragungsstrecke müssen mit sehr geringen Frequenzen arbeiten können. Die Schaltung nach *Abb. 11.1* hat einen weiten Dynamikbereich und kann Frequenzen bis zu 1 Hz herab erzeugen, sodass dieses Problem hier kaum praktische Relevanz haben dürfte. Die höchste erzeugbare Frequenz reicht mit 110 MHz weit über das Übliche hinaus, praktisch wird man bis höchstens 100 MHz gehen.

Neben der Dynamik von 160 dB (acht Dekaden) sind die Linearität von 1 %, die Temperaturstabilität von 250 ppm/K, die Nullpunktdrift von 1 Hz/K und eine Frequenzabhängigkeit von der Betriebsspannung von 0,1 % bei +/−10 % Abweichung beachtlich. Der Eingangsspannungsbereich kann 0 bis 5 V betragen. Die Nullpunktdrift von 1 Hz/K bedeutet natürlich einen Fehler von 100 %/K bei der 1 Hz entsprechenden Spannung. Daher sollte die minimale Messspannung der Frequenz 100 Hz oder größer zugeordnet werden.

A1 ist ein chopperstabilisierter Operationsverstärker und erzeugt mit seiner Taktfrequenz auch eine negative Hilfsspannung von −3 V. Er ist als Integrator geschaltet und bildet den Mittelwert zwischen der mit einer integrierten Ladungspumpe (charge pump) erzeugten Spannung und einem Teil der Eingangsspannung. Mit seinem Ausgangssignal wird der Core Oscillator beeinflusst. Dieser ist zwar einfach aufgebaut, hat aber einen großen Frequenzbereich. Die Inverter I1 und I2 sorgen für ein TTL-Ausgangssignal. Es folgen Frequenzteiler 1:4 und 1:16. Mit der durch 64 geteilten Frequenz wird die Ladungspumpe betrieben. Somit liegt ein geregeltes System vor. Das bewirkt im Wesentlichen die guten Eigenschaften der Schaltung. Aber auch andere Schaltungsdetails, wie der doppelte Widerstandspfad von der Eingangsspannung zur Ladungspumpe, tragen dazu bei. Mit dem Trimmer 2 kOhm kann über eine veränderliche Gleichspannung die untere Frequenz beeinflusst werden.

Um die volle Leistungsfähigkeit zu erreichen, müssen einige Bauelemente selektiert werden. Der Aufbau des Core Oscillators und der folgenden Inverter muss streng nach den Aufbauregeln für stabile HF-Schaltungen erfolgen.

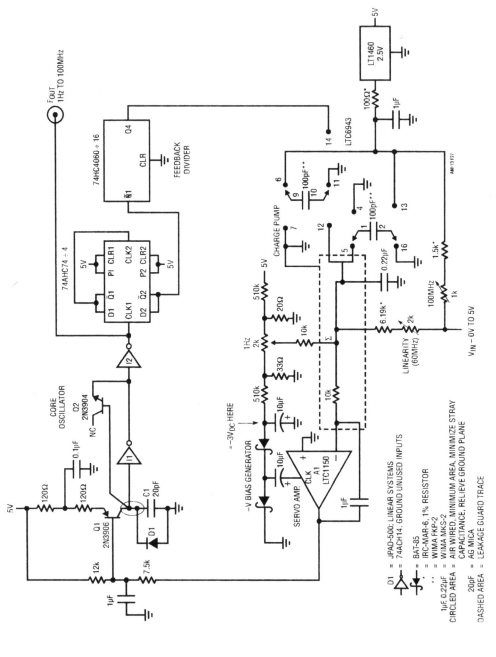

Abb. 11.1

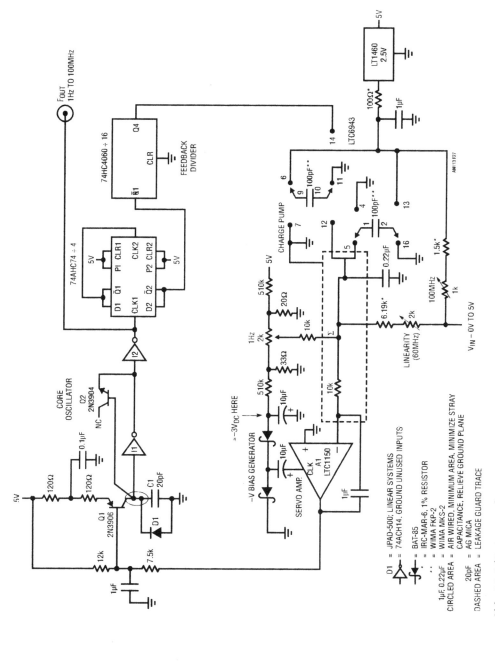

Abb. 11.1 *(Fortsetzung)*

Linear Technologies Application Note 113

Wenn 100 MHz 5 V entsprechen, entsprechen 100 Hz 5 µV. Hier beträgt der Temperaturfehler 1 %/K.

11.2 Einfacher Temperatur-Pulsweiten-Wandler

Temperaturmessungen sind in der Elektronik oft nötig. Ist dabei eine gewisse Entfernung zu überbrücken, überträgt man besser kein analoges Signal wegen der relativ hohen Störanfälligkeit. Eine Temperatur-Pulsbreiten-Wandlung bietet sich neben der Temperatur-Frequenz-Umsetzung als einfache Möglichkeit an. Auch hierbei ist eine direkte Weiterverarbeitung durch den Mikroprozessor kein Problem.

Der Aufbau eines solchen Konverters gelingt nach *Abb. 11.2* mit dem Pulsbreiten-Modulator-IC LM3524 besonders leicht, obwohl dieser IC doch für die Stromversorgungstechnik (Schaltregler) entwickelt wurde. Wie leicht zu erkennen, hält sich die Außenbeschaltung in engen Grenzen. Der Halbleitersensor LM135 besorgt zunächst eine Temperatur-Spannungs-Wandlung. Pro Kelvin Temperaturänderung ändert sich die Spannung um 10 mV. Am 100-kOhm-Widerstand können entsprechend der gemessenen Temperatur 100 mV bis 5 V auftreten. Die Schaltung setzt diese Gleichspannung in Pulsbreiten von 10 bis 500 µs linear um (0,1 % Fehler). Der Operationsverstärker arbeitet dazu als Komparator. Er ist in eine Rückkopplung einbezogen; der Kondensator 1 nF sorgt dabei für Stabilität. Der Pulsbreitenausgang des LM 3524 ist mit einer Clamp-Diode und einem RC-Integrierglied beschaltet.

Die Schaltung wird mit dem Trimmer auf 10 µs/K abgeglichen. Bei 100 °C sollte also 1 V am Temperaturfühler auftreten. Die Pulsbreite beträgt dann 100 µs. Am Pin 3 kann übrigens die Oszillatorfrequenz kontrolliert werden.

11.3 Frequenz-Spannungs-Wandler mit VCO-IC

Ein integrierter VCO (voltage-controlled oscillator) erzeugt eine Frequenz, welche in der Regel linear mit einer Gleichspannung beeinflusst werden kann. Solche Wandler werden für Messzwecke benötigt, wenn das Messignal sicher über eine gewisse Entfernung übertragen werden soll. Die mit ICs möglichen technischen Daten reichen für viele Zwecke aus.

Es geht aber mit den selben ICs oft auch anders herum – sie können also auf der Empfängerseite auch für die Frequenz-Spannungs-Wandlung eingesetzt werden.

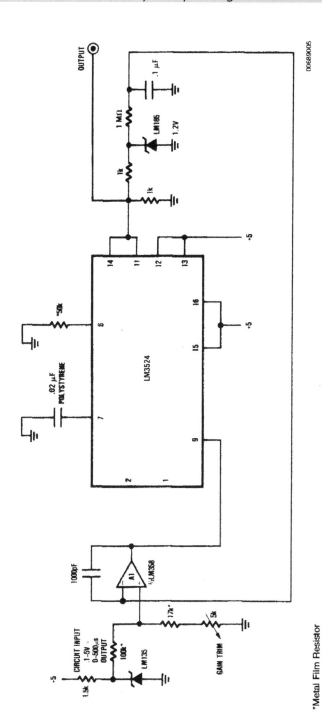

*Metal Film Resistor

Abb. 11.2

National Semiconductor Application Note 292

Zudem lässt sich hierbei eine Grundschaltung oft noch individuellen Bedürfnissen anpassen.

Der in *Abb. 11.3* gezeigte Frequenz-Spannungs-Wandler mit dem VCO-IC LM331 ist eine solche Basisschaltung. Sie akzeptiert eine Rechteckspannung von mindestens 3 V Amplitude. Der Eingangskondensator 470 pF formt negative Spitzen. Der LM331 detektiert diese Spitzen, wenn sie die Spannung an Pin 7 unterschreiten. Diese Spannung liegt etwa 2 V unter der Betriebsspannung. Daher die geforderte Amplitude von 3 V.

Bei registriertem Signalwechsel wird durch den Eingangskomparator eine interne Latch-Schaltung gesetzt und ein Zeitzyklus gestartet. Dann fließt ein Strom der Größe U_{Ref}/R_S aus Pin 1, und zwar für die Zeit $1,1 \times R1 \times C$. Der Kondensator 1 µF bewirkt zusammen mit dem Innenwiderstand eine Integration, sodass Strom mit dem Mittelwert durch den Lastwiderstand fließt. So erscheinen beispielsweise bei 10 kHz Eingangsfrequenz am Ausgang 10 V DC. Der Linearitätsfehler wird mit nur typisch 0,06 % angegeben.

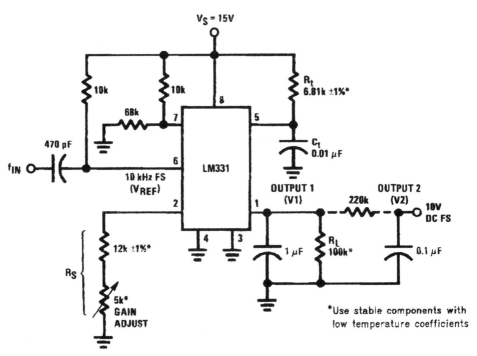

Abb. 11.3

Das Ausgangssignal hat 13 mV Spitze-Spitze Welligkeit bei 1 kHz und ändert sich mit einer Zeitverzögerung von 600 ms für volle Bereichsänderung und 0,1 % Fehler. Durch Änderung des Kondensators im Ausgang oder Nachschalten des angedeuteten RC-Filters kann man einen anderen Kompromiss eingehen.

Die Betriebsspannung darf bei entsprechender Umdimensionierung mindestens der Widerstände an Pin 6 im Bereich 4...40 V liegen. Die Ausgangsspannung sollte sich nur bis auf 3 V Abstand der Betriebsspannung nähern.

In *Abb. 11.4* ist gezeigt, wie man durch einen Transistor die Nichtlinearität um den Faktor 10 auf typisch 0,006 % und maximal 0,01 % senken kann. Eine Linearitätsverbesserung ist grundsätzlich durch Gegenkopplung möglich. Da man den LM331 selbst nicht gegenkoppeln kann, wurde hier Q1 angefügt und dessen Basis mit Pin 7 verbunden. Dies bedeutet einen stabilen Konstantstrom im Ausgang. Außerdem wird Pin 1 sehr gleichmäßig belastet. Negativ ist die Temperaturabhängigkeit des Transistors. Sie äußert sich in einem Temperaturfehler von 10 bis 40 ppm/K je nach Stromverstärkungsfaktor.

Eine andere Verbesserung kann mit etwas mehr Aufwand gemäß *Abb. 11.5* erfolgen. Es liegt nun ein aktives Filter zwischen LM331 und Ausgang. Dies bedeutet hohe

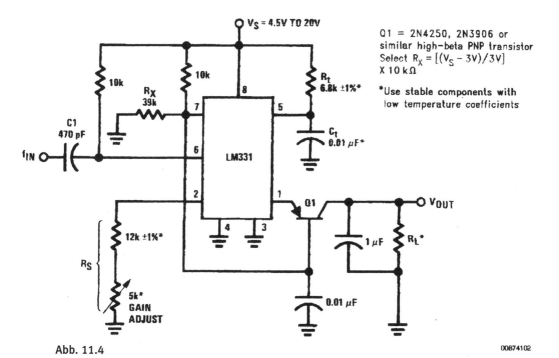

Abb. 11.4

00874102

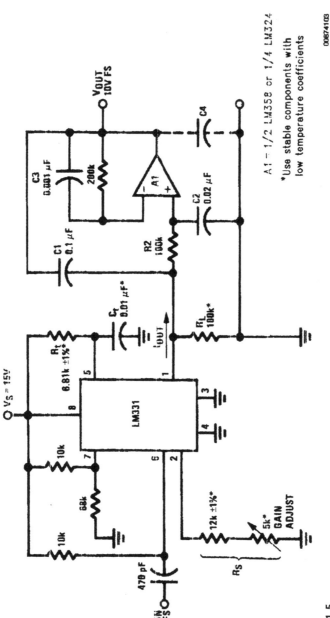

Abb. 11.5

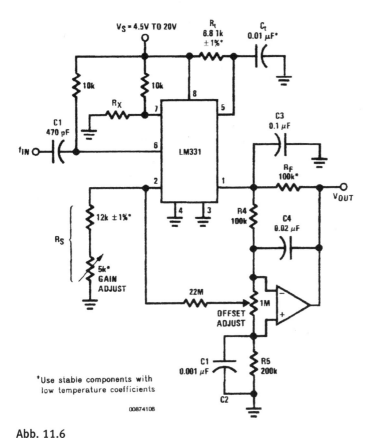

Abb. 11.6

National Semiconductor Application Note C, Robert A. Pease

Unterdrückung der Welligkeit und hohe Reaktionsgeschwindigkeit. Weiter wichtig: Die Welligkeit nimmt nun nicht mehr mit fallender Frequenz zu, sondern beträgt konstant etwa 11 mV Spitze-Spitze. Die bedeutet über 800 Hz allerdings eine Verschlechterung gegenüber dem einfachen RC-Filter.

In Fällen, wo eine besonders stabile Arbeitsweise gefordert wird, kann man zur Schaltung nach *Abb. 11.6* greifen. Auch hier ist wieder ein aktives Filter im Ausgang, wobei aber eine präzise Offsetkompensation des Operationsverstärkers möglich ist.

Der LM331 kann, mit entsprechenden Kapazitäten beschaltet, Frequenzen bis 100 kHz liefern und verarbeiten.

11.4 Stromarmer Spannungs-Frequenz-Wandler

Greift man zu modernen Low-Power-Operationsverstärkern, kann man Schaltungen entwickeln, die hervorragende technische Daten mit erstaunlich geringem Stromverbrauch kombinieren. In *Abb. 11.7* ist ein solches Schaltungsbeispiel zu sehen. Dieser Wandler setzt einen Spannung von 0 bis 2,5 V in eine Frequenz zwischen 0 und 10 kHz um, wobei der Linearitätsfehler nur 0,03 % beträgt. Die Temperaturdrift wird mit 250 ppm/K und die Betriebsspannungs-Unterdrückung mit 10 ppm/V angegeben. Der maximale Betriebsstrom beträgt 13 µA, das ist weniger als 1 % des Verbrauchs üblicher Wandler-ICs.

Der Komparator C1 bildet mit D1, D2 und dem Kondensator 100 pF eine Ladungspumpen-Schaltung, um seinen Minuseingang auf 0 V halten zu können. Die erzeugte Frequenz ist proportional zur Eingangsspannung. A1 bildet mit seiner Beschaltung eine temperaturkompensierte Referenzquelle für die Ladungspumpe. Das RC-Glied 10 MOhm/50 nF hilft beim Anlaufen.

11.5 Hochlinearer Spannungs-Frequenz-Wandler

Die in *Abb. 11.8* vorgestellte Schaltung ähnelt in Teilen der eben besprochenen. Die Linearität ist mit 0,02 % Fehler etwas besser, der Stromverbrauch mit maximal 26 µA doppelt so hoch. Dies gilt für 10 kHz, bei 1 kHz liegt der Verbrauch leicht über 15 µA.

Die Eingangsspannung darf maximal 5 V betragen. Dann werden 10 kHz erzeugt. Die Temperaturabhängigkeit wird mit 60 ppm/K, die Betriebsspannungs-Unterdrückung mit 40 ppm/V angegeben.

Um die besseren Eigenschaften zu erzielen, wurde bei der Erzeugung der Referenzspannung ein erhöhter Aufwand betrieben. Acht diskrete Transistoren sind erforderlich. Ein digitaler Inverter sorgt für ein exaktes Ausgangssignal.

11.6 Einfacher Spannungs-Pulsweiten-Wandler

Die in *Abb. 11.9* gezeigte Schaltung wandelt eine Gleichspannung im Bereich –5 bis +5 V in eine proportionale Pulsbreite um. Der Operationsverstärker LM101A sichert dabei einen geringen Driftfehler. Sein Ausgangssignal schaltet innerhalb der Betriebsspannungs-Grenzen hin und her. Die Z-Dioden bewirken eine Begrenzung auf +/–6,8 V und machen die Funktion von Schwankungen der Betriebsspannungen unabhängig.

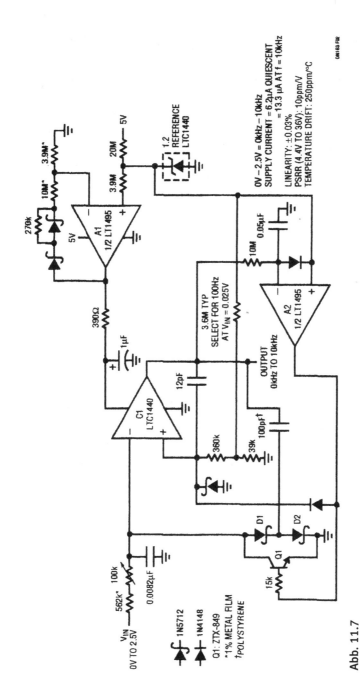

Abb. 11.7

Linear Technology Design Note 163, Mitchell Lee/Jim Williams

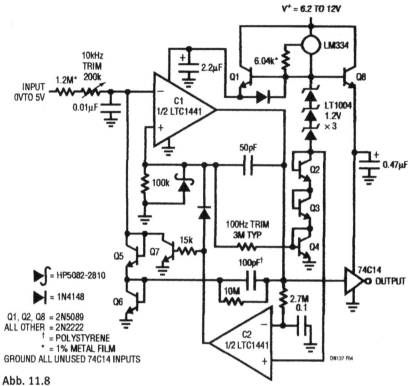

Abb. 11.8

Linear Technology Design Note 137, Jim Williams

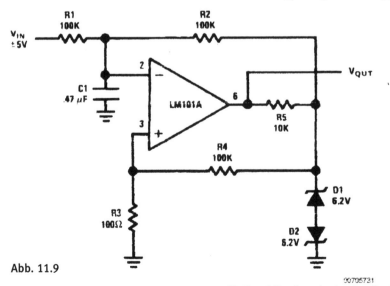

Abb. 11.9

National Semiconductor Application Note 31

11.7 D/A-Wandler mit 0...10-V-Ausgang

In *Abb. 11.10* wird gezeigt, wie ein CMOS DAC zu beschalten ist, um einen 0...10-V-Ausgang zu erhalten. Der Aufwand ist gering. Man benötigt aber eine –10-V-Referenz.

In *Abb. 11.11* wird auf diese verzichtet und daher das Signal des ersten Operationsverstärkers invertiert. Durch die beiden Operationsverstärker steigt natürlich die Verzögerungszeit (settling time) an.

Einen Ausweg zeigt *Abb. 11.12*. Hier wird eine 2,5-V-Referenz eingesetzt. Es folgt nun ein nichtinvertierender Operationsverstärker mit einem Verstärkungsfaktor von 4.

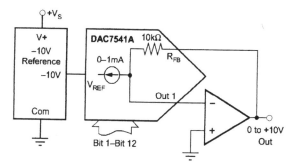

Abb. 11.10

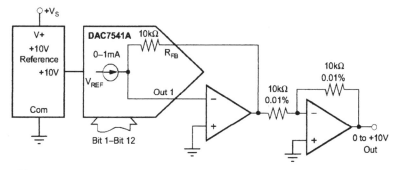

Abb. 11.11

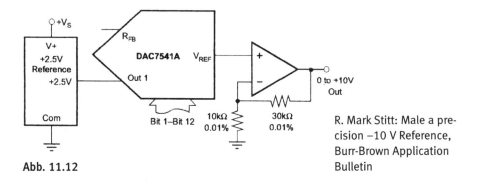

Abb. 11.12

R. Mark Stitt: Male a precision −10 V Reference, Burr-Brown Application Bulletin

11.8 Low-Cost-Spannungs-Frequenz-Wandler

Man kann den Timer 555 im Betrieb als Monoflop als Spannungs-Frequenz-Wandler nutzen, wenn man die Gleichspannung an den Ladewiderstand legt. Er liegt sonst an der Betriebsspannung. Die Länge des Ausgangs-Zeitzyklusses t_p ist dann proportional zur Eingangsspannung. Die Breite des Ausgangsimpulses ist indirekt proportional zur Eingangsspannung. *Abb. 11.13* zeigt die einfache Beschaltung.

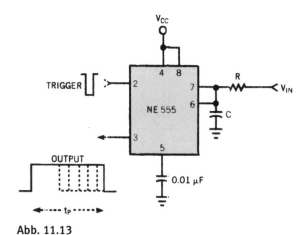

Abb. 11.13

J. Jayapandian/Tamil Nadu: 555 makes handy voltage-to-time converter, EDN

11.9 Frequenz-Spannungs-Wandler 10 Hz bis 10 kHz

Der Baustein TC9400/9401/9402 wird in *Abb. 11.14* als Frequenz-Spannungs-Wandler beschaltet. Man sieht auch den Innenaufbau des TC9400/9401/9402. Der Baustein enthält u. a. einen Selbststart-Block. Die Außenbeschaltung ist gering. Es wird eine symmetrische Versorgung +/–5 V benötigt. Aufgrund der CMOS-Technik ist der Verbrauch gering.

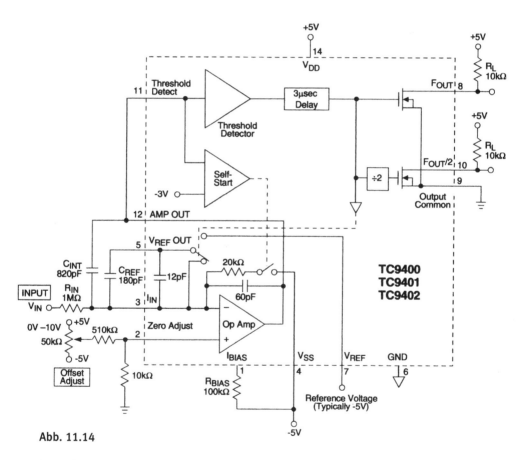

Abb. 11.14

Microchip Data Sheet TC9400/9401/9402

11.10 Spannungs-Frequenz-Wandler für schwankende Betriebsspannung

In *Abb. 11.15* ist eine typische Applikation des Low-Cost-Transducer-ICs TC9400 zu sehen. Der Referenzkondensator bestimmt die Skalierung. Mit 180 pF werden beispielsweise bei 10 V Eingangsspannung 10 kHz an Pin 8 und 5 kHz an Pin 10 geliefert. Die Z-Diode sorgt dabei für Unabhängigkeit von der Betriebsspannung. Diese kann beispielsweise aus acht Micro-Zellen oder von einem anderen Schaltungsteil stammen, denn der Verbrauch ist sehr gering.

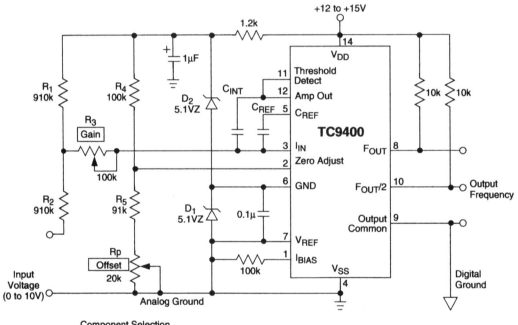

F/S FREQ.	C_{REF}	C_{INT}
1kHz	2200pF	4700pF
10kHz	180pF	470pF
100kHz	27pF	75pF

Component Selection

Abb. 11.15

Microchip Data Sheet TC9400/9401/9402

11.11 Spannungs-Frequenz-Wandler für stabile Betriebsspannung

In der Schaltung nach *Abb. 11.16* wurde auf die interne Stabilisierung verzichtet. Die Schaltung ist daher in allen Fällen einsetzbar, wo eine stabile Betriebsspannung im Bereich 8...15 V zur Verfügung steht.

Der hochohmige Widerstand im Eingang wurde so dimensioniert, dass die erzeugte Frequenz in Kilohertz etwa dem Eingangsstrom in Mikroampere entspricht. Bei 5 V beträgt dieser beispielsweise 5 µA, was eine Frequenz von 5 kHz bedeutet.

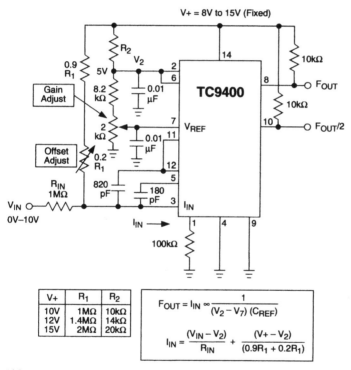

Abb. 11.16

Microchip Data Sheet TC9400/9401/9402

11.12 Spannungs-Frequenz-Wandler für positive und negative Spannungen

Es gibt Fälle in der Messtechnik, wo eine „bipolare" Spannung in eine Frequenz umgesetzt werden soll. In diesen Fällen kann man einen Vor-/Rückwärtszähler benutzen. Bei positiver Spannung wird vorwärts-, bei negativer rückwärts gezählt. In der Anordnung gemäß *Abb. 11.17* wird die „bipolare" Spannung zunächst auf eine Schaltung zur Betragsbildung und dann auf den Transducer-IC TC9400 gegeben, der die Spannungs-Frequenz-Wandlung besorgt. Der Operationsverstärker unten liefert das Umschaltsignal.

Falls der Zähler sich nicht umschalten lässt, kann man an diesen Operationsverstärker auch eine LED zur Signalisierung einer negativen oder positiven Spannung anschließen.

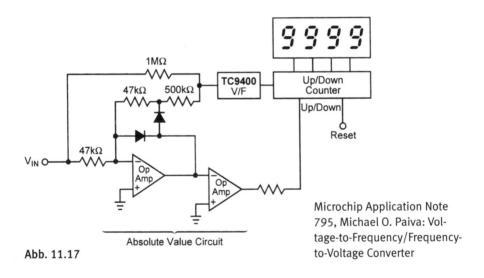

Abb. 11.17   Absolute Value Circuit

Microchip Application Note 795, Michael O. Paiva: Voltage-to-Frequency/Frequency-to-Voltage Converter

11.13 Pulsbreiten-Spannungs-Wandler

Die in *Abb. 11.18* gezeigte Schaltung wandelt Pulsbreiten indirekt proportionale in eine reine Gleichspannung um: 2,5 V für 800 µs, 2 V für 1,5 ms oder 1,5 V für 2,1 ms.

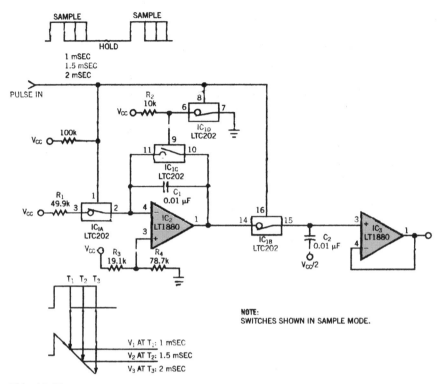

Abb. 11.18

James Mahoney: Circuit converts pulse with to voltage

Genutzt werden zwei Low-Bias-Current-Operationsverstärker LT1880 und ein Analogschalter LTC202, um die Integrator- und Sample-and-Hold-Stufen aufzubauen. Das eingeflochtene Beispiel verdeutlicht die Verarbeitung einer Impulsfolge, bei welcher sich die Pulsbreite von 1 auf 1,5 und auf 2 ms ändert. Die Eingangsimpulse starten, stoppen und setzen den Integrator zurück. Mit fallender Flanke werden die S&H-Eingänge vom Signal getrennt.

11.14 CMOS-Pegel für HF-Signale

Zum Messen der Frequenz hochfrequenter Signale muss man deren Pegel in einen digitalen Standard konvertieren. In *Abb. 11.19* geschieht dies mit drei schnellen CMOS-Invertern. Damit wird ein High-Speed-Komparator aufgebaut. Er formt aus Sinussignalen bis 180 MHz ein 3,3-V-TTL-Signal.

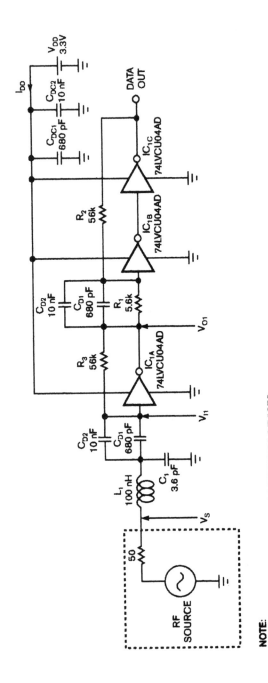

NOTE:
ALL COMPONENTS ARE SURFACE-MOUNTED DEVICES.

Abb. 11.19

Francis Rodes: CMOS inverters convert RF to digital signal, EDN, January 5, 2006

R3 bringt den ersten Inverter in den linearen Bereich. R2 ermöglicht ein Schmitt-Trigger-Verhalten.

Infolge der Koppelkapazitäten erfolgt die Signalverarbeitung bei hohen Frequenzen anders als bei tiefen. Bei tiefen Frequenzen wird die Schmitt-Trigger-Funktion wirksam.

Bei 10 MHz liegt die Empfindlichkeit bei 10 mV, bei 100 MHz bei 50 mV und bei 180 MHz bei 150 mV.

11.15 A/D-Wandler mit LC-Display

In der Schaltung nach *Abb. 11.20* kommt der moderne Analog-Digital-Wandler-IC ICL7135 zum Einsatz. Er arbeitet an +/−5 V und besitzt einen nicht massebezogenen Eingang. Der ICL7135 bietet einen gemultiplexten BCD-Ausgang und eine Polaritäts- und Überlauf-Information. Der CD4054 ist für das halbe Digit, die Polarität und den Überlauf zuständig.

Die Anzeige erfolgt mit einem 4–1/2-stelligen LCD. Es wird über den ICM7211A angesteuert.

11.16 Ansteuerschaltung für Fluoreszenz-Display

Vakuum-Fluoreszenz-Displays (vacuum florescent) stellen eine Alternative zu LED- und LCD-Anzeigen dar.

In *Abb. 11.21* ist eine Ansteuerschaltung für ein 4–1/2-stelliges Vakuum-Fluoreszenz-Display dargestellt. Verwendet wird der moderne Display-Treiberschaltkreis ICM7235A.

Die Helligkeit kann hier durch Veränderung des Tastverhältnisses des Timers 7555 über den On/Off-Eingang beeinflusst werden.

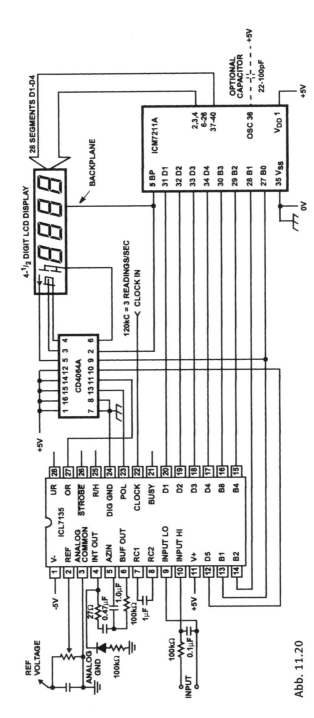

Abb. 11.20

Intersil Application Note 054

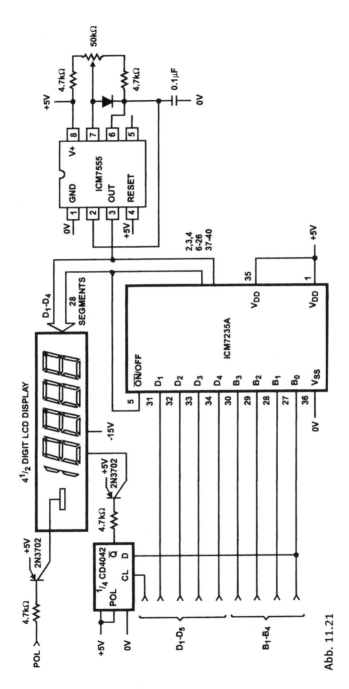

Abb. 11.21

Intersil Application Note 054

11.17 Ansteuerschaltung für ein achtstelliges Display

In der Schaltung nach *Abb. 11.22* werden je vier Stellen des LC-Displays von einem Treiberschaltkreis ICM7221M bedient.

Die gesamte Anzeige wird von einem Mikrocontroller IM80C48 gesteuert. Der ROM/EPROM rechts ist zum Aufbau eines Interfaces mit dem ICM7211 nicht erforderlich.

Als Betriebsspannung genügen einfache 5 V.

Die Information stammt von einem 8048-Bus.

11.18 Einfache Analog-Digital-Wandlerschaltungen

Der DAC08 ist ein moderner und anwendungsfreundlicher 8-Bit-D/A-Wandler und für einfache Messaufgaben sehr gut geeignet. Die D/A-Wandler arbeiten im Multiplying-Betrieb, wobei der Ausgangsstrom das Produkt aus einem digitalen Wort an den Eingängen und einem Eingangs-Referenzstrom ist. Der Referenzstrom kann nahe null bis 4 mA liegen. *Abb. 11.23* zeigt die Grundbeschaltung.

Mit dem DAC08 kann man auch Analog/Digital-Wandler aufbauen.

Abb. 11.24 zeigt eine Low-Cost-A/D-Wandlerschaltung. Zusätzlich werden eine 10-V-Referenz, ein Operationsverstärker und ein Conversion-IC benötigt.

In *Abb. 11.25* arbeiten zwei DAC08 zusammen, es ist ein kostengünstiger 2-Digit-BCD-Analog-Digital-Wandler entstanden. Die Ausgangspannung ändert sich in 100-mV-Schritten. Der obere ADC liefert die MSD, der untere die LSD.

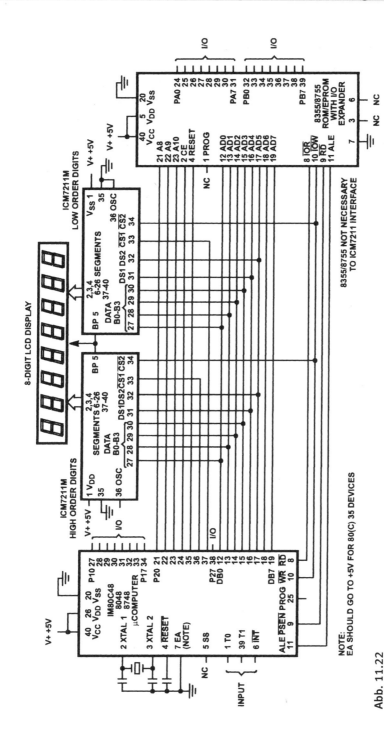

Abb. 11.22

Intersil Application Note 054

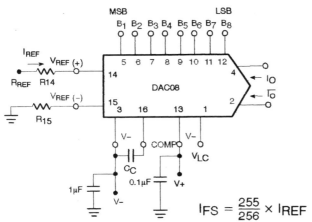

$$I_{FS} = \frac{255}{256} \times I_{REF}$$

NOTES:

$$I_{FS} \approx + \frac{V_{REF}}{R_{REF}} \times \frac{255}{256} \qquad I_O + \overline{I_O} = I_{FS} \text{ for all logic states}$$

For fixed reference, TTL operation typical values are:
$V_{REF} = +10.000V$, $R_{REF} = 5.000\Omega$. $R15 \approx R_{REF}$
$C_C = 0.01\mu F$. $V_{LC} = 0V$ (ground)

Abb. 11.23

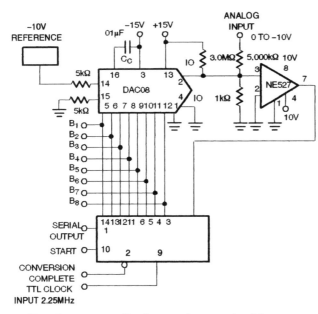

NOTE: Connect "start" to "conversion complete" for
continuous conversions.

Abb. 11.24

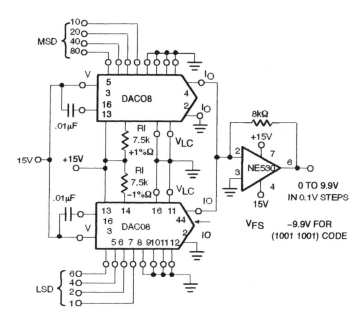

NOTE: Output is directly proportional to positive power supply.

Abb. 11.25

On Semiconductor Application Note AND8175/D

12 Schaltungen für Generatoren

12.1 Breitbandiger Rauschgenerator

Für Tests und Messungen an Filtern, Audio- und Hochfrequenzschaltungen benötigt man nicht selten einen Rauschgenerator. Die Schaltung in *Abb. 12.1* stellt eine amplitudenstabile Rauschquelle mit wählbarer Bandbreite dar. Die effektive Ausgangsspannung (RMS) beträgt bis zu 200 mV. Durch einfaches Umschalten von Kondensatoren sind fünf Bereiche von 1 kHz bis 5 MHz möglich.

Die Z-Diode D1 wird als Rauschquelle genutzt. Der Operationsverstärker A1 verstärkt die Referenzspannung von 1,2 V zehnfach und bietet zusammen mit seiner Ausgangsbeschaltung eine optimale Abgleichmöglichkeit. A2 verstärkt die Rauschspannung breitbandig; es folgt ein simples RC-Filter. Es folgt der Transconductance-Verstärker A3. Er wandelt die Filter-Ausgangsspannung in einen Strom durch den Widerstand 900 Ohm. A4 ist ein stromrückgekoppelter Operationsverstärker. Die Spannungsverstärkung beträgt 52. A5 ist der Verstärker der Regelschleife, durch welche hohe Amplitudenstabilität gesichert wird. Der Wandelfaktor von A3 wird mit einem Steuerstrom durch den Widerstand 3 kOhm beeinflusst. Um den Einfluss der Umgebungstemperatur zu minimieren, werden zwei thermisch gekoppelte Dioden eingesetzt.

Der Abgleich erfolgt im 1-kHz-Bereich mit dem Trimmer 5 kOhm auf maximale negative Spannung (bias) an Pin 5 von A3. Die Rauschspannung kann mit einem Oszilloskop ermittelt werden. Man schaltet die horizontale Ablenkung aus und stellt einen leuchtarmen Strich ein. Die Länge des Strichs entspricht der Spitze-Spitze-Spannung und liegt bei maximal etwa 1 V. Teilt man die Länge des Strichs durch 6, erhält man mit guter Genauigkeit den Effektivwert der Rauschspannung. Der Crest-Faktor ist also bei zufälligem Rauschen etwa doppelt so groß wie bei einer Sinusspannung.

In *Abb. 12.2* und *Abb. 12.3* ist die Rauschspannung näher dargestellt. Ab etwa 1 MHz fällt sie ab, bleibt aber bis 5 MHz im Bereich +/−2 dB.

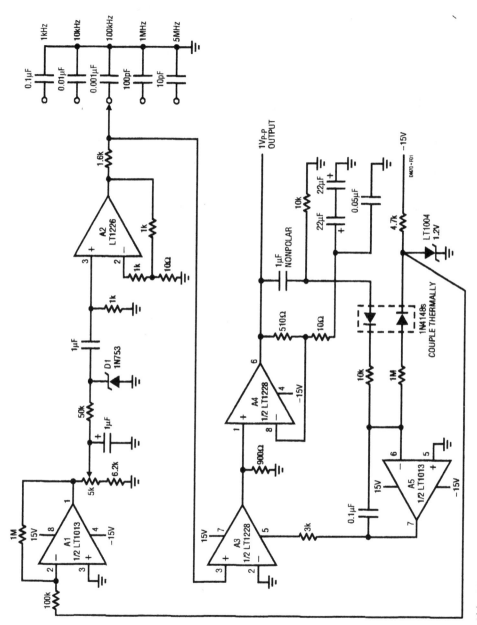

Abb. 12.1

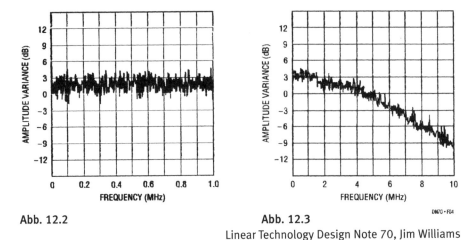

Abb. 12.2　　　　　　　　**Abb. 12.3**

DN70 • F04

Linear Technology Design Note 70, Jim Williams

12.2 Preiswerter Generator für weißes Rauschen

Sogenanntes weißes Rauschen zeichnet sich durch eine gleichmäßige Intensitätsverteilung über die Frequenz aus. Man benutzt in der Regel Z-Dioden als Quellen dafür. Sie werden im Durchbruch betrieben und erzeugen dann das weiße Avalance-Rauschen. So auch in *Abb. 12.4*. Diese Schaltung ist sehr einfach, denn der Rauschquelle folgen zwei preiswerte Verstärkerbausteine (LNAs, low-noise amplifiers), die nur einen Stützkondensator benötigen und direkt gekoppelt werden. Jeder IC verstärkt mit 19 dB und arbeitet nominell bis 1 GHz. Daher steht das Rauschen über mehrere 100 MHz zur Verfügung. Der Verlauf über der Frequenz ist nicht perfekt.

Die Rauschspannung ist vom Strom durch die Diode nahezu unabhängig, verhält sich aber sukzessive wie die Z-Spannung. Mit Dioden für etwa 5 V lag sie 15...20 dB niedriger als mit einer 12-V-Diode.

Das Ausgangssignal wurde im Bereich 1...100 MHz mit dem Spektrumanalysator aufgenommen. Es hat bei 1 MHz etwa −50 dBm, um bei 100 MHz auf etwa −60 dBm abzufallen. In *Abb. 12.5* oben sind zwei fast identische Verläufe zu erkennen – mit Diodenströmen von 10 und 60 mA. Die mittlere Kurve ist das Rauschen ohne Diode. Die untere Kurve ist das Eigenrauschen des Analyzers.

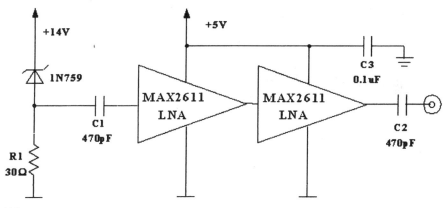

Abb. 12.4

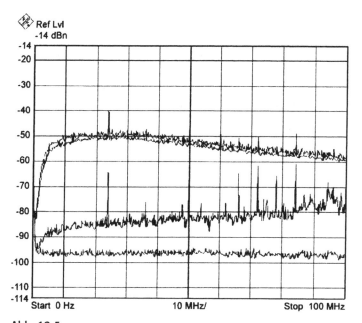

Abb. 12.5

Maxim Application Note 3469

12.3 Quarz formt reines Sinussignal

Für Messzwecke wird oft ein besonders reines (oberwellenarmes) Sinussignal benötigt. Andernfalls muss extra im Messequipment für eine Filterung gesorgt werden, oder es entsteht durch die Oberwellen ein Messfehler.

Signalquellen, welche ein besonders oberwellenarmes Sinussignal liefern, sind teuer. Benutzt man einen gewöhnlichen Sinus- oder Funktionsgenerator und schaltet ein einfaches Quarzfilter nach, erhält man ein relativ oberwellenarmes Sinussignal zum kleinen Preis. Das in *Abb. 12.6* gezeigte Filter kann die erste Oberwelle um 70 dB unterdrücken und somit die Sinusform deutlich verbessern. Durch den Puffer können 50-Ohm-Lasten betrieben werden.

Der Quarz ist in ein Pi-Filter eingebunden. Somit wird die Parallelresonanz ausgenutzt. Der Vorwiderstand setzt die Leistung am Quarz herunter. Etwa für maximal 5 mW Quarzleistung und 3,3 V Eingangsspannung ist sein Wert 2,2 kOhm. Der Widerstandswert ist proportional zum Quadrat der Eingangsspannung.

Die –3-dB-Grenzfrequenz des Tiefpasses mit R und C1 sollte auf 10 % der Quarzfrequenz gesetzt werden. Bei 5 MHz Quarzfrequenz und R = 2,2 kOhm ergibt sich für C1 ein Rechenwert von 144 pF. C3 wählt man etwa dreimal größer. C2 sollte etwas größer als die übliche Bürdekapazität von 30 pF sein. Somit ergibt sich auch C1, C2 und C3 in Reihe recht genau dieser Wert.

Mit der angegebenen Dimensionierung war die –6-dB-Bandbreite des gesamten Filters 144 Hz, was einer Güte von 45.000 entspricht.

Das Filter muss nach HF-technischen Gesichtspunkten aufgebaut werden. Eine große und gut leitende Massefläche ist also wichtig. Macht man C2 teilweise einstellbar, kann man die Mittenfrequenz maximal im Bereich von einem Promille variieren.

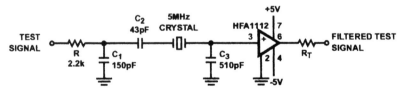

Abb. 12.6

Intersil Application Note 9815

12.4 Vierfach-Quadratursignal-Generator

Mit stromrückgekoppelten und somit schnellen Operationsverstärkern lässt sich ein RC-Generator mit vier Ausgängen aufbauen, an denen Sinussignale mit 45 Grad Phasenversatz zum Vorgänger- bzw. Nachfolgerausgang zur Verfügung stehen. In *Abb. 12.7* werden dazu die vier Operationsverstärker des Typs HA 5025 eingesetzt. Sie arbeiten an +/–5 V. Die Quadratursignale stehen somit ohne DC-Anteil an den Pins 1, 7, 8 und 14 zur Verfügung. Die Dioden begrenzen an einem Punkt die rückgekoppelte Spannung; die Rückkopplung schließt alle Operationsverstärker ein. Um die Rückkopplungsbedingung zu erfüllen, arbeiten drei Operationsverstärker in nichtinvertierender Grundschaltung. Die Phasenverschiebung von 45 Grad wird durch vorgeschaltete RC-Glieder erreicht. Der vierte Operationsverstärker invertiert und schiebt die Phase mit seinem Rückkopplungsglied R5/C2.

Der Vierfach-NAND-IC arbeitet als deaktivierbarer Sinus-Rechteck-Wandler. Damit die Eingangsspannungen im Bereich 0...5 V bleiben, muss kapazitiv gekoppelt werden. Ein Spannungsteiler sorgt für 2,5 V Ruhespannung an den Eingängen. Der verbotene Bereich wird dann schnellstmöglich durchquert, das Tastverhältnis ist 0,5. Mit dem Widerstand gegen Masse ist eine Optimierung möglich.

Die Oszillatorfrequenz beträgt 1 MHz. Die drei RC-Glieder dämpfen dabei um 29 %. Der Verstärker in nichtinvertierender Grundschaltung verstärkt mit Faktor 1,6. Die Phasenverschiebung durch die Operationsverstärker selbst ist bei dieser Frequenz noch vernachlässigbar. Die Temperaturkonstanz ist sehr hoch, da sie praktisch nur durch die passiven Komponenten bestimmt wird. Das Konzept kann für Frequenzen bis 20 MHz dimensioniert werden, wobei die Phasenabweichungen mit der Frequenz in vertretbarem Maße zunehmen.

12.5 Rechteck-Sinus-Wandlung mit SC-Filter

Filter mit geschalteten Kapazitäten (SC, switched capacitor) erreichen sehr gute Daten. Man kann diese Filter benutzen, um Sinussignale zu verbessern oder zu erzeugen. Die Schaltung in *Abb. 12.8* produziert ein sehr gutes Sinussignal. Es kann für Messzwecke benutzt werden.

IC3 ist ein elliptisches SC-Tiefpassfilter achter Ordnung. Es wird mit einem 100-kHz-Signal getaktet, welches der Mikrocontroller IC2 erzeugt. Dieser benötigt den Taktgenerator 10 MHz sowie den Reset Circuit IC1. Jede andere Quelle mit einem 100-kHz-Rechtecksignal mit maximal 5 V Spitze-Spitze ist jedoch ebenso geeignet. Am Ausgang OUT steht ein 100-kHz-Sinussignal zur Verfügung.

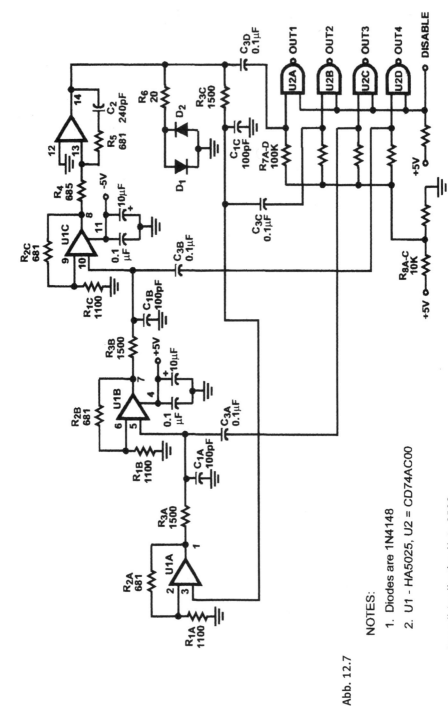

Abb. 12.7

NOTES:

1. Diodes are 1N4148
2. U1 - HA5025, U2 = CD74AC00

Intersil Application Note 9502

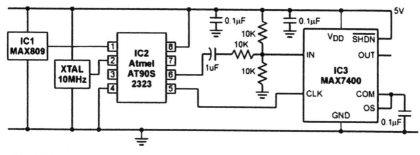

Abb. 12.8

Maxim Application Note 2081

Der Vorteil dieser Applikation ist die Möglichkeit der digitalen Frequenzumschaltung über die Änderung der Taktfrequenz.

12.6 Einfacher, aber stabiler Rechteck-/ Dreieckgenerator

Ein Generator für Sinus-, Rechteck- und Dreiecksignale wird in der Mess- und Prüfpraxis oft benötigt. Oft steht er als komplettes Gerät zur Verfügung. Nicht selten werden aber zwei Signale benötigt, wobei das zweite Signal eher eine Hilfsfunktion hat und ein Rechteck- oder Dreiecksignal sein sollte. Daher ist die Schaltung nach *Abb. 12.9* interessant. Sie liefert ein sehr amplitudenstabiles Signal – positive und negative Amplitude werden auf +/–10 mV genau stabilisiert. Frequenz und Symmetrie sind leicht abgleichbar.

Die Schaltung besteht aus einem Integrator und zwei Komparatoren. Der eine Komparator vergleich die positive, der andere die negative Halbwelle mit einer Referenzspannung. Die Frequenz ist von R1, C1 und den Referenzspannungen abhängig. Die maximale Frequenz wird durch die Verzögerungszeiten der ICs bestimmt und liegt bei 200 kHz. Die Referenzspannungen dürfen sich um maximal 5 V unterscheiden. Die Ausgangsspannung kann zwischen 0,7 und 2,5 V liegen. Die Symmetrie lässt sich durch einen Strom in den invertierenden Eingang des Operationsverstärkers beeinflussen. Man legt einen Einstellregler zwischen positive und negative Betriebsspannung und einen 47-kOhm-Widerstand vom Schleifer auf Pin 2.

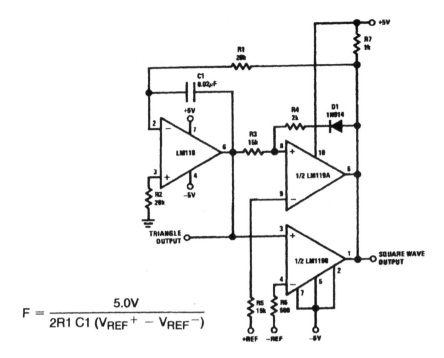

$$F = \frac{5.0V}{2R1\ C1\ (V_{REF}{}^{+} - V_{REF}{}^{-})}$$

Abb. 12.9

National Semiconductor Linear Brief 23

12.7 Rechteck- und Sägezahngenerator mit hoher Linearität

Abb. 12.10 zeigt einen einfachen Generator für Rechteck- und Sägezahnsignale. Das Sägezahnsignal benötigt man beispielsweise in der Messtechnik, um einen Wobbelgenerator anzusteuern. Es sollte daher sehr präzise sein. Rechtecksignale nutzt man zum Test des Übertragungsverhaltens von Filtern und Verstärkern.

IC1 und Q1 bilden eine spannungsgesteuerte Stromquelle. Der Strom entlädt C1, bis die Spannung 1,66 V erreicht hat. Dann schaltet der Komparator IC2A um und bewirkt die Aufladung bis 3,33 V. An diesem Punkt schaltet der Ausgang von IC2A wieder auf niedriges Potential. Für die Frequenz ergibt sich daher [3 x (5 V + V_C) / 5 V] / (R_1 × C_1). Der Generator kann für Frequenzen in einem weiten Bereich dimensioniert werden, der Entwickler spricht von 80 dB Frequenzdynamik. IC2B formt aus dem Sägezahn- ein Rechtecksignal.

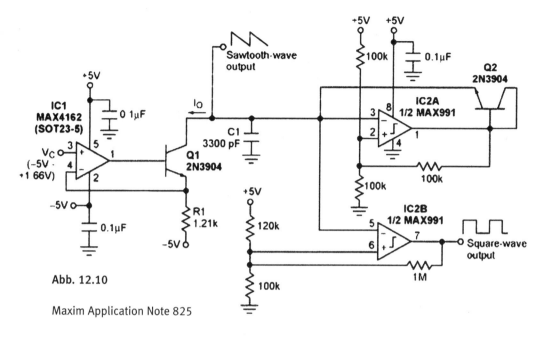

Abb. 12.10

Maxim Application Note 825

Slew Rate und Verzögerungszeit der Komparatoren bestimmen die möglichen oberen Frequenzen. Mit 3,3 nF Last erreicht ein MAX991 eine Anstiegszeit von 150 ns. Eine Linearität mit nur 1 % Abweichung ist bei sorgfältiger Auswahl der RC-Kombination möglich.

12.8 Negative-Resistance-Oszillator

Der Oszillator nach *Abb. 12.11* arbeitet ohne Rückkopplung. Man kann nämlich eine Schwingung auch erzeugen, indem man dem (positiven) Verlustwiderstand im Schwingkreis einen negativen Widerstand parallel schaltet. Ein solcher Widerstand ist nur als differentieller Widerstand, d. h. als Kennlinien-Teilbereich eines elektronischen Bauelements, möglich. Das kann ein passives Bauelement sein (Tunneldiode, Lambdadiode) oder unter bestimmten Voraussetzungen ein aktives Bauelement (Transistor in Kollektor- bzw. Sourceschaltung). Hier wird der negative Widerstand mit den Transistoren Q1 bis Q5 erzeugt. Q1 und Q2 bilden eine 15-µA-Stromquelle. Damit ist der Kollektorstrom von Q3 begrenzt. Das integrierte Transistorpaar bildet zusammen mit dem Einstellregler einen Spannungs-Strom-Wandler, welcher den Basisstrom von Q3 herabsetzt, wenn dessen Kollektorspannung steigt. Dieses Verhalten entsprechend einem negativen Widerstand führt zur Oszillation. Der Schwingkreis bestimmt die Frequenz.

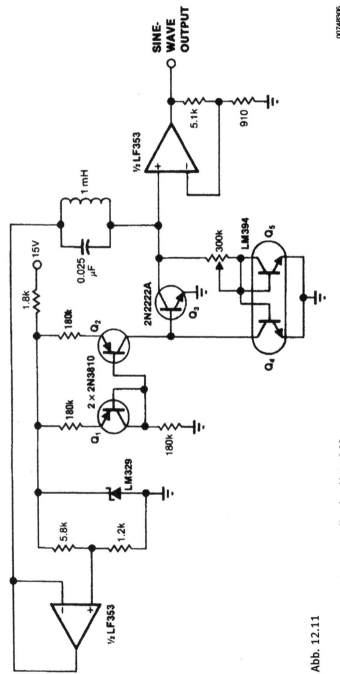

Abb. 12.11

National Semiconductor Application Note 263

Der Operationsverstärker rechts sorgt für Verstärkung und Entkopplung. Der Operationsverstärker links hilft, die Betriebsspannung für einen Teil des Oszillators herabzusetzen. Die Schaltung schwingt schnell an und kann ein Signal mit maximal 1,5 % Verzerrung liefern.

12.9 Hochstabiler 100-kHz-Oszillator

Höchste Frequenzstabilität erreicht man mit Quarzen. Für bestimmte Mess- oder Kalibrierzwecke ist die Abhängigkeit der Frequenz von der Umgebungstemperatur aber noch zu groß. Man muss dann relativ aufwendige Zusatzmaßnahmen ergreifen. Eine davon ist der sogenannte kalte Thermostat, der luftdichte Einschluss des Oszillators in ein kompaktes Gehäuse mit hoher Wärmedämmwirkung. Dies bedingt eine lange Einlaufzeit, bis die Temperatur stabil und recht unabhängig von der Umgebung geworden ist. Eine elektronische Regelschaltung reagiert schneller und senkt den mechanischen Aufwand.

In *Abb. 12.12 (a)* ist eine einfache und gut funktionierende Oszillatorschaltung, beispielsweise für einen 100-kHz-Quarz, gezeigt. Bei dieser Schaltung liegt der Quarz zwischen Gate und Drain; durch Einsatz des FETs bleibt die Quarzbelastung gering. Die Betriebsspannungen sollten stabilisiert sein; 20 % Shift bedeutet etwa 5 ppm Frequenzänderung. Die Temperaturdrift liegt bei 1 ppm/K. Eine Temperaturregelschaltung kann diesen Effekt minimieren – *Abb. 12.12 (b)*. Natürlich sollte der Oszillator auch hier in ein möglichst völlig dichtes Gehäuse eingebaut werden. Die Hersteller informieren oft über diejenige Temperatur, bei welcher die Drift minimal bzw. null ist. Diese wäre anzustreben. Ein Alternative zur Temperaturregelung ist das Nachstimmen mit einer Kapazitätsdiode parallel zum Quarz, wie in *Abb. 12.12 (c)* gezeigt. Auch hier muss man wieder die Temperatur erfassen und eine Steuerspannung ableiten, sodass der Operationsverstärker-Komplex der Regelschaltung als Ausgangsbasis genutzt werden kann.

12.10 Hochwertiger einstellbarer Sinusgenerator

In *Abb. 12.13* wird ein kompletter Sinusgenerator gezeigt, der sich von 1 Hz bis 10 kHz mit einem Potentiometer einstellen lässt. Diese hohe Frequenzdynamik bedeutet praktisch einen nichtlinearen (idealerweise logarithmischen) Zusammenhang zwischen Drehwinkel und Frequenz. Man wähle ein entsprechendes Potentiometer (negativ logarithmischer Zusammenhang).

Die Amplitudenstabilität liegt unter 0,02 %/K und die Verzerrungen überschreiten 0,35 % nicht. Die Frequenzänderung erfolgt unverzüglich.

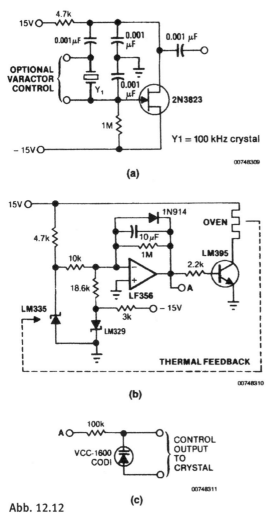

Abb. 12.12

National Semiconductor Application Note 263

Die Funktion beruht auf der Einführung eines Integrators in die Rückkopplungs-schleife eines Komparators. Der LM311 treibt ein temperaturkompensiertes Begrenzungsnetzwerk. An dessen Ausgang liegt der Integrator LF356. Er liefert eine linear ansteigende Spannung. Beim Nulldurchgang schaltet der Komparator um. Das Resultat ist eine symmetrische Dreieckspannung. Der Schaltungsteil unten formt daraus eine Sinusspannung. Dazu nutzt er den logarithmischen Zusammen-hang zwischen der Basis-Emitter-Spannung und dem Kollektorstrom eines Transis-

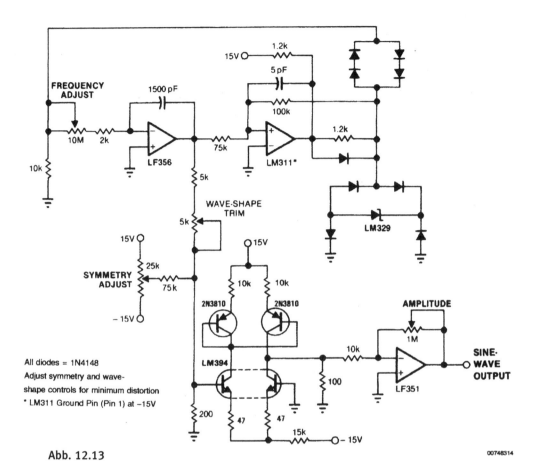

Abb. 12.13

00748314

National Semiconductor Application Note 263

tors. Die nötige Temperaturunabhängigkeit sichert das integrierte Transistorpaar. Die Temperaturabhängigkeit der Basis-Emitter-Spannung des linken Transistors wird durch den rechten kompensiert. Die Transistoren 2N3810 bilden eine Stromquelle. Der Operationsverstärker sichert einen niederohmigen Ausgang und erlaubt die Einstellung der Ausgangsspannung. Auch hier sollte ein logarithmisches Potentiometer eingesetzt werden, allerdings mit positiv logarithmischem Verlauf.

12.11 Spannungsgesteuerter Sinusoszillator für 1 Hz bis 30 kHz

Im Zusammenhang mit dem Sinusformer der eben beschriebenen Schaltung arbeitet der VCO (voltage-controlled oscillator) gemäß *Abb. 12.14.* Die Steuerspannung von 0...10 V wird vom linken Operationsverstärker invertiert. Zur Minimierung der Verzerrungen kann mit dem Einstellregler 10 kOhm eine kleine Gleichspannung überlagert werden. Somit erhalten die beiden FET-Schalter betragsgleiche, aber entgegengesetzt gepolte Eingangsspannungen. Über den Ausgang des Komprators LM311 werden sie abwechselnd ein- und ausgeschaltet, wozu noch der Transistor-Inverter erforderlich ist. Dieses horizontal und vertikal (zu null Volt) symmetrische Rechtecksignal wird vom Integrator LF356 zu einem ebenso symmetrischen Dreiecksignal geformt. Am Ausgang des Integrators liegt der Dreieck-Sinus-Wandler.

Alle Dioden sind vom Typ 1N4148. Die 10-kOhm-Widerstände am LF351 und die 1-kOhm-Widerstände bei den Schaltern sind im Wert unkritisch, sollten sich aber jeweils bestmöglich gleichen.

12.12 Quarzoszillator mit hoher Leistung

Die meisten Quarzoszillatoren leiden an drei Einschränkungen: Sie können keine hohen Lasten versorgen, ihr Tastverhältnis ist nicht einstell- oder abgleichbar, und das Tastverhältnis ist nicht stabil. Meist bedeutet all dies kein besonderes Problem, aber gerade in der Messtechnik können die Einschränkungen stören. Mit der Schaltung gemäß *Abb. 12.15* werden sie beseitigt. Die drei parallel geschalteten Gatter sichern eine ungewöhnlich hohe Belastbarkeit. Wird die Enable-Funktion nicht benötigt, können normale Inverter benutzt werden. Das Tastverhältnis ist mit dem Trimmer zwischen 25 und 75 % einstellbar, und die Drift wird durch eine Rückkopplung über R10 minimiert.

Links befindet sich der eigentliche Oszillator. R1 und R10 halten das Gatter im linearen Bereich. Die drei Kondensatoren am Quarz bilden ein Pi-Filter. Es verhindert in erster Linie Oszillation auf Oberwellen. R2 beschränkt die Quarzverlustleistung auf 5 mW. R2 und C3 bilden auch einen Tiefpass, dessen Grenzfrequenz bei einem Achtel der Quarzfrequenz oder etwas höher liegen sollte. C1 soll den Einfluss der Streukapazität des Quarzes herabmindern und deshalb recht groß sein.

In der angegebenen Dimensionierung schwingt der Oszillator über 4,9 MHz.

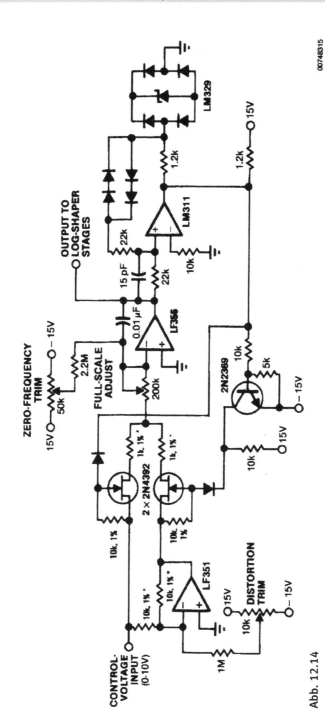

Abb. 12.14

National Semiconductor Application Note 263

Abb. 12.15

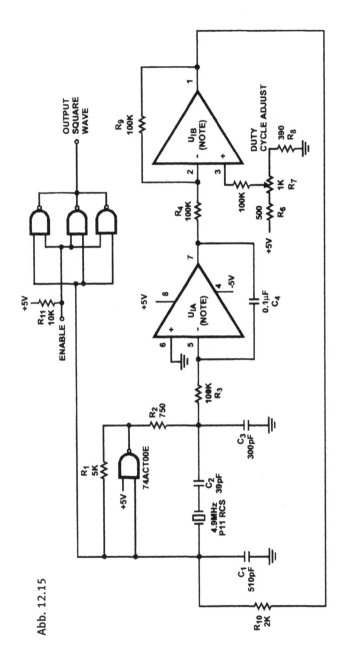

Intersil Application Note 9825

Der erste Operationsverstärker integriert die Oszillatorspannung. Der zweite Operationsverstärker invertiert das integrierte Signal und addiert eine positive Gleichspannung hinzu. Diese bestimmt das Tastverhältnis wesentlich mit.

12.13 Impulsgenerator mit Triggerausgang

Für Messungen an schnellen oder breitbandigen Schaltungen wird oft ein Impulsgenerator benötigt. In nicht wenigen Fällen der Digitaltechnik wird zusätzlich zum eigentlichen Impulssignal noch ein Triggersignal gewünscht, das in der Phase verschoben werden kann. *Abb. 12.16* zeigt die Schaltung für einen anspruchsvollen Impulsgenerator, dessen Signal gegenüber einem Triggersignal gewissermaßen nach vorn und hinten verschoben werden kann. Das Hauptsignal hat nur 360 ps Anstiegszeit und kann gegenüber dem Triggersignal um −30 bis +100 ns verschoben werden. Ein Jittereffekt (Zittern) tritt 40 ps lang auf im Hauptsignal auf, kurz nachdem dieses H wird (H-Pegel +/− etwa 3/4 H-Pegel).

Q1 und Q2 bilden eine Stromquelle, welche den 1-nF-Kondensator lädt. Wenn das Signal vom LTC1799 H-Pegel hat, sind beide Transistoren leitend. Die Stromquelle ist ausgeschaltet, und der Ausgang von A2 führt niedriges Potential. Der Latch-Eingang (L) von C1 (comparator) sorgt dafür, dass sein Ausgangspegel hoch bleibt. Erst wenn der Takt normal auf L geht, ist der L-Eingang von C1 deaktiviert, und der Ausgang des Comparators schaltet auf L. Die Kollektorspannungen von Q3 und Q4 steigen an, und Q2 schaltet durch. Dann erhält der 1-nF-Kondensator Konstantstrom. Nun baut sich am Pluseingang von A2 eine linear ansteigende Spannung auf. Die beiden Summierer A3 und A4 erhalten eine identische Spannung. Beide vergleichen diese mit einer abgleichbaren Spannung. Damit wird die Phasenverschiebe-Möglichkeit bei gleichzeitig hoher Betriebsspannungs-Unterdrückung realisiert.

C1 steuert den ausgewählten Ausgangstransistor Q5 an, welcher das Hauptsignal abgibt. In seiner Emitterleitung liegt ein induktivitätsarmer 50-Ohm-Widerstand, gebildet aus vier 200-Ohm-Widerständen. Am Kollektor liegen Abstimmelemente, um die Anstiegszeit zu minimieren bzw. die Signalform zu optimieren.

Die Verstärkung von A3 und A4 ist der Schlüssel zu geringem Jitter zwischen den Schaltzeiten von C1 und C2. Der Abgleich beginnt mit der negativen Verschiebung (-30 ns), dann wird die positive Verschiebung (100 ns) adjustiert. Es besteht eine geringe gegenseitige Abhängigkeit.

Der Aufbau der Schaltung muss streng nach HF-technischen Gesichtspunkten erfolgen, will man Signale mit höchstmöglicher Qualität erhalten.

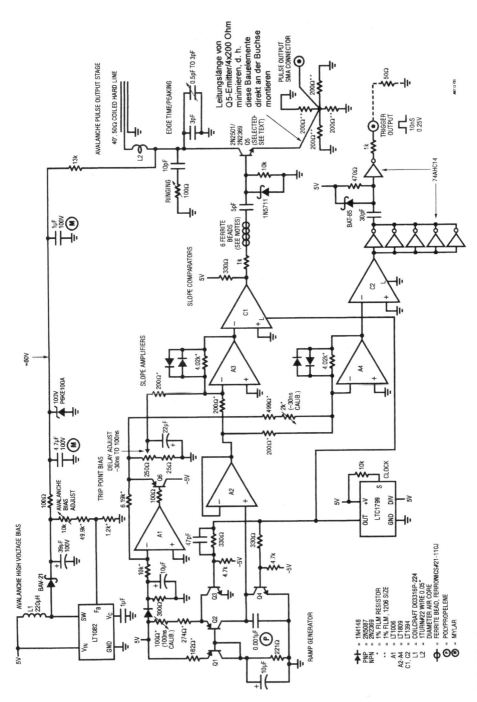

Linear Technology Application Note 113

Abb. 12.16

12.14 Low-Power-Oszillator mit weitem Betriebsspannungsbereich

Quarzoszillatoren erfreuen sich vielfältiger Anwendungsmöglichkeiten auch in der Mess- und Prüftechnik. So wird beispielsweise ein 32-kHz-Oszillator oft zur System- oder Hilfstakterzeugung in Low-Power-Messinstrumenten und Mikrocontroller-Konzepten eingesetzt. Meist greift man dabei zu einem CMOS-Inverter, wie in den Bausteinen 74HC04 oder CD4049UB zu finden. Dies bedeutet Betriebsspannungen von 3 bis 6 V und einen Betriebsstrom über 250 µA. Mit schwankender Betriebsspannung kann sich auch die Eingangsimpedanz des Inverters ungünstig verändern (herstellerabhängig).

Ein erstaunlich stromsparender Transistoroszillator gemäß *Abb. 12.17* ist die qualifiziertere Lösung. Nimmt man bei der höchsten Betriebsspannung 11 V über dem Transistor 3 V an, dann beträgt der Kollektorstrom nur 25 µA. Der Transistor ist unkritisch.

Der nachfolgende Komparator mit Hysterese-Einstellmöglichkeit MAX931 ist ebenfalls sehr stromsparend. So nimmt die ganze Konfiguration bei 2,5 V nur 12 µA und bei 10 V nur 35 µA auf. Die Stromergiebigkeit des Ausgangs sollte mit 40 mA (source) und 5 mA (sink) für praktisch jeden Fall ausreichen.

Ein High-Speed-CMOS-Gatter kann die Flankensteilheit verbessern. Das engt natürlich den Betriebsspannungsbereich wieder ein und verdoppelt ganz ungefähr die Stromaufnahme.

12.15 1-kHz-Sinusgenerator mit Mikrocontroller

Bei einem 1-kHz-Sinusgenerator mit Mikrocontroller sollte man schon etwas Besonders erwarten. Dieser hat drei Ausgänge, zwei Signalausgänge (Hauptausgang 1 V Spitze-Spitze kalibriert und Hilfsausgang mit dazu invertiertem Signal 900 mV Spitze-Spitze) und einen Triggerausgang für ein Oszilloskop. Die Frequenz ist quarzgenau.

Abb. 12.18 zeigt die Schaltung. Das Widerstandsnetzwerk dient als Einfachst-Digital-Analog-Wandler. Ein kleiner Generator mit dem AT90S8515 arbeitete gut genug für den vorgesehenen Zweck, sodass der Einsatz der angegebenen Controller vorgesehen wurde. Alle 31,25 ms erscheint an den Ausgängen B0 bis B7 ein anderer Wert entsprechend der Sinusform. Mit den Widerständen 6,8 kOhm und 4,7 kOhm sowie dem Kondensator wird das D/A-Wandler-Ausgangssignal reduziert.

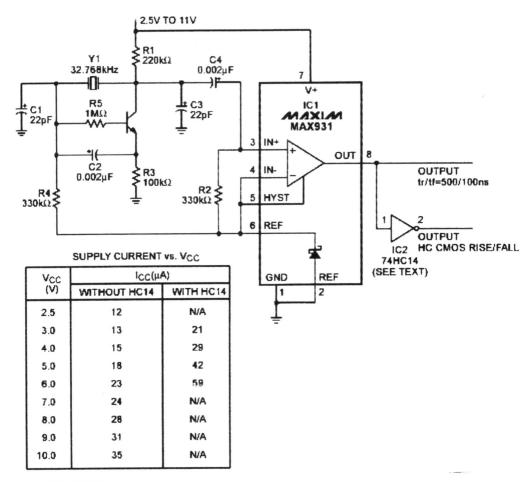

Abb. 12.17

Maxim Application Note 982

Die Firmware wurde mit beiden Controllern getestet. Sie kann über die unten angegebene Adresse erreicht und frei heruntergeladen werden.

Das Hilfssignal wird über einen Impedanzwandler und das Hauptsignal noch zusätzlich über ein aktives Filter, welches mit maximal 1,1 verstärkt, gewonnen. Hierbei ist ein Abgleich erforderlich. Oberwellen liegen 40 dB unter der Grundwelle.

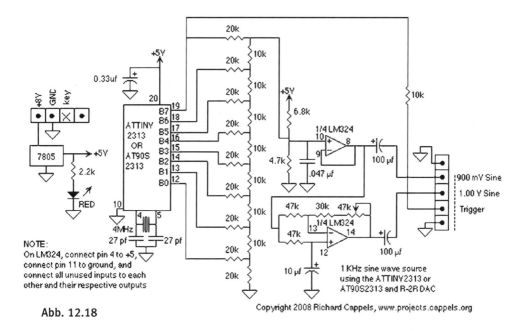

Abb. 12.18

www.projects.cappels.org, Dick Cappels

12.16 Einfacher und stabiler Tieffrequenz-Sinus-/ Cosinusoszillator

Es ist nicht einfach, einen guten Sinusoszillator zu entwerfen. Das führt oft zur Notwendigkeit eines Abgleichs. Nicht so bei der Schaltung nach *Abb. 12.19*. Sie schwingt sicher an, arbeitet temperatustabil und erzeugt ein Sinussignal mit akzeptablem Klirrfaktor.

A1 arbeitet als zweipoliges aktives Tiefpassfilter, A2 als Integrator. Die Verstärkung ist gerade so hoch, dass ein sicherer Start erfolgt. Die Z-Dioden dienen der Amplitudenstabilisierung. Die dritte Harmonische (zweite Oberwelle) ist die stärkste und erscheint am Ausgang von A1 um 40 dB und am Ausgang von A2 um 50 dB gegenüber der Grundwelle gedämpft. Dies entspricht Klirrfaktoren von 1 und 0,3 %.

Die Schaltung wurde für eine sehr tiefe Frequenz dimensioniert. Die ausgewählten Operationsverstärker erlauben wegen extrem kleiner Eingangsruheströme sehr hohe Werte für die frequenzbestimmenden Widerstände. Für höhere Frequenzen und somit deutlich kleinere Widerstände kann man auch einen dualen FET-Operationsverstärker verwenden.

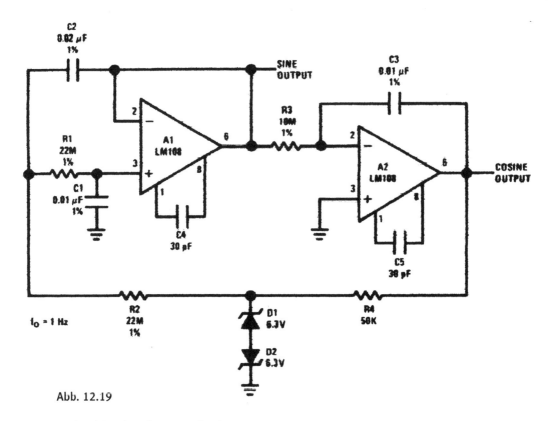

Abb. 12.19

National Semiconductor Application Note 29

12.17 NF-Sinus-/Cosinusgenerator

Die in *Abb. 12.20* gezeigte Schaltung ähnelt der eben vorgestellten, benutzt aber wesentlich kleinere frequenzbestimmende Widerstände und Kondensatoren. Sie sind je auf 1 % verkleinert, daher ist die Frequenz 100 × 100 = 10.000 mal größer, also 10 kHz. FET-Operationsverstärker mit sehr gutem Driftverhalten sichern auch hier hohe Stabilität und einen vernachlässigbar kleinen DC-Anteil an den Ausgängen.

Sowohl die Operationsverstärker-Typen als auch die frequenzbestimmenden Bauelemente können variiert werden.

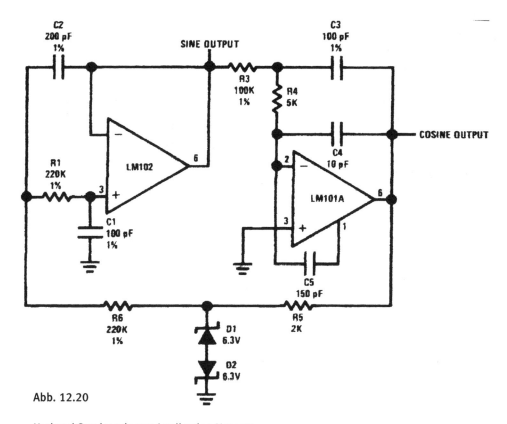

Abb. 12.20

National Semiconductor Application Note 31

12.18 NF-Wienbrückenoszillator mit FET-Stabilisator

Benutzt man die bekannte Wienbrücke mit einem Serien- und einem Parallel-RC-Glied, kann man einen Sinusoszillator mit einem einzigen Operationsverstärker aufbauen. Ein wenig kritisch ist dann allerdings die Amplitudenstabilisierung, weshalb man gern einen FET einsetzt. Meist ist dann aber noch – wegen der starken möglichen Streuung der FET-Parameter – eine Justage der Amplitude erforderlich.

In der Schaltung nach *Abb. 12.21* wird dies durch eine etwas aufwendigere Stabilisierungsschaltung vermieden. Zum SFET 2N3819 sind noch zwei bipolare Transistoren hinzugekommen. Die Frequenzkompensation des modernen Operationsverstärkers LM101A wurde der Aufgabe ebenfalls speziell angepasst.

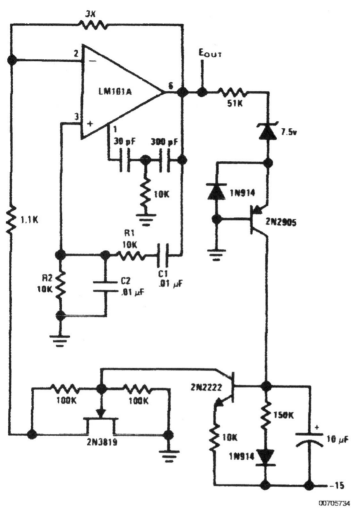

$$R1 = R2$$
$$C1 = C2$$
$$f = \frac{1}{2\pi R1\,C1}$$

Abb. 12.21

Analog Devices Application Note 106, James Wong

12.19 Vielseitiger Dreieck-/Rechteckgenerator

Der Generator lt. *Abb. 12.22* ist mit zwei Operationsverstärkern aufgebaut. Die Schaltung beinhaltet keine Besonderheiten. Die Frequenz kann mit R1 zwischen 100 Hz (15 MOhm) und 500 kHz (3 kOhm) eingestellt werden. Die Amplitude des Dreiecksignals lässt sich mit R2 beeinflussen. Die entsprechenden Formeln sind angegeben. Die Höhe des Rechtecksignals bestimmen die Z-Dioden.

Ähnliche Operationsverstärker oder ein Doppel-Operationsverstärker können problemlos benutzt werden.

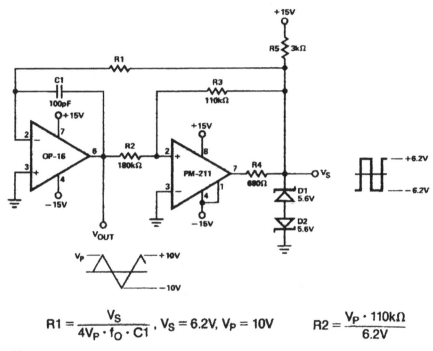

$$R1 = \frac{V_S}{4V_P \cdot f_O \cdot C1}, \quad V_S = 6.2V, \quad V_P = 10V \qquad R2 = \frac{V_P \cdot 110k\Omega}{6.2V}$$

Abb. 12.22

Analog Devices Application Note 106, James Wong

12.20 Micropower-Wienbrücken-Generator

Die Grundschaltung für einen Wienbrücken-Oszillator mit Operationsverstärker zur Erzeugung einer Sinusschwingung ist gut bekannt. Die in *Abb. 12.23* gezeigte Schaltung weist demgegenüber einige Besonderheiten auf. An erster Stelle wäre die geringe Leistungsaufnahme im Leerlauf zu nennen: maximal 500 µW. Dann die einfache Versorgung beispielsweise aus einer 9-V-Blockbatterie. Damit ist „schwimmender" Betrieb möglich, was Fehlspannungen durch Erdschleifen ausschließt. Der Batterie werden etwa 60 µA entzogen. Bleibt die Ausgangsspannung unter 3 V Spitze-Spitze, ist der Klirrfaktor kleiner als 0,5 %. Die Ausgangsspannung wird mit den Dioden stabilisiert und kann mit dem Potentiometer eingestellt werden. Für Mess- und Prüfzwecke wird meist die Frequenz 1 kHz benutzt.

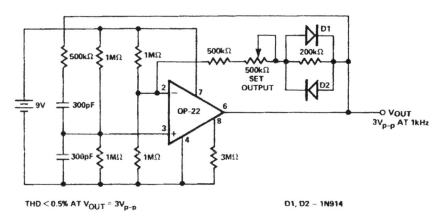

Abb. 12.23

Analog Devices Application Note 106, James Wong

12.21 Einfacher Rechteckgenerator

Der Rechteckgenerator gemäß *Abb. 12.24* ist sehr einfach aufgebaut. Der Operationsverstärker OP-77 sichert dennoch hohe Stabilität. Viele andere Typen sind einsetzbar.

Mit der angegebenen Dimensionierung wird ein 1-kHz-Signal erzeugt, dessen Amplituden etwa 2 V Abstand zur Betriebsspannung haben.

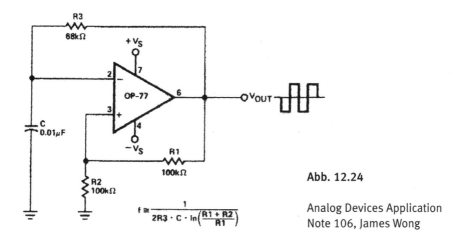

Abb. 12.24

Analog Devices Application
Note 106, James Wong

12.22 Wienbrücken-Generator mit einfachem Potentiometer

Bei der Wienbrücke bestimmen zwei Widerstände und zwei Kondensatoren (üblicherweise mit gleichen Werten) die Frequenz. Die Frequenzveränderung kann daher mit einem Doppelpotentiometer erfolgen.

Die Schaltung nach *Abb. 12.25* wurde so modifiziert, dass ein einfaches Potentiometer genügt. Dazu wurde ein zweiter Operationsverstärker eingefügt. Man kann vor-

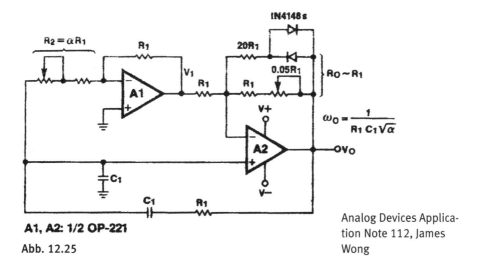

A1, A2: 1/2 OP-221

Abb. 12.25

Analog Devices Application Note 112, James Wong

teilhaft einen Doppel-Operationsverstärker benutzen, das Gehäuse vergrößert sich dadurch nicht. Dieser Operationsverstärker A1 arbeitet in invertierender Grundschaltung. Der griechische Buchstabe unter dem Wurzelzeichen entspricht dem Kehrwert der Verstärkung, also R1/R2. A2 ist der eigentliche Generatorverstärker.

Der OP-221 ist nicht nur dual, sondern hat auch noch eine sehr geringe Stromaufnahme.

12.23 Präziser Rampengenerator

Der Generator nach *Abb. 12.26* liefert am Punkt V_R ein Rampensignal mit stabiler Amplitude und Frequenz. Die Wiederholrate wird durch eine Gleichspannung am Punkt V_1 bestimmt. Daher ist die Schaltung gleichzeitig ein einfacher Spannungs-Frequenz-Wandler.

Die Schräge der negativen Rampenspannung ist proportional zum Strom durch R1. Er beträgt V_1 –600 mV / R_1. Die Schräge selbst hat die Größe -C_1 dV_1 /dt. Wenn der Ausgang von A1 –10 V erreicht, dann schaltet der Ausgang von A2 zum negativen Limit. Er schaltet zurück auf etwa 13 V, wenn V_R wieder null erreicht.

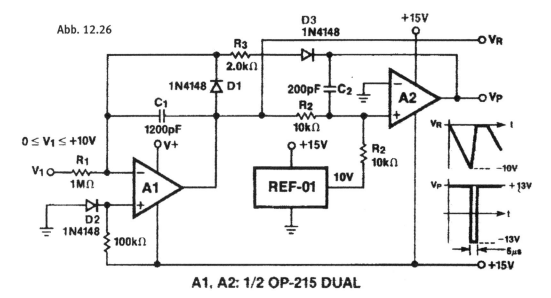

Abb. 12.26

A1, A2: 1/2 OP-215 DUAL

Analog Devices Application Note 113, James Wong

Die hohe Amplitudenstabilität wird durch die Referenzspannungsquelle erreicht. D1 und D2 sollten thermischen Kontakt haben, damit dies auch für den Nullwert gilt.

Die Dimensionierung erfolgte für einen Frequenzbereich von 10 Hz bis 1 kHz. Das Reset-Intervall ist nur 5 μs lang.

12.24 Sinusgenerator mit quarzgenauer Frequenz

In dieser außergewöhnlichen Schaltung (*Abb. 12.27*) wird das Signal eines 8-MHz-Quarzgenerators durch 4, 8 und 16 geteilt (IC1). Über den Verstärkertransistor Q1 gelangt das 1-MHz-Signal zu IC2. Der synchrone Zähler dividiert durch 256. Das 3906-Hz-Rechtecksignal wird nun auf ein elektronisches Filter IC3 gegeben, welches die Harmonischen unterdrückt und ein sauberes Sinussignal ausgibt. Die kriti-

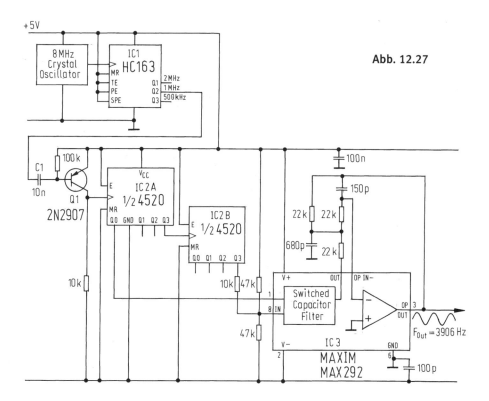

Abb. 12.27

Maxim Application Note 1999

sche dritte Harmonische erscheint mit mindestens 80 dB Unterdrückung. Der Filtertakt wird dabei von IC2 bezogen.

Da Takt und Signalfrequenz ein festes Verhältnis haben, kann man ohne Schaltungsänderung durch Bezug der höheren oder niedrigeren IC1-Ausgangsfrequenz entsprechende Sinusfrequenzen beziehen.

12.25 Drei-Dekaden-VFO

In der Schaltung nach *Abb. 12.28* arbeiten zwei Operationsverstärker mit gutem Offset- und Driftverhalten zusammen. Die Steuerspannung darf im Bereich 0...30 V liegen. Der Kondensator zwischen Pin 2 und 6 des LF356 bestimmt die Frequenz. Der Ausgang der Schaltung ist über Widerstände und zwei SFETs mit dem invertierenden Eingang des LF356 verbunden. Von Q2 wird die Sperrschichtdiode genutzt, während Q1 in Drainschaltung arbeitet. Der LM319 arbeitet als nichtinvertierender Verstärker mit einem Verstärkungsfaktor von 31.

Über zwei Dekaden kann eine Linearität mit nur 0,1 % Toleranz erreicht werden.

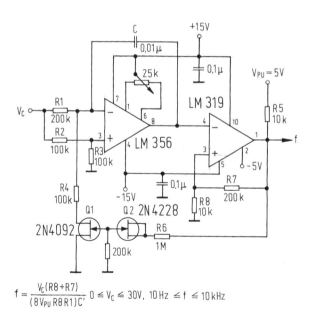

$$f = \frac{V_C(R8+R7)}{(8V_{PU}\,R8\,R1)\,C}, \quad 0 \leq V_C \leq 30V, \; 10\,Hz \leq f \leq 10\,kHz$$

Abb. 12.28

National Semiconductor Data Sheet LF155/LF156/LF256/LF257/LF355/LF356/LF357

12.26 Präziser HF-Generator

Die relativ einfache Schaltung nach *Abb. 12.29* liefert an 50 Ohm ein 2 V Spitze-Spitze großes Sinussignal mit zwischen 1,6 und 30 MHz einstellbarer Frequenz. Die Schwingung erzeugt ein Colpitts-Oszillator mit SFET. Es ist möglich, mit nur einem Schalter zwischen zwei relativ großen Frequenzbereichen zu wählen. Ein Dreifach-Drehkondensator 3x500 pF wird eingesetzt.

Eine Besonderheit ist die Schottky-Diode zur Stabilisierung des Arbeitspunkts.

Es folgt ein MMIC. Der Einstellwiderstand dient zum Abgleich auf bestmögliche Symmetrie der Ausgangsspannung. Das 3-dB-Dämpfungsglied am Ausgang dient zur Belastung des ICs und daher zur Vermeidung von Schwingneigung. Das Signal kann also auch hochohmig abgenommen werden.

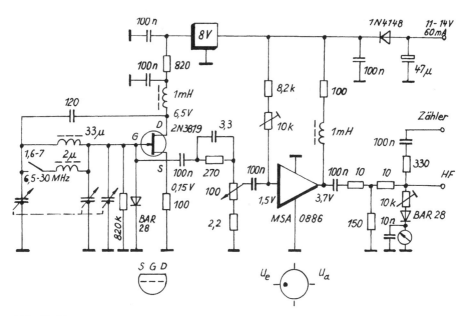

Abb. 12.29

Hans Nussbaum: Präziser HF-Generator 1,6...30 MHz, funk 11/2001

12.27 Erzeugung von HF-Rechtecksignalen

Mit einem Vierfach-Current-Feedback-Operationsverstärker wie dem HA5025 lassen sich vier Sinussignale als Basis für einen HF-Rechteckgenerator erzeugen. Drei der vier Operationsverstärker in *Abb. 12.30* sind identisch beschaltet, der vierte Operationsverstärker muss in invertierender Grundschaltung arbeiten, um die Phasenbedingung einzuhalten. Die vier Operationsverstärker sind über RC-Glieder gekoppelt.

Da der Ausgang von U2 mit seinem eigenen Schaltpegel vorgespannt ist, verhält sich dieser IC wie ein Sinus-Rechteck-Konverter. Die Sinussignale sind AC-gekoppelt auf seine Eingänge geschaltet.

Die Frequenz beträgt 1 MHz. Der Phasenversatz ist sehr stabil.

12.28 Frei einstellbarer Sägezahngenerator

In der Schaltung eines Sägezahngenerators nach *Abb. 12.31* können sowohl die Wiederholrate als auch das „Tastverhältnis" unabhängig voneinander eingestellt werden. Die Ausgänge des Flipflops U3B liefern abwechselnd Schaltsignale an die Komparatoren U2B und U2C, welche den konstanten Entladestrom von C3 bestimmen. Dieser ist gleich der Referenzspannung an Pin 3 von U1 durch den von den Komparatoren ausgewählten Widerstand. U1 muss eine pnp-Eingangsstufe haben, damit die Referenzspannung fast null werden kann, ohne dass die Funktion vorher aussetzt.

Das Flipflop U3A dient als Puffer zur Ermöglichung einer schnellen Ladung von C3.

Ein Power-FET dient als Ausgangsstufe.

12.29 Mini-Audio-Oszillator

Zum Testen und Ausmessen von Audioverstärkern benötigt man ein möglichst klirrarmes Sinussignal mit einstellbarer Frequenz. *Abb. 12.32* zeigt eine entsprechende Schaltung.

U1A und U1D drehen nur die Phase (je 90 Grad), während U1C um 180 Grad dreht, verstärkt und begrenzt. Nun genügt ein direkter Rückkopplungspfad. Das ist das eigentliche Geheimnis des Oszillators U1B, an dem über 10-kOhm-Widerstände die Ausgangssignale der drei Operationsverstärker liegen. Dies bewirkt eine Reduktion der Oberwellen. Ein 1-kHz-Signal erscheint mit nur 0,16 % Klirrfaktor am Ausgang.

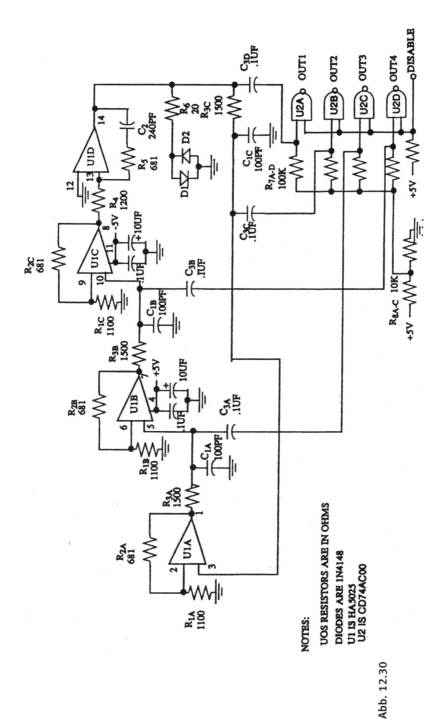

NOTES:

UOS RESISTORS ARE IN OHMS
DIODES ARE 1N4148
U1 IS HA5025
U2 IS CD74AC00

Abb. 12.30

Ronald Mancini/Michael Heeg: HF-Rechtecksignale erzeugen, Design & Elektronik 14/15, 1995

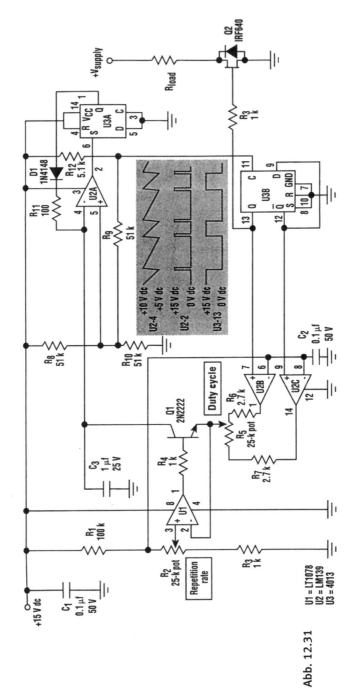

Abb. 12.31

U1 = LT1078
U2 = LM139
U3 = 4013

George Altemose: Vary Rep Rate, Duty Cycle Separately, Electronic Design, January 24, 1994

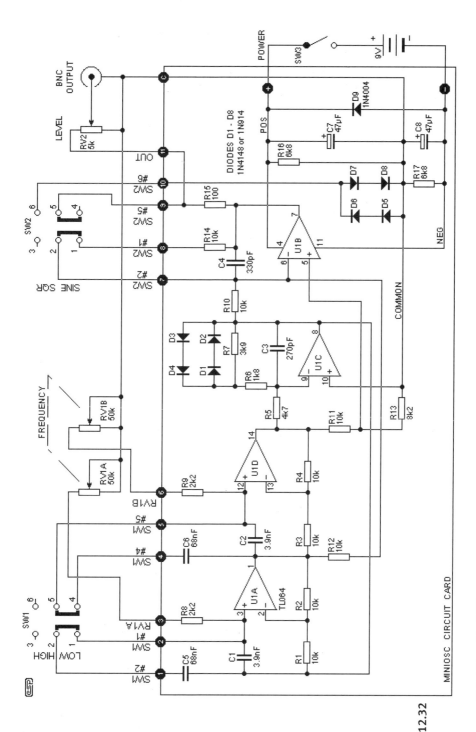

Abb. 12.32

Phil Allison/Rod Elliott: Miniature Audio Oscillator, http://sound.westhost.com/projects.htm

Mit dem Doppelpotentiometer lässt sich die Frequenz in jedem der beiden schaltbaren Bereiche im Verhältnis 1:24 einstellen: 41...1082 Hz oder 735...18.100 Hz. Die
Amplitude bleibt auf 0,1 dB konstant (max. 1 V an 330 Ohm).

Mit einem weiteren Schalter kann man zwischen Sinus- und Rechtecksignal wählen.

12.30 Generator für rosa Rauschen

Zum Testen von Lautsprechersystemen oder der Raumakustik verwendet man rosa
Rauschen. Es ist den natürlichen Geräuschen am besten angepasst. Man erhält es
aus weißem Rauschen, welches man mit 3 dB/Oktave filtert.

Die in *Abb. 12.33* dargestellte Schaltung erzeugt weißes Rauschen mithilfe der als
Z-Diode betriebenen Emitter-Basis-Strecke des Transistors. Dieses Rauschen wird
von U1a mit Spannungsfaktor 11 verstärkt und mit U1b gefiltert. *Abb. 12.34* zeigt
den Amplitudenverlauf.

12.31 Mikrofonschaltungs-Testoszillator

In der Schaltung nach *Abb. 12.35* ist die linke Stufe ein Oszillator. Er schwingt etwa
mit dem Kammerton A 440 Hz. Die rechte Stufe ist der Ausgangspuffer. Er bezieht
sein Signal direkt am Rückkopplungs-Netzwerk. Der Ausgang ist quasi-symmet-
risch.

12.32 Einfacher Phasenschieber-Oszillator

In *Abb. 12.36* ist die Schaltung eines sehr einfachen Phasenschieber-Oszillators dargestellt. Die Kreisfrequenz beträgt 1,73/RC. (Der Tangens von 60 Grad beträgt
1,73.) Die Frequenz ist 3,76 kHz. Rechnerisch ergeben sich 2,76 kHz. Die Abweichung entsteht durch die Belastung der drei Phasenschieber-Glieder. Die errechnete
Verstärkung des invertierenden Operationsverstärkers beträgt 8. In der Praxis ist ein
wesentlich höherer Wert erforderlich.

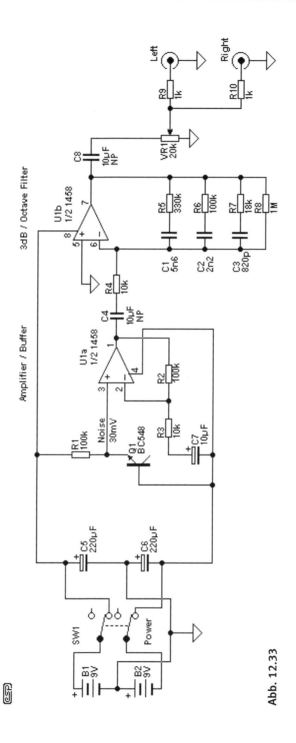

Abb. 12.33

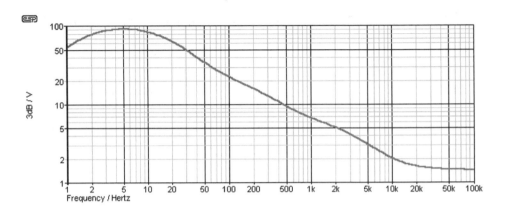

Abb. 12.34

Rod Elliott: Pink Noise Generator, http://sound.westhost.com/projects.htm

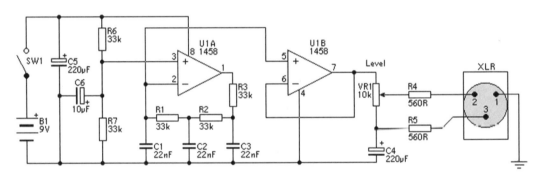

Abb. 12.35

Rod Elliott: Microphone Circuit Test Oscillator, http://sound.westhost.com/projects.htm

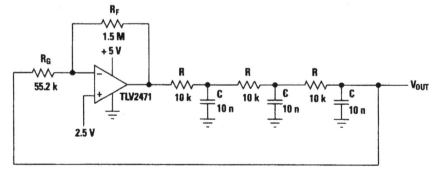

Abb. 12.36

Ron Mancini: Design of op amp sine wave oscillators, Analog Application Journal, August 2000

12.33 Sinusoszillator mit entkoppelten RC-Gliedern

Zur besseren Berechenbarkeit der eben besprochenen Schaltung kann man die RC-Glieder umdimensionieren, z. B. 100 Ohm/1 µF, dann 1 kOhm/100 nF, dann 10 kOhm/10 nF. Dann sinkt die Belastung. Noch einen Schritt weiter geht die Schaltung in *Abb. 12.37.*, indem sie zwei Glieder durch Spannungsfolger entkoppelt. Die Frequenz weicht jetzt mit 2,9 kOhm unwesentlich vom Rechenwert ab, ebenso wie die Verstärkung von 8,33. Die kleinere Verstärkung verspricht einen geringeren Klirrfaktor.

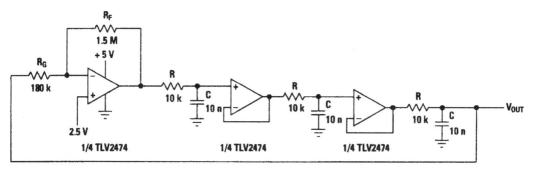

Abb. 12.37

Ron Mancini: Design of op amp sine wave oscillators, Analog Application Journal, August 2000

12.34 Quadraturoszillator mit zwei Operationsverstärkern

Der Quadraturoszillator ist ein Phasenschieber-Oszillator, bei dem die RC-Glieder eine Phasenverschiebung um 90 Grad bewirken. Das bedeutet eine einfache Formel für die Kreisfrequenz: 1/RC. Außerdem lässt sich leicht ein Cosinussignal ableiten.

Die Applikationsschaltung in *Abb. 12.38* oszilliert auf 1,65 kHz (Rechenwert 1,59 kHz).

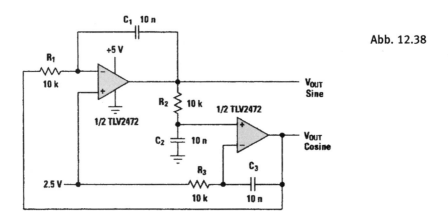

Abb. 12.38

Ron Mancini: Design of op amp sine wave oscillators, Analog Application Journal, August 2000

12.35 Bubba-Oszillator

Der Bubba Oscillator ist ein Phasenschieber-Oszillator mit gewissen Vorteilen. Vier 45-Grad-RC-Glieder werden eingesetzt; drei werden durch Puffer entkoppelt. *Abb. 12.39* bringt eine praktische Schaltung. Das RC-Glied links unten wird vom

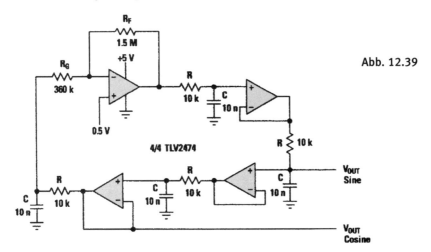

Abb. 12.39

Ron Mancini: Design of op amp sine wave oscillators, Analog Application Journal, August 2000

invertierenden Verstärker nur geringfügig belastet. Seine Verstärkung weicht nur geringfügig vom Rechenwert ab, ebenso wie die Schwingfrequenz von 1,76 kHz.

Es stehen vier niederohmige Ausgänge mit um 45 Grad versetzten Signalen zur Verfügung.

12.36 Impulsgenerator mit weitem Frequenzbereich

Der integrierte Spannungs-Frequenz/Frequenz-Spannungs-Konverter TC9400 wird in *Abb. 12.40* als Spannungs-Frequenz-Wandler genutzt. Der vielseitige Low-Cost-Baustein lässt sich für einen weiten Frequenzbereich dimensionieren. Es können, wie angedeutet, verschiedene Ausgangssignale generiert werden. Auch eine Frequenzmodulation (FM) ist möglich.

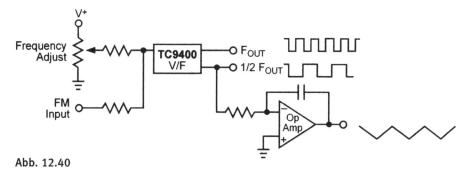

Abb. 12.40

Microchip Application Note 795, Michael O. Paiva: Voltage-to-Frequency/Frequency-to-Voltage Converter

12.37 Audio-Rauschgenerator

Die Schaltung nach *Abb. 12.41* erzeugt im Audiobereich ein breitbandiges, gleichmäßiges (weißes) Rauschen. Der 25-kHz-Generator erzeugt die höchste vorkommende Frequenz (Grundwelle), welche von den ICs CD4021B und CD4006B auf verschiedene Werte heruntergeteilt wird. Hierbei handelt es sich um Schieberegister. Die Auskopplung erfolgt über einen Impedanzwandler mit Potentiometer.

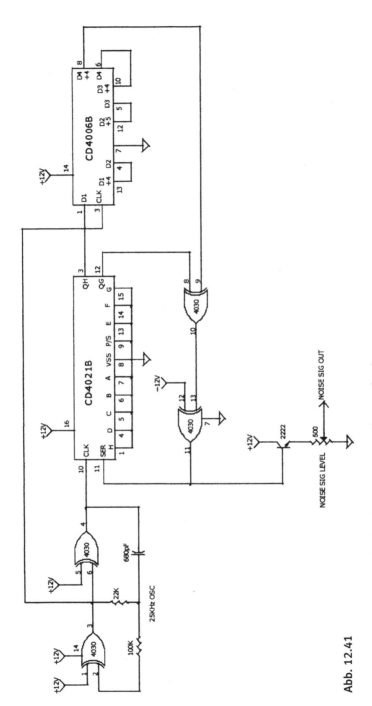

Abb. 12.41

David Johnson: Audio Band Noise Generator, www.discovercircuit.com

12.38 Programmierbarer Sinusgenerator

Der Sinusgenerator nach *Abb. 12.42* ist per PC programmierbar. Der Frequenzbereich beträgt 2 Hz bis 20 kHz in 1-Hz-Schritten. Die Ausgangsspannung liegt bei 2,2 V Spitze-Spitze. Sie bleibt im gesamten Frequenzbereich konstant.

Die eigentliche Signalquelle ist IC1, ein digital programmierbarer Rechteckgenerator. Die Ausgangsfrequenz ist 2 a × 2078 Hz / [2 − (b/1024)]. Die Variablen a und b repräsentieren 4- bzw. 10-bit-Wörter. IC2 ist ein 14-stufiger binärer Zähler. Die Signale an Q4 und Q10 dienen als Takt und Eingangssignal für das geschaltete Filter achter Ordnung IC3. Dessen −3-dB-Grenzfrequenz liegt bei 1 % der Taktfrequenz.

Um ein 1-kHz-Signal zu erzeugen, beträgt die Filter Taktfrequenz 64 kHz. Die Rechteckgenerator-Frequenz ist 64 mal höher, also 1024 kHz.

Das Steuerprogramm ist unter www.edn.com/060901di2 zugänglich.

12.39 Impuls- und Pausenzeit getrennt einstellbar

Die Schaltung des astabilen Multivibrators in *Abb. 12.43* nutzt einen modernen Operationsverstärker mit 15 MHz Transitfrequenz. Das Signal ist daher sehr präzise und von der Temperatur unabhängig. Impulszeit (on) und Pausenzeit (off) lassen sich getrennt einstellen. Mit S1 kann man Grundbereiche wählen. Es genügt eine einfache Betriebsspannung.

12.40 Funktionsgenerator mit weitem Frequenzbereich

Das Besondere an der Funktionsgenerator-Schaltung in *Abb. 12.44* ist, dass die Frequenz mit R1 oder einer externen Steuerspannung zwischen 0,1 Hz und 100 kHz einstellbar ist. Vom Rechteckausgang führt ein Widerstand (R4) zurück zum nichtinvertierenden Eingang von IC1. Herz der Schaltung ist dieser OTA (operationaltransconductance amplifier) CA3080A. Er stellt eine spannungsgesteuerte Stromquelle dar. Es schließt sich ein Integrator an (IC2). Dieser liefert das Dreiecksignal. Mit R2 kann man die Steilheit bei Anstieg und Abfall beeinflussen (angleichen). IC3 ist eine Kippstufe, welche mit R3 beeinflusst werden kann („Amplituden-Symmetrie").

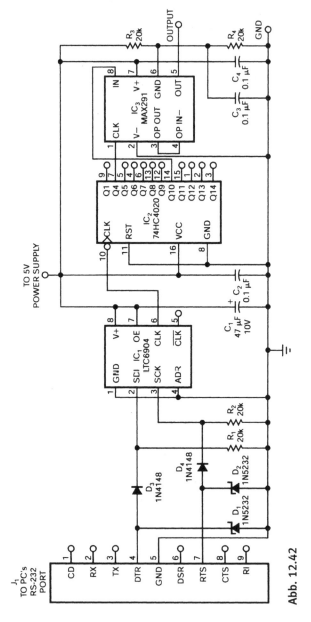

Abb. 12.42

Yongping Xia: PC's serial port controls programmable sine-wave generator, EDN, September 1, 2006

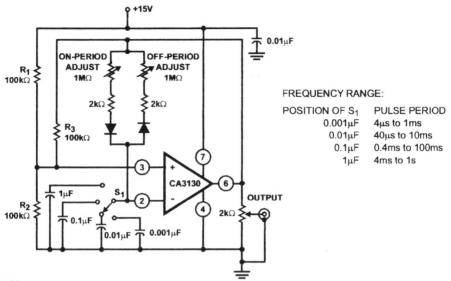

Abb. 12.43

Intersil Data Sheet CA3240, CA3240A

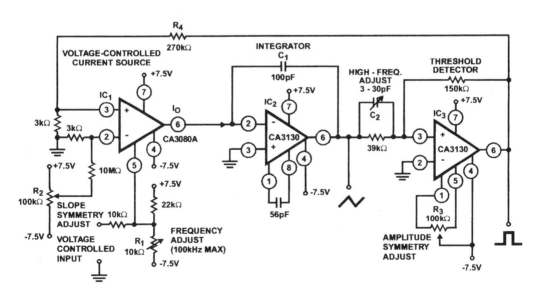

Abb. 12.44

Intersil Data Sheet CA3240, CA3240A

12.41 Wienbrückenoszillator mit Diodenarray

Der Wienbrückenoszillator zeichnet sich durch ein Netzwerk aus einer RC-Reihenschaltung und einer RC-Parallelschaltung aus. Als Festfrequenzoszillator genügt oft eine fest eingestellte Rückkopplung – siehe *Abb. 12.45*. Zur Amplitudenstabilisierung, wie sie bei veränderlicher Frequenz in der Regel unvermeidbar ist, dienen verschiedene Methoden, gut bekannt sind die mit Kaltleiter (Glühlämpchen) oder Sperrschicht-FET.

Abb. 12.46 zeigt einen anderen Weg der Stabilisierung. Dem oberen Gegenkopplungs-Widerstand ist eine Diodenbrücke parallelgeschaltet, in welcher eine Z-Diode in Reihe mit einer normalen Diode liegt. Bei ansteigender Ausgangsspannung sinkt der differentielle Widerstand der Z-Diode, sodass stärker gegengekoppelt wird. Diese Methode der Stabilisierung verspricht eine höhere Unabhängigkeit von der Umgebungstemperatur als die üblichen Methoden.

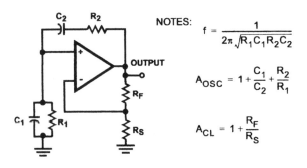

NOTES:

$$f = \frac{1}{2\pi \sqrt{R_1 C_1 R_2 C_2}}$$

$$A_{OSC} = 1 + \frac{C_1}{C_2} + \frac{R_2}{R_1}$$

$$A_{CL} = 1 + \frac{R_F}{R_S}$$

Abb. 12.45

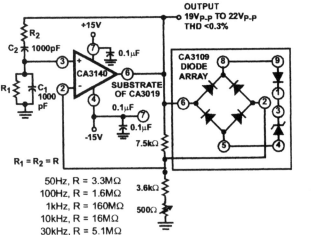

$R_1 = R_2 = R$

50Hz, R = 3.3MΩ
100Hz, R = 1.6MΩ
1kHz, R = 160MΩ
10kHz, R = 16MΩ
30kHz, R = 5.1MΩ

Abb. 12.46

Intersil Data Sheet
CA3240, CA3240A

12.42 Funktions- und Sweeping-Generator

Abb. 12.47 zeigt den Blockaufbau dieses vielseitigen Generators. Das – mit einem Potentiometer oder dem Sweeping-Generator – realisierbare Frequenzverhältnis ist 1:1000.000.

In *Abb. 12.48* ist die Schaltung des Funktionsgenerators zu sehen. Es ist dies im Prinzip der übliche Aufbau, wenn man sich für einzelne Operationsverstärker und nicht für einen speziellen IC entscheidet. Im ersten Fall kann man durch geeignete Operationsverstärker und durchdachtes Design bessere Ergebnisse erzielen als im zweiten. Das integrierende „Netzwerk" liegt am Ausgang des CA3080A. Der CA3140 hat im Wesentlichen Pufferfunktion. Der zweite CA3080 arbeitet als High-Speed-Schaltstufe mit Hysterese.

Der Funktionsgenerator erzeugt eine Dreieck- und eine Rechteckspannung. Der Verformer (shaper) macht aus der Dreieckspannung eine Sinusspannung. *Abb. 12.49* zeigt die Schaltung. Der CA3140 hat mit den Dioden aus dem Array nichtlineare Elemente in den Rückkopplungspfaden auf Plus- und Minuseingang. Der Klirrfaktor beträgt maximal 2 %.

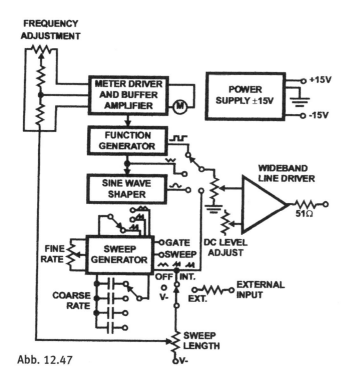

Abb. 12.47

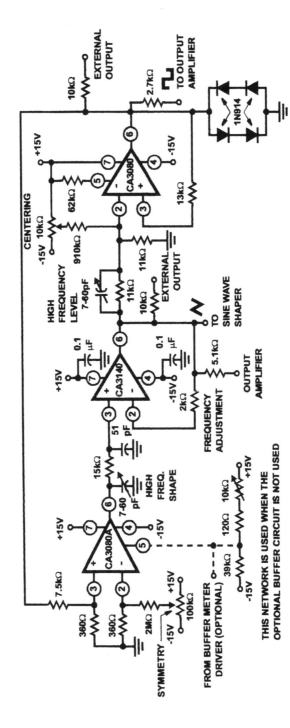

Abb. 12.48

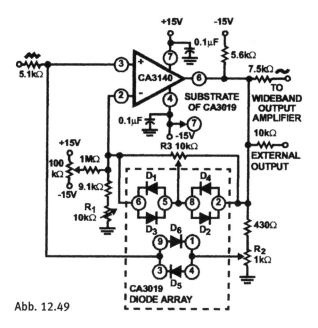

Abb. 12.49

Der Sweeping-Generator ist wie der Funktionsgenerator mit drei Operationsverstärkern aufgebaut. *Abb. 12.50* bringt die Schaltung. Der CA3140 ist ein 4,5-MHz-BiMOS-Typ. Es gibt mehrere Einstell- und Abgleichmöglichkeiten. Die Signale sind zu Testzwecken, aber auch zum Wobbeln des Funktionsgenerators verwendbar.

Bei der Schaltung nach *Abb. 12.51* handelt es sich um den „Meter Driver and Buffer Amplifier". Der BiMOS-Operationsverstärker CA3140 arbeitet als Spannungsfolger mit „angezapfter" Rückkopplung. Hier erhält der Spannungs-Strom-Wandler mit dem CA3080A seine Spannung. Das Instrument zeigt logarithmisch die Frequenz an. Sie wird mit dem Potentiometer eingestellt oder von der Steuerspannung vom Sweeping-Generator beeinflusst.

Zur Erhöhung des Ausgangsstroms dient ein integrierter Operationsverstärker mit einer Komplementärendstufe, wie in *Abb. 12.52* gezeigt. Diese Endstufe ist durch die Dioden leicht vorgespannt, arbeitet also auch bei kleinen Signalen noch gut. Die Verstärkung beträgt rund 960. Im Ausgang liegt ein 50-Ohm-Widerstand; der Ausgangswiderstand beträgt damit rund 50 Ohm. Lässt man diesen Widerstand fort, verbessert sich der Wirkungsgrad wesentlich.

Die Slew Rate ist 28 V/µs.

Für das Netzteil +/−15 V sind verschiedene Lösungen möglich.

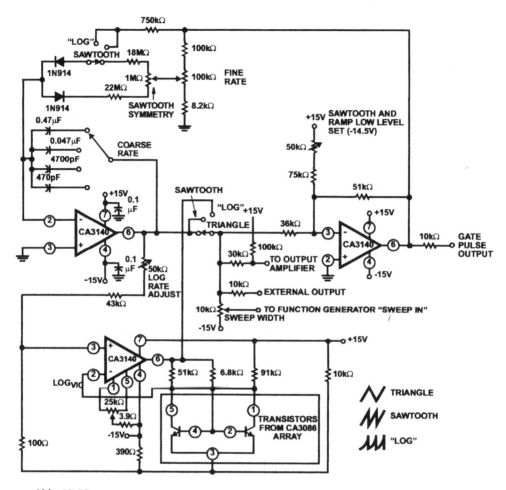

Abb. 12.50

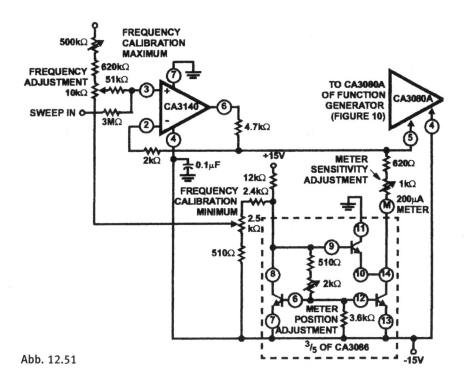

Abb. 12.51

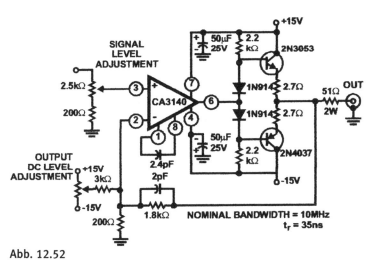

Abb. 12.52

Intersil Data Sheet CA3140, CA3140A

12.43 Quarzoszillatoren mit ungepufferten Invertern

Das U in der Typbezeichnung des ICs in *Abb. 12.53* steht für „unbuffered gate". Solche Inverter bestehen aus drei in Kaskade geschalteten Komplementärstufen und eigenen sich besonders gut zum Aufbau von Oszillatoren, da sie z. B. ein sehr sicheres Anschwingen gewährleisten.

In der Schaltung liegt der Quarz zwischen Eingang und Ausgang eines Inverters (Ausnutzung der Serienresonanz). Der zweite Inverter dient der Entkopplung der Last.

Es genügt eine Betriebsspannung von 2,5 V.

Auch die Schaltung nach *Abb. 12.54* nutzt den NL27WZU04 und ist ähnlich aufgebaut. Hier gelangt die Hälfte der Spannung über dem Quarz an den Eingang (Reihenresonanz). Das schränkt die Übersteuerung ein und erlaubt steile Flanken.

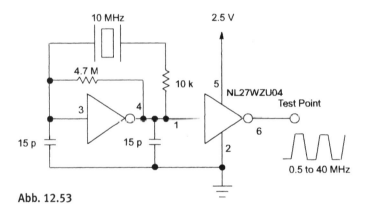

Abb. 12.53

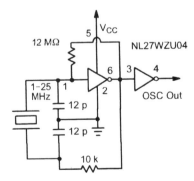

Abb. 12.54

On Semiconductor Application Note AND8141/D & AND8053/D

12.44 High-Speed-Funktionsgenerator

Programmiert man einen Digital-Analog-Wandler wie den vielseitigen DAC08 entsprechend, so liefert er Signale, welche rechteckförmig, dreieckförmig oder sinusförmig sind.

Die in *Abb. 12.55* gezeigte Schaltung stellt einen solchen programmierbaren Funktionsgenerator (waveform generator) dar. Die Anmerkungen beschreiben ihn näher.

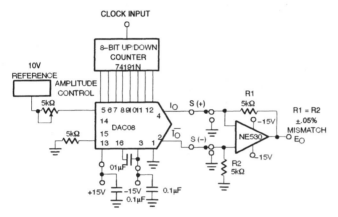

Hinweise:
- symmetrischer Bipolar-Ausgang
- für Dreiecksignal voll hochzählen, umkehren, herabzählen
- für positiven Sägezahn voll hochzählen, bereinigen, wiederholen
- für negativen Sägezahn voll herabzählen, bereinigen, wiederholen
- für andere Signale ROM mit der gewünschten Funktion einsetzen

Abb. 12.55

On Semiconductor Application Note AND8175/D

12.45 Random-Noise-Generator

In *Abb. 12.56* ist die Schaltung eines Generators dargestellt, der spektral gleich verteiltes Rauschen liefert. Es stammt vor allem von der Z-Diode NC103. Der nachfolgende Operationsverstärker gewährleistet den problemlosen Anschluss des schaltbaren Filters. Es folgt ein in der Verstärkung regelbarer Verstärkerbaustein. An dessen Ausgang wird die Rauschspannung abgenommen.

Mit dem RMS to Voltage Converter LTC1968, dem nachfolgenden Puffer und dem Summierer wurde eine Regelschleife verwirklicht, welche die Ausgangsspannung konstant hält. Die Z-Diode 1,2 V liefert die Vergleichsspannung.

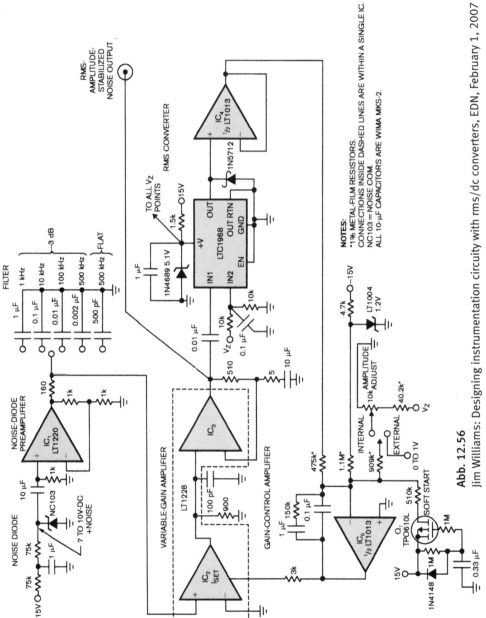

Abb. 12.56

Jim Williams: Designing instrumentation circuitry with rms/dc converters, EDN, February 1, 2007

12.46 FM-Messsender

In der Schaltung nach *Abb. 12.58* dient IC1 als NF-Vorverstärker. Aus dem Ausgangssignal wird eine negative Steuerspannung für den FET gewonnen, welcher über die Gegenkopplung die Verstärkung dem Eingangssignal anpasst.

Der eigentliche Sender wird mit den zwei FETs rechts realisiert. Über die doppelte Varicap erfolgt die Frequenzmodulation. Die anzuschließende Stabantenne lässt sich an den Ausgangskreis anpassen.

Die Spulen sind folgendermaßen zu wickeln:

- L1 6 Wdg. CuL 0,8 mm auf T50-12, Anzapfung bei zwei Windungen
- L2 wie L1, Anzapfung bei drei Windungen
- L3 wie L1, Anzapfung bei einer Windung
- L4 4 Wdg. CuL 0,8 mm auf Ferritperle

12.47 Dreiton-Oszillator

Die Schaltung in *Abb. 12.57* kann drei Töne generieren. Welche Frequenz erzeugt wird, hängt von den logischen Pegeln an den Eingängen ab. Man kann also logische Pegel akustisch signalisieren.

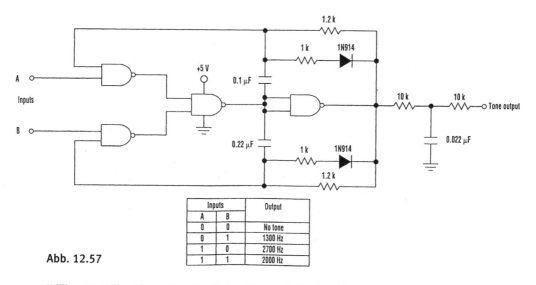

Inputs		Output
A	B	
0	0	No tone
0	1	1300 Hz
1	0	2700 Hz
1	1	2000 Hz

Abb. 12.57

William M. Miller: Three-Tone Oscillator, Electronic Design, May 15, 1995

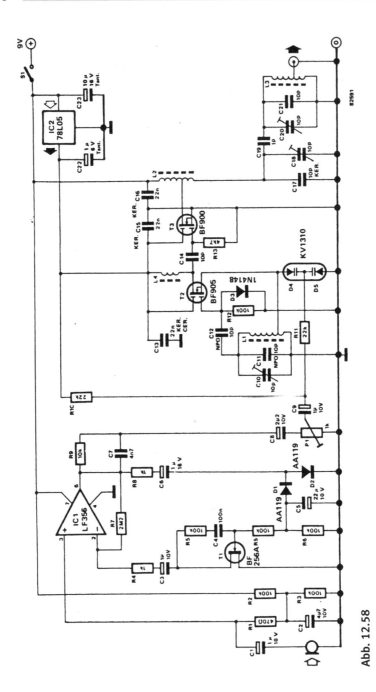

Abb. 12.58

FM-Mess-Sender, 302 Schaltungen, Elektor

13 Weitere Schaltungen für die Messtechnik

13.1 Schaltungen mit S&H-Verstärker-ICs

Die Bausteine HA-2420/2425, HA-5320 und HA-5330 sind monolithisch integrierte Sample-and-Hold-Verstärker und in der Messtechnik vielseitig einsetzbar. *Abb. 13.1* zeigt den Blockaufbau des HA-2420/2425. Dieser ist besonders vielseitig verwendbar. *Abb. 13.2* zeigt die Grundstruktur des HA-5320. Dieser ist sehr schnell und ent-

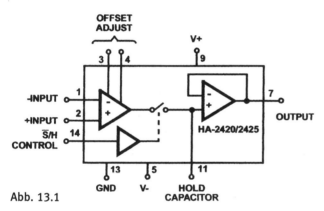

Abb. 13.1

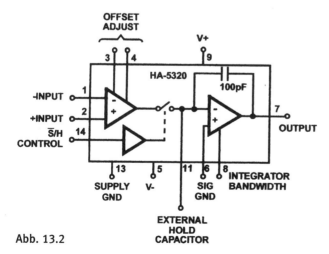

Abb. 13.2

hält bereits den S&H-Kondensator. *Abb. 13.3* zeigt das Innenleben des HA-5330. Auch dieser enthält schon den Kondensator, ist aber noch schneller. Ein 10-V-Schritt kann in 500 ns auf 0,01 % genau verarbeitet werden.

In *Abb. 13.4* ist die Grundstruktur einer Track-and-Hold-Schaltung gezeigt. Der Unterschied zur Sample-and-Hold-Schaltung liegt lediglich darin, dass der Schalter eine relativ lange Zeit geschlossen ist. In dieser Zeit kann sich das Ausgangssignal wahrnehmbar ändern.

In *Abb. 13.5* ist eine S&H-Schaltung mit Verstärkung dargestellt. Diese wird von R1 und R2 bestimmt.

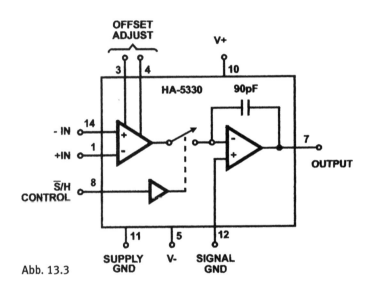

Abb. 13.3

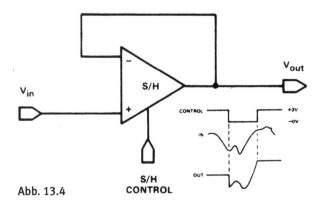

Abb. 13.4

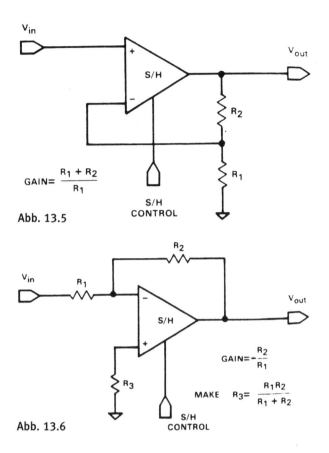

Abb. 13.5

Abb. 13.6

Abb. 13.6 zeigt eine invertierende S&H-Schaltung mit Verstärkung. R3 dient der möglichst weitgehenden Kompensation der Temperaturdrift der Offsetströme. Legt man noch einen Kondensator über R2 (*Abb. 13.7*), erreicht man eine Tiefpassfilter-Wirkung. Nun sollte aber die Zeitverzögerung beachtet werden.

Die Kaskadierung von S&H-Verstärkern kann gemäß *Abb. 13.8* erfolgen. Hintergrund: Kurze Sampling-Zeiten benötigen einen kleinen Hold-Kondensator, lange Sampling-Zeiten einen großen. Durch Kaskadierung umgeht man diesen Zusammenhang, wenn man im ersten Verstärker einen kleinen und im zweiten Verstärker einen großen Kondensator einsetzt. Dann kann das Signal viel länger gehalten werden als es allein mit dem ersten Verstärker möglich wäre – bei dort kurzer Sampling-Zeit.

Schließlich skizziert *Abb. 13.9* den automatischen Offsetabgleich eines S&H-Verstärkers. Dazu wird der Eingang regelmäßig kurzgeschlossen, die Abweichung

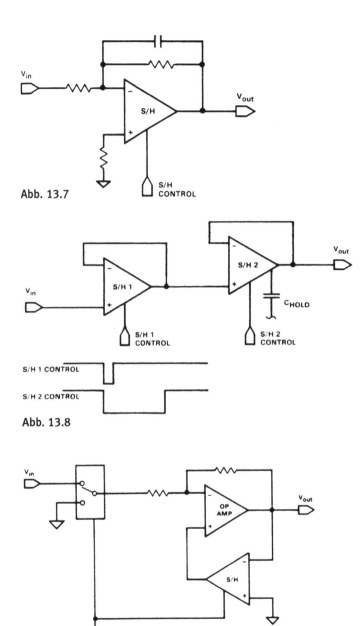

Abb. 13.7

Abb. 13.8

Abb. 13.9

Intersil Application Note 517, Don Jones/Al Little

gespeichert und bei der Messung berücksichtigt. Diese Grundschaltung findet Anwendung bei vielen Messaufgaben, wie Instrumentation, A/D-Wandlung oder Digitalvoltmetern.

13.2 Langlebige portable Referenzquelle

Die in *Abb. 13.10* gezeigte Schaltung für eine temperaturstabile Spannungs- und Stromreferenz zum genauen Überprüfen von DC-Messgeräten benötigt nur 16 µA Betriebsstrom. Sie wird mit zwei AAA-Alkaline-Elementen betrieben, welche diesen Strom mehrerer Jahre lang liefern können. Mit 1,2-Ah-Elementen beträgt die Lebensdauer fünf Jahre. Ein Einschalter ist daher entbehrlich.

Zwei Ausgänge sind vorhanden: einer mit niedrigem Innenwiderstand für 1,5 V und ein hochohmiger Ausgang mit 1 µA Konstantstrom. Der Spannungsausgang kann maximal 700 µA aufnehmen oder liefern. Er ist kurzschlusssicher. Die Toleranz beträgt 0,17 %. Die Spannung am Stromausgang darf 1 V nicht überschreiten, kann aber bis −43 V betragen, da Q1 −45 V Kollektorspannung verträgt. Die Toleranz beträgt 1,2 %.

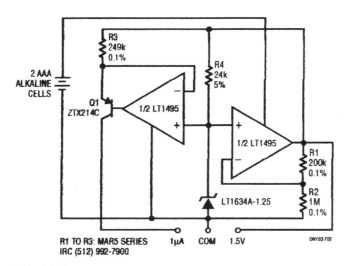

Abb. 13.10

Linear Technology Design Note 163, Mitchell Lee/Jim Williams

13.3 Schneller Spannungsfolger

Verbindet man den Minuseingang eines Operationsverstärkers mit seinem Ausgang, entsteht ein Impedanzwandler oder Spannungsfolger. Man kann die Reaktionsschnelligkeit eines solchen Spannungsfolgers durch eine zusätzliche Rückkopplung in Richtung Frequenzkompensations-Kondensator erhöhen. Beim Operationsverstärker LM101A wird dieser extern angeschlossen, normalerweise zwischen Pin 1 und 8. In *Abb. 13.11* liegt er jedoch statt an Pin 8 an einem RC-Glied. Dies verbessert die Slew Rate auf 1 V/µs.

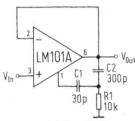

Power Bandwidth = 15 kHz
Slew Rate = 1V/us

Abb. 13.11

National Semiconductor Application Note 31

13.4 Quellen für negative Referenzspannung

Mithilfe eines Operationsverstärkers und einer Z-Diode lässt sich eine temperaturstabile und lastunabhängige Referenzspannung bereitstellen. Man kann eine Z-Diode mit etwa 5,6 V einsetzen, da bei dieser Z-Spannung der Temperaturkoeffizient durch null geht. Schaltet man einen hochohmigen Spannungsteiler parallel und einen Operationsverstärker-Spannungsfolger nach, hat man eine temperaturstabile und lastunabhängige positive Referenzspannung.

Benötigt man eine negative Referenzspannung, kommen die in *Abb. 13.12* gezeigten Schaltungen in Frage. Sie können als gleichwertig angesehen werden und haben identischen Bauelementebedarf.

Wichtig ist stets ein driftarmer Operationsverstärker. Der LM107 kommt dieser Forderung nach.

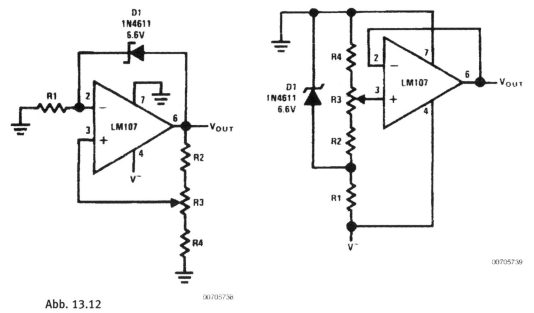

Abb. 13.12

National Semiconductor Application Note 31

13.5 Präzisions-Stromquelle und -Stromsenke

Eine Konstantstrom-Quelle wird für bestimmte Messaufgaben ebenso benötigt wie eine Konstantstrom-Senke. Im ersten Fall wird ein bestimmter Strom lastunabhängig geliefert, im zweiten Fall ein bestimmter Strom aus einer Quelle aufgenommen, unabhängig von deren Innenwiderstand oder Leerlaufspannung.

In *Abb. 13.13* wird eine präzise arbeitende Konstantstrom-Quelle gezeigt. Der Operationsverstärker ist sehr driftarm; die nachgeschalteten Transistoren sorgen für hohe Stromergiebigkeit. Der Strom wird allerdings gegen negative Betriebsspannung geliefert.

Abb. 13.14 zeigt die Schaltung einer Präzisions-Stromsenke. Unabhängig von der positiven Betriebsspannung und einem eventuellen Widerstand wird ein konstanter Strom gezogen.

Legt man in beiden Fällen einen Widerstand an den Ausgang, muss man darauf achten, dass die an ihm anfallende Spannung nicht zu groß wird. Stromquellen und -senken können am Ausgang nur innerhalb eines bestimmten Spannungs-Spielraums arbeiten, der innerhalb der Grenzen der Betriebsspannung liegt.

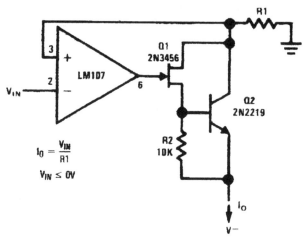

Abb. 13.13   00705741

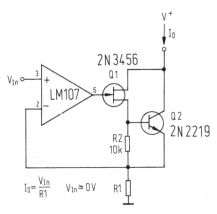

Abb. 13.14

National Semiconductor
Application Note 31

13.6 Logarithmierer mit 100 dB Dynamikbereich

Der Zusammenhang zwischen dem Kollektorstrom und der Basis-Emitter-Spannung eines Transistors ist logarithmisch. Man findet bipolare Transistoren daher in Schaltungen, welche den Logarithmus einer Eingangsgröße darstellen sollen. In *Abb. 13.15* ist diese ein Strom. Q1 ist das nichtlineare Rückkopplungselement für den Operationsverstärker LM108. Sein Kollektorstrom stimmt genau mit dem Eingangsstrom überein. Q2 liegt im Rückkopplungszweig des Operationsverstärkers

LM101A. Sein Kollektorstrom entspricht dem konstanten Strom durch R3 (10 μA). Daher bleibt auch seine Basis-Emitter-Spannung konstant. Nur die Basis-Emitter-Spannung von Q1 ändert sich mit dem Eingangsstrom. Die Ausgangsspannung ist eine Funktion der Differenz der Basis-Emitter-Spannungen gemäß Formel unten links. Setzt man in diese die zweite Formel ein, erhält man die dritte Gleichung. Mit den Werten der Schaltung entsteht der Ausdruck oben. Durch ihre Dimensionierung und die Auswahl temperaturstabiler Operationsverstärker hat die Schaltung einen Dynamikbereich von 100 dB. Die Ausgangsspannung ist auf 1 % genau der Logarithmus eines Eingangsstroms von 10 nA bis 1 mA.

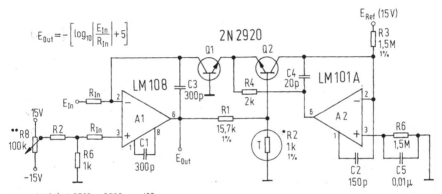

$$E_{Out} = -\left[\log_{10}\left|\frac{E_{In}}{R_{In}}\right| + 5\right]$$

• $1k\Omega\,(\pm1\%)$ at $25°C$, $+3500\,ppm/°C$
Available from Vishay Ultronix, Grand Junction, CO, Q81 Series
••Offset Voltage Adjust

$$E_{Out} = \frac{R1+R2}{R2}\left(V_{BE_2} - V_{BE_1}\right) \qquad \Delta V_{BE} = \frac{kT}{q}\log_e\frac{I_{C1}}{I_{C2}} \qquad E_{Out} = \frac{-kT}{q}\left[\frac{R1+R2}{R2}\right]\log_e\left[\frac{E_{In}R3}{E_{Ref}R_{In}}\right]$$

Abb. 13.15

National Semiconductor Application Note 30

13.7 Schneller Logarithmierer

Die in *Abb. 13.16* angegebene Schaltung liefert eine zum Logarithmus der Eingangsspannung proportionale Ausgangsspannung. Grundlage der Funktion ist der logarithmische Zusammenhang zwischen der Basis-Emitter-Spannung und dem Kollektorstrom eines Transistors.

Das Eingangssignal liegt an dem Spannungsfolger-IC LM102. Die eigentliche mathematische Operation erfolgt mit dem Operationsverstärker A1. Er ist mit R1, R6 und zwei Basis-Emitter-Strecken gegengekoppelt. Die Basis-Emitter-Spannung von Q2 wird durch einen konstanten Kollektorstrom konstant gehalten. Sie hat allerdings einen Temperaturkoeffizienten von etwa −2 mV/K. Dieser Transistor dient zur Kompensation der temperaturbedingten Basis-Emitter-Spannung von Q1. Kleine Kompensationskapazitäten an A1 und A2 ermöglichen die hohe Reaktionsschnelligkeit. Die Bandbreite beträgt 10 MHz bei hoher Slew Rate.

R1 und R2 bestimmen die Empfindlichkeit, R3 hat Einfluss auf den Nullpunkt. Mit den angegebenen Werten ist der Skalenfaktor 1 V/Dekade, und es ergibt sich die Übertragungsgleichung lt. Formel. Ströme von 100 nA bis 1 mA können bei minimalem Fehler verarbeitet werden, also 80 dB Dynamikbereich.

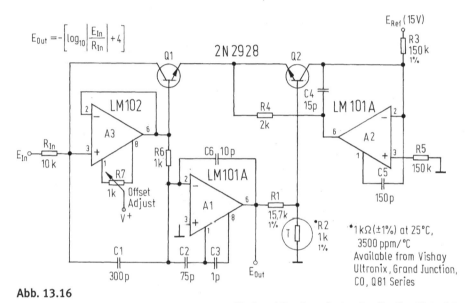

Abb. 13.16

National Semiconductor Application Note 30

13.8 Anti-Logarithmierer

Einen Anti-Logarithmierer erhält man im Prinzip aus den zuvor besprochenen beiden Schaltungen, indem man sie gewissermaßen rückwärts betreibt. In *Abb. 13.17* haben Ein- und Ausgangsspannung daher ganz andere Anschlusspunkte, während die Grundstruktur der Schaltung unverändert geblieben ist.

A1 steuert in Zusammenarbeit mit Q1 den Emitter proportional zur Eingangsspannung an. Der Kollektorstrom verhält sich exponentiell zur Basis-Emitter-Spannung. A2 wandelt ihn in eine proportionale Spannung um. Es gilt die angegebene einfache Formel.

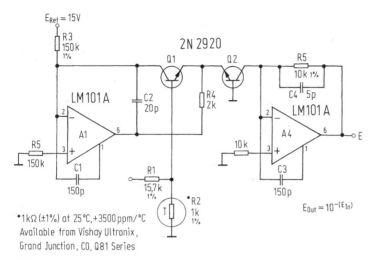

Abb. 13.17

National Semiconductor Application Note 30

13.9 Mathematische Verarbeitung mit minimaler Drift

LM194 und LM394 sind sogenannte Supermatch Pairs, d. h. monolithisch integrierte Differenzstufen mit sehr hoher Symmetrie. Die integrierten Transistoren gleichen sich sehr genau und haben bestmöglichen thermischen Kontakt. Das erlaubt den Aufbau äußerst driftarmer Differenzverstärker zur Verabeitung auch kleiner DC-Signale.

In *Abb. 13.18* sind zwei typische Applikationen dargestellt. Die Eingangsspannungen dürfen je im Bereich 0...10 V liegen. Bei 10 V hat das Instrument Vollausschlag. Ein driftarmer Operationsverstärker LM301A bildet die Grundstruktur jeweils in invertierender Grundschaltung. Er benötigt +/–15 V Versorgungsspannung.

Mit der linken Schaltung erfolgt ein Ratizieren; der Ausgangsstrom ist proportional zur Wurzel aus der Eingangsspannung. Der Eingangswiderstand beträgt 150 kOhm.

Die rechte Schaltung liefert einen quadratisch mit der Eingangsspannung steigenden Strom. Der Eingangswiderstand beträgt hier 100 kOhm.

In *Abb. 13.19* ist die Schaltung für einen logarithmierenden Verstärker gezeigt. Er kann entweder einen Strom oder eine Spannung verarbeiten. Neben dem Supermatch Pair werden zwei Operationsverstärker benötigt.

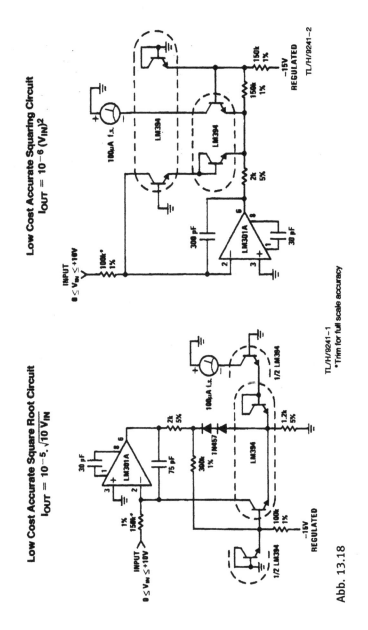

Abb. 13.18

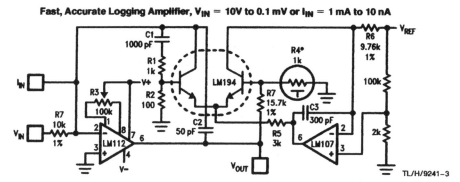

Fast, Accurate Logging Amplifier, V_{IN} = 10V to 0.1 mV or I_{IN} = 1 mA to 10 nA

*1 kΩ (±1%) at 25°C, +3500 ppm/°C. Available from Vishay Ultronix, Grand Junction, CO, Q81 Series.

$$V_{OUT} = -\log_{10}\left(\frac{V_{IN}}{V_{REF}}\right)$$

Abb. 13.19

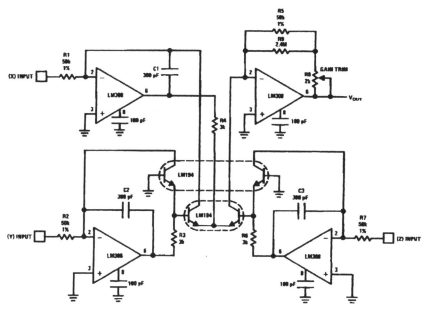

$$V_{OUT} = \frac{(X)\,(Y)}{(Z)};\text{ positive inputs only. *Typical linearity 0.1\%}$$

TL/H/9241-6

Abb. 13.20

National Semiconductor LM194/LM394 Supermatch Pair

Abb. 13.20 bringt die Schaltung eines hochpräzisen Multiplizierers/Dividierers. Zwei Supermatch Pairs und vier präzise arbeitende Operationsverstärker werden benötigt. Der Aufwand lohnt, die Genauigkeit der mathematischen Funktion ist auch bei kleinen Signalen und schwankender Umgebungstemperatur hoch. Die Schaltung hat drei Eingänge, die Formel beschreibt die Arbeitsweise. Für die Multiplikation nutzt man die Eingänge X und Y und legt an Z eine konstante Spannung an. Für die Division nutzt man den Eingang X oder Y und legt den anderen an Masse. Die Eingangssignale müssen stets positiv sein, daher die Bezeichnung One Quadrant (ein Quadrant, genauer erster Quadrant im Koordinatensystem).

13.10 Multiplizierer/Dividierer

Viele nichtlineare Funktionen, wie Quadrieren, Kehrwertbildung, Multiplizieren oder Dividieren, können auf Grundlage von Logarithmiererschaltungen realisiert werden. Die Multiplikation wird dabei zur Addition, die Division zur Subtraktion.

Abb. 13.21 zeigt eine Schaltung, welche diese Operationen ausführen kann, beispielsweise um Messsignale zu verarbeiten.

Die Multiplizier-Funktion beschränkt sich auf positive Eingangsspannungen, also den ersten Quadranten im XY-Koordinatensystem. Der Logarithmiererer-Ausgang Pin 6 von A1 bestimmt die Basisspannung von Q3. Diese Spannung ist proportio-

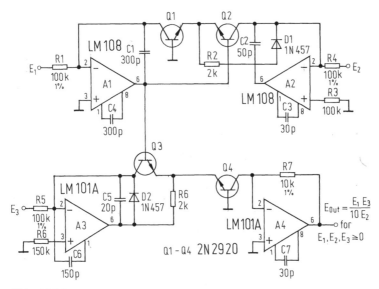

Abb. 13.21

National Semiconductor Application Note 30

nal zum Logarithmus von E_1/E_2. Q3 addiert eine Spannung, welche proportional zum Logarithmus von E_3 ist, hinzu und treibt einen Strom durch den Antilog-Transistor Q4. A4 und R7 wandeln diesen Strom zur Ausgangsspannung. R7 setzt den Skalenfaktor lt. Formel.

Ein Einsatzbereich solcher Schaltungen ist die Messung von Transistor-Stromverstärkungen in einem weiten Strombereich. Mit der gezeigten Schaltung können pnp-Transistor-Ströme zwischen 400 nA und 1 mA gemessen werden. Der Kollektrostrom entspricht dem Strom durch R1. Der Basisstrom ist der Eingangsstrom für A2. Die feste Spannung über R5 bestimmt den Skalenfaktor. Lediglich ein Widerstand zwischen positiver Betriebsspannung und Emitter ist noch erforderlich. Die Ausgangsspannung ist proportional zum Verhältnis Kollektorstrom/Basisstrom.

13.11 Schneller Integrierer

Bei der Integration wird der arithmetische Mittelwert beispielsweise einer Messspannung gebildet. Üblich ist ein Operationsverstärker mit einem Parallel-RC-Glied zwischen Ausgang und invertierendem Eingang. Diese Schaltung reagiert jedoch recht langsam. Die Ausgangsspannung steigt nach einem 1–0-Einheitssprung am Eingang linear an, es liegt ja die invertierende Grundschaltung vor. Die Drift kann hoch sein, da der Widerstand mit Blick auf eine kleine Kapazität groß gewählt wird.

Die Schaltung nach *Abb. 13.22* vermeidet Nachteile des einfachen Integrierers. Sie ist so ausgelegt, dass die Verstärkung bei hohen Frequenzen von A2 erbracht wird. A1 hingegen bestimmt das Driftverhalten. Mit einem maximalen Biasstrom von 3 nA und wenigen 100 pA Offsetstrom gewährleistet er hohe DC-Stabilität auch bei stark von Zimmertemperatur abweichenden Werten.

A1 arbeitet als „reiner" Integrator ohne Widerstand über C1. Bei 500 Hz erreicht er „Einsverstärkung". Auch A2 erhält das Eingangssignal. Durch die kleinen Kapazitäten können Frequenzen unter 750 Hz aber nicht mehr richtig verarbeitet werden. Daher wird das Ausgangssignal von A1 über R2 an den Pluseingang gelegt. R2 dient nur der Temperaturstabilisierung. A2 hat Free-Forward Compensation. Die äquivalente Kleinsignal-Bandbreite ist 10 MHz, die Slew Rate 10 V/µs und die daraus resultierende Großsignal-Bandbreite 250 kHz.

Zwei Z-Dioden verhindern Sättigung infolge Übersteuerung. Die Z-Spannung muss kleiner als die Betriebsspannung sein. D1 und D2 können vom Typ 1N4148 sein.

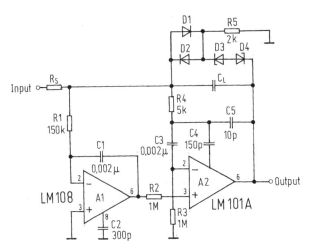

Abb. 13.22

National Semiconductor Application Note 29

Die Schaltung vermeidet also das träge Verhalten bei hohen Frequenzen, da hier der schnelle Operationsverstärker A2 wirksam wird. Bei niedrigen Frequenzen macht A1 den Job, natürlich mit der dann unvermeidlichen Verzögerung.

13.12 Schaltung eliminiert Gleichtaktspannung

Auch in der Messtechnik werden Messgrößen direkt oder digitalisiert über Koaxialkabel übertragen. Dabei können Gleichtakt-Störspannungen sehr störend sein. Sie entstehen infolge eines Ausgleichstroms durch den Kabelmantel, wenn dieser am Anfang und am Ende geerdet wurde. Denn zwischen zwei mehrere zehn Meter entfernten Erdungspunkten kann bereits eine beachtliche Spannungsdifferenz auftreten.

Zum Beispiel löst man das Problem beim Empfänger, indem man dort einen Instrumentationsverstärker einsetzt. Das Kabel wird dann dort nicht geerdet.

Die Schaltung nach *Abb. 13.23* geht einen anderen Weg, indem sie beim Sender ansetzt. Voraussetzung ist eine deutlich über der Netzfrequenz liegende untere Arbeitsfrequenz. Für hohe Frequenzen liegt der Kabelmantel über C1 an Erde. Der Ausgleichstrom fließt hingegen durch den Kabelmantel und R_S. Die entsprechende Spannung wird von A1 invertiert und so über die Gegenkopplungs-Beschaltung von A1 zum Signal addiert. Als Ergebnis wird zwischen den Punkten A und B keine Störspannung mehr auftreten. Am Punkt C erscheint nur das Signal am Terminationswiderstand.

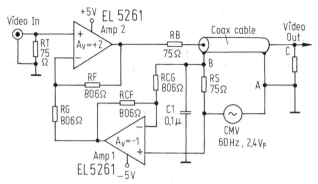

Abb. 13.23

Intersil Application Note 1308

Bei einem 50-Ohm-Kabel werden Widerstände von 50 Ohm statt 75 Ohm eingesetzt. Man kann einen dualen Operationsverstärker benutzten, A1 und A2 sind unkritisch.

13.13 Abgleichbarer Logarithmierer

Bei der einfachen Logarithmierer-Schaltung in *Abb. 13.24* können Nullpunkt und Skalenfaktor getrennt eingestellt werden. Der Ruhestrom durch die Transistoren beträgt 500 µA. Der Eingangswiderstand ist mit 1 kOhm relativ gering.

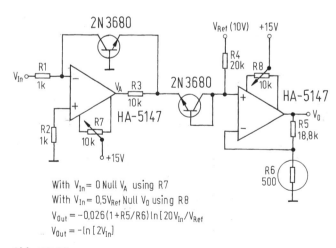

With $V_{In} = 0$ Null V_A using R7
With $V_{In} = 0{,}5V_{Ref}$ Null V_0 using R8
$V_{Out} = -0{,}026\,(1+R5/R6)\ln[\,20V_{In}/V_{Ref}\,]$
$V_{Out} = -\ln[\,2V_{In}\,]$

Abb. 13.24

Intersil Application Note 553

Für höchste Temperaturstabilität müssen die Transistoren thermisch optimal gekoppelt sein. R6 muss eine hohe Temperaturstabilität besitzen.

Die Empfindlichkeit beträgt einige Millivolt. Der Dynamikbereich ist also etwa 70 dB.

13.14 Digitaler Nullabgleich von Präzisions-Operationsverstärkers

In *Abb. 13.25* wird der Nullpunktabgleich des Operationsverstärkers durch Beeinflussung der Kollektorruhrströme der Differenzeingangsstufe des Operationsverstärkers herbeigeführt. Offestspannungen über 1,5 mV können kompensiert werden mit einer Auslösung von 5 μV bei Zimmertemperatur. Dazu können die Ruheströme um +/–3 % beeinflusst werden. Die Applikation ist besonders für Mikroprozessorsysteme geeignet, wo strenge Anforderungen an die Genauigkeit gestellt werden.

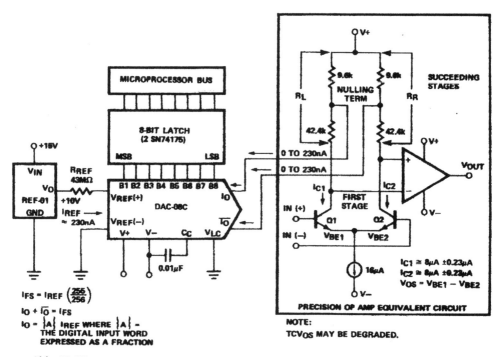

Abb. 13.25

Analog Devices Application Brief 3

13.15 Präzise Betragsbildung

Die Schaltung nach *Abb. 13.26* liefert den genauen Betrag der Eingangsspannung. Der erste Operationsverstärker arbeitet in nichtinvertierender Grundschaltung, der zweite in Differenzverstärker-Grundschaltung. Der Ruhestrom des SFETs ist praktisch null. Die Gate-Source-Diode sperrt im linearen Betrieb stets.

Durch den Einsatz der Diode D1 im Rückkopplungszwei wird eine negative Eingangsspannung präzise umgekehrt. Daher können auch Spannungen im Mikrovoltbereich genau verarbeitet werden. Die Betriebsspannungs-Unterdrückung des OP-77E beträgt 120 dB, daher müssen die Betriebsspannungen nicht unbedingt stabilisiert werden.

13.16 Präziser Multiplizierer/Dividierer

Die in *Abb. 13.27* gezeigte Schaltung eines analogen Multiplizierers/Dividierers erreicht ihre hohe Genauigkeit durch Einsatz des Quad-Transistorarrays MAT-04. Neben der optimalen thermischen Kopplung sind weitestgehend identische Kennlinien und geringe Emitterwiderstände gegeben. Die Transistoren tragen daher nur mit 0,1 % zum Linearitätsfehler bei, welcher nicht größer als 0,15 % ist. Die Operationsverstärker OP-77 tragen mit ihrer geringen Offsetspannung von 25 μV zu der hohen Genauigkeit bei. Will man diese maximieren, nimmt man einen Offsetabgleich vor.

13.17 Hochstabile Spannungsreferenz

Integrierte Referenzspannungsquellen können bei hoher Stabilität der Spannung nur einen geringen Strom abgeben. Für Anwendungsfälle, wo die Referenzspannung auch bei hohen Strömen noch sehr stabil bleiben soll, kann man einen Präzisions-Operationsverstärker nachschalten, wie in *Abb. 13.28* gezeigt.

Der Strom durch die Referenzspannungsquelle bleibt mit 2 mA praktisch konstant. R1 sollte besonders temperaturstabil sein. Die nachgeschalteten Bauelemente verschlechtern die Temperaturkonstanz auf nur maximal 6 ppm/K – eine Kompensation des Temperaturkoeffizienten der Referenzspannungsquelle um etwa 1 ppm/K ist theoretisch möglich.

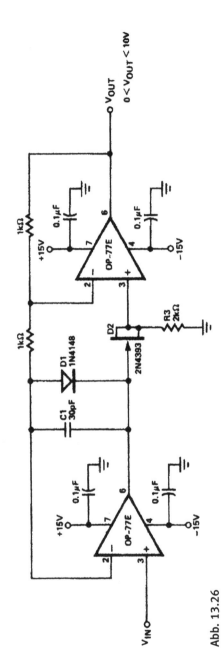

Abb. 13.26

Analog Devices Application Note 106, James Wong

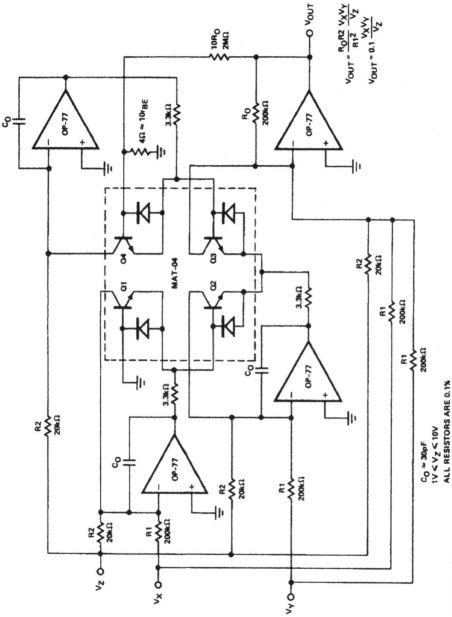

$$V_{OUT} = \frac{R_O R2}{R1^2} \cdot \frac{V_X V_Y}{V_Z}$$

$$V_{OUT} = 0.1 \cdot \frac{V_X V_Y}{V_Z}$$

Abb. 13.27

Analog Devices Application Note 106, James Wong

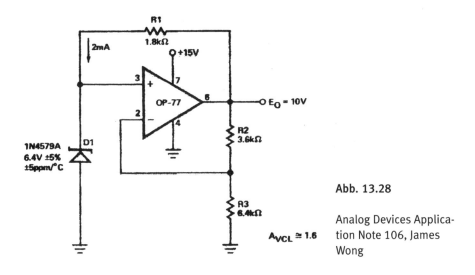

Abb. 13.28

Analog Devices Application Note 106, James Wong

13.18 Präzise duale Spannungsreferenz

Wenn man einer einfachen Referenzspannungsquelle einen präzise arbeitenden Gleichspannungsverstärker nachschaltet, kann man eine zweite Spannungsreferenz ableiten. Man benutzt dann möglichst einen dualen Operationsverstärker. So geschehen in der Schaltung nach *Abb. 13.29*. Der OP-10 sichert exzellente Temperaturstabilität, geringes Eigenrauschen und hervorragende Betriebsspannungs-Unter-

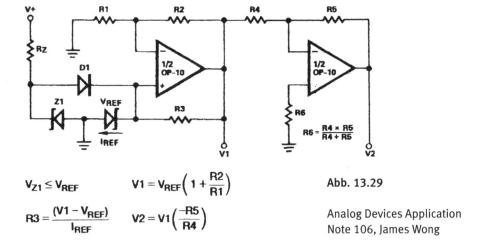

$$V_{Z1} \leq V_{REF}$$

$$R3 = \frac{(V1 - V_{REF})}{I_{REF}}$$

$$V1 = V_{REF}\left(1 + \frac{R2}{R1}\right)$$

$$V2 = V1\left(\frac{-R5}{R4}\right)$$

Abb. 13.29

Analog Devices Application Note 106, James Wong

drückung. R3 bestimmt den Strom durch die Z-Dioden und somit ihre Eigenerwärmung. Z1 soll die Temperaturabhängigkeit durch Kompensation vermindern.

Für Ströme im Bereich 1...5 mA beträgt der Ausgangswiderstand 0,25 Milliohm.

13.19 Micropower-Referenzspannungsquelle für 1,23 V

Referenzspannungsquellen sind üblicherweise nach dem Bandgap-Prinzip aufgebaut. Hierbei erfolgt eine vollständige Temperaturkompensation, wenn die beteiligten Spannungen so groß sind wie die Energie-Bandgap-Spannung. Das führt auf 1,23 V.

Normalerweise wird eine solche Referenzquelle mit Transistoren realisiert. Das bedeutet einen gewissen Strombedarf.

Nicht so bei der Schaltung in *Abb. 13.30*: Die gesamte Bandgap-Referenz gibt sich mit 15 µA zufrieden. Sie setzt sich aus einem Zweitransistor-Array MAT-01 und einem Präzisions-Operationsverstärker OP-22 zusammen. Dieser arbeitet als Serienregler und sichert eine Stabilität, die höher sein kann als bei speziellen Micropower ICs.

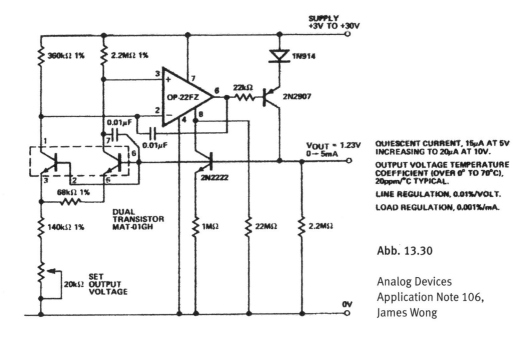

Abb. 13.30

Analog Devices
Application Note 106,
James Wong

13.20 Bilaterale Spannungs-Strom-Umsetzer

Beispielsweise zu Referenzzwecken erzeugt die in *Abb. 13.31* gezeigte Schaltung einen Strom bis +/–20 mA. Die Spannung darf dabei +/–11 V nicht überschreiten, der Lastwiderstand sollte also nicht viel größer als 500 Ohm sein. Die Stromrichtung entspricht der Polung der Steuerspannung. 200 mV führen hier zum Maximalwert 20 mA. Mit $R_{OUT TRIMM}$ lässt sich der differentielle Ausgangswiderstand maximieren. Typisch beträgt er 2 MOhm. Laständerungen zwischen 0 und 500 Ohm bewirken also eine Stromänderung von 0,025 %.

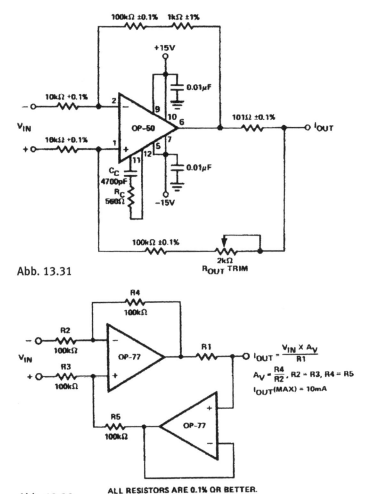

Abb. 13.31

Abb. 13.32

Analog Devices Application Note 106, James Wong

In *Abb. 13.32* wird eine noch präziser arbeitende Schaltung gezeigt. Der maximale Strombetrag ist hier 10 mA. Die noch höhere Stabilität wird durch den Spannungsfolger in der Rückkopplung des Haupt-Operationsverstärkers erreicht. Für maximalen Spannungs-Swing am Ausgang (kleinstmögliche Last) sollte R1 minimal sein.

13.21 Instrumentationsverstärker als Operationsverstärker

Gemäß *Abb. 13.33* kann man einen integrierten Instrumentationsverstärker wie den AD524 auch zum Operationsverstärker umfunktionieren. Diese Schaltung wird als Howland Current Pump bezeichnet.

Was soll der Sinn dabei sein, wo sich ein Instrumentationsverstärker doch bereits aus Operationsverstärkern zusammensetzt?

Der Sinn liegt in der besonders hohen Leerlaufverstärkung (open-loop gain). In diesem Fall ist sie mit typisch 134 dB anzusetzen. Man kann damit einen sehr stabilen Messverstärker aufbauen mit beispielsweise 60 dB Spannungsverstärkung und 56 kHz −3-dB-Grenzfrequenz. Die Verstärkung wird von einem einzigen Widerstand bestimmt. Das Eigenrauschen ist zudem sehr gering. Definierte Verstärkungen bis 120 dB sind möglich. Dies kann man mit einfachen Operationsverstärkern nicht erreichen.

Der AD524 hat ein Verstärkungs-Bandbreite-Produkt von 1 GHz, wenn seine Eingangsverstärker auf Verstärkungen von 1000 eingestellt werden.

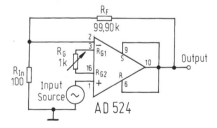

Abb. 13.33

Analog Devices Application Note 245, Scott Wurcer/Walt Jung

13.22 Ansteuerschaltung für Differential-ADC

Der Instrumentationsverstärker AD8228 besitzt einen Referenzeingang, welcher genutzt werden kann, um mithilfe eines einfachen Operationsverstärkers einen Differenzausgang zu erzeugen. Neben diesem Operationsverstärker werden nur noch zwei Widerstände und eine Referenzspannung benötigt. Diese wird in *Abb. 13.34* aus der Betriebsspannung des A/D-Wandlers gewonnen. Die RC-Glieder 510 Ohm und 100 nF unterdrücken eventuelle Schaltspitzen für den ADC.

Das Temperaturverhalten ist hervorragend, bei 10 kHz werden Oberwellen mit 71 dB unterdrückt.

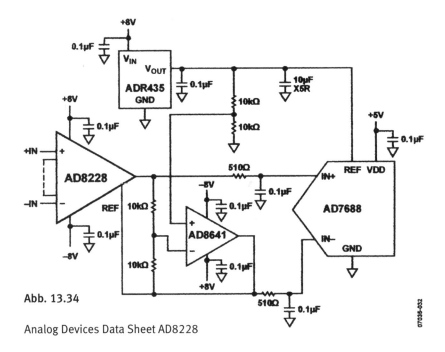

Abb. 13.34

Analog Devices Data Sheet AD8228

13.23 Programmierbare Stromquelle

Wenn man einige preiswerte moderne Bauteile hinzugibt, wird die spannungsgesteuerte Stromquelle mit einem Transistor zur per Software programmierbaren Präzisionsstromquelle. *Abb. 13.35* zeigt den entsprechenden Aufbau. Der Feldeffekttransistor erlaubt einen hohen Laststrom. In seiner Drainleitung liegt ein Strom-

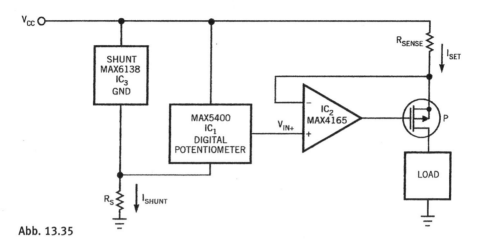

Abb. 13.35

Joe Neubauer: Precision current source is software-programmable, EDN December 17, 2004

fühlwiderstand. Die abfallende Spannung wertet der Operationsverstärker IC2 aus. Es handelt sich also im Gegensatz zur konventionellen Schaltung um eine Regelung.

IC3 und R_S sorgen für eine stabile Ansteuerspannung. Mit dem digitalen Potentiometer IC1 lässt sich in 256 gleichen Stufen der Laststrom einstellen. Die Ansteuerspannungsstufen sind 11,72 mV groß, wenn an R_S 3 V erscheinen. Für den Konstantstrom gilt: $I_{SET} = (V_{CC} - V_{IN+}) / R_{SENSE}$.

13.24 Dämpfender aktiver Desymmetrierer

Der integrierte Baustein AD628 enthält zwei Operationsverstärker und einige Widerstände mit geringen Toleranzen. Der erste Operationsverstärker ist als (präziser) Differenzverstärker geschaltet. Als solchen kann man den AD628 folglich auch betreiben. Eine zweite mögliche Funktion bezeichnet man als Precision Gain Block. Obwohl speziell für die Zusammenarbeit mit A/D-Wandlern entwickelt, lässt sich der AD628 in der Messtechnik vielseitig einsetzen.

Ein einfaches Beispiel bringt *Abb. 13.36*. Der Differenzverstärker mit A1 ist fest auf eine Verstärkung von 0,1 eingestellt. Das erlaubt Gleichtaktspannungen bis +/–120 V, welche mit 90 dB (1 kHz) unterdrückt werden. A2 läuft als Spannungsfolger. Mit R_G lässt sich die Verstärkung unter 0,1 bringen. Mit 10 kOhm beträgt sie beispielsweise 0,05.

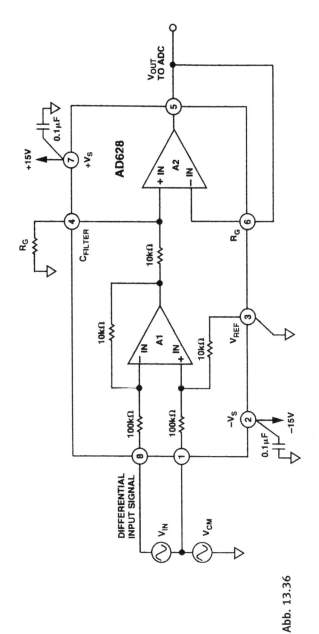

Abb. 13.36

Analog Devices Application Note 669, Moshe Gerstenhaber/Charles Kitchin

13.25 Vierquadranten-Multiplizierer

Die analoge Rechenschaltung nach *Abb. 13.38* (siehe nächste Seite) kann positive und negative Spannungen multiplizieren. Die integrierten Transistorpaare LM394 und die Bipolar-Operationsverstärker LM118 sichern dabei eine hohe Unabhängigkeit von der Temperatur. Die Eingangswiderstände liegen im zweistelligen Kiloohmbereich. Durch den möglichen Abgleich von vier Parametern (3 × Nullpunkt und Skalierung) können alle Offsetfehler und Bauteiltoleranzen ausgeglichen werden. Das Ergebnis erscheint durch 10 geteilt. Beispielsweise die Spannungen 3 und 5 V an X und Y führen zu 1,5 V Ausgangsspannung.

13.26 Schnelle S&H-Schaltung

Abb. 13.37 zeigt eine besonders schnelle Sample-and-Hold-Stufe. Die Diode ist zur Erhöhung der Schaltgeschwindigkeit mit einer kleinen Kapazität überbrückt. Der Haltekondensator ist mit 1 nF relativ gering und daher schnell geladen. Dies ermöglicht der als Spannungsfolger geschaltete LM118 mit seinem für einen bipolaren Operationsverstärker extrem geringen Eingangsruhestrom.

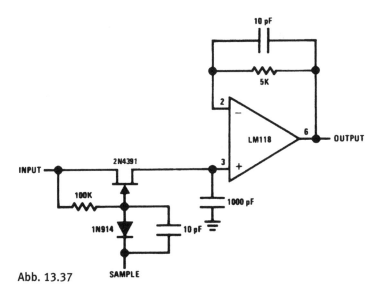

Abb. 13.37

National Semiconductor Data Sheet LM118/218/318

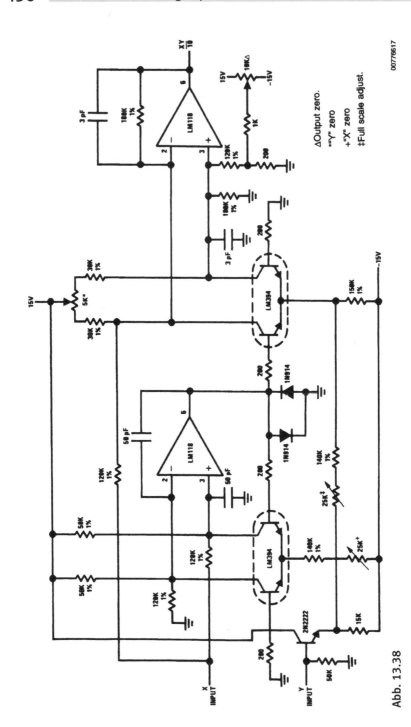

Abb. 13.38

National Semiconductor Data Sheet LM118/218/318

13.27 Stromquelle mit Schaltregler

Manchmal werden beispielsweise zu Kalibrierzwecken stromergiebige Konstantstromquellen benötigt. An einem Linearregler entstehen dann nennenswerte Verluste. Die Schaltung nach *Abb. 13.39* setzt daher einen Schaltregler-IC ein. Mit dem Sensing-Eingang des LM2576 kann der Ausgangsstrom eingestellt werden. Der Widerstand R_{SC} (sensor current) wirkt als Stromfühler. Es folgen ein Differenzverstärker und ein nichtinvertierender Verstärker zur möglichen einfachen Änderung des Ausgangsstroms. Mit der typischen Referenzspannung des LM2576 von 1,237 V beträgt er in der Schaltung 2 A. Im Ausgangsspannungs-Bereich von 300 mV bis 15 V ist die Toleranz 1 %.

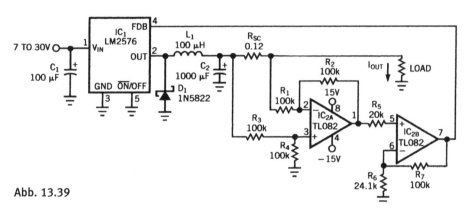

Abb. 13.39

Stefan Strozecki, Switching regulator forms constant-current source, EDN, May 30, 2002

13.28 Spannungsreferenz mit Driftabgleich

Zur Kompensation der Drift des Operationsverstärkers wird in *Abb. 13.40* ein SFET eingesetzt. Der Operationsverstärker ist so beschaltet, dass eine einstellbare Ausgangsspannung erscheint (P2). Mit P1 kann die Drift minimiert werden. Für diese Applikationsschaltung wird eine Temperaturabhängigkeit von 0,002 %/K angegeben. Dies ist natürlich auch dem FET-Eingang des Operationsverstärkers zu verdanken.

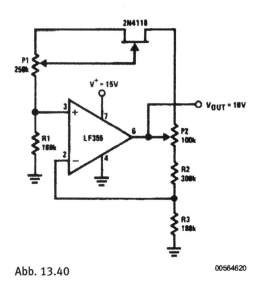

Abb. 13.40   00564620

National Semiconductor
Data Sheet LF155/LF156/
LF256/LF257/LF355/
LF356/LF357

13.29 Hochgenaue S&H-Schaltung

Die in *Abb. 13.41* gezeigte Sample-and-Hold-Schaltung bezieht ihre hohe Genauigkeit aus den präzise arbeitenden Operationsverstärkern. Sie sind sehr driftarm und haben eine hohe Eingangsimpedanz.

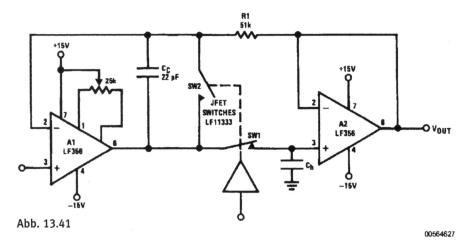

Abb. 13.41

00564627

National Semiconductor Data Sheet LF155/LF156/LF256/LF257/LF355/LF356/LF357

Da A2 als Spannungsfolger arbeitet, hängt die Genauigkeit nur von A1 ab. Hier ist ein Offsetabgleich vorgesehen. Die Schnelligkeit dieser S&H-Stufe hält sich in Grenzen.

13.30 Vollwellen-Gleichrichter ohne Dioden

Zur Vollwellen-Gleichrichtung können auch zwei für Single-Supply-Betrieb geeignete Rail-to-Rail-Operationsverstärker eingesetzt werden. Sie arbeiten zusammen, wie in *Abb. 13.42* gezeigt. Der erste Operationsverstärker arbeitet in invertierender, der zweite in nichtinvertierender Grundschaltung. Da der Pluseingang des ersten Operationsverstärkers an Masse liegt, ist seine Ausgangsspannung bei der positiven Halbwelle null. Diese Halbwelle kann aber vom zweiten Operationsverstärker verarbeitet werden.

Da bei kleinen Signalen die Verzögerung infolge Übersteuerung geringer ist als bei großen, dürfte diese Schaltung im Gegensatz zu konventionellen Präzisionsgleichrichtern bei kleinen Signalen besonders gut funktionieren.

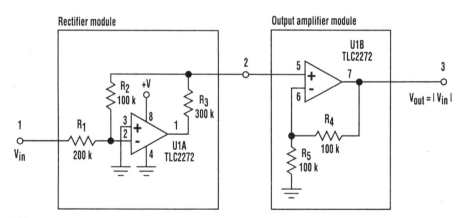

Abb. 13.42

Alexander Belousov: Simple Full-Wave Rectifier, Electronic Design, April 4, 1994

13.31 Diodenloser Gleichrichter

Ähnlich wie die eben gezeigte Schaltung arbeitet die Anordnung nach *Abb. 13.43*. Auch hier werden zwei Single-Supply-Operationsverstärker eingesetzt. Auch dabei arbeitet der erste in invertierender Grundschaltung, während der zweite jedoch als nichtinvertierender Summierer geschaltet ist. Über R3 wird das Eingangssignal und über R4 das Ausgangssignal des ersten Operationsverstärkers zugeführt.

Beide Operationsverstärker arbeiten mit einer Verstärkung von 2.

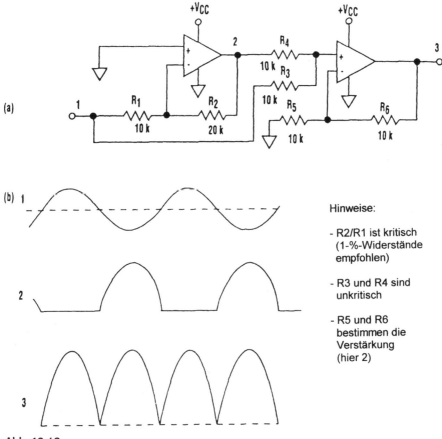

Hinweise:

- R2/R1 ist kritisch
  (1-%-Widerstände
  empfohlen)

- R3 und R4 sind
  unkritisch

- R5 und R6
  bestimmen die
  Verstärkung
  (hier 2)

Abb. 13.43

Diodeless Rectifier, Electronic Design

13.32 Lineare Gleichrichtung ohne Diode

Bei sogenannten Präzisionsgleichrichtern sinkt die Einsatzbandbreite mit der Signalspannung, da bei kleinen Spannungen eine höhere innere Verstärkung erforderlich ist als bei großen. Der Operationsverstärker muss ja mindestens auf den Wert der Schwellspannung der Diode(n) verstärken.

Ein besseres Frequenzverhalten zeigt die Schaltung gemäß *Abb. 13.44*. Auch bei Frequenzen von mehreren Megahertz und Eingangsspannungen von 1 V gestattet sie eine auf 0,5 dB genaue Spitzenwert-Gleichrichtung. Eine Diode entfällt, da der Ausgangstransistor die Ladeimpulse für C3 liefert. Den Vergleich übernimmt ein Differenzverstärker. Mit R1 erfolgt der Nullpunktabgleich.

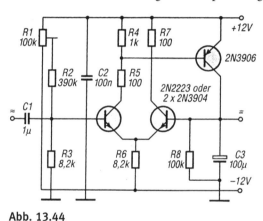

Abb. 13.44

Herrmann Schreiber:
Lineare Gleichrichtung
ohne Diode, Funkamateur
10/96

13.33 Breitbandiger Gleichrichter

In der Schaltung nach *Abb. 13.45* gelangt das Messsignal über Koppelkapazität und Begrenzungswiderstand an die Gleichrichterschaltung mit VD1 und VD2 sowie den Ladekondensator C_L. Der Operationsverstärker sorgt für eine niederohmige Bereitstellung der Ausgangsspannung. VD5 und VD6 sind ständig in Flussrichtung vorgespannt. Dies trifft bei fehlender Eingangsspannung auch auf die Gleichrichterdioden zu. Dies sichert die hohe Breitbandigkeit.

Bei positiver Ausgangsspannung fließt durch VD3 und VD4 Strom.

Die Reihenschaltung von Dioden macht die Schaltung weniger temperaturabhängig.

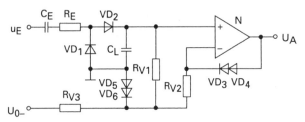

Gr.: Breitbandiger Gleichrichter, radio fernsehen
elektronik 8/95

Abb. 13.45

13.34 Leistungsfähiger Transistorprüfer

An vielen preiswerten Multimetern findet man das Transistorprüfer-Feature. Damit lässt sich die Gleichstromverstärkung bei sehr kleinen Strömen ermitteln. Eine wesentlich umfangreichere Messung ermöglicht der aus den Teilschaltungen *Abb. 13.46* (Bereichswahl), *13.47* (Anzeige/Wahl der Zonenfolge) und *13.48* (Netzteil) bestehende „Full Featured Transistor Tester". Man kann die Stromverstärkung bei Kollektorströmen bis 5 A sowie die Durchbruchsspannung messen.

Mit dem Bereichswahlteil stehen sechs Kollektorstrombereiche und sechs definierte Basisströme bereit. Da sehr hohe Ströme möglich sind, wurde der Taster vorgesehen, sodass man sehr kurzzeitig messen kann. Dennoch ist die thermische Belastung von Transistor und 2-Ohm-Widerstand bei einigen Ampere hoch. Für den Durchbruchsspannungs-Test können vier Widerstände zwischen Basis und Emitter gelegt werden, außerdem sind die Zustände „Basis offen" und „Basis-Emitter-Kurzschluss" möglich.

Im Schaltungsteil für Anzeige/Wahl der Zonenfolge finden sich im Wesentlichen ein mit zwei Dioden geschütztes Messinstrument und ein Sechsfach-Umschalter. Der 4-MOhm-Widerstand wurde für die Reduktion auf 100 V bei 500 V vorgesehen und ist der Hochspannung anzupassen.

Im Netzteil ist als wesentliche Besonderheit ein Hochspannungsteil vorgesehen, um auch Durchbruchsspannungen von mehreren 100 V erzeugen zu können. Ein Netztrafo wird verkehrt herum betrieben. So entstehen z. B. 225 V AC. Die nachfolgenden Bauelemente müssen entsprechend spannungsfest sein, der Transistor ist ein Hochspannungs-TV-Typ, z. B. BUX55. Das 12-V-Teil unten muss wiederum sehr stromergiebig sein.

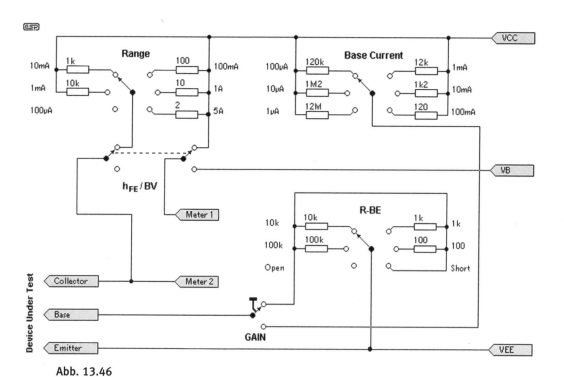

Abb. 13.46

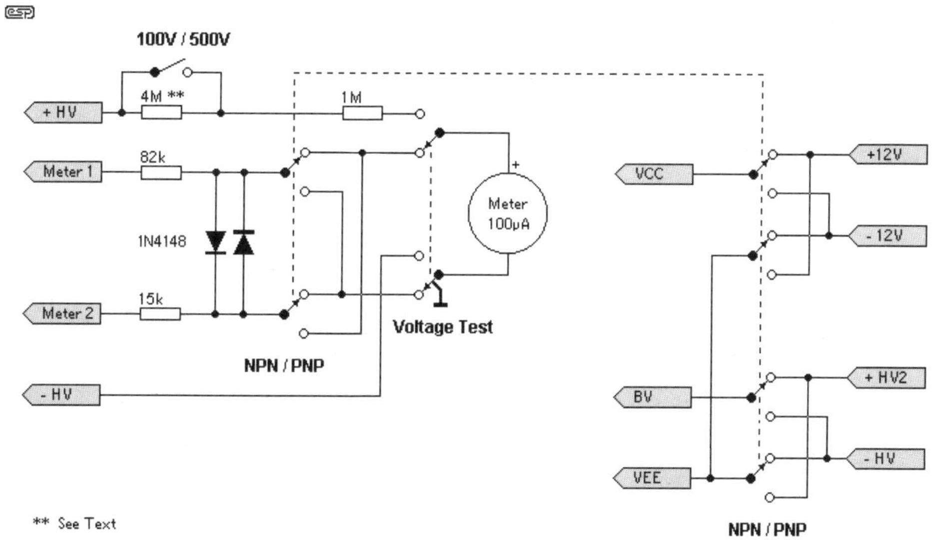

Abb. 13.47

** See Text

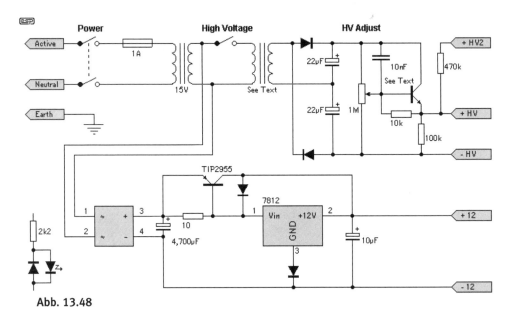

Abb. 13.48

Rod Elliott: Full Featured Transistor Tester, http://sound.westhost.com/projects.htm

13.35 Präzise −10-V-Referenz

Eine negative Referenzspannung von beispielsweise −10 V erhält man, wenn man eine positive Referenzspannungsquelle nach *Abb. 13.49* schaltet. Der Innenwiderstand ist dabei allerdings relativ hoch. Mit einem Operationsverstärker lässt sich der Innenwiderstand senken – *Abb. 13.50*. In *Abb. 13.51* ist gezeigt, wie sich diese Schaltung in Richtung Spannungsabgleich und Filterung noch weiter ausbauen lässt.

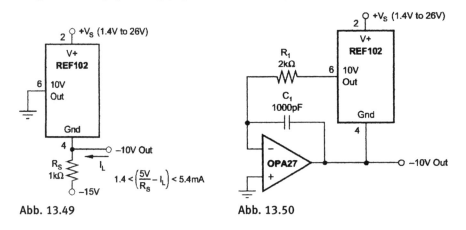

Abb. 13.49   **Abb. 13.50**

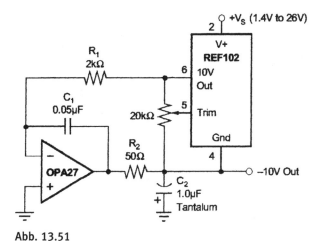

Abb. 13.51

R. Mark Stitt: Male a precision −10 V Reference, Burr-Brown Application Bulletin

13.36 Störsichere Datenübertragung

In *Abb. 13.52* ist das Schema einer sehr störsicheren Datenübertragung etwa für Messwerte zu sehen. Der Spannungs-Frequenz/Frequenz-Spannungs-Konverter TC9400 liefert eine dem Messsignal proportionale Frequenz. Bei der eigentlichen Übertragung haben Spannungsschwankungen keinen Einfluss. Die Auswertung kann, wie angedeutet, digital und/oder analog erfolgen. Im letzten Fall lässt sich wieder ein TC9400 nutzen.

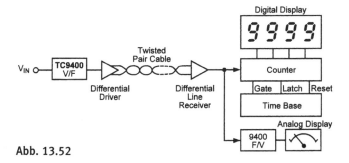

Abb. 13.52

Microchip Application Note 795, Michael O. Paiva: Voltage-to-Frequency/Frequency-to-Voltage Converter

13.37 Einfacher Frequenzmultiplizierer

Der Low-Cost-Baustein TC9400 lässt sich vielseitig sowohl als Spannungs-Frequenz- als auch als Frequenz-Spannungs-Wandler betreiben. In *Abb. 13.53* werden beide Funktionen genutzt. Die Gleichspannung zwischen den ICs kann aber geteilt werden. Damit ist eine Frequenzmultiplikation mit Faktoren kleiner oder größer als 1 möglich – abhängig von der Beschaltung der ICs, aus der sich die Faktoren K_1 und K_2 ergeben.

Da der Faktor, mit dem multipliziert wird, durch eine Gleichspannung repräsentiert wird, ist die Auflösung theoretisch unendlich hoch.

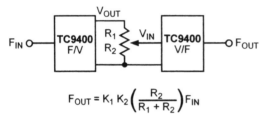

$$F_{OUT} = K_1 K_2 \left(\frac{R_2}{R_1 + R_2} \right) F_{IN}$$

Abb. 13.53

Microchip Application Note 795, Michael O. Palva: Voltage-to-Frequency/Frequency-to-Voltage Converter

13.38 Frequenzmultiplizierer mit D/A-Wandler

Die Schaltung nach *Abb. 13.54* arbeitet nach dem gleichen Prinzip wie die eben vorgestellte einfache Schaltung. Die Beschaltung der Wandler-ICs TC9400 ist aber ausführlicher dargestellt. Statt des Potentiometers wurde nun ein programmierbarer Digital-Analog-Wandler vorgesehen. Damit kann der Multiplikationsfaktor flexibel und in einem weiten Bereich eingestellt werden. Der preiswerte D/A-Wandler kann Frequenzen bis 100 kHz verarbeiten.

Mit dem Operationsverstärker ist eine Anpassung (Abgleich) möglich.

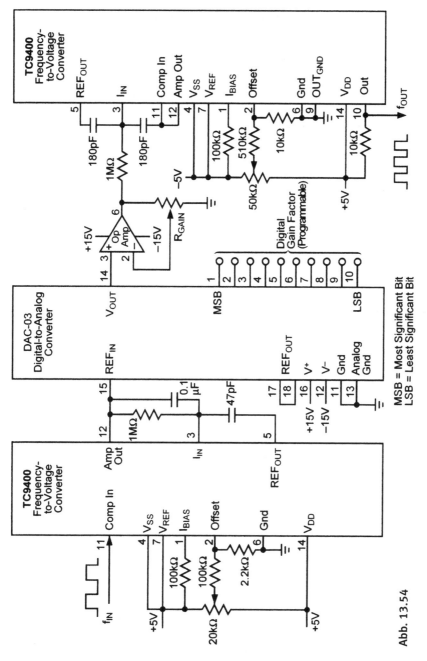

Abb. 13.54

Microchip Application Note 795, Michael O. Paiva: Voltage-to-Frequency/Frequency-to-Voltage Converter

13.39 Messwertübertragung auf der Stromversorgungs-Leitung

Mithilfe des vielseitigen CMOS-Transducer-Bausteins TC9400 ist eine Fernmessung analoger Signale möglich, bei welcher eine Zweidrahtleitung zum Sensor/Transducer genügt. Dazu verbleibt der Arbeitswiderstand (1,2 kOhm in *Abb. 13.55*) auf der Empfängerseite. Der TC9400 stellt dann an diesem Widerstand eine Rechteckspannung mit einer der Eingangsspannung proportionalen Frequenz zur Verfügung. Diese kann, wie im Bild angedeutet, analog oder digital ausgewertet werden.

Abb. 13.55

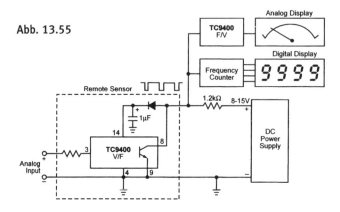

Microchip Application Note 795, Michael O. Paiva: Voltage-to-Frequency/Frequency-to-Voltage Converter

13.40 Spannungsgesteuerte Konstantstromquelle

Eine Konstantstromquelle ist eine elektronische Schaltung, welche einen in Grenzen lastunabhängigen Strom durch Spannungs-Strom-Wandlung erzeugt. Dabei ist der Konstantstrom direkt von der Referenzspannung abhängig.

In *Abb. 13.56* hat der Operationsverstärker links eine Anpassfunktion. Die Eingangsspannung erscheint auch am Source-Anschluss. Beim rechten Operationsverstärker ist ein p-Kanal-Power-FET nachgeschaltet. Daher steht der Strom gegen Masse zur Verfügung. Der Strom ist unabhängig von der Betriebsspannung (9...12 V).

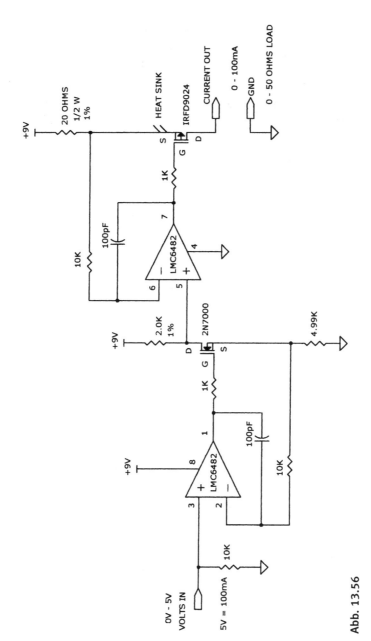

Abb. 13.56

Dave Johnson: Computer Controlled Constant Current Source, www.discovercircuit.com

13.41 Stabile exponentielle Stromquelle

In der Messtechnik wird manchmal eine exponentielle Stromquelle benötigt. Hier steigt der Konstantstrom exponentiell mit der Steuerspannung an und kann daher in einem sehr großen Bereich eingestellt werden. Die einfachste exponentielle Stromquelle ist ein Transistor, dessen Kollektorstrom exponentiell zur Basis-Emitter-Spannung steigt.

Es ist verständlich, dass man bei besonders großen Strombereichen ein Temperatur-Stabilitätsproblem hat. Durch Einbringen von Transistorpaaren versucht man, es zu lösen. Die Temperaturkoeffizienten kompensieren sich gegenseitig.

Die Stromquelle in *Abb. 13.57* geht noch einen Schritt weiter und schöpft zusätzliche Stabilität aus einer Referenzspannungsquelle 2,5 V. Die drei Transistoren sind in einem Array CA3046 integriert. Q1 ist der stromliefernde Transistor, Q2 der konventionelle Kompensationstransistor und Q3 führt einen zum Ausgangsstrom proportionalen kleineren Strom (1/10).

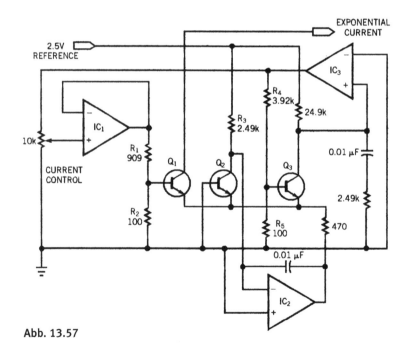

Abb. 13.57

Tom Napier: Reference stabilzes exponential current, EDN, October 25, 2001

13.42 Qualifizierte 1-A-Injektorschaltung

Zur Messung kleiner Widerstände kann man einen definierten, möglichst hohen Strom einspeisen und die Spannung messen. Beträgt der Strom 1 A, entspricht die Spannung in Volt dem Widerstand in Ohm. Für eine tragbare Anwendung ist es ein Ziel, diese Konstantstromquelle mit möglichst geringer Betriebsspannung zu realisieren, denn die Batterien oder Akkus müssen kräftig sein. Dies ist mit der Schaltung nach *Abb. 13.58* gelungen. Sie benötigt zwei 1,5-V-Monozellen. Der Timer 555 erzeugt eine Hilfsspannung von 9 V. Der Operationsverstärker links überwacht die 3-V-Betriebsspannung (low bat indicator). Die Stromquelle rechts ist mit einem weiteren Operationsverstärker und einem Power-FET aufgebaut.

13.43 Einfacher breitbandiger Frequenzverdoppler

In der Schaltung nach *Abb. 13.59* gelangt das Signal des Generators auf einen trifilar gewickelten Ringkernübertrager, dessen Sekundärwicklungen zusammen mit den Dioden eine Vollwellen-Gleichrichtung ermöglichen. Damit erfolgt die Frequenzverdopplung. Dieses Signal gelangt an die Basisanschlüsse der Transistoren des komplementären Emitterfolgers mit Q3 und Q4. Hier erfolgt eine Unterdrückung von Oberwellen. Beispielsweise die dritte Harmonische wird mit etwa 19 dB unterdrückt. Ein einfaches Tiefpassfilter unterdrückt Oberwellen weiter. Beispielsweise die dritte Harmonische wird mit etwa 15 dB unterdrückt. Es entsteht auch dann ein guter Sinus, wenn das Eingangssignal Dreieckform hat. Der Ausgang ist mit 50 Ohm belastbar.

Die Schaltung kann zur Erweiterung eines Funktionsgenerators eingesetzt werden.

13.44 Bargraph-Anzeige mit PIC

Die Schaltung in *Abb. 13.60* nutzt lediglich fünf Eingangs-/Ausgangsleitungen eines PICs, um eine Punkt- oder Balkenanzeige mit 20 LEDs zu realisieren.

Beispielsweise der One-Time-Programmable-Mikrocontroller PIC12C508A oder für Experimente der reprogrammierbare PIC16F84A mit Flash-Speicher können verwendet werden.

Um die Leistungsaufnahme gering zu halten, sollte die Betriebsspannung nicht wesentlich über 3 V liegen.

Das Listing ist unter www.edn.com/060901di1 erhältlich.

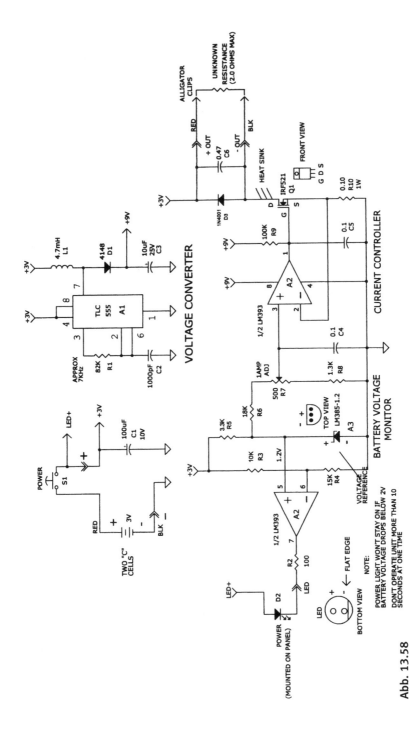

Abb. 13.58

Dave Johnson: 1 Amp Current Injector, www.discovercircuits.com

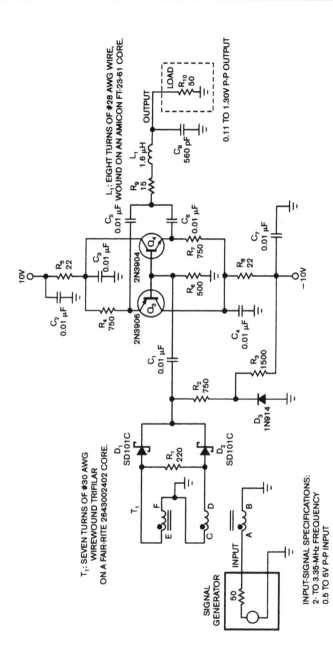

Abb. 13.59

Jim McLucas: Triangle waves drive simple frequency doubler, EDN, November 23, 2006

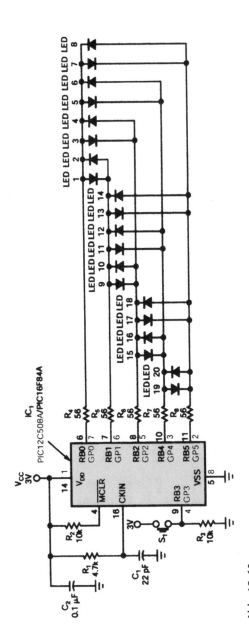

Abb. 13.60

Noureddine Benabadji: PIC microprocessor drives 20-LED dot- od bar-graph display, EDN, September 1, 2006

13.45 Konstantleistungs-Quelle

In speziellen Bereichen der Messtechnik ist eine Konstantleistungs-Quelle gefragt. Hier wird unabhängig von der Größe des Lastwiderstands immer die gleiche Leistung an diesen abgegeben.

Wie aus *Abb. 13.62* (siehe nächste Seite) ersichtlich, ist der Aufwand für eine Konstantleistungs-Quelle nicht unbedingt gering. Um die Leistung zu regeln, werden der Strom durch die Last und die Spannung an der Last erfasst. Hierzu dienen IC1 (Spannung) und IC2 (Strom-Spannungs-Wandlung). Durch Multiplikation entsteht die Regelgröße. Die Stellgröße wird an Pin 3 von IC5 angelegt. Der Transistor T1 ist das Stellglied.

Mit +/–15 V Betriebsspannung und 1 W Nominalleistung (V_{PC} = 1 V) kann der Lastwiderstand für 10 % Toleranz im Bereich 2 Ohm (900 mW) bis 150 Ohm (1,1 W) schwanken.

13.46 Referenz-IC mit Stromverstärker

In *Abb. 13.61* wurde dem Referenzspannungs-IC MAX6033A ein komplementärer Stromverstärker nachgeschaltet. Nun kann man statt maximal 15 mA aus dem IC bis zu 80 mA Strom entnehmen, ohne die Konstanz der Spannung (4,096 V) zu gefährden. D1 dient der Temperaturkompensation.

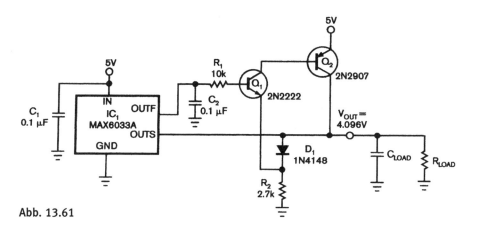

Abb. 13.61

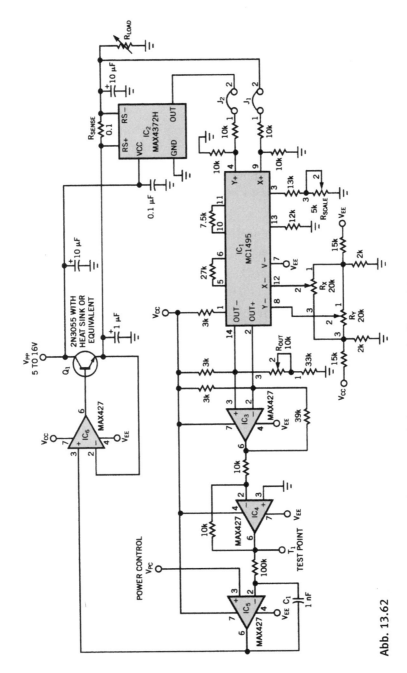

Abb. 13.62

Ken Yang: Power source is insensitive to load changes, EDN, April 4, 2002

13.47 Verbesserte Stromquelle

Ein Referenzspannungs-IC kann leicht zum Aufbau einer Stromquelle genutzt werden, wenn der Masseanschluss an die Last oder einen Spannungsteiler gelegt wird. In *Abb. 13.63* liegt der Masseanschluss an R1 und R2. Dabei wurde der Referenzspannungs-IC LM4132 für 1,8 V durch zwei kaskadierte Sperrschicht-FETs ergänzt. Dies reduziert den Einfluss der Betriebsspannung auf den Strom. Die Betriebsspannung kann nun über dem Maximalwert von 5,5 V für den IC liegen. Der Strom ist von R1 abhängig und beträgt bei R1 = 1 kOhm etwa 2,5 mA.

Abb. 13.63

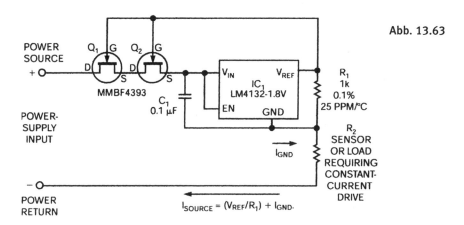

Clayton B. Grantham: JFET cascode boosts current-source performance, EDN, May 11, 2006

13.48 Low-Cost-Dividierer

In der Schaltung nach *Abb. 13.64* liegt der Discharge-Eingang des Timers 555 über R3 an einer Eingangsspannung. Die Pulsbreite wächst mit dieser Spannung bei konstanter Frequenz. Durch den Doppel-Operationsverstärker LMC662 ist eine analoge Division möglich. Die zweite Eingangsspannung wird durch R6 und R7 geteilt; die Hälfte liegt am invertierenden Eingang Pin 2.

Das Tiefpassfilter mit R5 und C4 bildet den arithmetischen Mittelwert aus der pulsierenden Ausgangsspannung des Timers. Diese Ausgangsspannung ist proportional zu V_A und indirekt proportional zu V_B. Die Genauigkeit ist sehr hoch, eine Simulation ergab 0,5 % Toleranz.

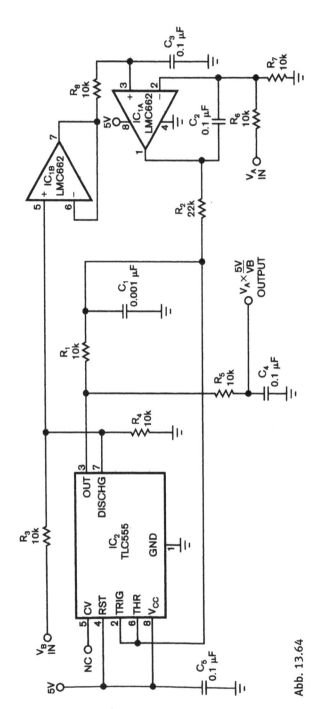

Abb. 13.64

David Cripe: Analog divider uses few components, EDN, January 4, 2007

13.49 9-Bit-Digital-Analog-Konverter

Die ADC-Schaltung in *Abb. 13.66* (siehe nächste Seite) setzt traditionelle CMOS-Schalter CD4007A und moderne Operationsverstärker ein. Die Referenzspannung 10,01 V wird mit dem CA3085 aus der Betriebsspannung gewonnen. Das Widerstands-Netzwerk besteht aus 1-%-Widerständen. Der dieses Netzwerk entlastende Spannungsfolger ist mit dem präzisen BiMOS-Operationsverstärker CA3130 aufgebaut.

13.50 Einfaches S&H-System

Die Sample-and-Hold-Schaltung gemäß *Abb. 13.65* ist relativ einfach. Es kommen zwei High-Performance-Operationsverstärker zum Einsatz. Der CA3080A dient als Eingangspuffer und Feed-Through-Übertragungsschalter. Der Nullpunkt des Systems lässt sich per Offsetkompensation des Operationsverstärkers CA3140 einstellen. Die simulierte Last ist beispielsweise 2 kOhm parallel 30 pF.

Die Speicherkapazität beträgt nur 200 pF. Die Slew Rate beträgt 2,5 V/µs (500 µA/ 200 pF).

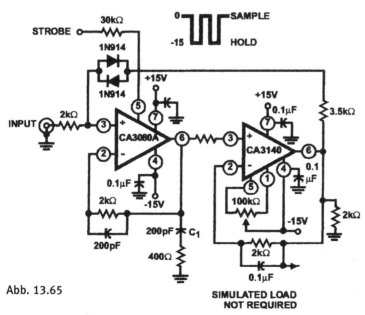

Abb. 13.65

Intersil Data Sheet CA3240, CA3240A

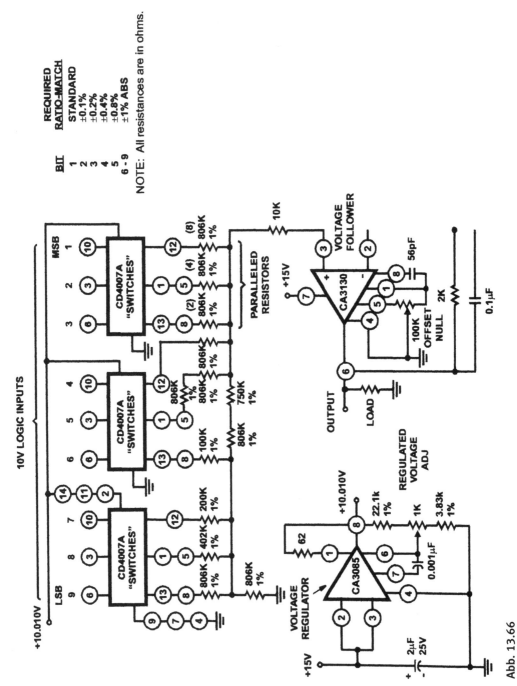

Abb. 13.66
Intersil Data Sheet CA3240, CA3240A

13.51 Symmetrische Messwert-Übertragung

Messwerte können mit der Schaltung gemäß *Abb. 13.68* (siehe nächste Seite) direkt, in eine Frequenz oder eine Pulsweite gewandelt oder digitalisiert übertragen werden. Durch den symmetrischen Aufbau ist die Übertragungsstrecke resistent gegenüber äußeren Störfeldern.

Sowohl der Sendeteil als auch der Empfangsteil sind im Wesentlichen mit einem Doppel-Operationsverstärker EL2276 aufgebaut.

13.52 Stromsenke mit Fehlerkorrektur

Bei einer einfachen Stromsenke mit Bipolartransistor errechnet man den Konstantstrom nach der Formel Referenzspannung – Basis-Emitter-Spannung / Emitterwiderstand. Hierbei gibt es zwei Fehlereinflüsse: die Strom- und Temperaturabhängigkeit der Basis-Emitter-Spannung und den Basisstrom, der unberücksichtigt durch den Emitterwiderstand fließt. Benutzt man eine Referenzspannungsquelle und einen Operationsverstärker, kann man die erste Fehlerquelle eliminieren. Der störende Einfluss des Basisstroms wird mit der Schaltung nach *Abb. 13.67* etwa auf

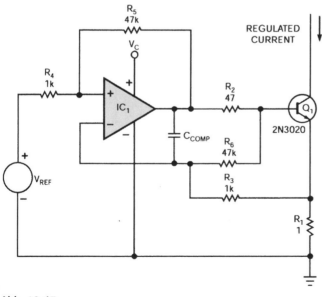

Abb. 13.67

Christian de Godzinsky: Error compensation improves bipolar-current sinks, EDN, July 6, 2006

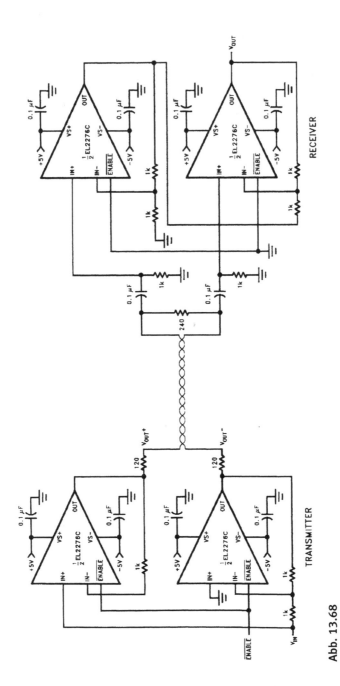

Abb. 13.68

Intersil Data Sheet EL2276

1 % reduziert. In konventioneller Schaltung beträgt er beispielsweise beim Strom-verstärkungsfaktor 200 0,5 % (1/200). Durch die mit den Widerständen R2 bis R4 erzielte Regelwirkung würde dieser Fehler auf 0,005 % zurückgehen.

Man muss einen Unity-Gain-Operationsverstärker einsetzen, also einen Typ, der auch bei Einsverstärkung stabil ist.

13.53 Fünfstelliger Ereigniszähler mit Voreinstellung

Herz der in *Abb. 13.69* gezeigten Schaltung ist der Fünfdekaden-Zählerbaustein MC14534. Die Ausgänge werden intern gemultiplext. Die Quarzfrequenz ist mit 10 kHz gering; man kann auch einen stabilen RC-Oszillator vorsehen.

Die Betriebsspannung ist 5 V. Der Stromverbrauch liegt bei 65 mA.

Die Voreinstellung erfolgt mit dem Daumenradschalter (Thumbwheel).

Die Zählinformation kann z. B. von einer Lichtschranke mit Fototransistor stammen.

13.54 Kaskadischer Abwärts-Ereigniszähler

In *Abb. 13.70* ist der dezimale durch n dividierende IC 4522 pro Dekade mit einem BCD-Wahlschalter verbunden. Der Ausgang liefert das BCD-Format und zählt im Bereich 0 bis 99 von einer voreingestellten Zahl an abwärts.

Der decodierte Nullausgang der Zehnerstelle ist mit dem Eingang CF der Einerstelle verbunden. Nur wenn beide ICs in Nullstellung stehen, liefert der Ausgang ebenfalls Null. Dann wird die voreingestellte Zahl erneut in den Zähler geladen.

13.55 Ereigniszähler zählt auf- oder abwärts

In der Schaltung nach *Abb. 13.71* sind drei ICs 4192 kaskadiert. Es handelt sich um Aufwärts-/Abwärtszähler. Durch die Verwendung zweier Steuersignale kann das System aufwärts oder abwärts zählen.

Eine logische Null am Eingang UP erhöht den Zählerstand. Eine logische Null am Eingang DOWN verringert den Zählerstand. Zum Zählen wird die steigende Flanke ausgewertet. Über die Parallel Load Inputs kann der Zählerstand voreingestellt werden.

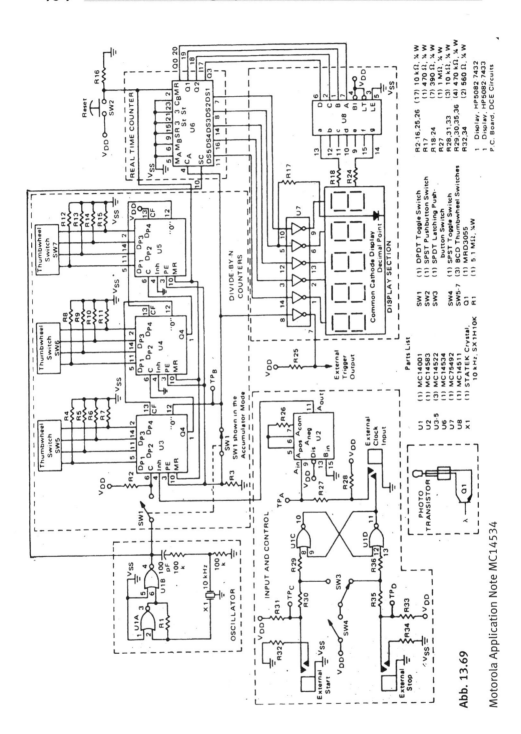

Abb. 13.69

Motorola Application Note MC14534

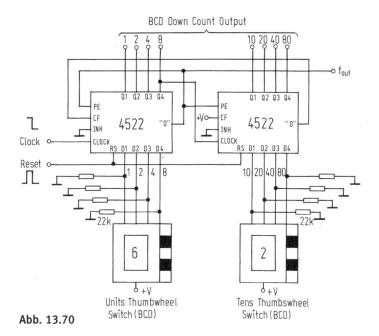

Abb. 13.70

Howard W. Sams

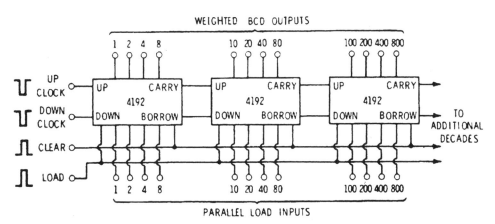

Abb. 13.71

Howard W. Sams

13.56 Zweifach-Fernanzeige

Die Anzeigen in der Schaltung nach *Abb. 13.72* arbeiten völlig unabhängig über eine geschirmte Doppelleitung. IC1 und IC2 erzeugen symmetrische Rechteck-pulse, welche durch Q5 und Q8 auf 5 V gebracht werden. Die Frequenz ist unkritisch.

IC3A wirkt als Puffer. IC3B hält den maximalen Strom der gesamten Schleife konstant (10 mA). Mit Q1 wird der Strom im 40-Hz-Rhythmus eingeschaltet, um auch dem anderen Schaltkreis die Funktion zu ermöglichen. Dieser mit Q4 arbeitende Stromkreis ist negativ gepolt und beinhaltet das Instrument M2.

13.57 Digitale Einstellung des Übertragungsfaktors

Der DAC08 ist ein moderner und vielseitig verwendbarer Multiplax-D/A-Wandler.

In der Schaltung nach *Abb. 13.73* wurde eine DC-Kopplung im Eingang realisiert. Entstanden ist ein digitaler Spannungsteiler (attenuator) bzw. in der Verstärkung digital einstellbarer Verstärker.

13.58 LED-Zeile am Mikrocontroller

Der LED-Ansteuerschaltkreis LM3914 ist mehr als 20 Jahre am Markt und erfüllt auch heute und in Zukunft noch viele Ansprüche. Moderne Bauelemente erlauben aber anspruchsvollere Lösungen.

Mit dem in *Abb. 13.74* gezeigten Arrangement lassen sich 20 LEDs ansteuern. Dabei ist neben der linearen Darstellung der Eingangsgröße auch eine logarithmische möglich. Weiterhin steht die Wahl zwischen Punkt- und Balkenanzeige frei.

Durch den Mikroprozessor ATTINY13 ist die Anwendung flexibler als eine Schaltung mit dem LM3914. Die Firmware wurde in C geschrieben. Als Compiler wurde der freie AVR-GOC genutzt.

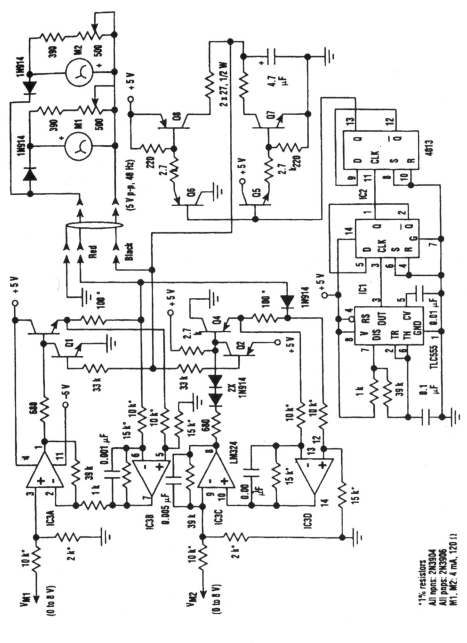

Electronic Design

Abb. 13.72

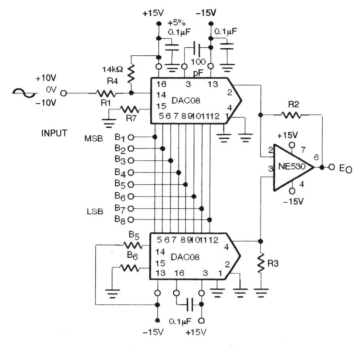

Bipolar input off- } Performs 2 quadrant multiplications –
set binary output } AC input controls output polarity

NOTES:
1. R1 = R2 = R3
2. R4 = R5
3. E_O DC to 20kHz = ±5V
4. E_O DC to 10kHz = ±10V

Abb. 13.73

On Semiconductor Application Note AND8175/D

13.59 Kompakter Oszilloskoptester

Mit der Schaltung nach *Abb. 13.75* kann man ein digitales Speicheroszilloskop (DSO, digital storage oscilloscope) testen. Sie liefert nämlich zwei Signale, bei deren Darstellung Schwächen des Oszilloskops besonders auffällig werden. Das untere Signal ist nicht nur treppenförmig, sondern hat auch noch kleine Spannungsspitzen (glitches). Das zweite Signal ist ein 2-kHz-Rechteck, das mit einem 15-Hz-Signal amplitudenmoduliert wird.

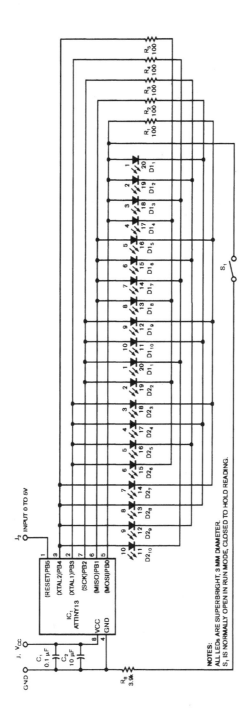

Abb. 13.74

Dhananjay V. Gadre/Anurag Chug: Microcontroller drives logarithmic/linear dot/bar 20-LED display, EDN, January 18, 2007

Das erste Signal soll offenlegen, ob das Oszilloskop Glitches ignoriert und zeigt die Qualität der Triggereinrichtung. Das zweite Signal zeigt, ob bei einer bestimmten Einstellung das Signal mit der deutlich niedrigeren Frequenz noch sichtbar ist.

Die Stromaufnahme der Testschaltung beträgt etwa 50 mA.

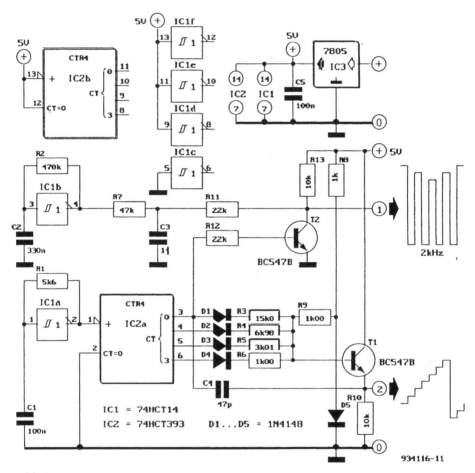

Abb. 13.75

Kompakter Oszilloskoptester, 305 Schaltungen, Elektor

13.60 Logikpegel-Tester

Die kleine Schaltung in *Abb. 13.76* gibt an, ob ein logischer Pegel High- oder Low-Niveau hat oder ob er im verbotenen Bereich liegt. Bei niedrigem Pegel leuchtet das Segment d. Bei hohem Pegel erscheint ein H. Bei offenem Eingang oder bei einer Eingangsspannung, die im verbotenen Bereich liegt, leuchten außer g und d alle Segmente (Symbolisierung von n für no connection).

Der Eingangswiderstand beträgt etwa 5 kOhm, die Stromaufnahme maximal 60 mA.

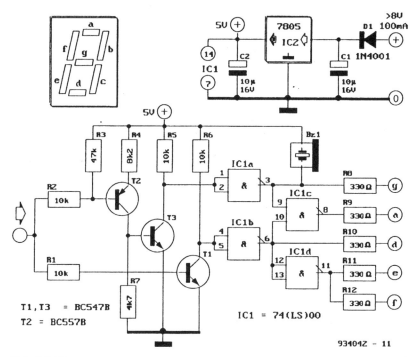

Abb. 13.76

Iyer Mahesh Nagarajan: Logik-Pegel-Tester, 305 Schaltungen, Elektor

14 Zusatzschaltungen für Messgeräte

14.1 Induktivitätsmess-Vorsatz für Multimeter

Mit der kleinen in *Abb. 14.1* gezeigten Zusatzschaltung und einem Digitalmultimeter kann man Induktivitäten zwischen 500 nH und 50 µH messen. Da dies in einem Bereich geschieht, ist die Genauigkeit bei kleinen Werten nicht sehr hoch – oft benötigt man aber auch nur eine gewisse Orientierung, beispielsweise um zu überprüfen, ob man sich bei der Farbkennzeichnung einer handelsüblichen Festinduktivität nicht um den Faktor 10 geirrt hat.

Links befindet sich ein Rechteckoszillator, dessen Frequenz ungefähr dem Kehrwert der Zeitkonstante der Bauelemente am Eingang entspricht. Es folgen drei Gatter im Parallelbetrieb für einen kräftigen Strom bei kleinen Induktivitäten. Die Spannung bleibt dabei konstant, aber das Tastverhältnis ändert sich: Je breiter der Impuls, umso größer ist die Induktivität. Durch das RC-Glied im Ausgang entsteht eine zur Induktivität proportionale Gleichspannung. Für minimalen Fehler darf der Ausgang aber praktisch nicht belastet werden, daher nur elektronische Multimeter verwenden!

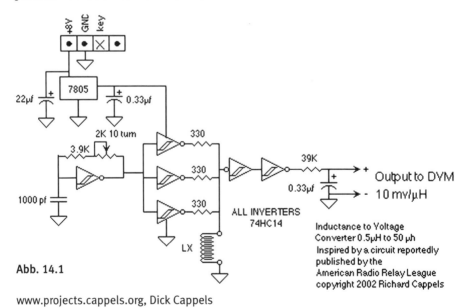

Abb. 14.1

www.projects.cappels.org, Dick Cappels

Man gleicht die Schaltung mit mindestens einer bekannten Induktivität ab. Bei kleinen Induktivitäten wird etwas zu viel, bei großen etwas zu wenig angezeigt. Der Fehler liegt im Bereich +/−10 %.

14.2 Vorteiler und -verstärker für Frequenzmesser

Die Erweiterung eines Frequenzmessers im Selbstbau führt meist zu einer leistungsfähigen und ökonomischen Gesamtlösung. Setzt man dabei auf ICs, ergibt sich eine besonders einfache Schaltung. Die in *Abb. 14.2* gezeigte teilt die Messfrequenz durch 10 und bewirkt auch noch eine Verstärkung. Sie ist nominell bis 300 MHz einsetzbar.

Die Schaltung setzt sich aus den Stufen Eingangsschutz, Vorteiler (MCT12080), FET-Puffer und Begrenzerverstärker sowie Schmitt-Trigger-Stufen zusammen. Man kann das Eingangssignal mit S1 und S2 an verschiedene Kombinationen dieser Baustufen legen. Das Ausgangssignal des Teiler-ICs ist gering und recht rauschhaltig, daher muss eine Verstärkung mit Begrenzung erfolgen. Das Signal vom 2N3663 hat eine sehr gute Rechteckform und ist frei von Störungen. Damit können zwei parallel arbeitende Schmitt-Trigger angesteuert werden. Die 330-Ohm-Widerstände wurden gewählt, da die Kabelimpedanz 150 Ohm betrug. Sie sollten halb so groß sein wie der Kabel-Wellenwiderstand, wenn dieser nicht dem Eingangswiderstand des Zählers entspricht. Andernfalls treten Reflexionen an Kabelende und -anfang auf, die das Messergebnis grob verfälschen könnten.

Man kann das Messsignal auch direkt an den Schmitt-Trigger unten legen. Der Widerstand an Pin 8 ist für ein 150-Ohm-Kabel allerdings falsch dimensioniert,

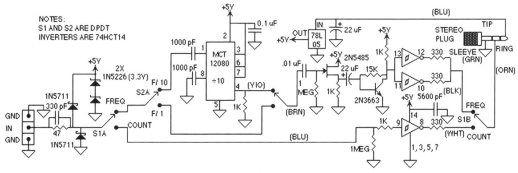

Abb. 14.2

www.projects.cappels.org, Dick Cappels

wenn das Kabel am Ende nicht seinen Wellenwiderstand sieht. Der richtige Wert ist der Wellenwiderstand des Kabels.

Man ordnet die Schalter möglichst nahe über der Platine an, damit die signalführenden Verbindungen kurz bleiben. Die Empfindlichkeit ist im Bereich 100 Hz bis 10 MHz am größten.

14.3 Präziser Audio-Spitzenspannungs-Messvorsatz

Audiosignale, wie Musik und Sprache, treten in einem großen Dynamikbereich auf. Für eine unverzerrte Verarbeitung muss man den Spitzenwert kennen. Ein analoges Oszilloskop ist hier wenig hilfreich, die Spitzen treten ja nicht regelmäßig auf. Doch mit der Hilfsschaltung nach *Abb. 14.3* und einem Digitalmultimeter können sie präzise erfasst werden.

Der Operationsverstärker unten splittet die Spannung einer 9-V-Blockbatterie symmetrisch auf. Das Messsignal kann direkt oder über einen Spannungsteiler, welcher es durch 10 teilt, an einen Operationsverstärker-Impedanzwandler gelegt werden. Die Teilung ist immer dann sinnvoll, wenn Spitzenwerte nahe der Betriebsspannung (über 4 V) registriert werden. Dann kann das Signal nämlich vom Messvorsatz begrenzt worden sein. Es folgt der eigentliche Spitzendetektor – mit dem Schal-

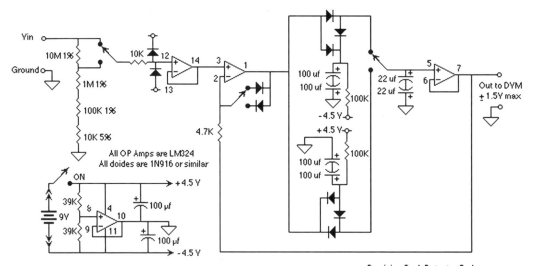

Abb. 14.3
www.projects.cappels.org, Dick Cappels

Precision Peak Detector Probe
December, 2001
Dick Cappels
Updated December, 2002; October, 2004

ter wählt man zwischen positiver und negativer Spitze. Durch die hohen Werte der Widerstände und Kondensatoren wird jeder neue Höchstwert 500 ms konstant gehalten. Auf dem Display eines Digitalmultimeters lässt er sich gut ablesen.

Durch Verwendung eines Vierfach-Operationsverstärkers kann man den Vorsatz besonders klein und preiswert aufbauen, muss aber das Layout gut planen.

14.4 Millivoltmeter-Adapter für Multimeter

Insbesondere Digitalmultimeter sind zur Wechselspannungsmessung sehr einge-schränkt brauchbar, denn bei den meisten Typen recht der Einsatzbereich nur von 40 bis 400 Hz. Mit einem Wechselspannungs-Messvorsatz kann man dem abhelfen.

Die Schaltung nach *Abb. 14.4* arbeitet bis 200 kHz mit sehr geringem Fehler. Sie besteht aus folgenden Stufen: 2-MHz-Vorverstärker, verdoppelnder Halbwellen-Gleichrichter, Puffer und Ausgangsstufe. Hinzu kommen Stabi-ICs, ein Referenzge-nerator und ein DC/DC-Wandler, der −3,5 V abgibt.

Der Vorverstärker ist eine FET/Bipolar-Kaskodeschaltung, welche bis 400 kHz linear mit Faktor 16 verstärkt. Die beiden Emitter-Basis-Strecken wirken wie Z-Dioden und dienen dem Eingangsschutz. Die untere Diode des Gleichrichters liegt an 2,5 V, daher fließt infolge des Widerstands von 10 MOhm ein Ruhestrom von 250 nA. Das verbessert die Linearität. Der Puffer sorgt dafür, dass der Gleich-richter mit diesem Ruhestrom arbeiten kann. Beim folgenden Verstärker können Nullpunkt (Offset) und Skalenfaktor eingestellt werden. Der Eingangswiderstand des Multimeters muss hochohmig sein.

Die positiven Versorgungsspannungen 5 und 12 V werden von Stabi-ICs geliefert. Die negative Spannung wird mit einem Halbwellen-Verdoppler gewonnen. Der Oszillator mit dem Schmitt-Trigger 74HCT14 liefert ein 8-kHz-Rechtecksignal mit großem Tastverhältnis. Daraus werden ein relativ kleines und ein relativ großes Testsignal abgeleitet. Drei parallel geschaltete Inverter sorgen für den nötigen hohen Ausgangsstrom.

Das Layout muss sehr sorgfältig ausgeführt werden, parasitäre Kapazitäten zwi-schen den einzelnen Stufen sollten so klein als möglich gehalten werden.

Der Adapter sollte mit einer Sinusspannung aus einem entsprechenden Generator abgeglichen werden. Man gleicht beispielsweise mit 2 und 200 mV ab (1 kHz). Dann ermittelt man mit 2 mV das Ende des linearen Bereichs. Die DC-Ausgangs-spannung kann dem Effektiv- oder Spitzenwert entsprechen.

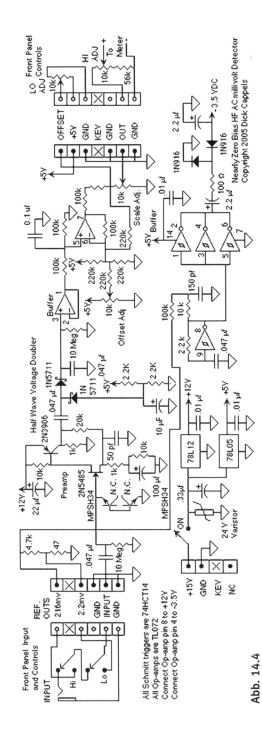

Abb. 14.4

www.projects.cappels.org, Dick Cappels

14.5 Schaltung zur Verbesserung der Klirrfaktor-Messung

Mit der in *Abb. 14.5* gezeigten Schaltung lässt sich die Auflösung bei der Klirrfaktor-Messung verbessern. Typische Klirrfaktor-Messgeräte unterdrücken die Grundwelle mit 80 bis 100 dB, was die Messgenauigkeit auf 0,01 bis 0,001 % Toleranz begrenzt. Schaltet man aber einen Instrumentationsverstärker zwischen das DUT (device under test) und das Messgerät, kann die Unterdrückung auf 140 dB erhöht werden. Außerdem erhöht sich die Entkopplung zwischen DUT und Messgerät.

Das DUT arbeitet auf seinen nominellen Lastwiderstand. Die Verstärkung G (gain) des AD524 lässt sich mit R_G auf beispielsweise 60 dB festlegen. Dies ist gleichzeitig die zusätzliche Unterdrückung A (attenuation). Die Frequenz von üblicherweise 1 kHz (Grundwelle) wird durch R1 und C1 bestimmt. Der Abgleichprozess erfordert systematisches Vorgehen.

Pin 2 liegt als Referenzeingang am Generator.

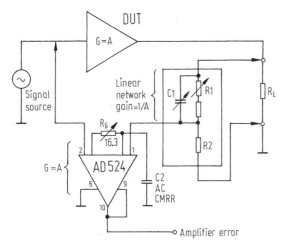

Abb. 14.5

Analog Devices Application Note 245, Scott Wurcer/Walt Jung

14.6 Messschaltung für die Settling Time

Als Settling Time bezeichnet man – etwas vereinfacht ausgedrückt – die Zeit, welche ein Verstärker, beispielsweise ein gegengekoppelter Operationsverstärker, benötigt, um einem Einheitssprung an seinem Eingang zu folgen. Man kann diese Zeit ermitteln, indem man den Einheitssprung in regelmäßigen Abständen vollzieht und Ein- und Ausgangssignal des Verstärkers mit einem Zweistrahl- oder Zweikanal-Oszilloskop darstellt.

Grundlage der Messung ist also ein entsprechender Impulsgenerator. *Abb. 14.6* zeigt eine Schaltung zur Messung der Settling Time auch von High-Speed-Operations-

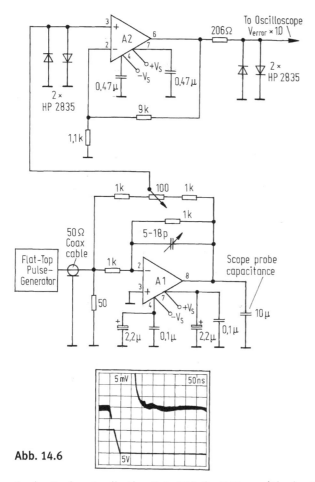

Abb. 14.6

Analog Devices Application Note 256, Scott Wurcer/Charles Kitchin

verstärkern. Der zu testende Operationsverstärker arbeitet in invertierender Grundschaltung. Der entgegengesetzte Verlauf erschwert aber kaum die Ablesung. Die Dioden begrenzen das Signal am Eingang und am Ausgang des Hilfsverstärkers A2. Daher kommt es an keinem Punkt zu Übersteuerung. Durch die Verstärkung von 20 dB und die Auswahl eines sehr schnellen Typs bleibt sein Einfluss auf das Messergebnis gering. Der Scope-Anschluss muss direkt erfolgen.

14.7 Goniometer – der bessere Phasenmesser

Das Prinzip des Goniometers wurde vor über 50 Jahren vorgestellt. Mit Einführung der Stereotechnik erlangte es große praktische Bedeutung bei der visuellen Überwachung der Signale beider Kanäle. Grundsätzlich erlaubt es eine bequeme Phasenmessung. Das Goniometer schickt die zu vergleichenden Signale dazu über eine Matrix auf die X- und die Y-Ablenkplatten des Scopes. Es ist also ein Oszilloskop-Vorsatz auch für digitale Scopes, welche den XY-Betrieb erlauben.

Abb. 14.7 zeigt die Schaltung eines Goniometers. Im Eingang liegt ein Doppelpotentiometer. Der duale Operationsverstärker U1 dient der Entkopplung. Danach gelangen die Signale an eine aktive Matrix. Sie bildet die Summen- und Differenzsignale. Dabei „errechnet" U2a die Summe M und U2b das Seitensignal S. Die Ausgangsstufe U3a verstärkt das M-Signal mit Faktor 2, die Ausgangsstufe U3b das S-Signal mit 2 oder 20. Im ersten Fall beträgt der Messbereich 0..90 Grad, im zweiten 0 bis etwa 11 Grad („Zoom").

Damit die Darstellung seitenrichtig erfolgt, muss die X-Ablenkung invertiert werden. Besteht diese Möglichkeit nicht oder ist sie im XY-Betrieb nicht wirksam, kann man dies durch Vertauschen der Eingangssignale erreichen.

Auf den ersten Blick sehen die Schirmbilder wie Lissajous-Figuren aus. Doch kann hier der Phasenwinkel direkt abgelesen werden, wenn man per Folie eine Skala auf den Scope-Schirm bringt. Im linken und mittleren Beispiel beträgt der Phasenwinkel 20 Grad, doch gibt es in der Mitte noch eine Amplitudendifferenz. Rechts ist die Amplitudendifferenz bei 15 Grad Phasenwinkel besonders groß.

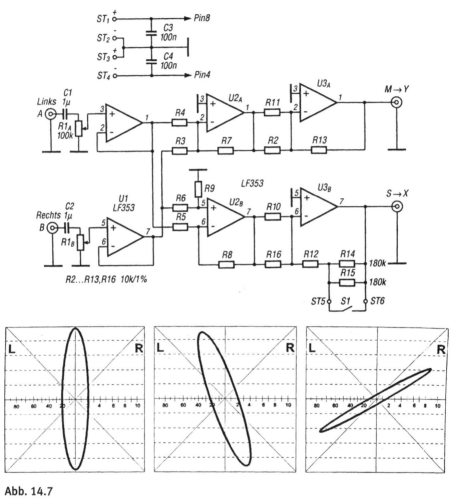

Abb. 14.7

Bernd Hübler: Stereo-Sichtgerät, Funkamateur 7/96

14.8 HF-Tastkopf mit Log Amp/Detector

Die Firma Analog Devices bietet eine breite Palette logarithmischer Verstärker beispielsweise zum einfachen Aufbau von Pegelmessern an. Diese werden als Log Amp/Detectors bezeichnet. Ein bekannter Vertreter ist der AD8307. Er bietet 88 dB Dynamik und 500 MHz Frequenzbereich. *Abb. 14.8* zeigt die Schaltung eines praxisgerechten Pegelmessers mit diesem IC.

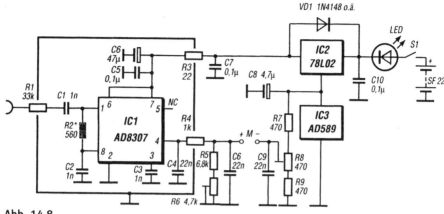

Abb. 14.8

R1 hebt zusammen mit der Parallelschaltung R2 und dem IC-Innenwiderstand den Eingangs-Dynamikbereich auf −33 ... +55 dBm (5 mV bis 126 V) an. Die untere Grenzfrequenz beträgt etwa 10 kHz. Bei 100 MHz erzeugt der Tiefpass infolge der IC-Eingangskapazität und parasitärer Kapazitäten einen Fehler von etwa 1 dB. Die DC-Ausgangsspannung an Pin 4 ist im Leerlauf 25 mV/dB; der Innenwiderstand beträgt 12,5 kOhm. Die Belastung durch R4, 5 und 6 sorgt für 10 mV/dB.

Ein Log Amp/Detector hat eine Ansprechschwelle, die als Logarithmic Intercept bezeichnet wird: Ist die Eingangsspannung kleiner als dieser Wert, liegt die Ausgangsspannung auf einem festen Wert von hier 250 mV. Diese Spannung wird mit R8 kompensiert.

An die Punkte M wird ein Digitalvoltmeter im 2-V-Bereich geschaltet. Der Nullwert entspricht −33 dBm/5 mV. Z. B. 200 mV entsprechen −13 dBm/50 mV.

Walter Tell: HF-Tastkopf mit AD8307, Funkamateur 10/99

14.9 Phasenwinkel bis 360 Grad messen

In der Schaltung nach *Abb. 14.9* werden die beiden Eingangssignale bis auf das Niveau der Versorgungsspannung angehoben und begrenzt. Es folgt ein zweifaches Monoflop. Die positiven Flanken lösen kurze Impulse aus, welche das folgende Flipflop setzen (Signal 1) bzw. rücksetzen (Signal 2). Je größer der Phasenversatz, umso länger die mittlere Zeit, in der das Flipflop ein Ausgangssignal liefert. Mit R3/C3 wird die Impulsfolge integriert. Das DC-Signal ist proportional zum Phasenwinkel und wird von einem Multimeter angezeigt. Man kalibriert z. B. auf 1,8 V bei 180 Grad Versatz.

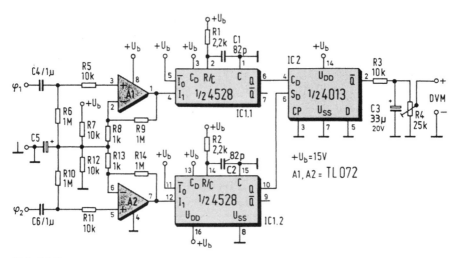

Abb. 14.9

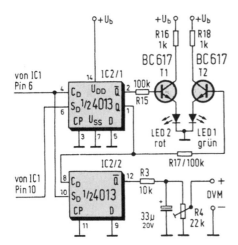

Abb. 14.10

Besteht kein Phasenunterschied, kann ein undefinierter Zustand eintreten. Das kann man mit einer Schaltungserweiterung nach *Abb. 14.10* verhindern. Hier kommt es nur zu einem kurzen Impuls, der das Ergebnis kaum verfälscht. Eine schwankende Phasenlage wird durch flackernde Leuchtdioden angezeigt: überwiegend rot bei nahe 360 Grad, überwiegend grün bei nahe 0 Grad.

Hans-Peter Reckenwald: Phasenwinkel bis 360 Grad messen, Funkschau 11/84

14.10 Einfacher Kabelbruchdetektor

Das Messprinzip ist in *Abb. 14.11* dargestellt. Ein Impulsgenerator wird an das Oszilloskop angeschlossen. Z_e bringt den gesamten Lastwiderstand auf den Wellenwiderstand des Kabels. Parallel wird auch das zu prüfende Kabel angeschlossen. Es ist am Ende mit seinem Wellenwiderstand abgeschlossen. Hat es einen Defekt, kommt es an dieser Stelle zu einer Reflexion. Somit taucht ein zweites Signal am Scope-Eingang auf. Aus dem Laufzeit-Unterschied t lässt sich die Entfernung zur Störstelle l ermitteln: l in m = 0,15 × t in ns × V. V ist der Verkürzungsfaktor des Kabels von z. B. 0,66.

Abb. 14.12 zeigt die Schaltung des Generators, welcher über einen Synchronisationsausgang verfügt.

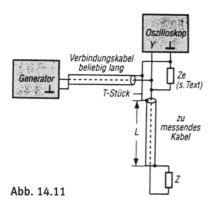

Abb. 14.11

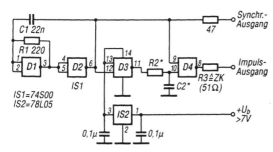

Abb. 14.12

Siegmar Henschel: Einfacher Kabelbruchdetektor, Funkamateur 2/96

14.11 Differenzielle Frequenzmessung

Bei der differenziellen Frequenzmessung wird die Abweichung der Messfrequenz von einer Referenzfrequenz erfasst – praktisch gewünscht etwa beim Untersuchen des Einlaufverhaltens oder der Temperaturabhängigkeit von Oszillatoren für die Nachrichtentechnik.

In der Schaltung nach *Abb. 14.13* wird durch Impulsformung und Integration eine der Differenz der beiden Frequenzen proportionale Gleichspannung erzeugt. Das Gatter G1 gehört zum Referenzoszillator, die Quarzfrequenz ist nur beispielhaft, ebenso wie das Teilerverhältnis des nachfolgenden Frequenzteilers. G2 arbeitet als Mixer. R8 und C5 filtern die Differenzfrequenz aus. G3 formt daraus einen Puls. C4, R4 und R5 differenzieren diesen. G4 erhält Nadelimpulse. Die Vorspannung sorgt dafür, dass es nur in den Spitzen öffnet. R7 und C6 integrieren das Ausgangssignal. Auch das Zeigerinstrument wirkt integrierend. Mit den angegebenen Werten beträgt die Skalierung etwa 100 mV/kHz.

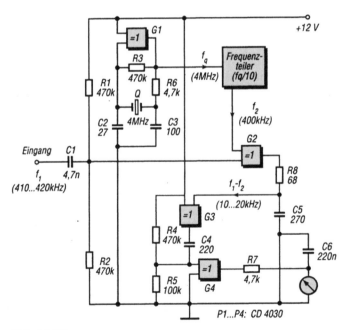

Abb. 14.13

Herrmann Schreiber: Differentielle Frequenzmessung, Funkamateur 7/98

14.12 Phasenmesser

In der Schaltung nach *Abb. 14.15* (siehe nächste Seite) werden die zu vergleichenden Signale mit Dioden begrenzt, mit Faktor 101 verstärkt und dann auf Gatter gegeben. Der Phasenunterschied äußert sich in Impulsen konstanter Amplitude und zum Phasenwinkel proportionaler Länge. Diese Impulse werden integriert. Zum Abgleich muss Pin 4 des 74HCT74 vorübergehend auf Masse gelegt werden. Man nutzt vorteilhaft ein invertiertes Signal geringer Frequenz.

Der hohe Ausgangswiderstand von etwa 280 kOhm verlangt ein elektronisches Multimeter mit möglichst 10 MOhm Eingangswiderstand. Man stellt bei 180 Grad Phasenversatz (Inversion) auf 180 mV ein. Also eine Auflösung von 1 mV/Grad.

Zur Versorgung genügt eine 9-V-Blockbatterie. Signale mit Frequenzen von 5 Hz bis 20 kHz werden korrekt verglichen.

14.13 Vorteiler 0,1...3,5 GHz

Die Frequenzteilerschaltung nach *Abb. 14.14* ist einfach. Der IC UPB1507 teilt durch 1000. Ein Gatter 74HCT02 sorgt für die Aufbereitung des Ausgangssignals.

Erreicht das Eingangssignal die für den UPB1507 erforderliche Ansprechschwelle, genügt zur Messung von Frequenzen bis 3,5 GHz ein Zähler mit z. B. 4 MHz Endfrequenz.

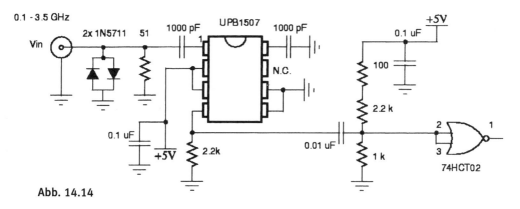

Abb. 14.14

http://electronics-diy.com

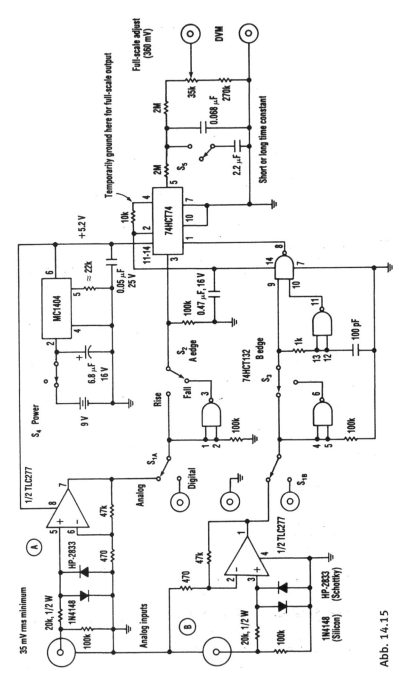

Abb. 14.15

M. J. Salvati: Phase meter profits from improvements, Electronic Design, April 11, 1991

14.14 Vorverstärker und Vorteiler

Die Schaltung nach *Abb. 14.17* (siehe nächste Seite) wurde für einen 20-MHz-CMOS-Zähler entwickelt. Sie besteht aus einem Teiler, einem Verstärker und einer Schmitt-Trigger-Stufe. Der Teiler MCT12080 kann durch 10, 20, 40 und 80 teilen, hier teilt er durch 10. Frequenzen von 10 bis 300 MHz können praktisch sehr gut verarbeitet werden. Der Verstärker ist aufgebaut mit dem SFET und dem Bipolartransistor sowie zwei parallel arbeitenden Schmitt-Trigger-Gattern. Damit können schwache Signale bis 20 MHz auf den CMOS-Pegel gehoben werden. Man kann den Verstärker aber auch dem Teiler-IC nachschalten, um dessen Ausgangssignal aufzubessern. Mit der Schmitt-Trigger-Stufe können gestörte Signale besser gemessen werden.

Man wählt mit S1 zwischen Vorverstärker/Teiler (FREQ) und Schmitt-Trigger (COUNT). Mit S2 fügt man den Teiler ein (F/10) oder umgeht ihn (F/1).

14.15 Einfache Messung der Settling Time

Die Messschaltung nach *Abb. 14.16* ist auf jeden anderen Operationsverstärker übertragbar. Der Einheitssprung erscheint unverzögert am Summationspunkt

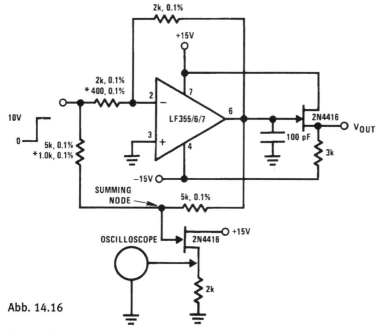

Abb. 14.16

National Semiconductor Data Sheet LF155/LF156/LF256/LF257/LF355/LF356/LF357

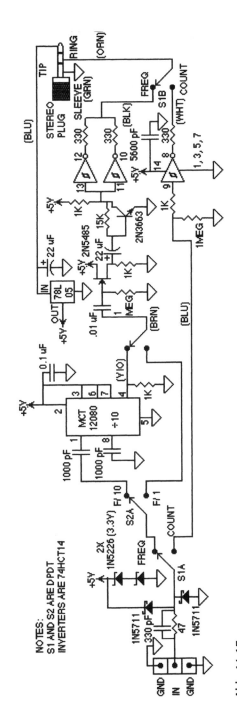

Abb. 14.17

www.projects.cappels.org, Dick Cappels

(summing node), während der Operationsverstärker erst nach Verstreichen der Settling Time über den anderen Widerstand auf null zurückstellt. Durch Umdimensionieren der Widerstände kann man bei verschiedenen Verstärkungen messen. Das Oszilloskop registriert einen Impuls von der Breite der Settling Time.

Der FET am Ausgang ist verzichtbar.

14.16 Einfache aktive Tastkopfschaltungen

Die Schaltung nach *Abb. 14.18* verknüpft minimalen Aufwand mit akzeptablen Daten. Der Sourcewiderstand wird am Ende des Kabels RG-58 angeordnet. Damit liegt ein wellenwiderstandsrichtig abgeschlossenes Kabel vor, und die Sourceschaltung wird kapazitiv nicht belastet. Der Sourceanschluss „sieht" 50 Ohm reell. Dieser geringe Lastwiderstand lässt allerdings die Verstärkung auf etwa 0,5 absinken.

Man muss beim SFET den C-Typ benutzen, damit der dann kräftige Drainstrom am Sourceanschluss einen akzeptablen Spannungsabfall hervorruft.

Bis 100 MHz ist der Frequenzgang flach, die −3-dB-Grenzfrequenz darf bei 500 MHz vermutet werden. Voraussetzung ist ein reaktanzfreier Abschlusswiderstand.

Schaltet man der eben besprochenen Anordnung eine mit 2 verstärkende Stufe vor, sind Ein- und Ausgangsspannung gleich. In Sourceschaltung ist diese Verstärkung leicht zu erreichen – siehe *Abb. 14.19*. Man muss hier nicht unbedingt die C-Spezifikation benutzen, da der Sourcewiderstand nun unkritischer ist.

Die nun zu erwartende Eingangsimpedanz: ohmscher Anteil bei 10 MHz etwa 430 kOhm und bei 100 MHz etwa 22 kOhm, kapazitiver Anteil frequenzunabhän-

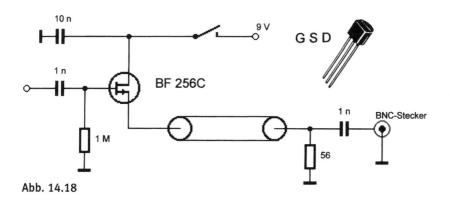

Abb. 14.18

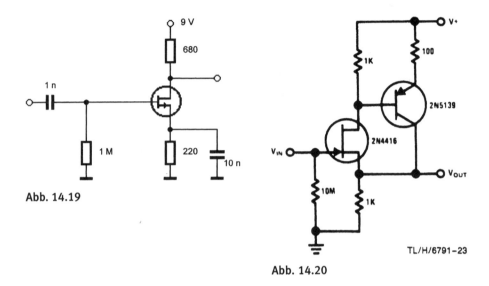

Abb. 14.19

Abb. 14.20

TL/H/6791–23

gig etwa 2,5 pF. Der SMT-Typ BF 545 ist bei 100 MHz mit etwa 66 kOhm dreifach besser.

Bei 100 MHz liegt nun der –3-dB-Punkt. Das bedeutet einen praktisch linearen Verlauf bis 20 MHz.

In *Abb. 14.20* sind die Spannungen an Drain und Source wegen der Gleichheit von Drain- und Sourcewiderstand ebenfalls gleich und zudem gleich der Eingangsspannung. Die Drainspannung hat nur 180 Grad Phasenversatz. Der pnp-Bipolartransistor wird nicht in Kollektorschaltung (Spannungsfolger) genutzt, denn am Emitter wird keine Spannung entnommen. Er bewirkt vielmehr eine Rückkopplung des SFETs, welche zu einer geringen Eingangskapazität und hohen Bandbreite führt. Die Spannungsverstärkung bei 1 MHz liegt bei 0,85, die –3-dB-Grenzfrequenz im Leerlauf bei 38 MHz und mit 30 pF Lastkapazität bei 22 MHz.

Wie in *Abb. 14.21* vorgeschlagen, kann durch zwei zusätzliche Widerstände die Spannungsverstärkung auf 1 oder darüber angehoben werden. Mit steigender Spannungsverstärkung sinkt allerdings die Bandbreite. Mit einem 500-Ohm-Einstellwiderstand für R2 wurde die Schaltung praxisgerecht modifiziert. Die –3-dB-Grenzfrequenzen liegen bei Spannungsverstärkung 1 im Leerlauf bei 35 MHz und mit 30 pF Lastkapazität bei 20 MHz.

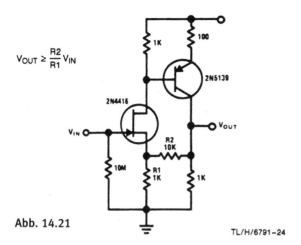

$$V_{OUT} \geq \frac{R2}{R1} V_{IN}$$

Abb. 14.21

TL/H/6791-24

National Semiconductor Application Note 32

14.17 Audiofilter-Wobbler

Die in *Abb. 14.22* gezeigte Schaltung bedient sich zweier gleicher VCO-ICs zur Erzeugung von Wobbel- und Signalfrequenz vom Typ NE/LM 566. Die zeitbestimmende RC-Kombination wird an Pin 6 und 7 angeschlossen. Die Steuerspannung legt man an Anschluss 5. In Form von Pin 3 und 4 stehen zwei Ausgänge zur Verfügung.

Im linken 566 wird die Wobbelspannung erzeugt. Alle unmittelbar angeschalteten passiven Bauelemente üben Einfluss darauf aus, sodass man sie leicht auch einstellbar machen kann. Die Dreieckspannung aus Pin 4 wird vom folgenden Operationsverstärker leicht angehoben und so eine optimale Amplitude für die Ansteuerung des zweiten VCOs erzeugt.

Mit dem Rechtecksignal aus Pin 3 wird das Oszilloskop getriggert. Man muss es also auf externen Triggerbetrieb schalten.

Beim mit höherer Frequenz arbeitenden rechten VCO wird nur die Dreieckspannung genutzt, da sie einem Sinus mehr ähnelt als ein Rechteck. Mit dem Drehschalter können verschiedene Frequenzbereiche eingestellt werden. Die entsprechenden Frequenzen lassen sich leicht messen, wenn man Pin 5 an eine im Bereich der Operationsverstärker-Ausgangsspannung einstellbare Spannung legt.

Der folgende Operationsverstärker wurde als Bandpass beschaltet und nur als Beispiel-Filter eingefügt. Die Diode in der Ausgangsleitung verbessert die Bilddarstel-

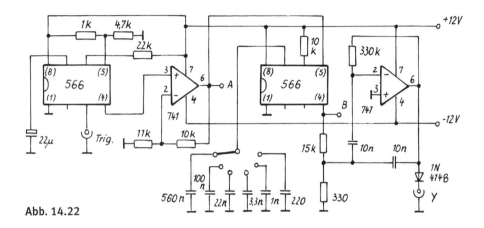

Abb. 14.22

lung (Glockenkurve). Man kann auf diese Funktionseinheit verzichten und gleich die Dreieckspannung von Punkt B auf den Y-Ausgang leiten.

Popular Electronics October 1990

14.18 Vielseitiger NF-Wobbler

Der Schaltkreis XR2206 findet sich bei fast jedem einfachen NF-Funktionsgenerator wieder und lässt sich auch leicht als linearer VCO betreiben. Wegen der linearen Steuerkennlinie teilt man selbst den NF-Bereich noch in mehrere Teilbereiche auf und kann somit bequem und genau ablesen.

Die Schaltung des Wobblers zeigt *Abb. 14.23*. Die Operationsverstärker und der Funktionsgenerator erhalten stabilisierte Betriebsspannungen von +12 V und –15 V. Diese Ungleichheit resultiert aus dem überwiegend negativen Steuerspannungsbereich des XR 2206 für lineare Arbeitsweise.

Die vier Operationsverstärker des TL084 bilden einen Dreieckgenerator, dessen Frequenz mit P2 zwischen 1 und 50 Hz einstellbar ist. Die durch Spannungsteiler-Widerstände erzeugten Vorspannungen zu beiden Seiten des Potentiometers P1 (etwa +2,55 V und –12,25 V) sind identisch mit den Spitzewerten der erzeugten Dreieckspannung.

Mit dem einfachen Umschalter kann man von Wobbel- auf einstellbaren Festfrequenzbetrieb umschalten. Mit dem doppelten Stufenschalter lassen sich die Frequenzbereiche 10...250 Hz, 0,2...5 kHz und 4...100 kHz wählen. Mit den Einstellreglern erfolgt die Justage.

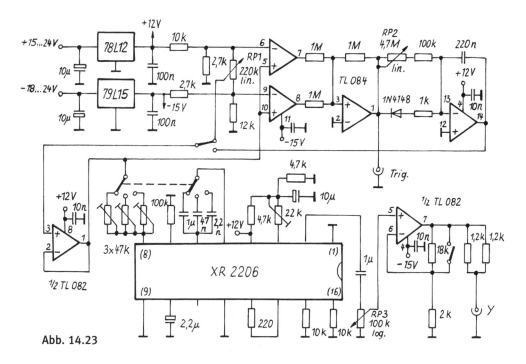

Abb. 14.23

Frank Sichla: Mini-NF-Wobbler, Funkamateur 10/96

14.19 Low-Cost-HF-Wobbler

Nicht viel Aufwand erfordert die in *Abb. 14.24* gezeigte Wobbel-Zusatzschaltung. Sie setzt sich aus Dreieckgenerator (mit Doppel-Operationsverstärker) und HF-Oszillator zusammen. Dieser benötigt als aktives Element lediglich einen Feldeffekt-transistor vom Typ 2N3819 oder ähnlich.

Die Frequenz des Dreieckgenerators lässt sich zwischen 3 und 20 Hz variieren. Die Amplitude bleibt dabei konstant (ca. 6 V Spitze-Spitze).

Der Oszillator wurde für das 80-m-Band dimensioniert, wobei die Wobbelbreite mit dem zweiten Potentiometer zwischen 2 und 400 kHz einstellbar ist. Die Kapazitätsdiode bietet bei 1 V 39...46 pF und bei 28 V 4...5 pF. Als Ersatz kann eine BB 109G zum Einsatz kommen, die eine Kapazitätsvariation von 5 bis 32 pF zulässt. Man kann auch zwei Varicaps mit kleineren Kapazitäten parallel schalten.

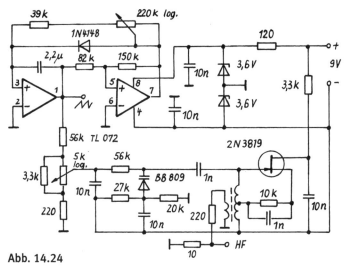

Abb. 14.24

Radio Communication 11/1992

14.20 Bargraph-Anzeige für Oszilloskop

Die in *Abb. 14.25* gezeigte Schaltung erlaubt die Darstellung eines Balkendiagramms mit zehn Balken auf dem Oszilloskop-Bildschirm. Die Höhe eines Balkens entspricht der jeweiligen Eingangsspannung am zugeordneten Eingang.

Herz der Schaltung ist der Bargraph-Treiber-IC LM3914. Er wird unterstützt von einem Sägezahngenerator, aufgebaut mit dem Transistor, einigen Gattern und einem Analogschalter. IC5a, b und c und IC8d erzeugen mit der Transistor-Konstantstromquelle eine Sägezahnschwingung mit linear ansteigender Flanke und der Frequenz 1 kHz.

IC2 arbeitet als Trennverstärker für den Sägezahnausgang. Die Sägezahnspannung wird auf den X-Eingang des Oszilloskops gegeben.

Der Bargraph-Treiber-IC steuert einen aus IC6b bis IC8c bestehenden Multiplexer an. Da ein Multiplexer auf der zeitlich versetzen Ansteuerung einzelner Signale basiert, erhält man die zehn nebeneinander stehenden Balken auf dem Schirm.

Der jeweils angesteuerte Analogschalter des Multiplexers legt den angewählten Eingang an den Y-Eingang des Oszilloskops. Während des Rücklaufs der Sägezahnspannung schaltet IC6a den Y-Eingang ab.

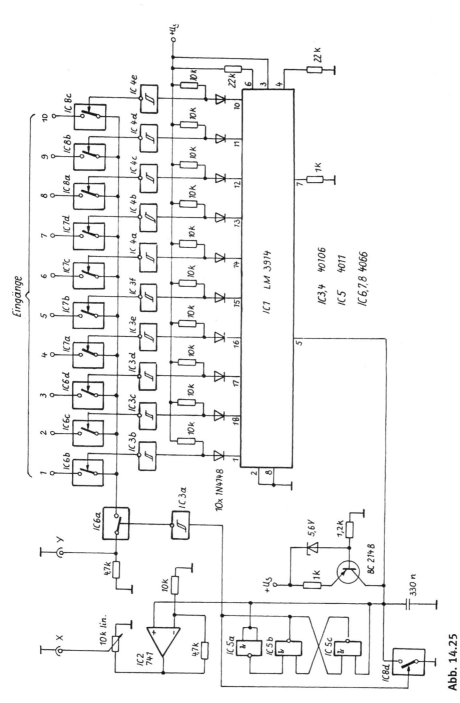

Schaltungs-Kochbuch, elrad 12/1983

Abb. 14.25

14.21 Tastkopf für Frequenzzähler

Zähler für den Gigahertzbereich weisen oft eine hohe untere Einsatzfrequenz auf. Mit der Zusatzschaltung nach *Abb. 14.26* lassen sie sich auch für geringere Frequenzen nutzen bei nun hochohmigem Eingang der Messanordnung.

Die Empfindlichkeit ist so hoch, dass bis hinunter zu 10 MHz einige Millivolt genügen. Bei höheren Werten erhält man am Ausgang ein steilflankiges Signal, das auch noch bis 1 MHz eine sichere Zählung erlaubt.

Die Transistoren arbeiten in Kaskodeschaltung. Die Grenzfrequenz ist hoch, die Verstärkung aber gering. Daher der Videoverstärker-IC.

Die Schaltung ist zwischen etwa 1 und 50 MHz praktisch gut anwendbar.

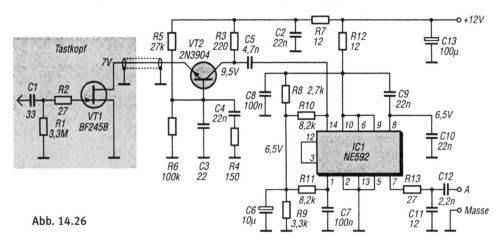

Abb. 14.26

Herrmann Schreiber: Tastkopf für Frequenzzähler, Funkamateur 4/05

14.22 Universeller aktiver Tastkopf

Die Tastkopfschaltung nach *Abb. 14.27* hat folgende technische Daten: Verstärkung 1 (R6 100 Ohm, C6 10 pF) oder 10 (R6 1,91 kOhm, C6 entfällt), Eingangsimpedanz 10 MOhm parallel 5,5 pF, Ausgangsimpedanz 50 Ohm, +/–0,5-dB-Bandbreite bei Verstärkung 1 100 MHz, bei Verstärkung 10 150 MHz, Stromverbrauch maximal 50 mA.

Der Eingang ist durch die Dioden geschützt, die Eingangsspannungen sollten unter 2 V (Verstärkung 1) bzw. 200 mV (Verstärkung 10) liegen.

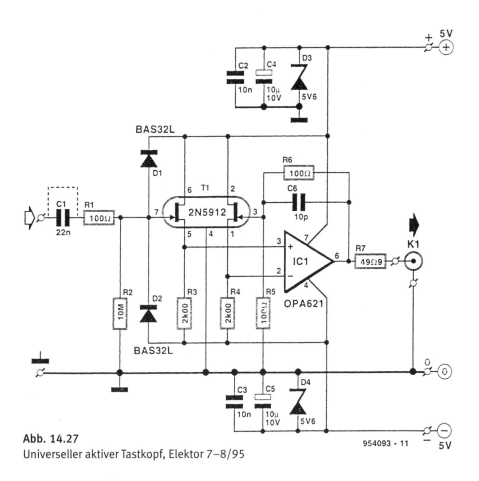

Abb. 14.27
Universeller aktiver Tastkopf, Elektor 7–8/95

954093 - 11

14.23 Modulationsmonitor-Zusatz

In der Schaltung nach *Abb. 14.28* wird das Signal am Eingang „in" an einen Lastwiderstand R_L von z. B. 50 Ohm gelegt (damit sich keine Reflexionen ergeben) und symmetrisch demoduliert. Die obere Diode trennt die obere, die untere die untere HF-Halbwelle ab. Die Dioden sind „vorgespannt" mit einem Strom von etwa 300 µA. Da der symmetrische AM-Demodulator nicht kapazitiv getrennt ist, ergibt sich gemäß der Dioden-Flussspannungen ein Signalversatz, der mit den nachfolgenden Transistoren wieder korrigiert wird.

Über Widerstände gelangt das Signal zu Q7 und Q8. Dies sind komplementäre Impedanzwandler, die auf ein Poti zur Maßstabseinstellung arbeiten. Das Scope

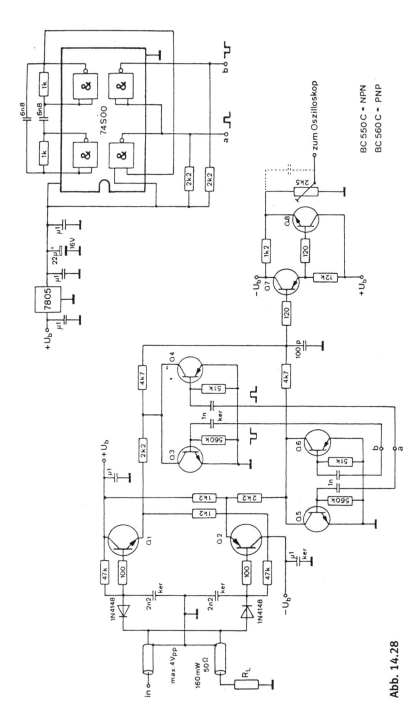

Abb. 14.28

D.-K. Mottaghian-Milani: Vorsatzgerät für Oszilloskope, CQ DL 10/1995

sollte 1 V/T anzeigen, da die Spannung vermindert wird, stellt man das Scope empfindlicher ein und korrigiert mit dem Poti.

Mit dem 74S00 wird eine Copper-Frequenz von etwa 180 kHz erzeugt. Diese Frequenz ist so hoch, dass man sie mit der eingestellten Zeitbasis nicht auflösen kann. Dies ist die Bedingung für die Funktion der Schaltung.

Die Chopper-Transistoren Q3, 4, 5 und 6 legen abwechselnd die Ausgangsspannungen von Q1 und Q2 über Widerstände 2,2 kOhm an Masse. Über 4,7-kOhm-Widerstände kommen die Spannungsimpulse an der Basis von Q7 zusammen.

Die Amplitude des Chopper-Signals ist proportional zur Spannungsdifferenz der Hüllkurven. Der Kondensator 100 pF verschleift die Flanken und vermindert Spitzen infolge der Gatterlaufzeit.

Das Scope darf nicht auf die Chopper-Frequenz triggern. Einen Rest der Chopper-Frequenz kann man mit einem hochohmigen Widerstand von a oder b zum 100-pF-Kondensator beseitigen.

Die Chopper-Transistoren schließen eine Spannung je nach Polarität kurz. Da der 74S00 an 5 V arbeitet, darf diese Spannung theoretisch maximal 10 V Spitze-Spitze haben. Eingangsspannungen unter 500 mV können nicht mehr besonders genau dargestellt werden.

14.24 LC-Generator als Frequenzzähler-Zusatz

Mit der Schaltung nach *Abb. 14.29* soll die Induktivität der Schwingkreisspule ermittelt werden. Dieser Oszillator schwingt mit den Spulen L1 und L2 einwandfrei im Bereich 400 kHz bis 180 MHz. Mit der Zusatzspule L3 ist er auch bei 100 kHz noch erregbar.

Bei der Berechnung der Induktivität sollte man ihre Eigenkapazität sowie die parasitäte Kapazität der Schaltung berücksichtigen. Ein guter Richtwert für KW ist 15 pF.

14.25 Tester für Leistungstransistoren

Bei der in *Abb. 14.30* vorgestellten Messschaltung für npn-Leistungstransistoren kann der Kollektorstrom (in groben logarithmischen Stufen) zwischen 50 mA und 3 A eingestellt werden.

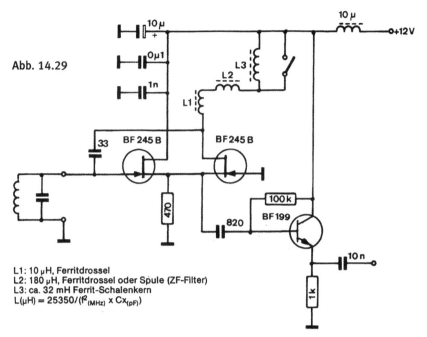

Abb. 14.29

L1: 10 µH, Ferritdrossel
L2: 180 µH, Ferritdrossel oder Spule (ZF-Filter)
L3: ca. 32 mH Ferrit-Schalenkern
$L_{(µH)} = 25350/(f^2_{(MHz)} \times Cx_{(pF)})$

Alf Heinrich: Einfacher LC-Generator als Frequenzzähler-Zusatz, CQ DL 5/2002

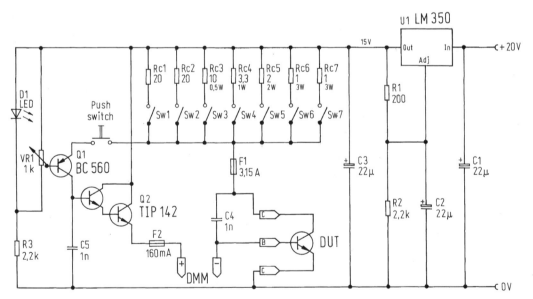

Abb. 14.30   Geoff Moss/Rod Elliott: h_{FE} Tester for npn Power Transistors, http://sound.westhost.com/projects.htm

Der Strom wird durch eine Konstanthalteschaltung mit D1 und Q1 geliefert. Die Spannung über den Widerständen beträgt immer 1 V.

Q2 dient als Puffer zur Reduzierung von Spannungsdifferenzen zwischen Typen mit hohem und geringem Stromverstärkungsfaktor. Mit dem Digitalmultimeter (DMM) wird der Basisstrom gemessen. Man teilt den Kollektor- durch den Basisstrom und erhält die Stromverstärkung bei 14 V Kollektorspannung.

14.26 Einfaches Milliohmmeter

Die Schaltung nach *Abb. 14.31* nutzt ein Stabi-IC als Basis für eine umschaltbare Stromquelle. Der Strom beträgt 10 oder 100 mA. Eine 3-V-Batterie ist erforderlich; die Eingangsspannung für den LM317 kann von der Schaltung stammen, in welcher Widerstände gemessen werden.

Bei der Anwendung schaltet man ein Multimeter im Millivoltbereich zwischen die Punkte A und B zum Anschluss des zu messenden Übergangswiderstands. Zeigt es im 10-mA-Bereich beispielsweise 6 mV an, beträgt der Widerstand 6 mV/10 mA = 600 Milliohm.

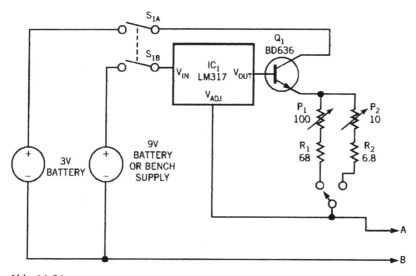

Abb. 14.31

AM Hunt: Simple circuit serves as milliohmmeter

14.27 Einfacher Spectrum Analyzer

Die in *Abb. 14.32* gezeigte Schaltung eines einfachen Spektrumanalysators als Oszilloskop-Vorsatz bedient sich bewährter Bausteine, trägt jedoch mehr experimentellen Charakter.

Eine Sägezahnspannung muss extern bereitgestellt werden.

Für den Einkoppel-Übertrager gibt es zwei Varianten: 10,7-MHz-Filter, bei dem die Kapazität entfernt wurde, oder selbst gewickelte Ringkern-Übertrager. In beiden Fällen sollte das Windungsverhältnis bei 5,5 liegen, denn dann werden 50 Ohm auf 1,5 kOhm Eingangswiderstand des Mischer-ICs hochtransformiert.

Eine Spiegelfrequenz-Unterdrückung erfolgt nicht. Das 455-kHz-Filter sollte etwa 4 kHz Bandbreite haben. Die Verstärkung des MC1350 kann mit dem Potentiometer vielen Zwecken angepasst werden. Das Signal wird durch ein Spulenfilter am Ausgang des ICs nochmals selektiert.

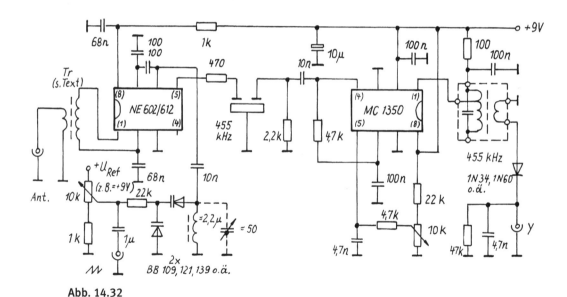

Abb. 14.32

Frank Sichla: Scope-Tuning

14.28 HF-Wobbler mit großem Frequenzbereich

Abb. 14.33 zeigt das Blockschaltbild des Wobblers. Er setzt sich aus Sägezahngenerator, HF-Teil und Markenmischer zusammen. Hat man einen Sägezahngenerator und kann auf eine Marke verzichten, kann man auch nur den HF-Teil aufbauen. Dieser Teil setzt auf den Doppel-VCO 74S124 und wirkt daher sehr übersichtlich (*Abb. 14.34*). Dennoch sind acht Bereiche für Wobbelmessungen zwischen 150 kHz und 100 MHz möglich. Durch das Wobbeln mit dem Rechtecksignal des 74S124 erzeugen sämtliche Oberwellen auch Wobbelkurven. Dies könnte beim Abgleich

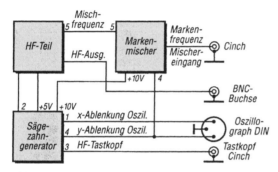

Abb. 14.33

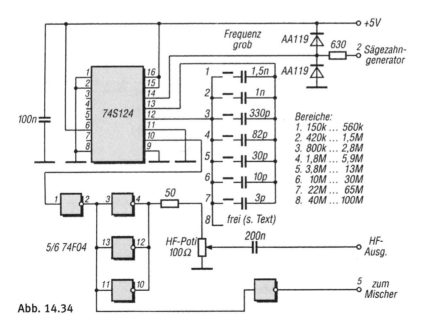

Abb. 14.34

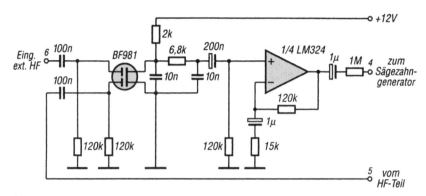

Abb. 14.35

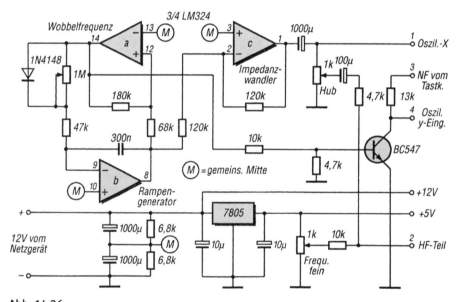

Abb. 14.36
Hans-Peter Rust: Ein HF-Wobbler mit großem Frequenzbereich, Funkamateur 7/97

breitbandiger Filter stören. Das Signal wird über drei parallel arbeitende schnelle Gatter ausgegeben. Die Ausgangsspannung beträgt 2...3 V.

Der Markenmischer (*Abb. 14.35*) ist mit einem Dualgate-FET und einem Operationsverstärker aufgebaut. Er erzeugt aus der Wobbelfrequenz und einer externen HF ein niederfrequentes Mischprodukt, das dem Wobbelsignal hinzugefügt wird und eine charakteristische Schwebungsmarke auf dem Signal erzeugt.

Abb. 14.36 zeigt die Schaltung von Sägezahngenerator, Steuerspannungserzeugung und Stromversorgung. Die Punkte M werden zusammengeschaltet, hier liegen 6 V an.

14.29 Ein VHF-Wobbler

Herzstück der in *Abb. 14.37* gezeigten Schaltung ist ein fertiges VCO-Modul POS200. Dadurch wird der Schaltungsaufbau einfach.

Die Schaltung benötigt 8, 12 und 16 V. Der obere Stabi-IC ist gewissermaßen auf 8 V aufgesetzt, sodass die symmetrische Spannung für IC4 und IC5 entsteht. Die Steuerspannung für den VCO liegt zwischen 2 und 15 V. IC5a und IC5b bilden den

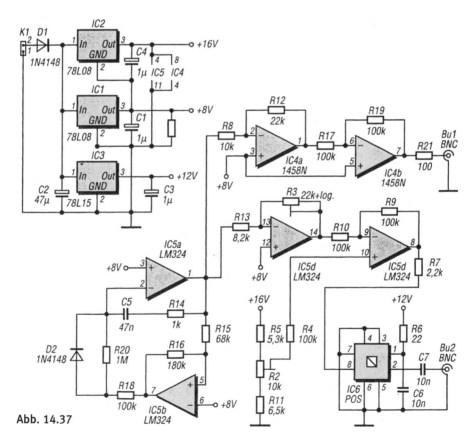

Abb. 14.37

Sepp-Rainer Potyka: VHF-Wobbler, Funkamateur 7/98

Sägezahngenerator. IC4a und IC4b verstärken die Spannung. IC5c wirkt durch R3 als veränderlicher Abschwächer, mit dem der Wobbelhub zwischen 0 und 100 MHz eingestellt werden kann. IC5d addiert die Sägezahnspannung zu einem mit R2 einzustellenden DC-Anteil, der die Mittenfrequenz bestimmt. R5 und R11 bestimmen untere und obere Frequenzgrenze, sodass mit R2 die Frequenz des VCOs zwischen 100 und 200 MHz eingestellt werden kann.

14.30 Kapazitäts-/Induktivitäts-Messvorsatz

Von der Firma Ramsey stammt ein einfacher Bausatz, mit dem sich Kapazitäten in zwei Bereichen von 1 bis 1999 pF bzw. 1 bis 1999 nF und Induktivitäten in den Bereichen 10 bis 800 µH und 100 µH bis 10 mH ermitteln lassen. Die Anzeige erfolgt mit einem Digitalmultimeter.

Kernstück der in *Abb. 14.38* gezeigten Schaltung ist U1 mit seinen sechs invertierenden Schmitt-Triggern. Ausgewertet wird die sich durch verschiedene Kapazitäten bzw. Induktivitäten ergebende Impulsbreiten-Verformung einer Rechteckfrequenz. Die Stromaufnahme liegt bei 6 mA.

Zur Kapazitätsmessung dient der obere Zweig mit U1D bis U1F. U1F ist ein 400-Hz-Oszillator. Sein Signal gelangt auf zwei Integratoren.

Zur Induktivitätsmessung dient der untere Zweig mit den Komparatoren U1A bis U1C. U1A dient als Oszillator mit umschaltbarer Frequenz. Wird der Ausgang kurzgeschlossen, liegt die Spannung am Eingang von U1C unter dem unteren Schwellwert, der Ausgang von U1C führt H, und das Multimeter zeigt nichts an. Kleine Induktivitäten ergeben kurze, große Induktivitäten lange Impulse.

14.31 Einfache Magnetfeldmessung

Die Anordnung zur Magnetfeldmessung mit einem Hall-Sensor-IC nach *Abb. 14.39* (siehe übernächste Seite) ist sehr einfach. IC1 wird in einem Plastikrohr untergebracht. Eine geschirmte Dreidrahtleitung führt zum Multimeter. Dort befindet sich eine 4,5-V-Batterie zur Versorgung des ICs. Der Anschluss an das Messgerät erfolgt auf übliche Weise mit zwei Leitungen.

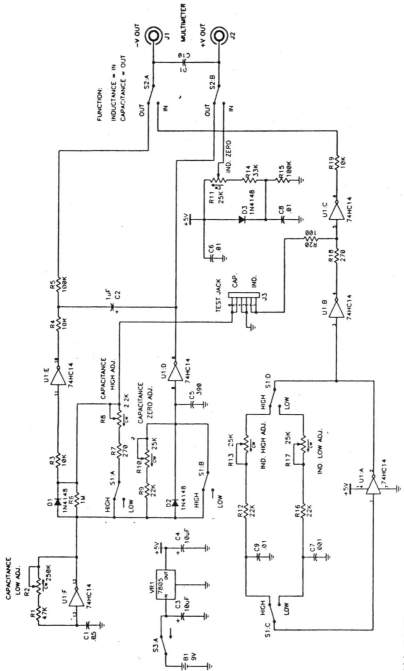

Abb. 14.38

Kapazitäts-/Induktivitäts-Messvorsatz, beam 2/95

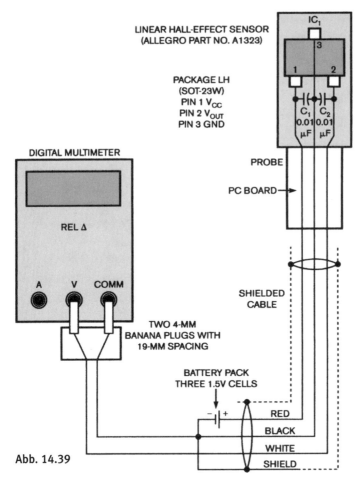

Abb. 14.39

Rama Sarma: Magnetic-field probe requires few components, EDN, December 15, 2006

14.32 Instrumentationsverstärker als Oszilloskop-Vorsatz

Durch ihren massebezogenen Eingang können Oszilloskope für bestimmte Mess-aufgaben nicht direkt verwendet werden. Die Schaltung nach *Abb. 14.40* ermöglicht einem Oszilloskop die Erfassung nicht massebezogener Spannungen. Der inte-grierte Instrumentationsverstärker IC1 ist vom Typ AD620 und hat mit dem Gain-Setting-Widerstand 475 Ohm eine Verstärkung von 105.

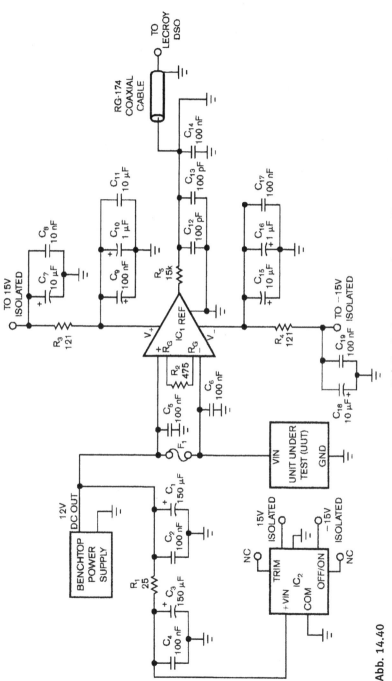

Bob Perrin: Instrumentation amplifier extends DSO, EDN, January 5, 2006

Abb. 14.40

Die Zusatzschaltung wurde zur Messung des Stroms aus einem Solargenerator-Array eingesetzt. Dies betrifft den linken Schaltungsteil. IC2 ist ein DC/DC-Konverter.

14.33 Einfache Induktivitätsmessung

Zur Feststellung der Induktivität von HF-Spulen oder Drosseln für DC/DC-Wandler kann die Schaltung nach *Abb. 14.41* dienen. Die kreuzgekoppelten pnp-Transistoren erfüllen eine Flipflop-Funktion (bistabil). Bei Anschluss einer Induktivität erfolgt Oszillation (astabiler Multivibrator). Die Frequenz ist indirekt proportional zur Induktivität. Es gilt etwa L in µH = 50 / f in MHz.

Zum Betrieb genügt ein Knopfakku oder ein 1,5-V-Element. Die Ausgangsspannung erreicht etwa 500 mV Spitze-Spitze.

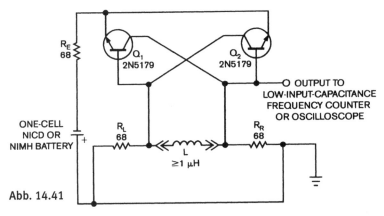

Abb. 14.41

Al Dutcher: Cheap and easy inductance tester uses few components, EDN, April 12, 2007

14.34 Kennlinienschreiber für FETs

Während ein Kennlinienschreiber für bipolare Transistoren relativ einfach aufgebaut werden kann, muss man bei einem FET-Kennlinienschreiber einen gewissen Aufwand betreiben. Dies suggeriert zumindest *Abb. 14.42*. Da die vier Operationsverstärker in einem IC integriert sind, bleibt der Aufwand trotzdem gering.

Die Schaltung stellt den Zusammenhang zwischen Drainstrom und Gatespannung, also die Eingangskennlinie, auf einem Oszilloskop-Bildschirm dar. Man kann zwi-

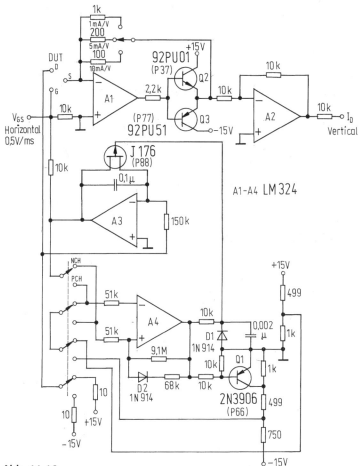

Abb. 14.42

schen n- und p-Kanal-Typ umschalten (NCH, PCH). Eine symmetrische Betriebs-spannung von +/–15 V ist erforderlich. Man wird sie einem Labornetzteil entneh-men.

14.35 Vorteiler zur Frequenzmessung mit Multimeter

Tischmultimeter und qualifizierte Handmultimeter bieten eine Frequenzmess-Möglichkeit, die weit über den engen Bereich von etwa 40...500 Hz einfacher Geräte hinausgeht. So kann man z. B. den Bereich 10 Hz bis 10 kHz antreffen.

Die einfache programmierbare Teilerschaltung nach *Abb. 14.43* ermöglicht es, Hochfrequenz mit einem solchen Multimeter zu messen. Er besteht aus dem Teiler LMX2322 und dem Mikrocontroller PIC16F84. Wird z. B. ein Teilerfaktor von 1000 eingestellt und die Frequenz 10 MHz angelegt, erscheint eine Ausgangsfrequenz mit 10 kHz. Der Teilerfaktor kann z. B. auch 10.000 und die Eingangsfrequenz 100 MHz betragen. Bei etwa 200 MHz liegt die obere Einsatzfrequenz.

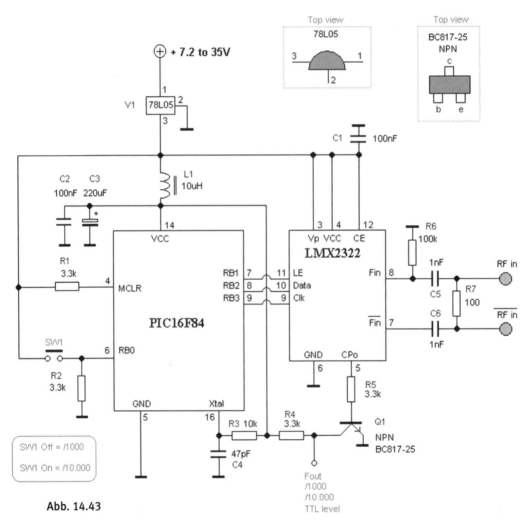

Abb. 14.43

Poor man's counter, http://hem.passagen.se

14.36 Achtkanal-Chopper

Die in *Abb. 14.44* gezeigte Schaltung wird man vor allem benutzten, um für Lehrzwecke ein digitales 8-Bit-Wort mit einem Oszilloskop darzustellen. Der Frequenzbereich beträgt 0 bis 100 kHz.

Mit S1 kann man zwischen Chopper- und Alternate-Betrieb umschalten.

IC3 und IC4 arbeiten als Multiplexer.

Mit S2 kann man zwischen Zwei-, Vier- oder Achtkanalbetrieb wählen. RV2 erlaubt die Einstellung des Abstands zwischen den „Kanälen". Da die Betriebsspannung den gesamten (!) Aussteuerbereich darstellt und +/–7,5 bzw. 15 V nicht überschreiten darf, wird man nicht umhin kommen, die Signale zu teilen (z. B. je 1:10).

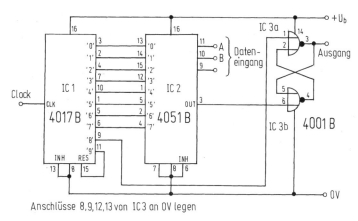

Anschlüsse 8,9,12,13 von IC3 an 0V legen

Abb. 14.44

Elektor, Schaltungs-Kochbuch

14.37 Vorverstärker für Zähler

T1 macht die Eingangsimpedanz des Verstärkers in *Abb. 14.45* hochohmig. T2 sorgt hingegen für hohe Verstärkung. Es folgt ein sogenannter Line Receiver. Er ist für Frequenzen bis über 100 MHz spezifiziert. T3 arbeitet als Schaltstufe.

Die beiden bipolaren Transistoren begrenzen die obere Einsatzfrequenz auf etwa 70 MHz.

Der Komparator sorgt für einen exakten TTL-Pegel an der Ausgangsbuchse.

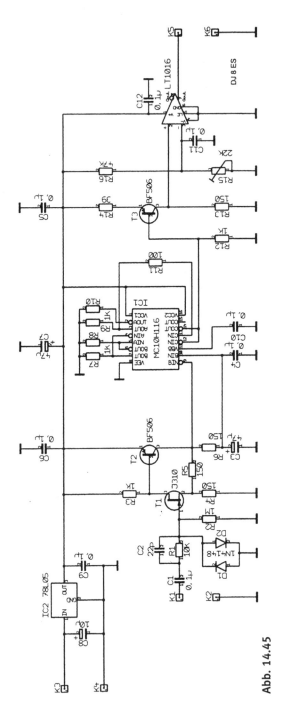

Abb. 14.45

Wolfgang Schneider: Pegelverstärker bis 70 MHz für Frequenzzähler

15 Schaltungen für die Prüftechnik

15.1 Einfacher Negative-Resistance-Oszillator

Der Oszillator nach *Abb. 15.1* arbeitet ohne Rückkopplung. Wie ist das möglich? Durch Kompensation des (positiven) Verlustwiderstands im Schwingkreis mit einem negativen Widerstand! Negativer Widerstand bedeutet fallender Strom bei steigender Spannung. Ein solcher Widerstand ist nur als differentieller Widerstand, d. h. als Kennlinien-Teilbereich eines elektronischen Bauelements, möglich.

Durch das Zusammenschalten von zwei Sperrschicht-FETs kann man ein Zweipolelement gewinnen, dessen Spannungs-Strom-Kennlinie diese Besonderheit aufweist. Bei der wiedergegebenen Schaltung mit einem n-Kanal- und einem p-Kanal-Sperrschicht-FET steigt der Strom im Bereich 0...2,5 V mit der Spannung auf etwa 3 mA, um danach bis etwa 8 V wieder gegen null zu sinken. Demnach ist die negative Kennlinie mit einer Vorspannung zwischen etwa 3 und 7,5 V zu nutzen. Es bieten sich drei oder vier 1,5-V-Elemente an.

Dieses Gebilde eignet sich gut zum Aufbau eines Oszillators: Wenn der negative Widerstand betragsmäßig größer als der Schwingkreis-Verlustwiderstand ist, muss es zur Ausbildung ungedämpfter Schwingungen kommen: Ein Parallelschwingkreis genügt zum Aufbau des funktionsfähigen Oszillators!

Man kann noch einen Schritt weiter gehen. Mit zwei solchen Schwingkreisen in Reihe gelingt es nämlich, gleichzeitig beide Resonanzfrequenzen zu erzeugen. Die Amplitude der höheren Frequenz wird von der niedrigeren Frequenz moduliert. In der Schaltung beträgt die höhere Frequenz bei 10 pF wirksamer Kapazität etwa 11 MHz. Der Schwingkreis mit dem NF-Trafo hat hingegen bei 440 Hz Resonanz. Hierbei handelt es sich um Bemessungsbeispiele, die Frequenzen sind relativ frei wählbar.

Da die Ausgangsleistung des Oszillators rund 25 mW beträgt, kann man das modulierte Signal bei Anschluss von einigen Metern Draht als Antenne im Umkreis von etwa 100 m mit herkömmlichen AM-Radios aufnehmen. Man kann dem NF-Kreis einen Schalter zum Abschalten der Modulation parallel legen.

Viele andere n-Kanal-FETs sind geeignet, als p-Kanal-Typ auch der 2N5461, gezeigt werden die Anschlussbelegungen für 2N3819 (links) und 2N5460/61 (rechts).

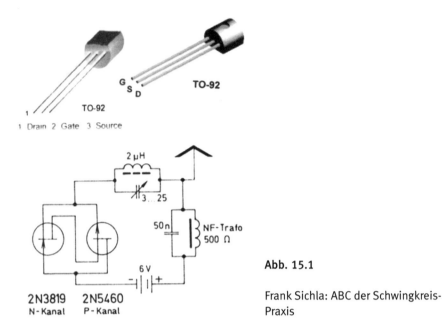

Abb. 15.1

Frank Sichla: ABC der Schwingkreis-Praxis

15.2 Leistungsstarker Audio-Prüfgenerator

Man kann Sinusschwingungen mit verschiedenen Methoden erzeugen. Eine davon ist ein Phasenschieber-Netzwerk. Diese einfache Struktur findet sich in *Abb. 15.2* unten. Der Transistor Q2 wird darüber rückgekoppelt und schwingt. Das 12-kHz-Sinussignal wird von dem Audio-Verstärker-IC LM386 verstärkt. Der 1-MOhm-Vorwiderstand bewirkt im Zusammenhang mit dem IC-Eingangswiderstand eine Spannungsteilung. Da der IC an einfacher Betriebsspannung arbeitet und einfach aufgebaut ist (keine Brückenstruktur), ist ein Koppelkondensator zur Last unumgänglich. Diese kann ein 8-Ohm-Lautsprecher sein.

Die Ausgangsamplitude wird gegenüber Lastschwankungen stabilisiert. Dazu erfolgt eine einfache Gleichrichtung. Die Ausgangsspannung des Gleichrichters bestimmt über Q3 und Q1 den Kollektorstrom von Q2 und damit die Amplitude des erzeugten Sinussignals. Die Referenzdiode LM313 liefert 1,2 V und sollte sich auch von einer LED in Durchlassrichtung ersetzen lassen.

Die beiden Koppelkondensatoren sind sehr großzügig bemessen und müssen auch bei Umdimensionierung des Phasenschieber-Netzwerks für wesentlich kleinere Frequenzen nicht erhöht werden.

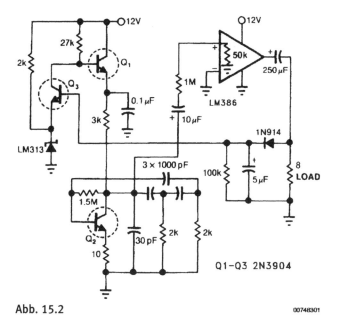

Abb. 15.2   00748301

Die an 8 Ohm gelieferte Spannung beträgt 1,5...2 V (effektiv) und hat etwa 2 % Verzerrungen.

National Semiconductor Application Note 263

15.3 Einstellbarer Batteriesimulator

Mit einem Batteriesimulator kann man das Verhalten von allgemeinen Schaltungen und von Schaltungen speziell für die Anzeige des Batteriezustands testen. Ein Batteriesimulator wird statt eines Elements oder mehrerer Elemente in die Batterieversorgung der Schaltung eingefügt. Dabei könnte die direkte oder mittelbare Verbindung mit dem Nullleiter des Stromnetzes stören.

In der Schaltung nach *Abb. 15.3* kommen drei 9-V-Batterien vor, die einen großen Einstellereich der Spannung der simulierten Batterie gewährleisten. Eine Verbindung mit dem Hausnetz besteht nicht. Der Referenzspannungs-IC stellt präzise 10 V zur Verfügung, einstellbar mit dem Trimmer 50 kOhm. Die Eingangsspannung des mit zwei Operationsverstärkern aufgebauten Spannungsfolgers lässt sich mit einem Potentiometer von 0 bis 10 V einstellen. Der Kondensator 1 µF sorgt zusammen mit dem Widerstand 150 kOhm für Stabilität. Der Elektrolytkondensator kann kurzzeitig einen hohen Strom liefern. Somit lassen sich auch Elemente/

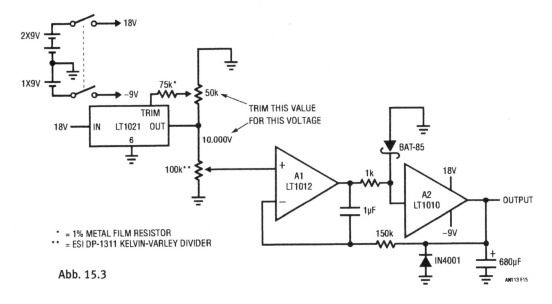

Abb. 15.3

Batterien simulieren, die wesentlich mehr Kapazität (in mAh) besitzen als die eingesetzten 9-V-Blocks. Man oszilloskopiert die Spannung am Ausgang während des Betriebs der Schaltung möglichst unter extremsten Bedingungen.

Linear Technology Application Note 113

15.4 Einfacher Feldstärke-Indikator

Zum Abgleich von Sendern auf maximale Leistung und zur Optimierung von Antennen genügen qualitative Aussagen über die Feldstärke. Man benötigt nicht den genauen Wert, sondern eine Information, ob die Feldstärke zu- oder abnimmt.

Man kann die magnetische oder die elektrische Feldkomponente erfassen. Im ersten Fall benötigt man eine Spule, im zweiten genügt ein Stück Draht oder eine Teleskopantenne zur Umsetzung der Feldenergie in leitungsgebundene Energie. Die E-Feldmessung ist also einfacher als die H-Feldmessung. Allerdings hat die Nähe einer Person zur Antenne einen stärkeren verfälschenden Einfluss.

Die Funktion der Schaltung nach *Abb. 14.4* ist schnell erklärt: Der mittlere und der rechte Transistor bilden einen Differenzverstärker. Der linke Transistor sorgt für möglichst temperaturstabile Arbeitspunkte. Eine Spannung von der Antenne wird von der Basis-Emitter-Diode des rechten Transistors gleichgerichtet. Entsprechend der Signalstärke sinkt die Gleichspannung am Kollektor.

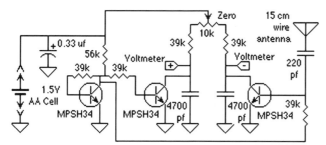

Field Strength Inidcator, manual zero version copyright Dick Cappels

Abb. 15.4

Die Schaltung lässt sich am einfachsten als Zusatz zu einem Digitalmultimeter auf-bauen. Ein Einbau-Drehspulinstrument mit Vorwiderstand ist ebenso möglich. Mit dem Trimmer erfolgt ohne Antenne ein Nullabgleich. Viele andere Transistoren, wie 2N2222(A), können benutzt werden.

www.projects.cappels.org, Dick Cappels

15.5 Testoszillator für HF bis UHF

In der Prüftechnik wird ein einfacher Oszillator für hochfrequente Schwingungen oft benötigt. Es handelt sich dabei um sogenannte freischwingende LC-Oszillatoren. Zur Frequenzabstimmung kann man einen Drehkondensator oder mindestens eine Kapazitätsdiode benutzen. In der Schaltung nach *Abb. 15.5* werden zwei Kapazitäts-dioden MV209 verwendet. Sie sind gegen ähnliche Typen austauschbar. Es gibt ein Potentiometer zur Grob- und eines zur Feinabstimmung. Für einen möglichst gro-ßen Frequenzbereich werden hier 24 V benötigt, die man zusammen mit den 5 V für die eigentliche Schaltung einem dualen Labornetzgerät entnimmt. Oder man baut einen DC/DC-Wandler auf 24 V. Oder man stockt mit zwei 9-V-Blocks die 5 V auf.

Q1 arbeitet in modifizierter Colpitts-Schaltung. Mit einem zweipoligen Drehschal-ter lassen sich sechs Frequenzbereiche wählen. Sie ergeben sich durch die Induktivi-tät der zwischen C1 und 5 V/C4 liegenden Spulen; diese werden im Wert entspre-chend angepasst. Die Pole des Drehschalters liegen an C1 und dem Kollektor/C5.

Q2 ist ein Puffer zum Anschluss eines Frequenzmessers. Q3 ist die eigentliche Aus-gangsstufe. Da ein 140-Ohm-Ausgang unüblich ist, kann man auf Q2 verzichten und einen Zähler hier anschließen.

Der Oszillator wurde als sogenannte Ugly Construction aufgebaut, wobei einige Lötpunkte in die Kupferfläche einer Platine gefräst wurden, welche als Massefläche

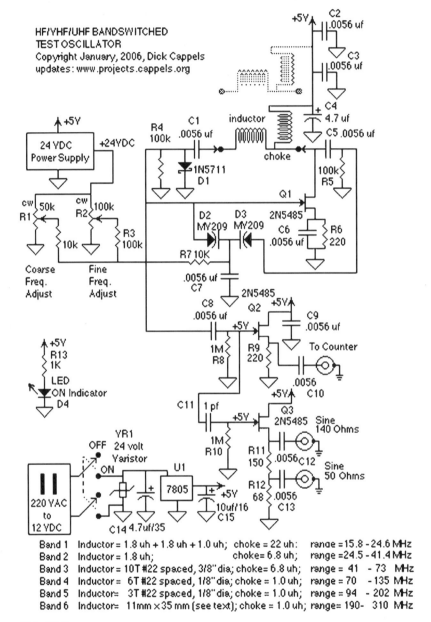

HF/VHF/UHF BANDSWITCHED
TEST OSCILLATOR
Copyright January, 2006, Dick Cappels
updates: www.projects.cappels.org

Band 1	Inductor = 1.8 uh + 1.8 uh + 1.0 uh;	choke = 22 uh:	range = 15.8 - 24.6 MHz
Band 2	Inductor = 1.8 uh;	choke = 6.8 uh;	range = 24.5 - 41.4 MHz
Band 3	Inductor = 10T #22 spaced, 3/8" dia;	choke = 6.8 uh;	range = 41 - 73 MHz
Band 4	Inductor = 6T #22 spaced, 1/8" dia;	choke = 1.0 uh;	range = 70 - 135 MHz
Band 5	Inductor = 3T #22 spaced, 1/8" dia;	choke = 1.0 uh;	range = 94 - 202 MHz
Band 6	Inductor = 11mm × 35 mm (see text);	choke = 1.0 uh;	range = 190 - 310 MHz

Abb. 15.5

www.projects.cappels.org, Dick Cappels

dient. Die Inductor-Spule für den höchsten Bereich wurde aus Kupferband und Kupferdraht gefertigt. Die Luftspulen wurden über einem Bohrerschaft gewickelt. Die kleine Platine sitzt direkt hinten auf dem Drehschalter.

15.6 Batterie-Checker

Das Messen der Leerlaufspannung eines Elements (1,5 V) oder einer Batterie sagt nicht besonders viel über die Leistungsfähigkeit aus. Eine Batterie, an der 1,3 V gemessen werden, kann über längere Zeit einen bestimmten Strom erbringen als eine Batterie, an der 1,4 V gemessen wurden.

Abb. 15.6 zeigt eine Schaltung für einen Low-Battery Checker nach Mr. Lung für Batterien ab 3 V. Wenn die Batteriespannung unter der Belastung der Testschaltung unter 2,5 V liegt, wird die rote LED bei Druck auf den Taster leuchten. Die Ansprechschwelle ist einstellbar.

Abb. 15.7 zeigt die Schaltung für einen Good-Battery Checker. Wird hier die Taste gedrückt, dann leuchtet die grüne LED, wenn die Batteriespannung über einem bestimmten Level liegt. Der etwas höhere Schaltungsaufwand bringt hier den Vorteil einer hohen und von der Batteriespannung unabhängigen Helligkeit. Auch hier ist die Ansprechschwelle einstellbar.

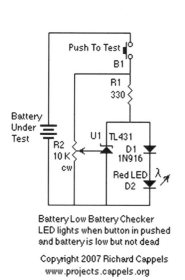

Battery Low Battery Checker
LED lights when button in pushed
and battery is low but not dead

Copyright 2007 Richard Cappels
www.projects.cappels.org

Abb. 15.6

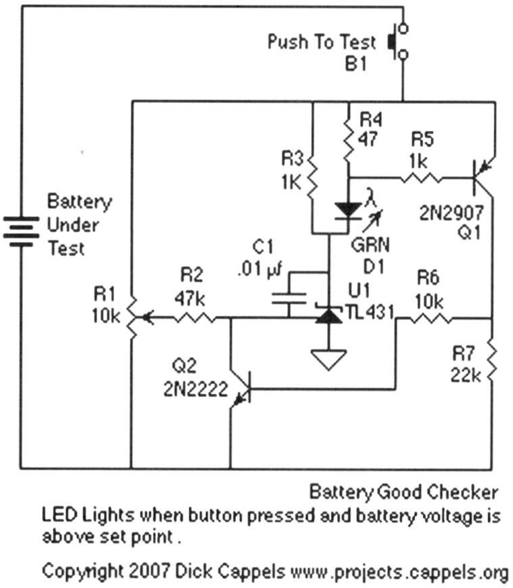

Battery Good Checker
LED Lights when button pressed and battery voltage is
above set point .

Copyright 2007 Dick Cappels www.projects.cappels.org

Abb. 15.7

Die Justage beider Schaltungen erfolgt an einem einstellbaren Gleichspannungs-Netzteil.

Man kann beide Schaltungen in einem Gehäuse kombinieren.

15.7 Einfacher Dreibereichs-KW-Prüfgenerator

Ein durchstimmbarer Generator für den KW-Bereich ist in Verbindung mit Oszilloskop oder HF-Spannungsmesser vielseitig einsetzbar. Die Schaltung nach *Abb. 15.8* verlangt minimalen Aufwand. Der frequenzbestimmende Schwingkreis liegt zwischen Drain und Gate des in Sourceschaltung arbeitenden Sperrschicht-FETs. Dieser nimmt 5 bis 8 mA auf.

Verwendet wird ein Zweifach-Luftdrehkondensator. Drei Bereiche decken das Kurzwellengebiet ab.

Die Induktivitäten kann man mit Ringkernen realisieren oder Fertigspulen nutzen. Wichtig sind kürzeste Schwingkreisverbindungen. Die Drosseln zur Entkopplung sind unkritisch.

Der Bipolartransistor arbeitet in Emitterschaltung mit Spannungsgegenkopplung. Diese sorgt für hohen Ein- und niedrigen Ausgangswiderstand. Das Signal kann daher über eine sehr niedrige Kapazität zugeführt werden. Der Ausgangswiderstand mit R5 liegt bei 50 Ohm.

Über dem Transistor sollte etwa die halbe Betriebsspannung abfallen, der Kollektorstrom beträgt also 10 bis 14 mA.

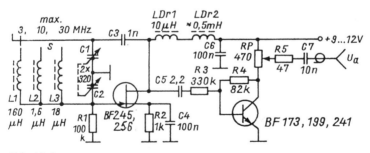

Abb. 15.8

Frank Sichla: ABC der Schwingkreis-Praxis

15.8 Einfacher KW-Generator mit MC1648

Der MC1648 ist ein Voltage-Controlled Oscillator und mit verschiedenen Gehäusen lieferbar. Die Außenbeschaltung ist minimal, vor allem wird eine Spule mit einer Mindestgüte von 100 benötigt. Die Betriebsspannung beträgt 5 V. Normalerweise liefert der IC eine Rechteckspannung. Er besitzt aber auch eine automatische Verstärkungsregelung (AGC, automatic-gain control). Ein Kondensator am dafür zuständigen Pin sorgt dafür, dass die Ausgangsspannung etwa sinusförmig wird.

Abb. 15.9 zeigt die einfachste Anwendungsschaltung, die Pinnummern gelten für das 14-polige DIP (dual-inline package). Es sind viele andere Kapazitätsdioden und Induktivitäten verwendbar. Der Zusammenhang zwischen Steuerspannung und Frequenz ist im Bereich 2 bis 6 V recht linear.

Diese Schaltung kann leicht nachgebaut werden. Der Ausgang ist allerdings nicht allzu leistungsfähig, der Ausgangswiderstand liegt bei 1 kOhm.

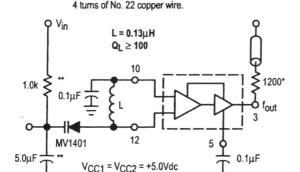

* The 1200 ohm resistor and the scope termination impedance constitute a 25:1 attenuator probe. Coax shall be CT–070–50 or equivalent. NOT used in normal operation.

** Input resistor and cap are for test only. They are NOT necessary for normal operation.

Abb. 15.9

Motorola Data Sheet MC1648

15.9 Mehrbereichsgenerator mit MC1648

Die Schaltung nach *Abb. 15.10* ist etwas erweitert. Es gibt mehrere Frequenzbereiche und einen Ausgangsverstärker, der für den bei HF-Generatoren üblichen 50-Ohm-Ausgang sorgt. Außerdem ist ein symmetrisches Netzteil gezeigt. Die Verwendung von fertigen HF-Drosseln erspart die Mühe des Spulenwickelns und ermöglicht recht passgenaue Bereiche ohne Abgleich:

- 1 mH für 200...800 kHz (LW)
- 100 µH für 0,66...2,7 MHz (MW + Grenzwelle)
- 10 µH für 2,1...8,1 MHz (unterer KW-Bereich)
- 1 µH für 6,8...29 MHz (oberer KW-Bereich)
- 100 nH für 18...56 MHz (KW + VHF)

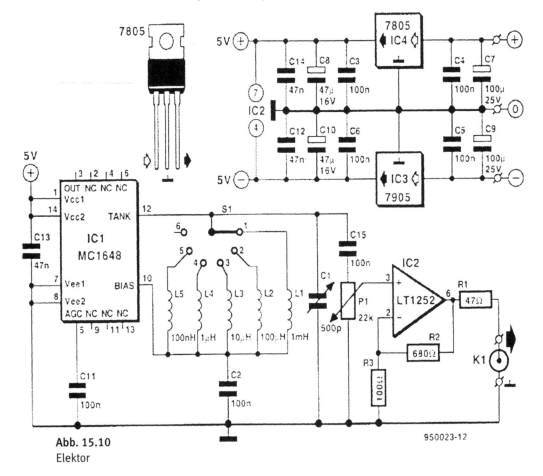

Abb. 15.10
Elektor

950023-12

Die Pufferstufe des MC 1648 wird überhaupt nicht verwendet. Das Signal wird direkt am Schwingkreis abgegriffen, wo es beste Sinusform hat.

Der Operationsverstärker LT1252 hat einen hohen Eingangs- und einen niedrigen Ausgangswiderstand und verhilft der Schaltung zu einem 50-Ohm-Ausgang. Er kann durch einen ähnlichen Video-Operationsverstärker ersetzt werden. Die Verstärkung ist 8.

Der maximale Ausgangspegel liegt in den unteren Bereichen bei 1,4 V, schwankt im vierten Bereich zwischen 0,6 und 1,3 V und erreicht im fünften Bereich bei 18 MHz 1 V und bei 56 MHz 300 mV (jeweils Spitze-Spitze-Werte an 50 Ohm).

15.10 Stereo-Prüfsender mit SMD-IC

Der MAX2606 ist ebenfalls ein VCO-Schaltkreis. Auch er kann an 5 V betrieben werden, wurde aber für den Frequenzbereich 45 bis 650 MHz geschaffen. Die Kapazitätsdiode ist hier schon integriert. Der IC wird im sechspoligen SMT-Gehäuse (surface-mount technology, Oberflächenmontage) SOT23 geliefert.

Abb. 15.11 zeigt eine interessante Anwendungsschaltung für einen UKW-Sender. Am Pin 3 liegen der Vorwiderstand für die Kapazitätsdiode und ein Abblockkondensator. Daher wird über R1 hier die Steuerspannung zugeführt. Dieser Steuerspannung wird die Modulationsspannung überlagert. Schätzungsweise 100 mV Spitze-Spitze sollten eine kräftige Frequenzmodulation ergeben. Der Modulationsgrad hängt natürlich auch von der Steuerspannung ab und kann daher über R2 ein-

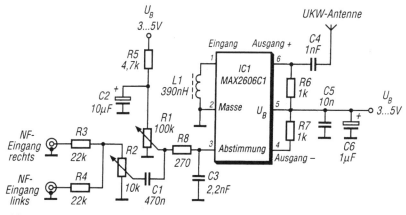

Abb. 15.11

Maxim Data Sheet MAX2606/Funkamateur

gestellt werden. R3 und R4 sorgen für die Zusammenführung eventuell vorhandener Stereokanäle. R6 und R7 sind Kollektorwiderstände für die Ausgangstransistoren. L1 kann eine Festinduktivität 0,39 µH sein oder wird aus Kupferdraht selbst gewickelt (Beispiel: Drahtdurchmesser 1,2 mm, Windungszahl 5,5, Spulendurchmesser 15 mm und Spulenlänge 10 mm).

15.11 Verlustfaktor-Vergleichsschaltung

Besonders bei hohen Frequenzen kann der Verlustfaktor eines Kondensators eine Rolle spielen und soll daher ermittelt werden. Die einfache Schaltung nach *Abb. 15.12* basiert auf zwei Prinzipien: Ein Oszillator arbeitet solange, wie die Schleifenverstäkung größer als 1 ist. Der Verlustfaktor bestimmt die innere Verstärkung des LC-Oszillators.

Nur eine Einstellung ist erforderlich. Man muss einen Kondensator mit bekanntem Verlustfaktor einsetzen und den 5-kOhm-Trimmer so einstellen, dass sie Schwingungen gerade abreißen. An diesem Punkt ist eine sehr hohe Genauigkeit möglich. Der Tondecorder NE567 detektiert den Zustand des Oszillators.

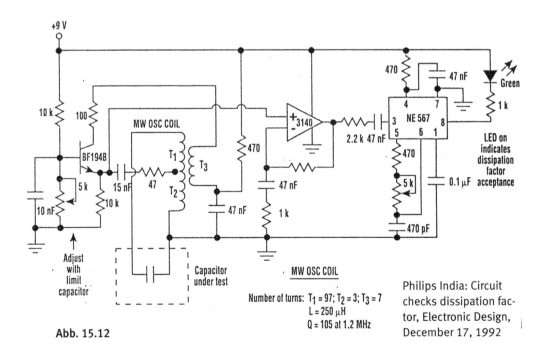

Abb. 15.12

Philips India: Circuit checks dissipation factor, Electronic Design, December 17, 1992

Die Schaltung arbeitet also als Go/No-Go-Tester für Verlustfaktoren bei etwa 1 MHz. Daher darf auch die Kapazität von der des Referenzkondensators nicht wesentlich abweichen.

15.12 Testoszillator zur Induktivitätsermittlung

Die einfache Schaltung nach *Abb. 15.13* hat den Vorteil, dass im Schwingkreis keine Anzapfung erforderlich ist und Funktionsfähigkeit über einen weiten Frequenzbereich besteht. Der Oszillator schwingt auch noch auf UKW.

Kennt man die gesamte Kapazität (C plus Spulenkapazität + parasitäre Schaltungskapazität von ca. 5 pF) und die Frequenz, kann man die Induktivität errechnen. Die Frequenz wird mit einem Empfänger ermittelt. Die Induktivität ist L in μH = 25.330 / (f^2 in MHz × C_{gesamt} in pF).

Die Schaltung sollte an 9 V betrieben werden.

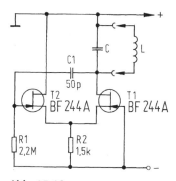

Abb. 15.13

Peter Cole: A 2-Terminal Test Oscillator, Ham Radio Today, August 1995

15.13 Magnetfeld-Detektor

Bei der Schaltung nach *Abb. 15.14* wird in der Spule 1 mH durch ein lokales Magnetfeld eine Spannung induziert. Die Hohe der Spannung ist u. a. von Konstruktion und Größe der Spule abhängig. Für einfache Anwendungen genügt ein handelsübliche Drosselspule.

Der Operationsverstärker hebt das Signal kräftig an, sodass es mit einem Kopfhörer aufgenommen werden kann, wenn es im Audiobereich liegt. Da die Schaltung im

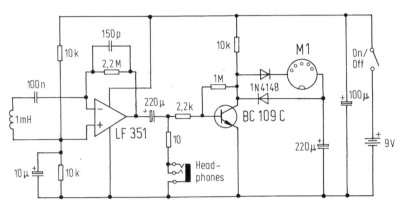

Abb. 15.14

Frequenzbereich 5 Hz bis 100 kHz gut funktioniert, wurde die Transistorstufe nachgeschaltet. Nun können alle Signale auch mit einem Messinstrument mit z. B. 250 µA Endausschlag angezeigt werden.

Der Detektor hilft auch beim Aufspüren von Unterputzleitungen, allerdings sollten diese einen kräftigen Strom führen.

www.mitedu.freeserve.co.uk/Circuits/Testgear/emmeter.htm

15.14 Mehrdraht-Kabeltester

Der Tester für Kabel aus der Informationstechnik nach *Abb. 15.15* ist originell. Ein Rechteckgenerator steuert den Ringzähler 4017 an. Dessen Ausgänge Q0 bis Q7 führen an digitale Pufferstufen, welche im Normalfall je eine LED auf Transmitter- und Receiver-Seite speisen. Hat eine Leitung keinen Durchgang, so leuchtet zwar die linke LED, nicht aber die rechte.

15.15 CMOS-Logiktester

Die kleine Schaltung nach *Abb. 15.16* ist recht leistungsfähig. Sie wird aus der Stromversorgung der zu testenden Schaltung versorgt.

Ist der Eingang frei oder liegt an einem hochohmigen Tri-State-Ausgang, so leuchtet keine LED. Die LEDs Hi und Lo zeigen entsprechende statische Pegel an. Liegt ein Puls am Eingang, so leuchten sie beide nur recht schwach. Daher folgt ein Monoflop mit den drei weiteren Gattern im Baustein 4001, das vom Puls ständig getriggert wird. Dann leuchtet die LED Pulse.

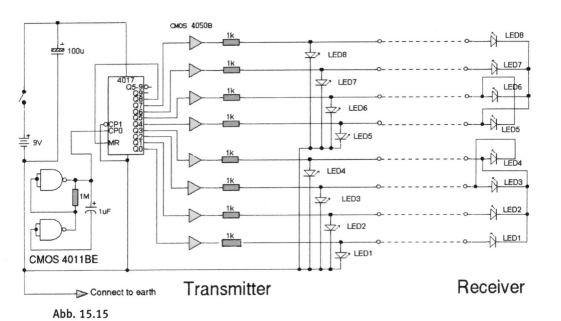

Abb. 15.15

Andy Collinson: Multi Wire Cable Tester, www.electronics-diy.com

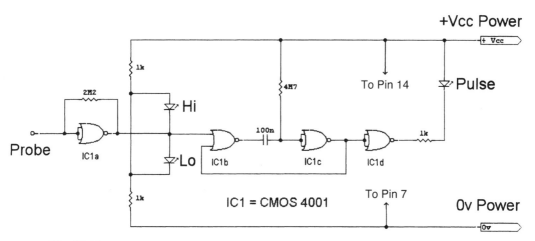

Abb. 15.16

www.electronics-diy.com

15.16 Transistorprüfer und Testgenerator

Die in *Abb. 15.17* gezeigte Schaltung verbindet einen Transistorprüfer mit einem Audio-Testgenerator.

Der Generator ist mit den drei Schmitt-Triggern links unten aufgebaut. Er kann als Injektionsgenerator zur Fehlersuche dienen.

Gleichzeitig werden drei phasenversetzte Rechtecksignale für die LEDs bereitgestellt. Hiermit ist es möglich, bei Transistoren den Leitfähigkeitstyp festzustellen.

In einem zweiten Schritt kann der Transistor auf BE- oder CE-Schluss geprüft werden. Dazu wird vom Schmitt-Trigger oben nur ein einfaches Rechtecksignal benötigt.

Wenn der Transistor ok ist und seine Leitfähigkeit bekannt, kann man mit dem Schaltungsteil rechts die Stromverstärkung ermitteln. Dazu erhält das Potentiometer eine Skale. Man dreht es langsam, bis die LED leuchtet.

Das Ganze ist als Bausatz Combo-2 erhältlich.

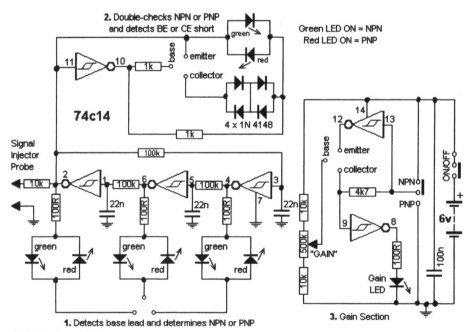

Abb. 15.17

15.17 Praktisches Kabelprüfgerät

Die in *Abb. 15.18* vorgestellte Schaltung erkennt bei der Kabelprüfung Kurzschlüsse, Verpolungen und Unterbrechungen. Nur wenn das Kabel in allen drei Punkten in Ordnung ist, wird ein optisches und wahlweise auch akustisches Signal ausgegeben.

Die Anschlüsse A und B symbolisieren die Verbindung der zwei Enden der Leitung mit dem Kabelprüfgerät über jeweils eine Steckverbindung. Diese hängt natürlich vom Kabeltyp ab.

Die Transistoren und Dioden sind völlig unkritisch.

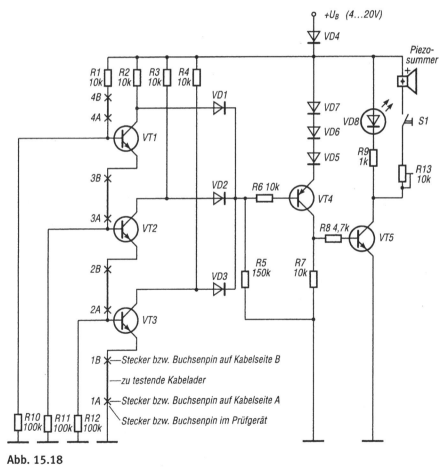

Abb. 15.18

Wolfgang Müller: Praktisches Kabelprüfgerät

15.18 Tester für 6-V-NiCd/MiMH-Akkus

Die Schaltung nach *Abb. 15.20* (siehe nächste Seite) belastet einen 6-V-Akku mit beispielsweise 10 A. Dazu besteht sie aus einer Konstantstromquelle, aufgebaut mit dem Referenzspannungs-IC LM334 und einem Power-FET. Dieser muss auf ein Kühlblech montiert werden. Der Widerstand 0,01 Ohm wird aus Kupferdraht hergestellt. Man misst den Widerstand einer bestimmten Länge vorhandenen Drahts und berechnet dann die Länge für 0,01 Ohm. Zu empfehlen ist ein Drucktaster (16 A).

15.19 Ladestromindikator

In der Schaltung gemäß *Abb. 15.19* arbeitet der Operationsverstärker als Komparator. Fließt kein Strom, beträgt seine Eingangsspannung 25 mV. Der Ausgang liefert eine Spannung nahe der Ladespannung, die LED ist aus. Übersteigt der Ladestrom 25 mA, baut sich über dem 1-Ohm-Widerstand eine „Gegenspannung" auf, die größer als 25 mV ist. Das Operationsverstärker-Ausgangspotential ändert sich schlagartig, die LED leuchtet.

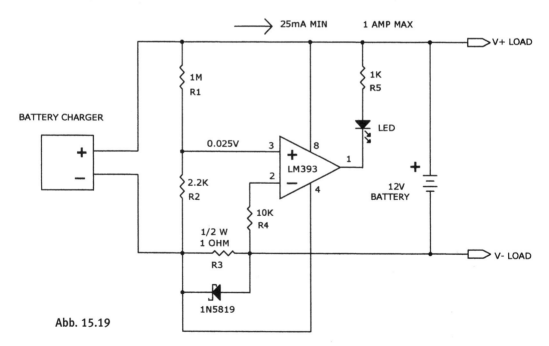

Abb. 15.19

Dave Johnson: Battery Charge Current Indicator, www.discovercircuits.com

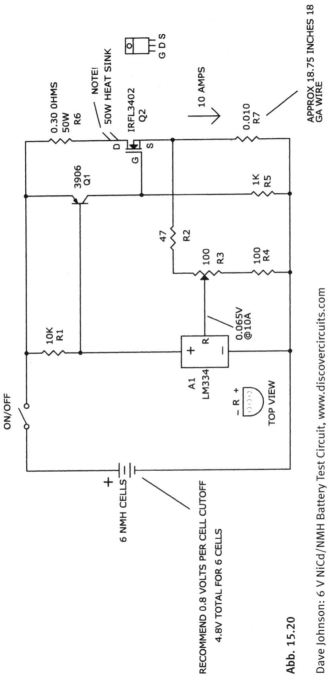

Abb. 15.20

Dave Johnson: 6 V NiCd/NMH Battery Test Circuit, www.discovercircuits.com

15.20 Batteriespannungs-Tester

Die in *Abb. 15.22* (siehe nächste Seite) dargestellte Schaltung enthält zwei Operationsverstärker, welche als Komparatoren arbeiten. Sie erhalten beide die Batteriespannung, aber verschiedene Referenzspannungen. Mit einem Doppel-Umschalter kann man zwei weitere Widerstände einfügen und somit einen anderen Batterietyp wählen. Man kann die Spannungsteiler auch an an Potentiometer legen und damit das Fenster kontinuierlich verschieben. Hier liegt es fest zwischen 4,8 und 5,2 V. Liegt die Batteriespannung in diesem Bereich, leuchtet die gründ LED rechts.

15.21 Aufspürgeräte für 2,4-GHz-Quellen

Das populärste ISM-Band (industrial/scientific/medical) liegt bei 2,4 GHz. Hier erzeugen schnurlose Telefone, WiFi-Zugriffspunkte oder Bluetooth-Gerätschaften nicht selten ein Störspektrum.

Abb. 15.21 zeigt eine einfache Schaltung zum Aufspüren solcher Quellen. Die Antenne ist für 2,4 GHz ausgelegt. Der LT5534 misst Signale zwischen –55 und –5 dBm und besitzt einen RSSI-Ausgang (received-signal strength indicator). Der Transistor wandelt diese Spannung in einen proportionalen Strom durch die LED um. Zur Versorgung der Schaltung genügen zwei 1,5-V-Elemente.

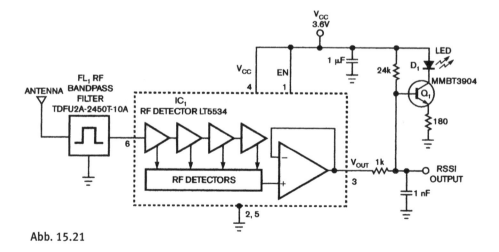

Abb. 15.21

Vladimir Dvorkin: Low-cost RF sniffer finds 2.4-GHz sources, EDN, November 23, 2006

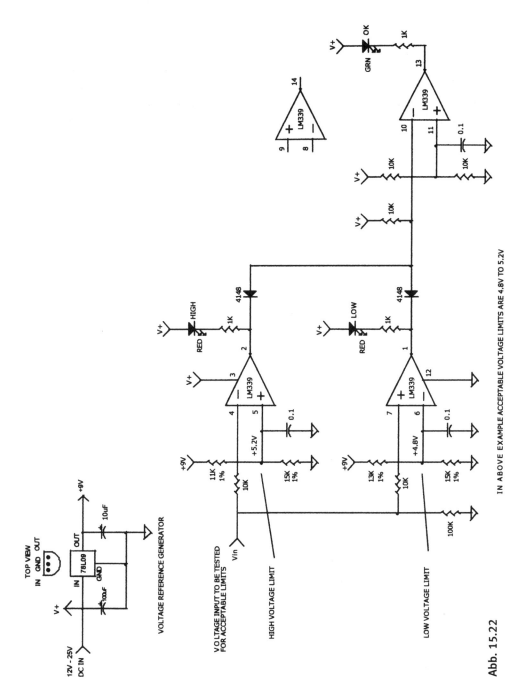

Abb. 15.22

IN ABOVE EXAMPLE ACCEPTABLE VOLTAGE LIMITS ARE 4.8V TO 5.2V

David Johnson: Acceptable Voltage Indicator, www.discovercircuits.com

15.22 Überwachung optischer Signale

Mit der Schaltung nach *Abb. 15.23* kann man optische Übertragungsstrecken unter schwankenden Umgebungslicht-Verhältnissen überwachen. Der LM567 ist ein bekannter PLL-Schaltkreis. Dieser Oszillator arbeitet direkt auf eine Infrarot-LED auf der Senderseite der optischen Strecke. Wenn das gepulste Licht auf den Fototransistor gelangt, wird das Signal vom Transistor verstärkt und auf Pin 3 gegeben. Die PLL ist dann eingerastet, und Pin 8 führt L-Pegel.

Die Bauelemente an Pin 5 legen die Frequenz auf etwa 3 kHz fest.

In einfachen Anwendungen, wie Tachometern, sind Infrarot-Bauelemente nicht erforderlich.

15.23 Logikpegel-Test-Set

Die aus drei Teilen bestehende Schaltung in *Abb. 15.24* benutzt einen Sechsfach-Inverter 4069.

U1a und U1b bilden einen Rechteckgenerator, der auf Tastendruck ein Signal mit tieferer Frequenz abgibt. Die Frequenzen betragen 10 Hz und 10 kHz. Also ein digitaler Signalinjektor. U1c ist eine Einfachst-Logikpegel-Anzeige. Die drei Inverter unten werden als Audiosignal-Anzeiger mit Buzzer benutzt.

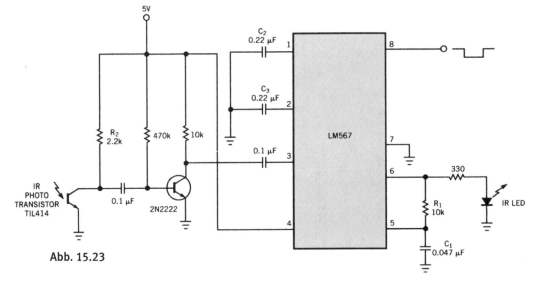

Abb. 15.23

Frederick M. Baumgartner: Single chip detects optical interruptions, EDN, March 1, 2001

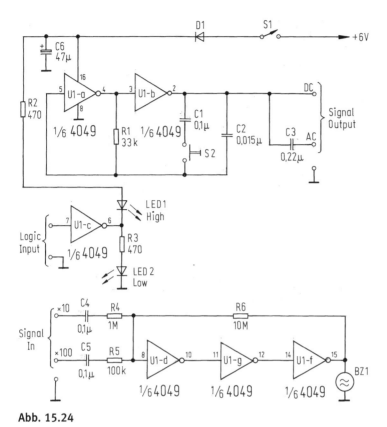

Abb. 15.24

Popular Electronics

15.24 Logikanalysator

Das Herz der in *Abb. 15.25* gezeigten Schaltung ist das IC 74LS373, ein 8-Bit-Speicher-Flipflop (latch). Es wird über Pin 11 angesteuert. Liegt hier H an, entsprechen die Ausgangsdaten den Eingangsdaten, mit fallender Flanke speichert das IC die Daten.

An den Datenausgängen liegen über Vorwiderstände acht Leuchtdioden, welche das gespeicherte Datenwort darstellen.

Nach Reset folgen die LEDs den Verhältnissen an den Eingängen. Bei steigender Flanke an Pin 3 von IC1 schaltet das Flipflop und sperrt IC3. LED1 und 2 zeigen den Zustand von IC1 an.

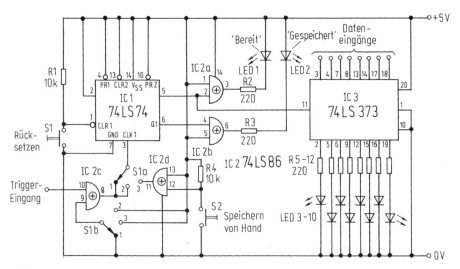

Abb. 15.25

Elektor, Schaltungs-Kochbuch

S2 erlaubt folgende Triggermöglichkeiten:

Position 1: Speichern bei steigender Flanke
Position 2: Speichern bei fallender Flanke
Position 3: Speichern mit S2

15.25 Einfacher NF-Frequenzanalysator

Die Schaltung nach *Abb. 15.26* nutzt den gut bekannten LED-Treiber-IC LM3914. Sie verschafft einen Überblick über die Intensität der Leistungsanteile des Audiosignals im Tief- und Hochtonbereich.

Ein LM3914 wird dazu über ein Tiefpass-, der andere über ein Hochpassfilter angesteuert.

Man kann zwischen Punkt- und Balkenanzeige (dot, bargraph) wählen.

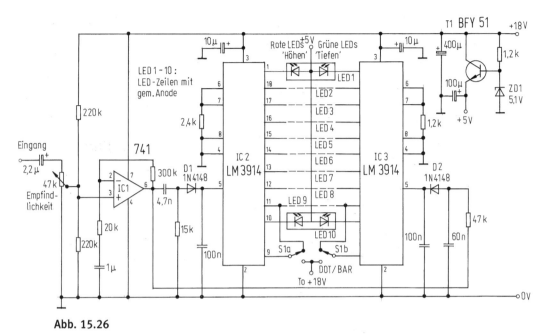

Abb. 15.26

Elektor, Schaltungs-Kochbuch

15.26 Tönender Durchgangsprüfer

Bei Durchgangsprüfungen mit dem Multimeter und einfachen Schaltungen erhält man nur einen Ja/Nein-Aussage. Meist ertönt ein Ton oder nicht.

Bei der Schaltung in *Abb. 15.27* hängt die Tonhöhe hingegen vom getesteten Widerstand ab: Kleiner Wert – hoher Ton, großer Wert – tiefer Ton. Damit ist es auch möglich, Widerstände zu vergleichen. Je nach Hörvermögen können sehr kleine Abweichungen erkannt werden.

Als Schallgeber kann man einen Kleinstlautsprecher verwenden. Für eine angenehme Lautstärke wählt man einen entsprechenden Vorwiderstand. Man kann den Koppelkondensator sogar experimentell so wählen, dass höhere Töne lauter als tiefere abgegeben werden.

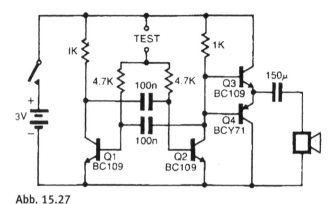

Abb. 15.27

Electronic Engineering

15.27 Einfacher High/Low-Tester

Die einfache Schaltung in *Abb. 15.28* ist ein Indikator dafür, ob ein Signal High- oder Low-Pegel hat. Die Anzeige ist H oder L. Dafür sorgt die kleine „Matrixschaltung" mit den Dioden am Display. Die LEDs im Display haben eine gemeinsame Kathode.

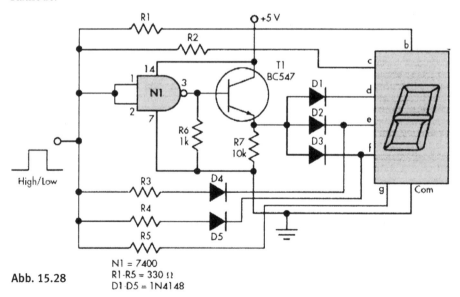

Abb. 15.28

N1 = 7400
R1-R5 = 330 Ω
D1-D5 = 1N4148

Raj Gorkhali: Simple Circuit Indicates Whether A Signal Is Logic High Or Low, EDN, May 24, 2007

15.28 Schonender Batterietester

Die Schaltung nach *Abb. 15.29* erlaubt eine stromsparende Batteriekontrolle mit LED. Die Anzeige für eine noch leistungsfähige Batterie erfolgt durch einen kurzen Lichtimpuls. Reicht die Batteriespannung nicht aus, kann der Elko sich nicht laden und die LED nicht leuchten.

Für eine minimale Batteriespannung von beispielsweise 6,5 V ergibt sich R2 = 10 kOhm und R3 = 39 Ohm.

R4 bestimmt den Ladestrom (10 kOhm bis 100 kOhm). Je größer er ist, umso länger sollte man warten, bevor man den Taster drückt.

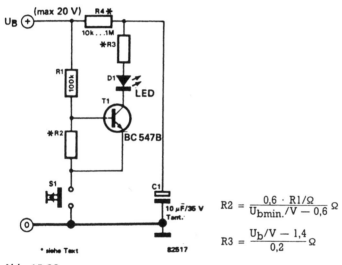

$$R2 = \frac{0{,}6 \cdot R1/\Omega}{U_{bmin.}/V - 0{,}6} \, \Omega$$

$$R3 = \frac{U_b/V - 1{,}4}{0{,}2} \, \Omega$$

Abb. 15.29

Schonender Batterietester, 302 Schaltungen, Elektor

15.29 Akustischer Widerstandstester

In der Schaltung nach *Abb. 15.30* arbeitet der Timer als astabiler Multivibrator. Die Frequenz wird u. a. vom Widerstand zwischen Pin 2/6 und Pin 7 bestimmt. Die Schaltung ist nun so dimensioniert, dass die Frequenz sich praktisch indirekt proportional zum unbekannten Widerstand verhält. Beträgt er null Ohm, ist sie 4,5 kHz. Sind die Anschlüsse offen, entstehen 2 Hz (Knackgeräusch). Mit den Vergleichswiderständen kann man nun leicht nach Gehör feststellen, in welcher Region der Widerstand liegt.

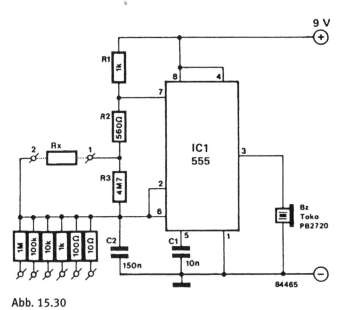

Abb. 15.30

Hörbares Ohmmeter, 302 Schaltungen, Elektor

15.30 Breitbandiger Testgenerator

Die sechs invertierenden Schmitt-Trigger in *Abb. 15.31* sind in einem einzigen IC integriert. Mit jedem Schmitt-Trigger-Inverter wurde ein Rechteckgenerator aufgebaut. Die Frequenzen sind gestaffelt: 100 Hz, 1, 10, 100 kHz, 1 und 10 MHz. Daher auch ein HCMOS-Typ (schnell.)

Das erzeugte Spektrum ist also sehr breitbandig.

15.31 RFID-Sendefelddetektor

RFID steht für Radio Frequency Identification. Dahinter stecken die kleinen quasi-passiven Chips, die bei „Bestrahlung" mit einem elektromagnetischen Feld bestimmter Frequenz ihre Daten senden. Das Gerät zur „Gegenspionage" im Taschenformat lt. *Abb. 15.32* kann leicht nachgebaut werden.

Die RFID-Sensoren gemäß ISO-Norm 15693 strahlen meist auf 13,56 MHz. Aus dem elektromagnetischen Feld ziehen die RFID-Etiketten Energie und versorgen damit ihre Elektronik. Dank des konstanten Felds kann man solche Sensoren leicht aufspüren.

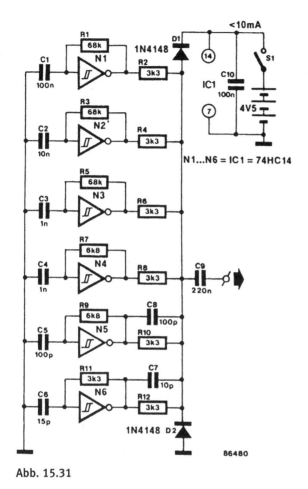

Abb. 15.31

R. Shankar: Breitbandige Signalspritze, 303 Schaltungen, Elektor

Die kleine Schaltung ist ein Einfach-Superhet mit AM-Diodendetektor und LED-Schaltstufe. Als Antenne dient eine Leiterschleife (Loop). Mit ca. 25 cm Länge. Mit C = 120 pF (Gesamtkapazität, C1 plus angenommene 20 pF!) erhält man L zu 1,15 μF. Eine gestreckte Leitung wäre mit ihren etwa 9 nH pro Zentimeter über 1 m lang.

HF-Vorverstärker, Oszillator und Mischer stecken in einem preisgünstigen IC vom Typ SA 602 oder NE 612. Die nominelle Oszillatorfrequenz ist 8 MHz, die nominelle ZF also 5,56 MHz.

Ein keramisches ZF-Filter sorgt für die nötige Trennschärfe. Sensoren für simple passive Diebstahlschutz-Etiketten lassen die Schaltung daher nicht ansprechen.

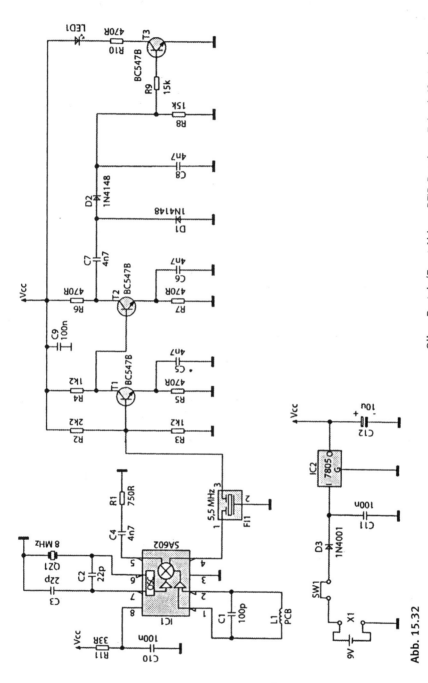

Oliver Bartels/Ernst Ahlers: RFID-Detektor, Zeitschrift c't 9/2004

Abb. 15.32

Die Verstärkung der folgenden beiden Transistorstufen ist so, dass der Detektor nur in räumlicher Nähe zu einem RFID-Sensor reagiert. In einem Versuch mit einem Short-Range-Sensor betrug die Mindestentfernung 25 cm.

Es folgt ein verdoppelnder Diodengleichrichter. Mit dieser Spannung kann ein Transistor durchgesteuert werden.

Auf Grund des einfachen Prinzips kann der Detektor nur die Anwesenheit eines RFID-Felds feststellen. Ob dieses nun aktiv zum Auslesen von RFID-Tags benutzt wird, vermag er nicht zu erkennen.

15.32 Leitungsfinder

Die Schaltung nach *Abb. 15.33* spürt stromdurchflossene Netzleitungen auf. Dazu nutzt sie eine Koppelspule mit etwa 800 Windungen. Der AC Line Current Detector spricht bei Strömen über 250 mW entsprechend etwa 50 W an. Es wird ein Doppel-Operationsverstärker eingesetzt.

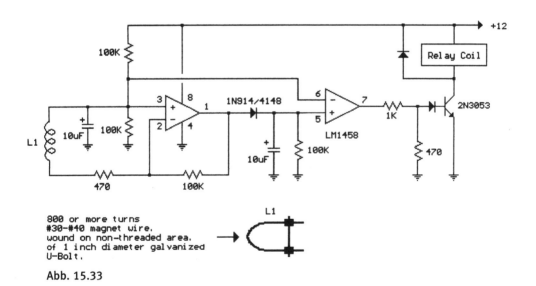

Abb. 15.33

Bowder: AC Line Current Detector, Internet

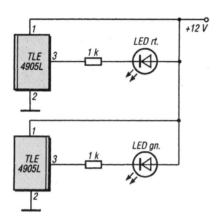

Abb. 15.34

Magnetpol-Indikator, Funkamateur 7/00

15.33 Magnetpol-Indikator

Mit Hallsensoren lassen sich Magnetfelder erkennen. Ordnet man konstruktiv zwei solche Sensor-Bauelemente um 180 Grad gedreht an, sodass die in *Abb. 15.34* mit einem Strich gekennzeichneten Seiten gegeneinander versetzt liegen, erhält man einen einfachen Nordpol/Südpol-Indikator.

15.34 Nulldurchgangs-Detektor

Der Schaltung in *Abb. 15.35* liegt folgendes Prinzip zugrunde: Ist die Spannung am Eingang groß genug, um T1 durchzusteuern, liegt der Ausgang auf niedrigem

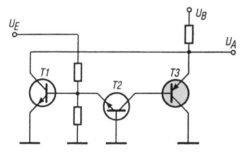

Abb. 15.35

Reinhard Hennig: Schaltungssplitter, Funkamateur 11/01

Potential. Ist die Eingangsspannung negativ genug, um T2 zu öffnen, liegt der Ausgang ebenfalls auf niedrigem Potential. Nur wenn die Eingangsspannung nahe null liegt, wird ein positives Ausgangssignal erzeugt, da in diesem Fall keiner der Transistoren leitet.

Die Widerstände sind gemäß den speziellen Anforderungen zu wählen.

15.35 Pegel- und Impulsrichtungs-Indikator

Die kleine in *Abb. 15.36* gezeigte Schaltung dient der Ermittlung logischer Pegel sowie der Flankenrichtung bei Impulsen mit einer Siebensegment-Anzeige. Die Dioden dienen lediglich der Entkopplung der mehrfach genutzten Signalpfade. Die Anzeige ist entsprechend dem statischen Pegel L oder H. Ein Wechsel bedeutet eine entsprechende Flanke.

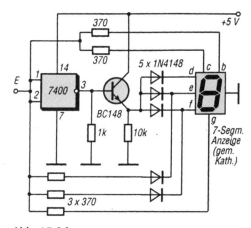

Abb. 15.36

Reinhard Hennig: Schaltungssplitter, Funkamateur 11/01

15.36 Infrarot-Detektor

Abb. 15.37 bringt die Schaltung für ein kleines Prüfgerät zum Aufspüren infraroter Strahlung. Der Sensor empfängt und verstärkt Infrarotstrahlung und leitet das Signal an den IC1a weiter, wo eine 47-fache Verstärkung erfolgt. Dann gelangt das Signal auf einen Komparator. Ist die an Pin 5 stehende Spannung geringer als die Referenzspannung an Pin 6, führt der Ausgang niedriges Potential. Andernfalls erscheint am Ausgang etwa die Betriebsspannung, und der Piezosummer ertönt.

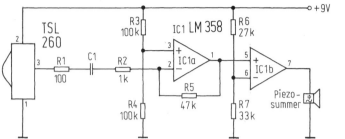

Abb. 15.37

Infrarot-Detektor als universeller Fernbedienungstester, Funkamateur 7/00

15.37 Dreistufiger Spannungsdetektor

In *Abb. 15.38* ist eine Schaltung zu sehen, welche ein Übertragungsverhalten gemäß *Abb. 15.39* zeigt. Es sind drei Ausgangsspannungen möglich. Diese spezielle Funktionsweise wird durch die Dioden-Widerstands-Beschaltung des Operationsverstärkers erreicht, welcher sonst nur als Komparator funktionieren würde. Die Dioden sind z. B. vom Typ 1N4148.

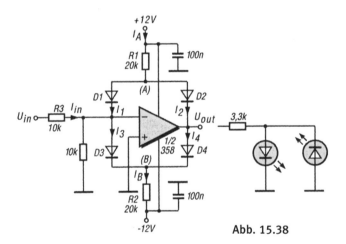

Abb. 15.38

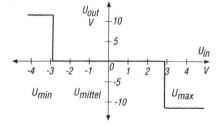

Abb. 15.39

Meinrad Götz: Dreistufiger Spannungsdetektor

Stichwortverzeichnis